变径流化床反应器理论与实践

许友好　鲁波娜　何鸣元　王　维　著

中国石化出版社

内 容 提 要

本书从催化反应工程的角度系统总结了变径流化床反应器的发明构想、理论研究、工业实践与应用推广。详细阐述重大需求推动创新，创新源于实践以及对实践的深入的认识。通过变径流化床反应器构思形成、实验开发、理论模拟计算、规模化实施及其在石油炼制与化工技术开发中的应用，进而构建了基于变径流化床反应器的复杂气固催化反应技术平台。其自主创新历程及合作开发模式可作为我国科学技术自主创新的典型范例，值得借鉴。

本书内容新，数据翔实，构思独特，是一本具有较高理论水平和实用价值的学术专著，将会促进变径流化床反应器在未来化工新技术开发中的应用。本书的主要读者对象是从事复杂气固催化反应的教学、研究、设计和生产等方面的专业人员。

图书在版编目(CIP)数据

变径流化床反应器理论与实践 / 许友好等著. —北京：中国石化出版社，2019. 2
ISBN 978-7-5114-5181-1

Ⅰ. ①变… Ⅱ. ①许… Ⅲ. ①流化床反应器-研究
Ⅳ. ①TQ051. 1

中国版本图书馆 CIP 数据核字(2019)第 025026 号

中国石化出版社出版发行
地址：北京市朝阳区吉市口路 9 号
邮编：100020 电话：(010)59964500
发行部电话：(010)59964526
http://www.sinopec-press.com
E-mail：press@sinopec.com
北京富泰印刷有限责任公司印刷
全国各地新华书店经销
*
710×1000 毫米 16 开本 22.75 印张 430 千字
2019 年 2 月第 1 版 2019 年 2 月第 1 次印刷
定价：280.00 元

序

大约90%的能源、环境及化学品生产过程伴随着催化反应过程。随着资源和环境的挑战愈为严峻，化工产品多样性的需求也不断提高，通过化工原料的定向转化以实现资源高效利用，亦就成为工业催化技术创新的重要方向。催化剂高效益的产生非常依赖于催化过程的发展，催化过程的核心是催化反应器的设计和优化。反应器开发和设计与高性能催化剂的研制一直处于相辅相成发展中。

本书作者之一许友好博士曾在华东理工大学联合反应工程研究所完成硕士阶段学习，在我与张廉教授指导下，从事催化反应工程研究。毕业后就职于中国石化石油化工科学研究院，此后在该院获得博士学位。他长期致力于流化床反应器及工艺研究与开发，取得了多项基础研究和工业应用成果。我的印象是，他把学生时代的那种艰苦求实的作风保持至今。本书另一位作者何鸣元院士是我相识多年的朋友，何先生在催化材料和催化反应方面造诣极深，成果丰硕。其他两位作者鲁波娜、王维是中国科学院过程工程研究所李静海院士项目团队的青年精英，李先生提出EMMS模型已在气固流态化模拟中取得公认的成功，他们两位是实施的参与者。这几位作者合作写成本书应该可说是珠联璧合之举。

许友好博士领导的研究开发团队发明了一种变径流化床反应器，开发出多项炼油与化工技术，在催化裂化工艺技术中已取得广泛的工业应用，并已产生巨大经济效益和广泛的社会好评，在重油加工技术中也已完成工业试验，正在推广应用，并且可望在其他化工技术领域中也有很广泛的应用前景。我国催化裂化技术是由闵恩泽、陈俊武、武宝琛等老一辈科学家所开创，目前技术水平已处于国际先进。许友好博士在此领域中技术创新、著书育人方面贡献良多，已被业内公认为正成为催化裂化技术一位优秀的继承者。

本书从催化反应工程的角度系统地总结了变径流化床反应器的发明构想、理论研究、工业实践与应用推广，实现了基于变径流化床反应器构建复杂气固催化反应技术平台，必将对炼油和化工行业技术进步产生积极的影响，丰富和发展复杂气固催化反应领域的研究内容。鉴于本书的学术价值和变径流化床反应器已成为我国催化裂化技术自主创新的成功案例这一事实，我乐于为本书作序。

2018年12月24日

前　言

变径流化床反应器的发明可溯源至1998年5月，当时我国正推行车用汽油清洁化进程。1999年颁布了GB 17930—1999车用无铅汽油质量标准，要求车用汽油烯烃体积含量降低到35%以下，我国车用汽油是以催化裂化汽油为主，而当时催化裂化汽油烯烃体积含量在40%～65%。因此，催化裂化技术面临着汽油质量升级的严峻挑战。基于实验结果和对烃类化学反应的分析，我们提出了裂化和转化两个反应区概念，在实验装置上取得了预期的结果。并于1999年4月9日申请了“一种用于流化催化转化的提升管反应器”和“一种制取异丁烷和富含异构烷烃汽油的催化转化方法”两件中国发明专利。将工艺方法和反应器分别申请专利是考虑到，在流化床反应器中构成多个反应区可以应用到其他复杂催化反应体系中，有可能解决气固流化床难以应对复杂催化反应体系这一国际化工领域中未能有效解决的科学问题。因此，在反应器专利申请中，除保护反应器独特结构的权利外，还有意识地扩展反应器的应用领域。

何鸣元先生时任中国石化石油化工科学研究院总工程师，随着研究工作的深入，他越来越坚定认为流化床变径可以用来构建多反应区，以满足在复杂催化反应体系实现高选择性转化这一目标。2000年他在担任科技部“973计划”项目“石油炼制和基本有机化学品合成的绿色化学”(G200004800，2000.10—2005.9)首席科学家时，将这一领域研究内容列入第一子课题。借助“973计划”项目平台，在何鸣元先生指导下，科研团队对烃类在催化剂上发生平行/串联化学反应进行了系统研究，获得一些有价值的研究成果。在随后两个“973计划”项目中，科研团队继续深入开展石油分子水平表征及反应研究，由此构建了烃类催化反应、扩散、热力学和动力学协同模式，开创了复杂气固催化反应实现定向转化的创新技术途径。

2000年前后，在深入研究烃类复杂催化反应同时，中国石化项目开发团队与中国科学院过程工程研究所李静海先生领导的过程模拟研究团队紧密合作，对变径流化床的气固流动状态进行模拟计算和实验研究，进一步发现了变径流化床中的气固两相流动特性，并揭示了“噎塞”的发生和存在条件。在此基础上，国家设计大师郝希仁先生领导的设计团队确定了工业反应器放大实施方案；时任高桥分公司炼油厂总工程师徐惠先生领导的生产管理团队评估认为，将等直径提升管更换为变径流化床的风险可控；时任中国石化副总经理曹湘洪先生果断决策，实现了从实验室规模直接一步放大到大型工业装置，并取得了满意的工业应用结果。在首次工业试验中，虽然解决了变径流化床反应器平稳运行的问题，但第二反应区底部难以形成密相流化段。郝希仁设计大师领导的设计团队根据过程工程研究所对“噎塞”现象的理论和模拟研究成果，不断摸索，采用多项技术措施，最终在工业变径流化床第二反应区底部形成稳定理想的密相流化段，避免了气固流动出现“噎塞”现象。

针对变径流化床优化设计与大型化问题，2007年以后，项目开发团队(包括中国石化工程建设有限公司)继续与中国科学院过程工程研究所反应器模拟研究团队合作，参与两项国家科技支撑计划。经过不断的工程实践，开发出更合适的分配器，成功解决了大型变径流化床内气固流体合理分配和流动等系列问题，应用到最大直径为5.5米的变径流化床(国内最大的480万吨/年催化裂化装置)，在第二反应区底部能够形成稳定的流化床，避免了气固流动出现危险的“噎塞”现象，同时可减少气固流动对催化剂磨损和保障分配器长周期运转。

项目开发团队，十几年如一日奋战在研究、设计、调控、运行的一线，并多次与李静海先生领导的过程模拟团队合作，实现了变径流化床可以作为复杂气固催化反应的通用反应器；已开发出多项催化裂化新工艺，取得了广泛的应用，产生了巨大的经济效益和良好的社会效益。例如，渣油催化裂化工艺从等直径提升管发展到变径流化床时，其技术指标增加幅度与馏分油催化裂化工艺从无定形硅铝催化剂发展到分子筛催化剂时的技术指标增加幅度基本相当。后者采用以分子筛为活性组元的催化剂来提高反应速率和选择性，而前者采用变径流化床更进一步提高分子筛利用率，从而提高反应速率和选择性。两者的技术发明点不同，但技术指标增加幅度基本相同，均实现了阶跃式的进步。前者在液体收率和汽油辛烷值方面进步更突出，并对催化剂活性的要求降低，从而降低分子筛和稀土使用量。目前，变径流化床反应器已广泛应用到渣油催化裂化装置，中国石化催化裂化装置80%以上加工量已选用变径流化床作为反应器。

国内外化工领域同行对变径流化床反应器及相应的工艺也给予了积极评价。中国科学院大连化学物理研究所辛勤教授在《中国催化进展：理论和技术创新》一文中将基于变径流化床反应器的多产异构烷烃的催化裂化工艺（MIP）列为中国炼油重大技术创新。王基铭先生主编的《中国炼油技术新进展》一书在序言中将 MIP 工艺列为我国自主创新的技术，在文中第 6 页将 MIP 工艺作为提升炼油工业效益水平的重大技术进行阐述，并安排专题介绍 MIP 工艺。Joachim Werther 等在纪念 *Ullmann Encyclopedia* 100 周年专刊上介绍了变径流化床反应器。由来自世界三大石油公司著名专家 Steven A. Treese（Philips）、Peter R. Pujado（UOP）和 David S. J. Jones（Fluor）主编的 *Handbook of Petroleum Processing*（第 2 版，Springer，2015）一书中给予变径流化床反应器（Dual diameter riser）较高的评价，被列为流化催化裂化工艺 70 年发展历程中的重大创新（Major innovation）之一。*Hydrocarbon Processing's* 2011 *Refining Processes Handbook* 推介基于变径流化床反应器的多产异构烷烃的催化裂化工艺（MIP）和生产清洁汽油和丙烯的催化裂化工艺（CGP）技术，并以封面文章刊登变径流化床反应器。2016 年，国家知识产权局和世界知识产权组织授予“一种用于流化催化转化的提升管反应器（ZL99105903.4，变径流化床反应器母专利）”中国发明专利金奖。2003 年，国家知识产权局授予“一种制取异丁烷和富含异构烷烃汽油的催化转化方法（ZL99105904.2，MIP 工艺方法专利）”中国发明专利优秀奖。预计在变径流化床反应器技术平台上，将开发出更多高效的石油炼制、石油化工以及其他化工领域的化工新技术，为复杂气固催化反应提供更合适的催化反应工程技术，促进石油炼制与化工等学科建设与发展。

在本项目 20 多年研究与开发过程中，得到了陈俊武、曹湘洪、李大东、汪燮卿、舒兴田、杨启业、戴厚良、谢在库、郭志雄、赵日峰、陈尧焕、杨哲等多位院士、专家在不同阶段给予的指导与帮助，在此表示衷心感谢；中国石化科技部、炼油事业部在立项和实施过程中给予许多具体的支持与帮助，在此表示衷心感谢；袁渭康先生拨冗为本书作序，在此表示衷心感谢；同时，感谢参与本项目研究、设计和生产管理的各位同仁，感谢中国石化、中国石油、中国海油、延长集团、中国化工以及民营炼油企业等采用变径流化床反应器的催化裂化工艺技术。特别要感谢的是，自始至终与我们合作的李静海先生长期给予的无私指导与帮助。

为了促进变径流化床反应器在未来化工新技术开发中的应用，中国石化石油化工科学研究院和中国科学院过程工程研究所再次联手合作，对20多年来变径流化床反应器的研究成果进行系统总结与梳理，编撰成本书。许友好和何鸣元撰写第1，4，5，6，7章；鲁波娜撰写第2章；鲁波娜和王维撰写第3章。第2章中冷态实验素材来自陈丙瑜、夏麟培、高士秋和王向辉所编写的变径流化床气固流动冷态实验研究报告，理论计算素材来自程从礼博士论文；崔守业提供了第5章第3节和第7章第3节部分素材。这本书撰写过程中，得到了李静海先生和谢在库先生的精心指导，在此表示衷心的感谢；石油化工科学研究院达志坚院长等领导对本书出版提供了诸多支持和帮助，在此表示衷心的感谢。鲁维民、刘鸿洲、王新、白旭辉、张博函、左严芬等同志对本书进行了审读和校订，在此表示衷心的感谢。

限于作者学术水平和实践经历的局限性，书中定有不当之处，恳请读者赐教和指正。

许友好

2018年12月17日

目　录

第1章　导　论

1.1　催化科学与技术

催化科学是研究催化作用的原理，而催化技术则是催化作用原理的具体应用。催化科学研究催化剂为何能使参加反应的分子活化、怎样活化以及活化后的分子的性能与行为。催化剂的存在虽然使化学反应的速率有极大改变，但并不改变化学反应的热力学平衡状态。例如，由 N_2 和 H_2 合成 NH_3 的反应在热力学上是非常有利的，但是没有催化剂存在时，其反应速率是非常慢的，一旦有催化剂存在则合成氨反应的速率大大加快。又如，由氢气和氧气生成水的反应，在热力学上看是非常有利的，但是其速率极慢，几乎无法感知，加了催化剂后就可以很快发生反应生成水。在自然界中广泛地存在催化反应和催化过程，例如，植物利用光把二氧化碳和水合成有机物是由于叶绿素的催化作用。催化剂对化学反应之所以能起加速作用，原因在于加入催化剂后，反应沿一条所需要活化能较低的途径进行，如图1-1所示。图1-1中的 $E_{非}$ 和 $E_{催}$ 分别代表均相非催化方式和多相催化方式的反应活化能；Q_a 和 Q_d 分别代表吸附热和脱附热，E_a 和 E_d 分别为反应物吸附活化能和产物脱附活化能；ΔH 代表总反应的热效应[1]。

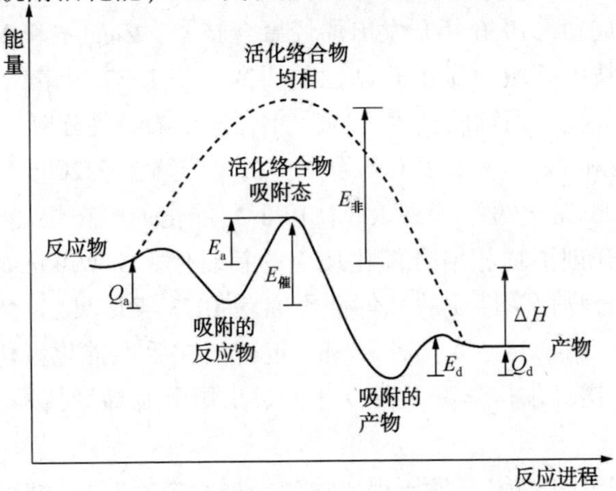

图1-1　催化与非催化反应中的能量变化

催化作用原理的重要性是由催化技术的广泛应用来体现。催化技术在人类文明进步与世界经济发展中扮演着非常重要的角色。它能够以一种高效、绿色和经济的方式将原材料转变为具有高附加值的化工产品和燃料等，因而被广泛应用于能源、化工、食品、医药、电子等多个领域。毋庸置疑，催化技术的每一次重大突破，都极大地改变了人类的生产与生活方式。1746 年，由硝石产生的氧化氮实际上是一种气态的催化剂，这是利用催化技术从事工业规模生产的开端。1875 年，第一套生产发烟硫酸的接触法装置第一次使用含铂的催化剂，这是催化技术首次使用固体工业催化剂。1906 年，Ostward 以 Pt/Rh 合金网作为催化剂，开发了氨气接触氧化工艺，用于生产硝酸。Ostward 因在此领域中对催化作用、化学平衡以及化学反应速率的基本原理的研究作出的杰出贡献获得了 1909 年诺贝尔化学奖。合成氨工业使氮肥生产量大幅度提高，从而提高了粮食产量，解决了人类数以亿计人的吃饭问题。因此，工业合成氨技术被认为是 20 世纪最伟大的化学发明，是多相催化反应中的先导。由于合成氨技术发明意义重大，诺贝尔化学奖三次授予该领域的杰出研究者：Fritz Haber 因单质合成氨的研究成果获 1918 年诺贝尔化学奖；Bosch 因发明与发展高压催化反应合成氨技术获 1931 年诺贝尔化学奖；Gerhard Ertl 由于在固体表面化学研究上的杰出贡献获 2007 年诺贝尔化学奖。1913 年开发出煤液化技术，煤直接液化工业被称为 Bergius－Pier 工艺。Bergius 研究出煤炭在高温高压条件下加氢液化反应，使用含铁催化剂，生成液体燃料。Bergius 因发明与发展化学高压技术获 1931 年诺贝尔化学奖。1923 年开发出 F-T 合成技术，同年开发出合成气制甲醇技术，1930 年开发出乙烯环氧化技术。20 世纪 30 年代后，石油工业迅速发展，1932 年开发出烷基化技术，1936 年开发出催化裂化技术，1939 年开发出催化重整技术，随后加氢精制与加氢裂化技术相继开发成功。1950 年开发出烯烃聚合技术，Ziegler 和 Natta 两人因在高聚物化学性质和技术领域中做出开创性的研究，获 1963 年诺贝尔化学奖。1959 年开发出丙烯氨氧化制丙烯腈技术。1964 年开发出烯烃复分解技术，Y. Chauvin、R. Schrock 和 R. Grubbs 因发展了有机合成中的复分解法获 2005 年诺贝尔化学奖。1964 年，G. Wilkinson 开发了一种 $RhCl(PPh_3)_3$ 催化剂，在烷烃溶液中实现了烯烃的催化氢化，开创了均相络合催化反应的新时代。G. Wilkinson 和 E. Fisher 由于对金属有机化合物化学性质的开创性研究获 1973 年诺贝尔化学奖。在不对称均相催化领域中，Knowles，Noyori 和 Sharpless 因在手性催化氢化/氧化反应方面的研究获 2001 年诺贝尔化学奖。1979 年开发出甲醇制烯烃技术，1989 年开发出三效催化剂等[2]。

200 年的工业催化技术开发历程比喻为一棵大树，开枝散叶是上述划时代的催化技术，根基是催化剂及催化材料，主树干是反应器。催化剂、反应器和工艺过程三者之间的关系如图 1-2 所示。催化剂高效地发挥作用非常依赖于催化过程的发展，催化过程的核心是催化反应器的设计和优化。

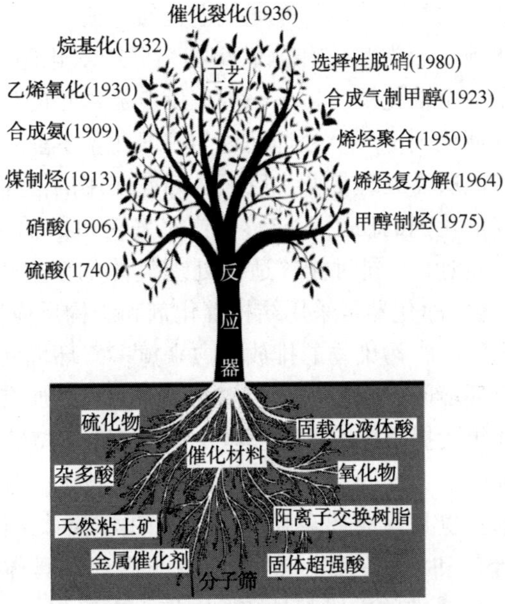

图 1-2　催化剂、反应器和工艺过程三者之间的关系

催化技术在石油炼制、基本化学品(如氨、甲醇和硫酸等)、精细与特殊化学品和药品制造中有极其广泛的应用；在环境污染物的处理，例如 NO_x 的还原和 VOC 的处理中发挥着同样重要的作用；在食品和饲料的生产中，对使用酶和生物催化过程起重要作用[3]。

石油炼制工业主要生产油品，特别是液体运输燃料。它是交通运输工业特别是汽车工业和航空工业发展的基础。随着国民经济的快速发展，汽车保有量大幅度提高，对运输燃料的需求快速增长。石油化学工业生产的三大合成产品：塑料、纤维和树脂，不仅成为我们日常生活的用品，也是下游产品工业，如涂料、纺织、建筑和装潢材料、家用电器等工业的基础。除了基础的石油化工和石油炼制工业需要使用数量大、品种多的石油炼制催化剂、石油化工催化剂以及相应的催化过程外，在重要的基础化学工业，例如三酸(硫酸、硝酸和盐酸)和农药化肥(特别是氮肥的氨合成工业)的生产都极度依赖于固体催化剂和催化过程。

环境工业领域也广泛涉及到催化反应，也是催化反应工程的用武之地。其中特别应该指出的是，汽车尾气的排放已经成为城市空气污染物的最大来源。汽车产生的空气污染是现今社会和人们非常关注的问题，而且愈来愈受到重视。随着汽车拥有量的大幅增加，据统计，世界上的汽车从 20 世纪 40 年代的 4 亿辆增加到21世纪初的7亿辆，估计现在已经超过10亿辆。汽车大量燃烧燃料，不完全燃烧产生的汽车尾气中含有许多污染物，如果不加以处理，将严重污染空气。即使每辆汽车都装有能转化污染物的汽车尾气净化器，使用三效催化剂，即能够同时转化其中的一氧化碳、烃类气体和氮氧化物，但二氧化碳排放量仍是巨大的。汽车尾气净化器就是一个催化反应器，该催化反应器每年的生产量和消耗量已经远超传统的石油炼制催化剂。环境处理问题与一般化学工业不同的是其处理的污染物浓度一般较低，但所需处理量非常巨大，因此使用的催化剂和反应器需满足一些特别要求，如其催化剂的使用不能影响汽车发动机的输出功率和运行(要求很低的压力降和大的空速)，同时能够适应处理气体的多变性(包括温度和污染物浓度)，因而汽车尾气净化器常采用结构催化剂和结构反应器。

随着现代文明的发展，污染物的排放也愈来愈多，环境问题日益严重，同时信息时代的到来使得环境问题越发引起人们的关注。为更加有效地解决环境污染问题，在20世纪90年代提出了“绿色化学”，也就是“可持续发展化学”的概念。绿色化学的十二原则中最关键的是原子经济性和催化技术。催化技术是实现绿色化学目标的关键技术，也是达成社会和经济目标的必不可少和极其重要的工具。“低碳经济”是绿色经济和“可持续发展”的进一步深化和具体化。催化也是达成“低碳经济”目标的不可或缺的重要工具和关键技术之一。

概括而言，能源、环境及化学品生产过程中大约90%伴随着催化反应过程。催化领域中的每一次重大突破都极大地改变人类生产与生活方式。随着资源和环境挑战愈为严峻，化工产品多样性需求不断提高，通过化工原料的定向转化以实现资源的高效利用，是化学工程和工业催化技术创新的重大方向。

1.2 催化反应工程

催化作用原理的研究方向集中于催化剂，涉及催化剂制备、活性相、活性、活性位、转化频率、动力学和可能危害它的毒物等。而化学工程特别是催化反应工程研究方向主要是如何使反应物与所选用的催化剂的活性位有效接触，如何提供或移去随反应进程而带来的反应热，反应器如何放大以及如何能够在大规模工业装置中获得实验室阶段得到的催化剂的活性和选择性。化学反应工程的主要研究内容就是所谓“三传一反”，三传指质量传递、热量传递和动量传递(由于它们在数学处理上的相似性统称为“传递现象”)，而一反指化学反应和化学反应器[3]。

催化反应是非常重要的一大类化学反应，不仅广泛存在于自然界中，而且在许多不同的工业领域中有着非常广泛的应用，例如，规模巨大的能源工业如石油炼制工业是建立在催化反应基础之上的。石油炼制工业主要涉及到碳氢化合物催化反应，这类催化反应是以正碳离子反应机理为基础，研究碳氢化合物在酸性固体催化剂活性中心上是如何从反应物转化成产物的学科，其中包括碳氢化合物的吸附和活化方式，活化后的吸附物(正碳离子)通过表面反应转化为反应产物的所有基元反应步骤，反应产物的脱附过程等。由于催化反应是在催化剂作用下进行的化学反应，鉴于催化反应过程在化学工业中特别重要和非常特殊的地位，因此，催化反应工程虽然是化学反应工程中的一部分，但除了有相同的一般规律之外，还有其特殊性，涉及到气-固两相催化反应或气-固-液三相催化反应。与化学反应工程类似，催化反应工程的基础也是物料平衡、反应速率方程、反应的化学计量式、能量或热量平衡，但是对催化反应工程而言，扩散(边界层内和固体催化剂颗粒内)和接触(流体力学或水力学或压力降)有其特别的重要性。催化反应器的设计是建立在这些规律以及它们间相互作用的基础之上的。催化反应工程包括催化反应动力学、多相催化过程中的传递和催化反应器三部分内容，其中催化反应和催化反应器是催化反应工程的核心研究内容。

非均相催化反应一般发生于固体催化剂的表面，反应物或产物必须在流体主体和催化剂表面之间进行传递，同样反应过程中所需要或释放出的热量也需要在流体和催化剂固体表面间进行传递，涉及到两个层次的问题：催化剂表面和催化剂颗粒。对催化反应工程问题而言，需要有大量的催化剂颗粒以获得足量的产物，这些颗粒如何堆放形成反应器内催化剂床层以达到生产所需产量的目的，这是与单个催化剂颗粒上的催化反应不同，属于另一个层次的问题。催化反应工程虽然解决的是后一个层次的问题，但它与前一个层次的问题紧密相连不能分割。因此，这两个层次的问题是催化反应工程需要研究和解决的对象。催化剂表面(外表面、孔道内表面)是发生催化反应的场所，反应速率问题需要催化反应动力学来描述；而对单个催化剂颗粒上的传递反应问题和催化反应器中的工程问题需要由催化反应工程来解决。影响催化反应过程的主要因素有反应物浓度、反应温度、催化剂的表面性质和组成结构性质、反应热、传递过程(包括流体性质如黏度、分子性质)等以及传递过程与催化反应间的相互作用，如结焦、中毒、烧结、流失、多稳态、振荡、飞温等。

催化反应工程作为一个方法学，用于定量描述不同规模反应器上的传递现象与催化反应动力学间的相互作用，为不同反应器性能测量如反应速率、转化率和选择性建立定量数学模型以及建立反应器性能与操作条件间的定量关系，同时，用于在设计中合理选择反应器类型和进行设计放大，以及准确关联工业装置数据以优化生产中的操作条件。通过确定催化过程特别是反应器中质量、能量、动量传递和催化反应动力学的基本规律，以及它们在催化反应器中相互作用之间的定量关系，以便能够设计出满足催化剂特定要求的最佳催化反应器以及相应的工艺过程，使得催化反应工程在本质上能够提高生产效率、节约能量消耗和减少废物排放，以最小能耗达到获得最高经济效益的目的，也就是反应物料、能量消耗最少而产出最大。石油炼制工业显著体现催化反应工程学科的这一特点，因为通过催化反应工程的微小进步可使生产量极大的炼油工业产生巨大的经济效益，例如油品收率提高一个百分点就可以产生数百亿甚至更大的经济效益。

催化反应工程发展趋势体现在以下三个方面：

(1) 对催化剂发展和反应器的选择和设计，从过去的串行研究与开发方式(化学家先发展催化剂，然后工程师进行反应器选择和设计)转变为平行研究与开发方式(催化剂开发与反应器选择和设计同时进行，相互参考与促进)；

(2) 随着测量技术和计算技术水平的提高，描述催化反应过程的质量和能量平衡方程中各项信息更加准确和清晰；

(3) 随着人工智能技术发展，反应器操作与控制更加智能化和智慧化，生产过程安全得到更好保障。

基于平行方式开发催化技术，从实验室到工业化是按一步完成的，研究与开发工作主要集中在生产企业。因此，生产企业将成为催化技术创新的主体，但诸多问题亟待解决，例如，技术创新与生产安全、知识产权分享等。

1.3 复杂气固催化反应

1.3.1 气固催化反应

在固体催化剂上发生的气固两相催化反应，其催化反应速率通常受扩散、吸附、表面反应和脱附速率的影响，其中速率最慢步骤称为速率控制步骤，如图1-3所示。气固两相催化反应过程分为7个步骤：

步骤1：反应物从流体主体到催化剂颗粒外表面的扩散，称为反应物外扩散，其速率取决于系统的流体动力学特性；

步骤2：反应物从催化剂颗粒外表面向孔内表面的扩散，称为反应物内扩散，其速率取决于催化剂的孔隙率、催化剂颗粒的尺寸和形状以及所发生的表面反应；

步骤3：反应物在催化剂颗粒内表面的吸附，称为反应物吸附，其速率取决于反应物分子与催化剂表面的相互作用；

步骤4：吸附态反应物在催化剂表面上进行催化反应，通过中间过渡态转化形成吸附态的产物；

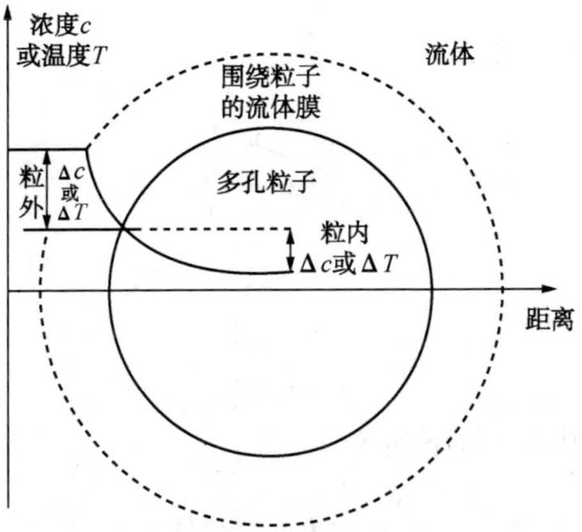

图 1-3　气固两相催化反应过程主要步骤

步骤 5：吸附态产物从催化剂内表面的脱附，与步骤 3 类似；

步骤 6：产物从催化剂内表面到外表面的扩散，与步骤 2 类似；

步骤 7：产物从催化剂外表面到流体主体的扩散，与步骤 1 类似。

其中，步骤 3~步骤 5 为催化剂表面化学反应的三个基元步骤：吸附、表面反应和脱附，速率最慢的基元步骤称为速率控制步骤，其速率几乎等于总反应速率。在表面化学反应的基元步骤中，可以形成多个不稳定中间过渡态物种。这些不稳定的中间过渡态物种会很快地进行反应，它们的浓度一般很低。可以假定，这些物种的浓度是恒定的，也就是说它们的生成速率与消耗速率相等，这就是准稳态近似。利用不稳定物种的稳态假设和速率控制步骤的假设，对从反应机理获得动力学方程非常有用，而方程式中所包含的分子物种的浓度可以很容易地用分析方法测定。这两个假设具有非常好的通用性，它们也能扩展应用于吸附和扩散步骤。

1.3.2　复杂反应体系的动力学

工业生产过程中的催化反应绝大部分是复杂反应，既有平行，又有串行反应发生，同时具有多种目标产品，还有不少副反应生成的产物。对这类复杂催化反应动力学研究不仅关注转化率数据，更重要的或许是中间产物的选择性，有时中间产物是不同反应条件下的副产品。为了对复杂反应网络进行动力学分析，一般说来需要有很好的分析仪器和设备以便对所有的产品进行分析，给出它们随反应时间(接触时间)的变化曲线。从这些数据中可以定性推导出所有初级和次级产品的反应网络，然后用合适的数学方法对所包含的多个动力学参数进行定量计算，并对所建立的反应网络模型进行可靠性验证。当然，网络模型与实验数据的一致性并不表明所建立的反应网络模型是唯一准确的机理模型[4]。

1.3.2.1　平行复杂催化反应

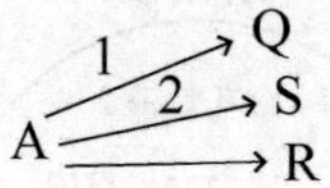

$$R_A=(k_1+k_2+k_3+\cdots)C_A^{a'} \tag{1-1}$$

$$\gamma_Q=k_1C_A^{a'} \tag{1-2}$$

$$\gamma_S=k_2C_A^{a'} \tag{1-3}$$

对于一级反应，很容易从下列关系

$$-\frac{dC_A}{dt}=k_1C_A+k_2C_A \tag{1-4}$$

$$\frac{dC_Q}{dt}=k_1C_A \tag{1-5}$$

$$\frac{dC_S}{dt}=k_2C_A \tag{1-6}$$

求得方程式(1-4)、式(1-5)的积分式，于是：

$$C_A=C_{A0}e^{-(k_1+k_2)t} \tag{1-7}$$

$$C_Q-C_{Q0}=\frac{k_1}{k_1+k_2}C_{A0}\left[1-e^{-(k_1+k_2)t}\right] \tag{1-8}$$

图 1-4 说明了各种结果。

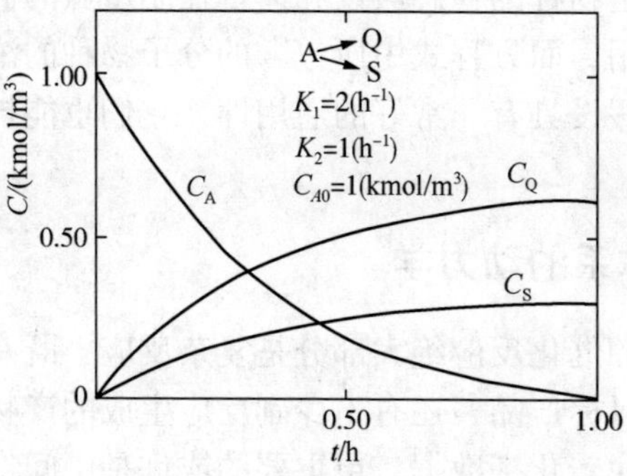

图 1-4　平行一级反应浓度对时间的关系曲线

产物的相对浓度可以简单地把速率方程(或积分结果)相除求得：

$$\frac{dC_Q}{dC_S}=\frac{k_1}{k_2} \tag{1-9}$$

此比率隐含着时间和产量，积分后，得：

$$\frac{C_Q - C_{Q0}}{C_S - C_{S0}} = \frac{k_1}{k_2} \tag{1-10}$$

1.3.2.2 串联复杂催化反应

$$A \xrightarrow{1} Q \xrightarrow{2} S$$

$$R_A = k_1 C_A^{a'} \tag{1-11}$$

$$R_Q = k_1 C_A^{a'} - k_2 C_Q^{q'} \tag{1-12}$$

$$R_S = k_2 C_Q^{q'} \tag{1-13}$$

若为一级反应，方程式(1-11)~式(1-12)也可容易地积分：

$$-\frac{dC_A}{dt} = k_1 C_A \tag{1-14}$$

$$\frac{dC_Q}{dt} = k_1 C_A - k_2 C_Q \tag{1-15}$$

和

$$C_A = C_{A0} e^{-k_1 t} \tag{1-16}$$

$$C_Q = C_{Q0} e^{-k_2 t} + \frac{k_1 C_{A0}}{k_2 - k_1}(e^{-k_1 t} - e^{-k_2 t}),\ k_1 \neq k_2 \tag{1-17a}$$

$$C_Q = k_1 C_{A0} e^{-k_1 t} t,\ k_1 = k_2 \tag{1-17b}$$

$$C_S = C_{A0} + C_{Q0} + C_{S0} - C_A - C_Q \tag{1-18}$$

图1-5可能说明这些结果。

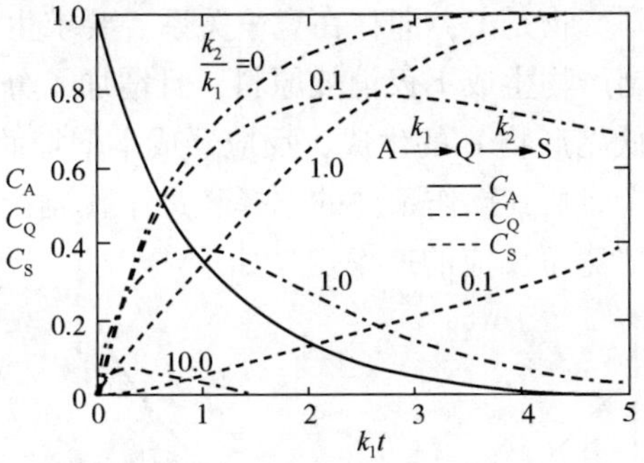

图1-5 串联一级反应，在各种 k_2/k_1 比值时浓度对时间的关系

如果 C_A，C_Q的实验数据是以时间的函数给出的，那么，原则上可将如图1-5中的计算曲线与数据比较，求出 k_1和 k_2的值。然而，用计算机模拟常常更有效，它可很快地得出作为(k_1，k_2)函数的许多解，并将输出值与数据对照。

用通常的方法将方程对 C_Q求微分，且令它等于0，可得出 Q 曲线上的最大值，其结果如下：

$$k_1 t_m = \frac{1}{(k_2/k_1)-1}\ln\left\{\frac{k_2}{k_1}\left[1-\frac{C_{Q0}}{C_{A0}}\left(1+\frac{k_2}{k_1}\right)\right]\right\} \tag{1-19}$$

此外，直接由速率方程相除求取选择性，相对比较简单。

$$\frac{dC_Q}{dC_A} = -1+\frac{k_2 C_Q}{k_1 C_A} \tag{1-20}$$

其解为：

$$\frac{C_Q-C_{Q0}}{C_{A0}-C_A} = \frac{C_{Q0}}{C_{A0}}\frac{(1-x_A)^k-1}{x_A}+\frac{1-x_A}{k-1}\frac{1-(1-x_A)^{k-1}}{x_A} \tag{1-21}$$

式中：

$$x_A = 1-\left(\frac{C_A}{C_{A0}}\right);\ k=\frac{k_2}{k_1} \tag{1-22}$$

1.3.3 复杂反应体系分析

复杂反应的基本类型包括串联反应、平行反应以及它们的组合。平行反应也称竞争反应，反应物被两个以上的不同反应所消耗。

1.3.3.1 在平行反应中目标产物最大化

平行反应：$A \rightarrow D(k_D)$

$A \rightarrow U(k_U)$

目标产物是 D，副产物是 U，即存在竞争关系。要求生成最少的 U 和尽可能多的 D，因为较多的副产物生成不仅消耗原料，且增加了分离的成本。

一般而言，为降低副产物 U 的生成，反应器成本增加而分离成本下降，如图 1-6 所示。通过对反应器及其操作条件的选择、最小化副产物以及高效化反应器流程的探究，得到上述竞争反应的速率定义如下：

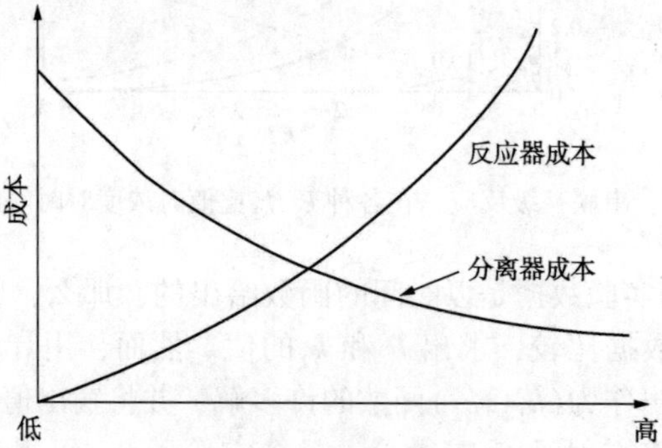

图 1-6 反应器系统效率

$$r_D = k_D C_A^{\alpha_1} \tag{1-23}$$

$$r_U = k_U C_A^{\alpha_2} \tag{1-24}$$

A 的消耗速率为：

$$-r_A = r_D + r_U \tag{1-25}$$

$$-r_A = k_D C_A^{\alpha_1} + k_U C_A^{\alpha_2} \tag{1-26}$$

两个反应的速率之比为：

$$S_{DU} = \frac{r_D}{r_U} = \frac{k_D}{k_U} C_A^{\alpha_1 - \alpha_2} \tag{1-27}$$

考察有不同反应级数时最大化 S 的方法：

（1）$\alpha_1 > \alpha_2$对目标产品的反应级数大于副产品的反应级数的情形，令 α 为一个正数，$\alpha = \alpha_1 - \alpha_2$，则有：

$$S_{DU} = \frac{r_D}{r_U} = \frac{k_D}{k_U} C_A^{\alpha} \tag{1-28}$$

要使该比值尽可能大，就要使反应保持在 A 的浓度尽可能高的条件下进行。对气相反应不要用惰性气体且在高压下使 A 保持高浓度；对液相反应要尽量少使用稀释剂。在此情形下应使用间歇或活塞流反应器，因为可以在开始时使用高浓度 A，在反应期间逐步加入。在理想全混流反应器（CSTR）中反应物浓度总是处于低值。

（2）$\alpha_1 < \alpha_2$对目标产品的反应级数小于副产品的反应级数的情形。令 α 是一个正数，$\alpha = \alpha_2 - \alpha_1$。

$$S_{DU} = \frac{r_D}{r_U} = \frac{k_D}{k_U C_A^{\alpha}} \tag{1-29}$$

为使该比值尽可能高，要求 A 的浓度尽可能低。可以使用惰性稀释进料的办法来达到 A 低浓度。应使用 CSTR，因为它能使 A 保持在低浓度。也可以使用循环反应器，用产物来稀释反应物。由于在上述的两个情形中活化能是未知的，就不能确定反应是在高温还是低温下进行更有利。速率选择性参数对温度的敏感性可通过速率常数比进行确定：

$$\frac{k_D}{k_U} = \frac{A_D}{A_U} \exp\left(-\frac{E_D - E_U}{RT}\right) \tag{1-30}$$

（3）当 $E_D > E_U$时，随温度升高目标反应的速率常数 k_D的增加比副反应的速率常数 k_U的增加快。因此，为获得最大的 S_{DU}，应在尽可能高的温度下操作。

（4）当 $E_D < E_U$时，随温度升高目标反应的速率常数 k_D的增加比副反应的速率常数 k_U的增加慢。因此，为获得最大的 S_{DU}，应在尽可能低的温度下操作，但温度不能低到使目标反应没有显著的转化。

可以看出，在低的反应物浓度下可以获得高的产物选择性，也就是高温低反应物浓度下可以使副产物为最小。低反应物浓度可以通过使用惰性稀释剂、低的反应物压力和使用 CSTR 或循环反应器来达到。

1.3.3.2 串联反应目标产品最大化

前面已指出，通过调节反应条件如反应物浓度和选择合适的反应器可达到最小化副产物的目的。对串联反应而言，最重要的变量是反应时间，即连续反应器中的空速和间歇反应器中的真实停留时间。为说明时间因素的重要性，考虑串联反应：$A \xrightarrow{r_1} B \xrightarrow{r_2} C$，B 是目标产品。

若第一个反应是慢的而第二个是快的，则产生 B 极端困难。而如果第一个反应是快的而第二个是慢的，则可以获得很高的 B 的收率。但是，如果允许反应在反应器中长时间进行，产品 B 也会转化为 C。因此，对串联反应，反应时间的计算比其他类型反应更重要。

$$\nu_0 \frac{dC_B}{dW} = k_1 C_A - k_2 C_B \tag{1-31}$$

令 $\tau' = W/\nu_0 = \rho_c V/\nu_0 = \rho_c \tau$，$\rho_c$ 是催化剂的堆密度，利用式(1-16)，展开得到

$$\frac{dC_B}{d\tau'} + k_2 C_B = k_1 C_{A0} \exp(-k_1 \tau') \tag{1-32}$$

$$\frac{d[C_B \exp(k_2 \tau')]}{d\tau'} = k_1 C_{A0} \exp[\tau'(k_2 - k_1)]$$ 利用初始条件：$\tau' = 0$，$C_B = 0$

$$C_B = k_1 C_{A0}[\exp(-k_1 \tau') - \exp(-k_2 \tau')]/(k_2 - k_1),\ k_1 \neq k_2 \tag{1-33}$$

A、B、C 浓度分布见图 1-7。

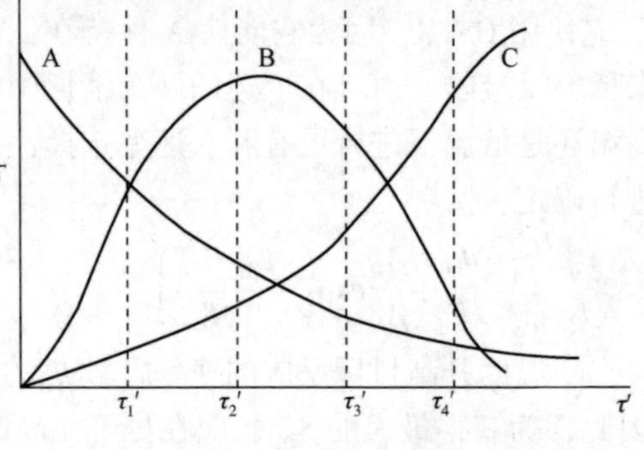

图 1-7 A、B 和 C 浓度分布

$$\frac{dC_B}{d\tau'}=0=\frac{k_1C_{A0}}{k_2-k_1}(-k_1e^{-k_1\tau'}+k_2e^{-k_2\tau'})\tag{1-34}$$

$$\tau'_{opt}=\frac{1}{k_2-k_1}\ln\frac{k_1}{k_2}\tag{1-35}$$

对应的 A 的转化率($k_1 \neq k_2$)：

$$X=\frac{C_{A0}-C_A}{C_{A0}}=1-\exp(-k_1\tau')\tag{1-36}$$

则

$$X_{opt}=1-\exp(-k_1\tau'_{opt})=1-\exp\left[-\ln\left(\frac{k_1}{k_2}\right)\right]^{k_1/(k_1-k_2)}\tag{1-37}$$

$$=1-\left(\frac{k_1}{k_2}\right)^{k_1/(k_1-k_2)}$$

收率定义为产出的 B 的物质的量与 A 进料的物质的量之比，与转化率的关系函数见图 1-8。产品 B 收率可表达为 C_B/C_{A0}。

跟踪串联反应进展的另一个方法是把特定时间(如图 1-9 中 τ'_1 和 τ'_2)的浓度作图，三角形图的三个顶点分别对应于纯组分 A、B 和 C。

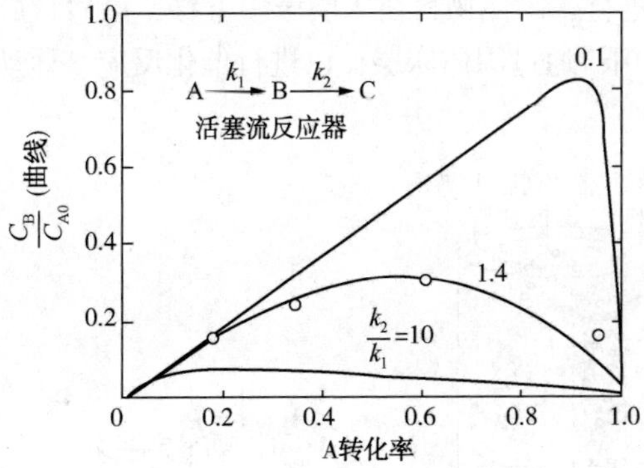

图 1-8　产品收率-转化率曲线

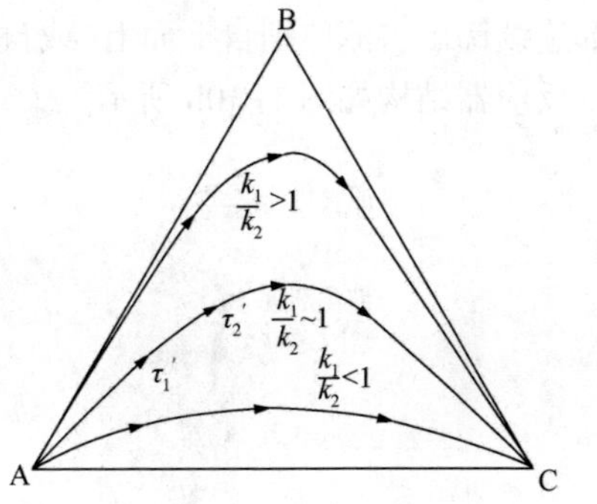

图 1-9　不同速率常数比时的反应途径

1.4　复杂气固催化反应反应器设计与优化

1.4.1　催化反应器类型

催化反应器一般是为特定催化反应和催化剂而进行专门设计的，而不是要求催化剂和催化反应来适应催化反应器。例如，氨合成催化剂的研究和发展带动了有不同换热装置的固定床反应器的发展和完善；分子筛催化裂化催化剂的研究和发展导致提升管反应器的出现；Raney 镍催化剂推动浆态床反应器的应用。第三代重整催化剂的发展促使移动床反应器的发展等。因此详细了解催化反应的特点以及所用催化剂的特性是选择和设计催化反应器所必需的。催化技术经过200多年的研究和发展，已经开发出多种类型的反应器，它们能够适合于不同类型的催化反应需求。反应器大致可按物相、流体流动类型、温度分布、催化剂的流动状况、反应器容量大小和传递过程确定程度等多种方式进行分类。较为典型的是基于催化剂的流动状况进行分类，分为固定床、移动床、流化床和浆态床反应器，其特点如下[5]：

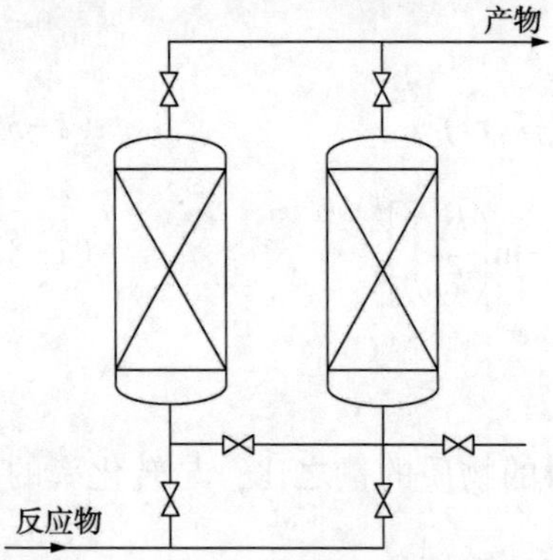

图1-10a　固定床反应器结构及其反应物的流动情况

（1）固定床：催化剂颗粒固定不动，反应物流体流过催化剂颗粒的间隙，流体可以是连续相也可以是间断相，有气-固、液-固和气-液-固（如滴流床、淹没床）固定床反应器之分，固定床反应器结构如图1-10a所示。

（2）移动床：在反应器顶部连续加入颗粒状或块状固体反应物或催化剂，随着催化反应的进行，固体物料在床层缓慢下移，最后自底部连续卸出。流体则自下而上（或自上而下）通过固体床层，以进行催化反应。移动床反应器结构如图1-10b所示。

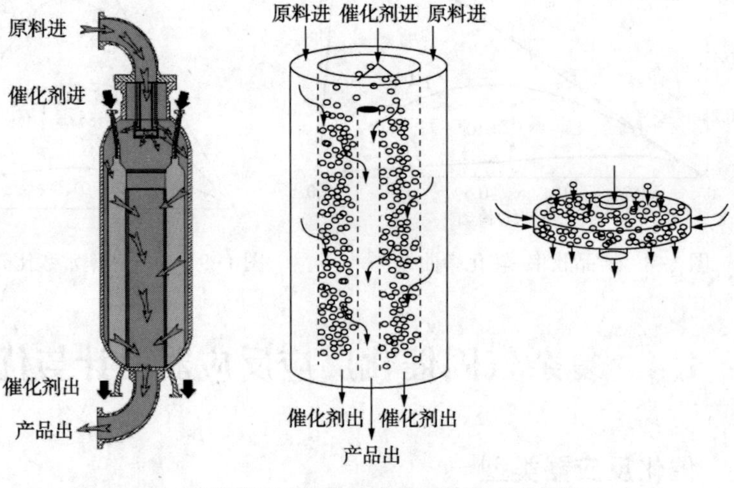

图1-10b　移动床反应器结构及其反应物流动情况

（3）流化床（包括提升管）：反应物的流动使粉末催化剂呈悬浮状态，催化剂在反应器内基本上处于全混状态，催化剂密度、温度均处于均匀分布，如图1-10c所示。

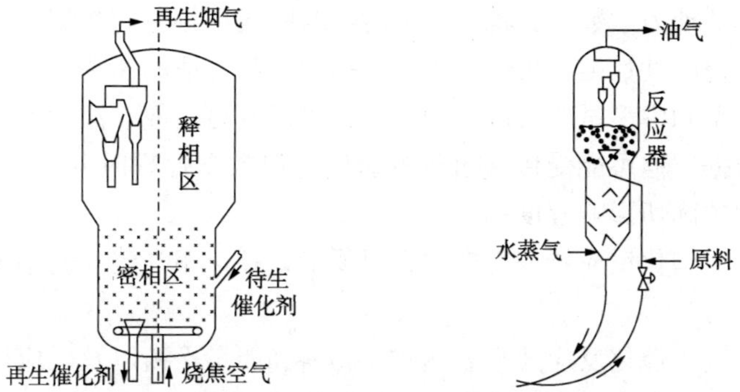

图 1-10c 流化床反应器结构及其反应物的流动情况

(4) 沸腾床：粉末催化剂悬浮于液体反应物或溶剂中，可以注入或不注入气体反应物，温度均匀，基本处于全混状态，如图 1-10d 所示。

对气-固催化反应，最普遍使用的是固定床和流化床。对于固定床管式连续流动型反应器，流体的流动一般是活塞流，在径向没有浓度和温度梯度，即径向完全混合而轴向是零混合。流化床最初是因为催化裂化技术需求而发展起来的，目的是解决催化剂快速结焦而失活以及反应再生催化剂输送等难题，现已发展成为相当成熟的反应器技术平台，在众多工业过程中发挥着难以替代的作用，如煤粉气化、甲醇制烯烃、石油烃催化裂化等。

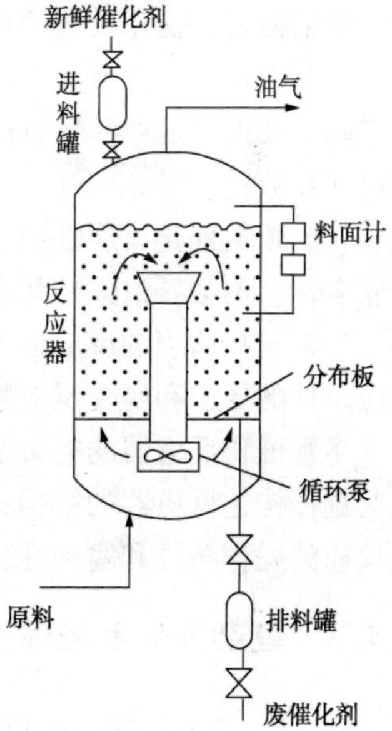

图 1-10d 沸腾床反应器结构及其反应物的流动情况

1.4.2 反应器设计方法

反应器逐级放大的方法虽然比较可靠，但非常费时且成本较高，在计算技术非常发达和大量数据积累的今天，该方法已逐渐发生变化。另外，仅根据催化反应的知识来设计反应器的先验方法，目前仍然无法达到。因此，对反应器的设计只能取折中的方法，也就是建立反应器模型与实验验证相结合的方法。

反应器设计的第一步是要针对特定的反应和催化剂获取必要的数据，特别是要获得该催化反应过程的合适和可靠的速率表达式，因此必须以实验数据为基础。实验数据可从下述方法中的一个来获得。

(1) 从适合于催化反应动力学研究的实验室反应器获得。在排除传递过程的干扰下获得本征动力学数据，也就是浓度与时间或接触时间数据，利用数值微分方法得到速率与浓度数据，再利用这些数据建立起合适的速率方程；

(2) 在小型和中型试验反应器中获得，可以变更组成、温度、压力等操作参数获得试验数据，但可能受传递过程的影响，但数据处理时要分离出它的影响，给出传递过程的确切影响程度；

(3) 从工业催化反应器获得数据，只要能计算速率和建立速率关系就可直接利用。

第二步是基于催化反应速率表达式、物料和能量平衡以及反应计量方程式进行不同催化反应器类型的设计计算，这样不仅可以获得确定产品数量所需要的催化剂质量或体积，以及需要输入或传出的热量，而且可以为反应器的类型选择及其尺寸和数量提供依据。

第三步是机械和土建设计部分。

概括而言，催化反应器设计包括的主要内容有：

(1) 选择和确定反应器的类型和形式，依据催化反应性质、动力学、物料平衡来确定获得一定产品数量所需要的催化剂质量或体积，同时也确定催化反应器的尺寸和数量；

(2) 依据催化反应性质、动力学、物料平衡来确保设计的反应器的热稳定性和安全性，不会导致失控状态的发生；

(3) 选择适当的反应器内构件、结构材料，计算反应器强度以确保可以达到反应条件的要求和经受反应物料的腐蚀作用，即反应器中的机械设计。

尽管催化反应器的完整设计必定会包括反应器的机械设计和建筑设计，也就是要选择构建反应器的结构材料、器壁厚度和内构件来保证反应器能够经受住催化反应的操作条件和腐蚀性，反应器的机械设计是机械工程师的工作内容。

1.4.3 复杂催化反应体系中的反应器设计与优化

1.4.3.1 固定床与移动床

工业催化反应是由众多串/并联基元反应步骤构成的复杂反应网络，各反应步骤分别具有其热力学/动力学特性，通过不同反应区反应模式的协同配合，实现特定反应路径的定制和调控，从而提高目标产物的选择性。而单一反应器或单一反应区难以为复杂催化反应中的特定反应量身定做，同时也难以高效且充分地发挥催化剂性能。通常采用固定床或移动床反应器串/并联方式来控制复杂催化反应路径。在石油炼制技术领域中，渣油加氢处理工艺是采用4~5个固定床反应器串联[6]，半再生重整工艺是采用3个固定床反应器串联，而连续重整工艺是采用4个移动床反应器串/并联[7]。

渣油加氢处理工艺主要涉及到加氢脱硫、脱氮、脱金属等反应，以及残炭前身物转化和加氢裂化反应，这些反应特点如下：

(1) 加氢脱硫(HDS)反应

各种类型硫化物的氢解反应都是放热反应，总体反应热大约为2300kJ/Nm^3氢耗。加氢脱硫反应是渣油加氢过程中的主要反应，对反应器中总反应热的贡献率最大。

(2) 加氢脱金属(HDM)反应

渣油中的镍和钒绝大部分存在于胶质和沥青质中，因此，渣油的加氢脱金属反应常与沥青质的裂解反应紧密相连。镍和钒在催化剂上的沉积物是以金属硫化物的形式存在的，可分别用 Ni_3S_2 和 V_3S_4 表示。在相同的反应条件下，钒比镍更容易脱除，这是因为存在于卟啉中的钒与氧原子牢固结合，而氧原子又与催化剂表面形成牢固的键，如此使得脱钒更容易。

(3) 加氢脱氮(HDN)反应

原油中的氮约有70%~90%存在于渣油中，而渣油中的氮又大约有80%富集在胶质和沥青质中。研究表明，胶质、沥青质中的氮绝大部分以环状结构(五元环吡咯类或六元环吡啶类的杂环)形式存在。原料中的氮化物经加氢后生成 NH_3 和烃类，随后 NH_3 从反应产物中脱除，烃类则留在产品中。一般杂环氮化物的加氢脱氮反应首先是芳环和杂环加氢饱和，然后是环的一个C—N键断裂(即氢解)，最后是生成的胺类或苯胺类中间化合物C—N氢解，氮以 NH_3 的形式脱除。因此，采用芳烃加氢饱和性能好的催化剂以及较高的氢分压，对加氢脱氮反应有利。

加氢脱氮反应也是放热反应，反应热大约为2720kJ/Nm^3氢耗，但由于原料油中氮含量低，脱除率只有50%~60%，因此它对反应器中总反应热的贡献率不大。

(4) 加氢降残炭(HDCR)反应

加氢降残炭反应也是渣油加氢过程中的重要反应，残炭的降低率是渣油加氢工艺一项重要指标。与S、N和金属等杂质不同，渣油残炭量的高低代表了其中高沸点组分如多环芳烃、胶质和沥青质等在加工过程中的生焦趋势。

(5) 加氢裂化反应

加氢裂化反应是将大于538℃原料油部分转化为小于538℃轻馏分。转化程度取决于渣油加氢处理工艺的生产方案，对于一般渣油加氢处理工艺，转化程度(称为轻质化率)小于50%。加氢裂化反应对生成轻质油品有重要的作用。

渣油加氢处理工艺基于上述的脱硫、脱氮、脱金属及残炭转化反应特点，其反应系统一般可分为三段，第一段用于加氢脱金属和转化，操作温度通常比第二段高20~30℃，第二段为过渡段(HDM/HDS)，第三段为深度加氢脱硫和精制，其原则流程见图1-11。反应系统所有的保护反应器和主反应器都采用单一床层的固定床反应器，这是为了方便催化剂的装卸，并使反应器内构件布置简单化。

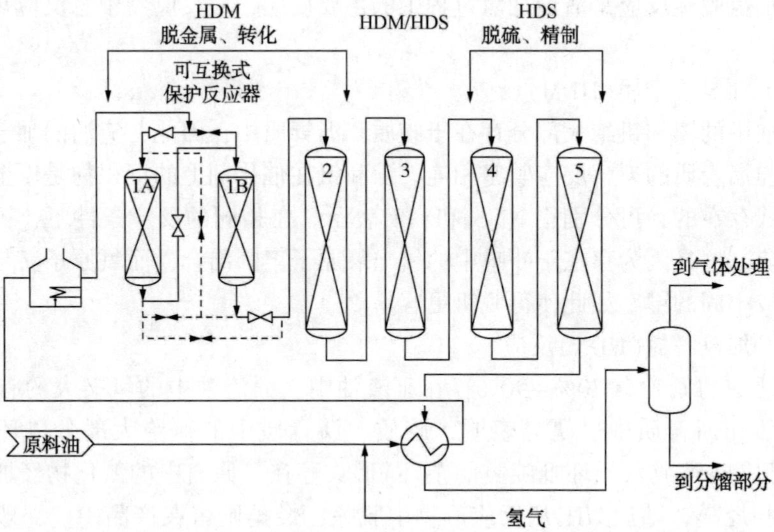

图1-11 渣油加氢处理工艺原则流程及反应器布置

催化重整工艺主要涉及到环烷烃脱氢和烷烃环化脱氢反应，在碳原子数目一定时，分子结构愈紧密，其辛烷值愈高。因此，重整工艺希望将直链烃转化为它的支链异构体、环烷烃和芳烃，其反应途径为[3]：

直链烃→环烷烃→芳烃

第一步反应的速率常数 k_1 比第二步 k_2 小，两步反应都是强吸热反应。而所允许的操作温度范围很小：530℃以上会有副反应发生，而温度低于430℃基本不会有反应发生。因此，采用多个固定床或移动床反应器，中间加热才能满足石脑油重整催化反应的实际需求。

石脑油原料进入第一反应器以后，其中六元环烷烃脱氢等反应速率快的反应首先进行，这些吸热反应使反应器温度急剧下降，反应器下部处于较低的温度，从而影响反应速率，使这部分催化剂不能充分发挥作用。因此第一反应器体积不用太大，催化剂不宜多装，同时需要在第一反应器后设置较大的加热炉将反应物料重新加热到所需的反应温度。加热后的反应物料进入较大的第二反应器，使五元环烷烃进行脱氢异构反应，温度也会下降，但下降幅度减小。此后，反应物料再进入第三、四反应器时，容易进行的反应基本都已完成，烷烃环化脱氢等速率较慢的反应需要更大的反应空间，同时吸热的脱氢反应减少，放热的加氢裂化反应逐渐增加，反应器温降较小。因此，各段重整反应从前到后其加热炉负荷逐步减小，而反应器体积则逐步加大。重整反应加热炉的热负荷除第一个加热炉(进料加热炉)与进料换热器的换热量有关外，后面三个加热炉(中间加热炉)的热负荷都是由各段反应的反应热决定的。反应器从前到后催化剂的装料比，三个反应器一般依次为15%、25%、60%；四个反应器一般依次为10%、15%、25%、50%。

催化重整工艺主要操作条件：反应压力0.35~1.50MPa、反应温度480~530℃、氢烃摩尔比2~8、体积空速1~3h^{-1}。采用绝热反应器，反应过程中要吸收大量热量，为了补充热量，维持足够的反应温度，反应器一般设置3或4台，物料在进入每台反应器之前先在加热炉内加热。至于催化重整反应需要几台反应器，与反应苛刻度和进料组成有关，有的采用3台反应器，有的采用4台反应器，通常根据辛烷值的要求和反应热的大小确定。如果反应器台数多，则反应器内床层温度变化范围小，对反应有利，但增加一台反应器，投资要增加，经济上不一定合理。一般装置如果反应苛刻度不高，产品辛烷值(RON)不超过98，反应热在1000kJ/kg以下，可考虑用3台反应器，高于此值最好采用4台反应器。半再生催化重整工艺一般采用3台固定床反应器串联，见图1-12，而连续重整工艺是将4个移动床反应器串联设置，见图1-13。

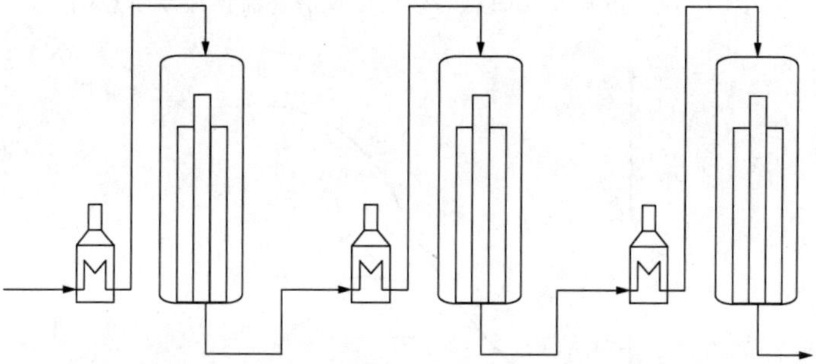

图1-12 半再生催化重整工艺反应器布置

催化重整工艺反应器内流体流动的大致情形见图1-14。反应物径向向内流过用金属网包住的催化剂。催化剂以断续而不是连续的方式慢慢向反应器的下方移动。由于反应是吸热的，平衡转化率随温度增加而提高。有代表性的平衡曲线和分段温度-转化率曲线见图1-15。

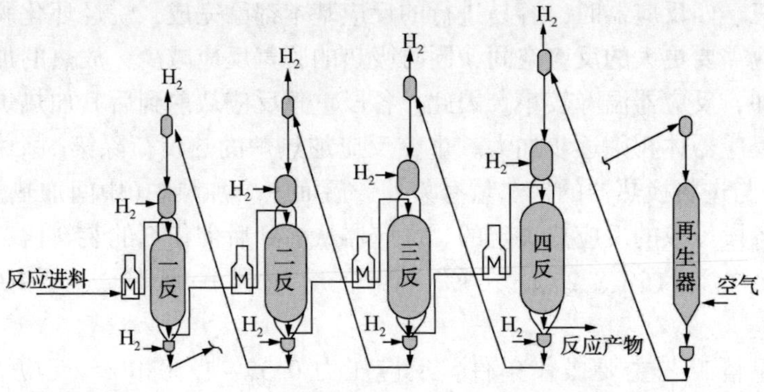

图 1-13 连续重整工艺反应器布置

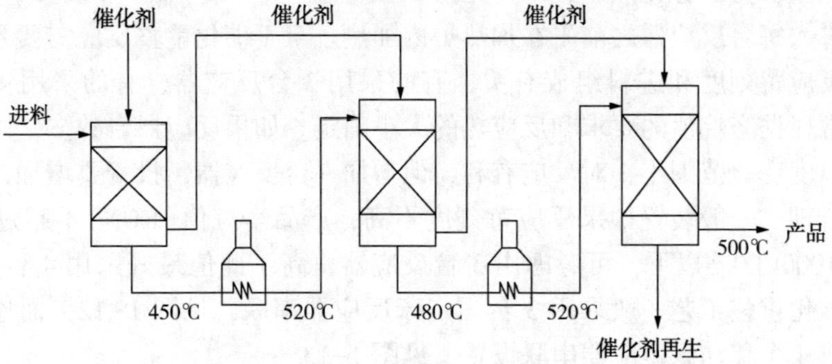

图 1-14 带有段间加热的移动床反应器流体流动示意图

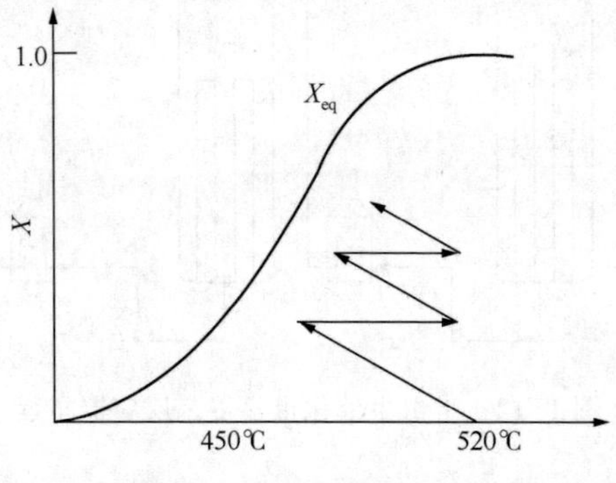

图 1-15 吸热反应段间加热温度-转化率曲线

1.4.3.2 流化床

气固流化床反应器在化工过程中具有非常重要的地位，应用极其广泛。固体颗粒在流化床内充分混合，从而床内各处的温度和浓度处于均匀一致状态，使得流化床反应器具有较好的传质、传热能力，有利于强放热反应的进行，这是催化裂化、烯烃聚合、煤气化、干燥及造粒工艺等众多化工过程采用流化床作为反应器的重要原因[8,9]。然而，为了满足复杂的化工生产过程的要求，对流化床反应器研究与开发也在不断进行中。为了既保持流化床固有的优点，又能限制固体颗粒的返混，改善两相的停留时间分布，强化化学反应和物理加工的条件，出现了多层流化床、多室流化床、多器流化床等较为复杂的流化床反应器形式[10]。

多层流化床由多个沿轴向串联起来的流化床组成，各床层之间用筛板隔开，颗粒经溢流管或筛板从上层流化床流向下层流化床，而气体则是从底层进入，顶层排出，如图1-16所示。多层流化床的显著特点是能够沿床层轴向建立起温度梯度和浓度梯度，并能有效地抑制气泡在多层床中的增长，提高反应器传质、传热能力[11]。相对于单层流化床，多层流化床既保持了流化床固有的优点，又能限制流体和固体相的返混，改善了两相的停留时间分布，抑制了气泡生长，强化了化学反应和物理加工的条件，因此多层流化床得到了迅速的发展和应用[10]。多层流化床已应用于气相和固相加工过程，不仅可应用于干燥、吸附等物理过程，还应用于催化裂解制烯烃、萘氧化制苯酐、焙烧等化学反应过程[12]。

多室流化床是由多个沿径向串联起来的流化床组成。床层断面一般为矩形，流化床通过隔板分成多个腔室，颗粒从一端加入，从另一端排出；气体从底部进入，顶部排出。气体和颗粒形成错流流动形式，如图1-17所示。多室流化床的特点是布置紧凑，可降低颗粒在床层中的返混，建立起横向温度和浓度梯度，但结构较为复杂。多室流化床与多层流化床极为相似，都是从物理结构上进行分区，主要的不同点在于多室流化床是横向建立多个区域，而多层流化床是轴向建立多个区域。多室流化床应用的典型实例是卧式多室连续流化床干燥器，其结构特点是具有长方形气体分布板，为了使气体分布均匀，在分布板下部将其分为若干个气体分布室，物料的停留时间由出口堰高度控制。

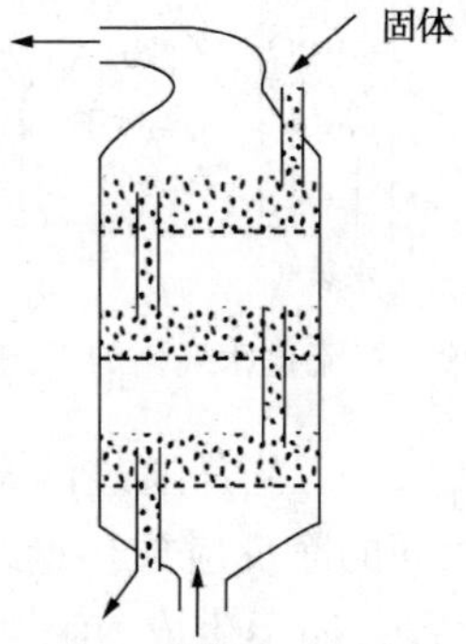

图1-16 多层流化床结构示意图

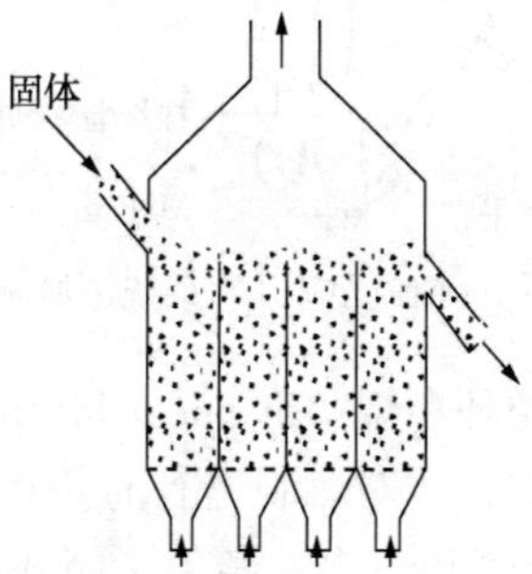

图1-17 多室流化床结构示意图

多器流化床是由两个及以上的单个流化床通过串联或并联的方式组成的组合反应器系统。在此系统内，气体和固体颗粒在不同的流化床间移动，实现颗粒的串联流动和气体并联及其他形式的流动[13]。此外，还可以对各个流化床进行单独注气，以提供不同的反应条件，比如反应温度、压力及气体组成等，从而实现不同类型的催化反应过程。

最早采用多器流化床组合反应器形式的工艺当属流化催化裂化(Fluid Catalytic Cracking，FCC)工艺。FCC工艺的反应器采用稀相输送的提升管，而再生器采用鼓泡床、湍动床或快速床及其组合形式。油气在提升管中进行催化裂化反应，催化剂在反应器和再生器之间连续循环流动，其装置原则流程如图1-18所示[14~16]。

生物质气化领域也有多个流化床反应器组合的应用实例[10]，例如，双流化床气化炉工艺分为第Ⅰ级和第Ⅱ级流化床反应器，如图1-19所示。第Ⅰ级反应器中生物质发生裂解，生成的炭颗粒进入第Ⅱ级反应器进行燃烧反应，使床层温度升高，高温床层物料经料腿返回第Ⅰ级反应器，保证了第Ⅰ级反应器的热源，双流化床气化炉的碳转化率较高。气化炉的燃烧炉采用鼓泡流化床，而热解炉采用循环流化床，两个流化床之间靠热载体循环进行传热。

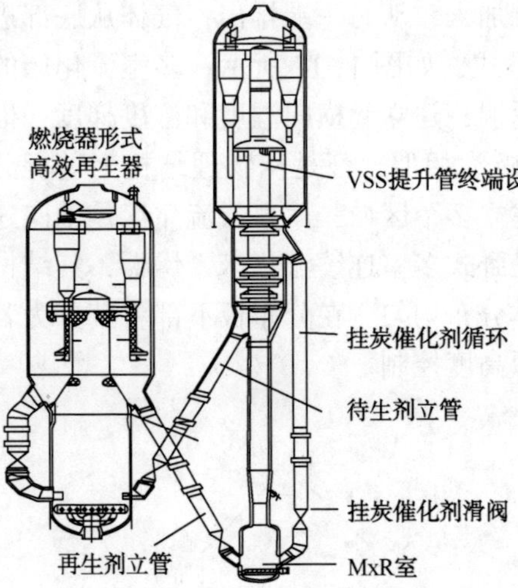

图1-18　FCC反应再生系统原则流程

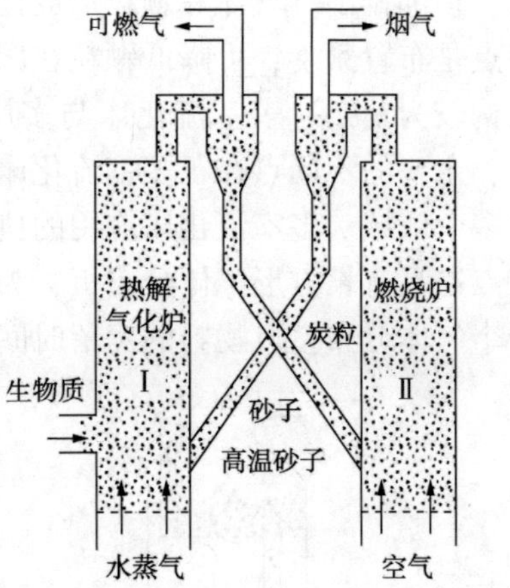

图1-19　双流化床气化炉工艺原则流程

化学循环燃烧(Chemical looping combustion，CLC)工艺是通过两个流化床反应器组合的方式对燃料进行直接燃烧，既能达到相同的净反应放热量，又能实现CO_2自动分离和纯化，避免了高耗能的气体分离过程，还不生成NO_x[17~19]。化学循环燃烧组合流化床反应器系统如图1-20所示[20]，循环流动的颗粒作为氧载体往返于两反应器，在燃料反应器(鼓泡床)中，烃类燃料与作为氧载体的金属氧化物中的晶格氧发生反应生成 CO_2和 H_2O，而金属氧化物被还原成低价金属氧化物或金属单质后，进入空气反应器(提升管)中进行氧化并放出大量热量，因此金属氧化物得以再生。在此工艺中，空气不与燃料直接接触发生燃烧反应，一方面没有 NO_x的形成，另一方面还避免了燃料气体和氧气直接混合带来的爆炸危险。当然，化学循环燃烧工艺还可由其他的反应器组合形式来实现。

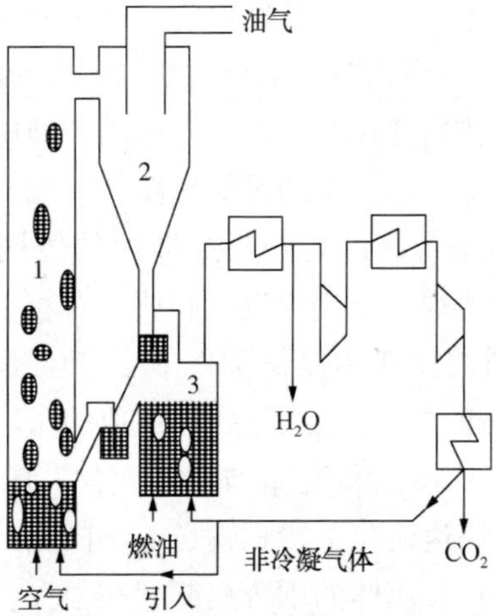

图 1-20　双流化床组合的化学循环燃烧工艺示意

1—提升管；2—料斗；3—鼓泡床

烯烃聚合工艺采用组合反应器形式，分为双鼓泡流化床组合、流化床和环管组合、流化床和搅拌釜组合等。例如，乙烯聚合工艺采用四个反应区的流化床反应器形式，其中两个反应区是鼓泡流化床，另两个反应区是快速流化床，聚合物颗粒从第一鼓泡流化床进入快速流化床后，速度显著增大，快速流化的颗粒经旋风分离器分离后，通过返回料腿进入第二鼓泡流化床反应区域，然后再通过相同的方式返回第一鼓泡流化床[21]。

多层流化床、多室流化床、多器流化床反应器形式均能在床层内建立温度梯度和/或浓度梯度，能够更为简单地实现多区域和/或不同工艺状态，有效地满足某些特殊化工过程的要求，但其有如下共同的缺点：

(1) 每个流化床层都有密相的流化区域(流化反应区)及稀相分离空间(分离空间)，而多个稀相区域的存在降低了反应器中有效反应床层的体积，从而导致设备利用率较低。

(2) 对于相同生产规模的装置，建设这样结构相对较为复杂的反应器，投资费用就更大，且操作稳定性降低，从而限制这类反应器应用与发展。

(3) 只适合不同的催化反应体系，如气化与氧化、反应与再生，难以满足单一的复杂的气固催化反应对温度和/或浓度差异的要求。

在某些情况下，复杂的化工过程体系，尤其是复杂气固催化反应体系，要求单器流化床具有多种不同的流动状态。这种流型共存的模式既可以达到单器反应器内建立温度梯度和浓度梯度的目的，又能提高流化床的设备利用率，减少设备投资，满足复杂气固催化反应工艺的相关需求，相比多层流化床、多室流化床、多器流化床有着明显的优势。然而，从经典的书籍和公开文献来看，对这类多温区和/或多流型共存的反应器形式缺乏系统的研究[21]。因此，如何在单器流化床反应器中有效地实现浓度和温度梯度，对工业应用和理论研究均具有十分重要的意义，将成为未来流化床反应器研究的重要思路。

流化床内气固流动结构直接影响着反应器内的传热、传质和化学反应。因此，研究气固系统的流动结构对反应器设计和放大有着重要的意义。Geldart A 颗粒被“流态化”后，在不同的物性和操作条件下会产生不同的流型以及不同尺度的流动结构。当流体向上通过一个由大量颗粒组成的床层时，随着流体速度、催化剂循环量等操作条件以及颗粒和流体物性的变化，床层可以经历诸如均匀膨胀、鼓泡、节涌、湍动、快速流化、稀相输送等不同流域。不同流化状态下的颗粒运动、传递机制以及与颗粒流体的耦合机制存在很大差异。当催化剂浓度极低时，颗粒运动的平均自由程大于流场的特征尺度，颗粒间几乎不发生碰撞，这时的传递过程是以流体控制的悬浮传递为主导，颗粒分布较为均匀。当颗粒浓度增大，颗粒运动的平均自由程缩短，颗粒间开始有碰撞发生，颗粒通过瞬间碰撞及碰撞间隙时受到流体曳力而悬浮这两种形式进行传递，颗粒自身作用(包括重力场、碰撞等作用)和流体作用相互协调竞争，颗粒动态聚团结构开始显现。当颗粒浓度进一步增大，颗粒间的碰撞更加频繁，悬浮过程变短，不均匀结构更加明显。当颗粒浓度增加到颗粒群处于紧密堆积状态时，颗粒间的瞬时碰撞以及悬浮过程逐步弱化，颗粒间发生长时间的接触，摩擦作用开始占主导地位，流体相作用控制让位于颗粒相作用控制。由此可见，颗粒间的非平衡传递主要通过三种机制实现：颗粒在两次碰撞之间受流体作用的悬浮传递(kinetic transport)、颗粒瞬间快速接触时的碰撞传递(collisional transport)和颗粒在紧密堆积状态下的摩擦接触传递(frictional transport)，如图 1-21 所示[10]。

悬浮、碰撞传递与摩擦传递起到主导作用的浓度区域不同，其相对强弱取决于由物性和操作参数决定的不同流动状态。从宏观表象上看，流态化是由宏观连续的流体与宏观离散运动的颗粒相互作用、相互影响的一个体系。从微观本质上看，流体的图像由连续的场转换为离散的分子，流态化成为离散的流体分子与离散的固体颗粒相互作用、相互影响的一个体系。流体和颗粒间的相互作用从连续

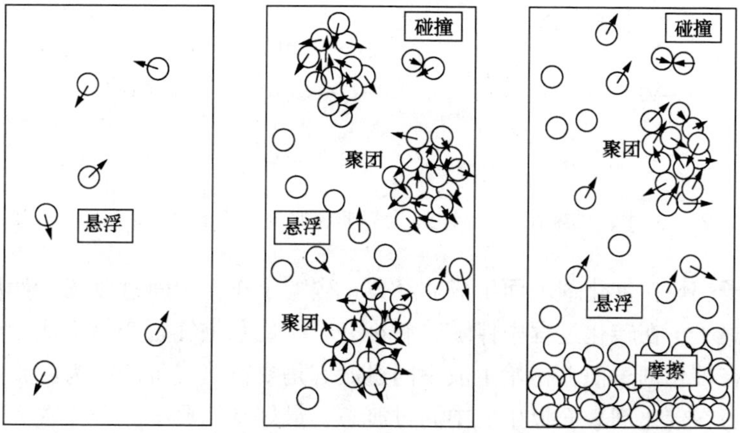

图1-21 颗粒传递的三种机制：悬浮、碰撞和摩擦传递过程示意

场结点处的平均作用力描述转变成微观分子“颗粒”与宏观固体颗粒间的碰撞、摩擦等作用。组成具有宏观可测力学特征的流体的分子数目大概在10^{23}量级，跟踪如此庞大数目的分子群体运动超过现有计算能力。将宏观连续的流体离散为一定数目的“拟颗粒”，单个“拟颗粒”则视为由一群具有相同或相近力学运动特征的分子组成，从而可以大幅度缩减离散单元(包括颗粒和拟颗粒)的个数。但“拟颗粒”数目过少，可能导致单颗粒运动信息丢失过多，而“拟颗粒”数目过多，也存在计算量过高问题。因此确定合适的“拟颗粒”数目成为模拟计算科学领域中的难题。

工业规模的流化床，其直径可达几米甚至十米以上，而催化剂颗粒粒径仅为几十微米，同时催化剂密度是气体密度的几百倍，气固流化床反应器内的流动结构极其复杂，当今化工界仍然难以对其准确描述与有效调控。正因如此，采用固定床和移动床串/并联应对复杂气固催化反应的技术思路，简单地将多个流化床串/并联以适应复杂催化反应特点几乎是不可能的，主要存在以下三个问题难以解决：

(1) 反应过渡态难以延续

以催化裂化反应为例，大分子烷烃作为反应物，首先在催化剂B酸性位上质子化生成非经典的正碳离子，以该正碳离子为过渡态进行断裂。如3-甲基戊烷(3-MP)在酸性催化剂上反应有3种断裂途径(见图1-22)，分别如下[22]：

途径一：非经典的正碳离子断裂为甲烷和一个经典的正碳离子；

途径二：非经典的正碳离子断裂为乙烷和一个经典的正碳离子；

途径三：非经典的正碳离子断裂为氢气和一个经典的正碳离子。

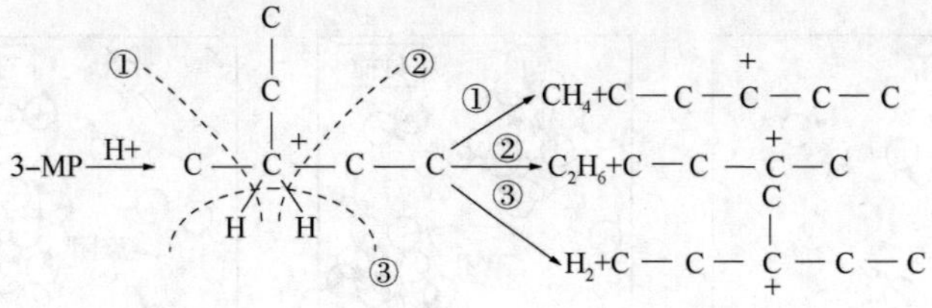

图 1-22　3-甲基戊烷在酸性催化剂上以非经典正碳离子为过渡态的反应途径

大分子烷烃在催化剂表面生成非经典正碳离子作为中间过渡态，然后转化为经典正碳离子，在转化过程中伴随着有小分子烷烃和氢气副产物生成。因此，大分子烷烃在催化剂表面上初始生成中间过渡态是要付出代价的。为此，尽可能减少烷烃自身在催化剂表面上生成中间过渡态，最好是经典小分子正碳离子通过负氢离子转移将大分子烷烃直接生成经典正碳离子。例如，在固体酸催化剂作用下，经典的正碳离子 R_2^+会从原料烷烃分子中抽取负氢离子发生负氢离子转移反应，自身转化成产物烷烃(R_2H)的同时，使原料烷烃分子形成一个新的 R_1^+，从而使整个催化裂化反应不断进行，其反应式如下：

$$R_1H+R_2^+Z^- \longrightarrow R_1^+Z^-+R_2H$$

通过上述反应途径，烷烃分子就直接生成经典的正碳离子，不必产生氢气和小分子烷烃。这就是说，在反应过程中，催化剂表面上所形成的中间过渡态最好不要被强行终止，但简单地将多个流化床串/并联所构成的组合反应器只能强行终止经典正碳离子的反应深度，再到下一个反应器重新引发，从而造成不必要的副产物生成。

(2) 催化剂颗粒输送复杂，难以长周期运行

催化剂颗粒从一个密相流化床输送到另一流化床，需要设置催化剂料斗、立管和滑阀等设备，如果多个流化床反应器串联/并联，就要设置多套催化剂料斗、立管和滑阀等设备，造成催化剂输送过程极其复杂，其原则流程如图 1-23所示。从图 1-23 可以看出，催化剂输送是并联的，由单个再生器向 3 个反应器输送催化剂，而反应物是串联，先进入第 1 反应器，然后再进入第 2 反应器，最后进入第 3 反应器。尽管 3 个反应器可以具有不同温度和催化剂密度，满足反应对工艺参数的要求，但如果其中一个反应器催化剂输送过程不畅通，会造成反应器系统催化剂输送过程难以持续，操作难度和装置的运行不稳定性明显地增加。

对于高气速流化床，气体和颗粒两相流动相互协调运动，颗粒倾向于聚团，而聚团形式可以小至几个颗粒的结合体，也可能大到在整个反应器截面上，没有固定的特征尺寸。如果高气速流化床反应器简单的串联/并联，两个反应器之间

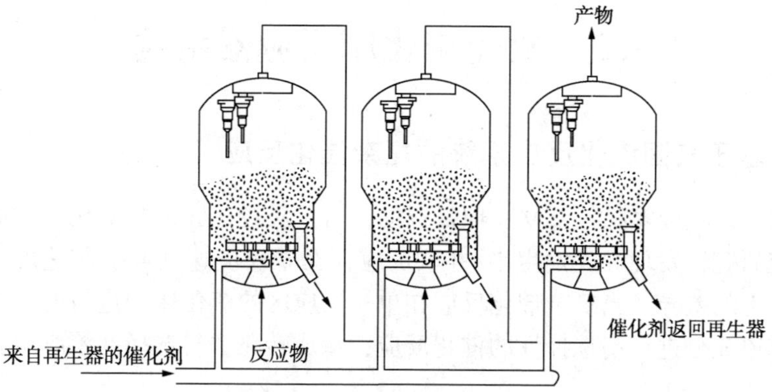

图 1-23 三个串联组合的流化床反应器

必须设置催化剂缓冲罐，催化剂输送过程处于高速、低速反复切换状态，催化剂输送更加复杂，难以使整个反应器处于平稳控制状态。

(3) 过程压降大，操作成本高

为保证流化床内催化剂处于流化状态，流化床必须具有一定压降。高速流体输送的提升管反应器的压降为 50~70kPa，密相流化床反应器压降为 80kPa。如果三个流化床串联，其压降高达 0.2MPa。如此高的压降，需要提供更多的动力，这样会使操作成本大幅度增加。

流化床自身流动结构极其复杂，像固定床和移动床简单的串/并联组合以应对复杂催化反应的要求几乎是不可能的，这是国际化工领域至今还未完全解决的重大问题。为此，提出了单器流化床变径分区调控复杂催化反应的技术途径。这是因为变径流化床反应器易于构成多温区和/或多流型共存状态。

多温区和/或多流型共存的单器流化床是指多个温度/流型区域共存于单器流化床中的反应器形式，其突破了传统流化床中温度或浓度分布均匀的限制。这种类型的流化床反应器是一个十分新颖的概念，目前尚未从多温区和/或多流型共存的角度对此类反应器进行过系统的研究。开发设备利用率高、操作简便的多温区和/或多流型共存的单器流化床反应器具有操作较简单、工艺改造较容易等优势，可进一步改善催化裂化、煤气化、干燥及造粒等工艺的目标产品的选择性及质量。因此，以实现多温区和/或多流型共存的单器流化床作为专用反应器为主要研究目的，进而分析不同的复杂气固催化反应对此类流化床反应器需求的共性问题，即流化床内的气固两相流体力学行为、稳定性及其与化学反应过程的相互作用规律等，并深入探讨新型的流化床反应器中的流型本质及内涵，对掌握这类新型反应器的放大设计规律和操作优化均具有重要意义。

1.5 变径流化床反应器结构

1.5.1 基于气固流化反应系统的复杂催化反应

借助于多项国家科技部973项目资助，对重质烃在固体酸催化剂上的反应进行了系统研究，发现烃类发生串/并联反应存在着反应速度与扩散速度、热力学和动力学上的差异。当复杂催化反应在单一反应区的流化床中进行时，往往顾此失彼，难以充分进行高选择性的催化反应，造成转化率与选择性矛盾对立。

1.5.1.1 单分子和双分子反应

烃类在固体酸催化剂表面进行催化反应遵循正碳离子反应机理，分为反应引发阶段、传递阶段和终止阶段。引发阶段是烷烃分子吸附在催化剂上形成非经典正碳离子中间过渡态，断裂为经典正碳离子与小分子烷烃和氢气，然后进行传递阶段，传递阶段涉及到的反应类型见图1-24[23~26]。

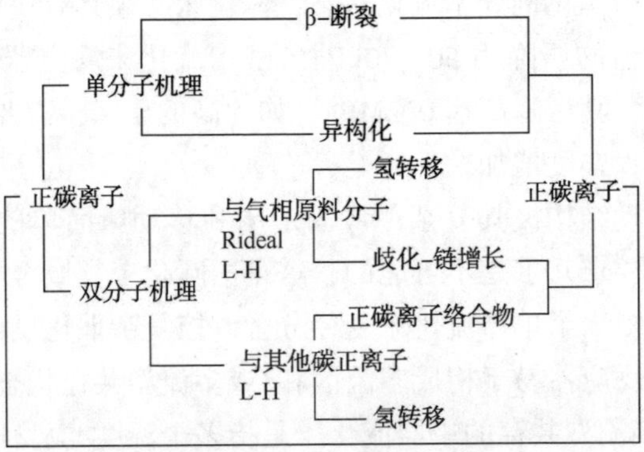

图1-24 基于正碳离子的酸催化链式反应网络

从图1-24可以看出，正碳离子反应按单分子机理可发生异构化和β-断裂反应；按双分子机理可发生歧化和氢转移反应。较为典型的是裂化与氢转移反应之间的选择与控制。烃类发生裂化反应是吸热反应，而烃类裂解成小分子烯烃发生双分子氢转移反应和异构化反应是放热反应。较高的反应温度有利于前者，而较低的反应温度有利于后者，裂化与氢转移反应在反应参数设计上是相互矛盾的。正碳离子转化方式存在多条途径，如何实现单分子和双分子定向转化？

在提升管反应器不同位置上进行取样分析，样品分析结果列于表1-1。从表1-1可以看出，反应在1s内，主要以单分子反应为主，随后，双分子反应占主导地位。试验研究表明，单分子和双分子反应可以通过分区进行定向转化[27]。

表 1-1 反应时间对单分子和双分子反应的影响

反应类型	单分子	双分子
反应时间/s	1	6
氢转移指数(体积比)		
Σ碳四烷烃/Σ碳四烯烃	0.49	0.98
异丁烷/异丁烯	1.21	2.89
汽油组成(体积分数)/%		
烯烃	58.0	33.1
芳烃	11.4	12.7

1.5.1.2 反应和吸附与扩散

馏分油中的烃类分子大小与催化剂孔道尺寸相匹配，转化率与目的产物的选择性相一致。而渣油大分子直径约为 1.5～15nm，而分子筛孔道直径约 0.74nm，即使超笼直径也只有 1.2nm。按照构型扩散理论，分子筛孔道直径应该是原料 6～10 倍，方可消除构型扩散的影响。此外，渣油中的胶质和沥青质首先被催化剂吸附，堵塞了催化剂孔道，如图 1-25 所示，使大分子反应物扩散到分子筛超笼内传递阻力进一步增加，反应与扩散速度之间难以协调，形成反应物转化率与目的产品的选择性之间不一致。渣油中的多环芳烃等大分子被催化剂吸附，侧链被裂解，而自身可能发生缩合反应而生焦，特别在酸密度较高的 REY 分子筛催化剂上或者在反应温度较低、催化剂活性较高情况下，这种生焦倾向更加明显。为了使多环芳烃上的侧链裂解，同时多环芳烃芳核不发生缩合反应而生焦，需要开发酸密度较低的 USY 分子筛催化剂，或者开发新型反应系统，降低催化剂表面吸附能力，让大分子反复多次与催化剂表面接触，裂解侧链，同时多环芳烃芳核能够脱附。

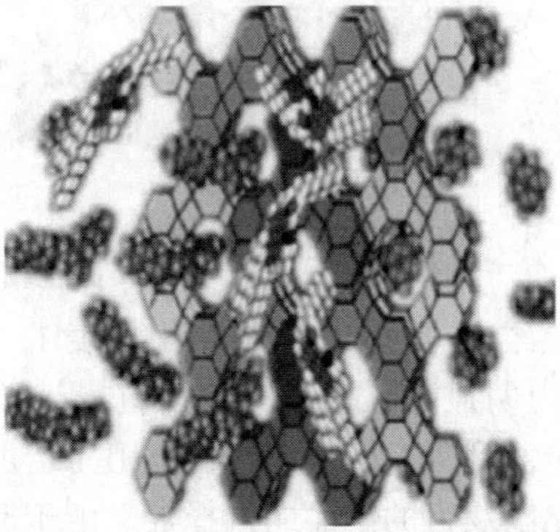

图 1-25 渣油中的胶质和沥青质被催化剂吸附示意图

渣油中的多环芳烃等大分子在催化剂表面上理想的反应途径见图 1-26，即使渣油中的多环芳烃等大分子平躺地接触催化剂表面，催化剂表面也没有较强的吸附多环芳烃芳核能力，即使多环芳烃芳核被吸附也能够脱附，然后再站立地接触催化剂表面，使侧链断裂。

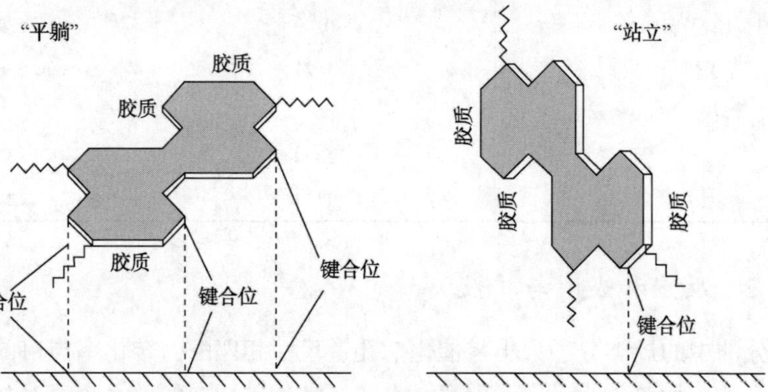

图 1-26　渣油中的多环芳烃等大分子在催化剂表面理想的反应途径

C_5 ~ C_{24}（汽油和柴油馏分）分子难以扩散出分子筛微孔，并且在逃逸之前易于“过度裂化”成焦炭和干气，如图 1-27 所示。开发新型反应系统，提供更加合适的反应环境，能够充分利用分子筛超笼结构，使 C_5 ~ C_{24} 分子在分子筛超笼中反应，避免发生“过度裂化”。

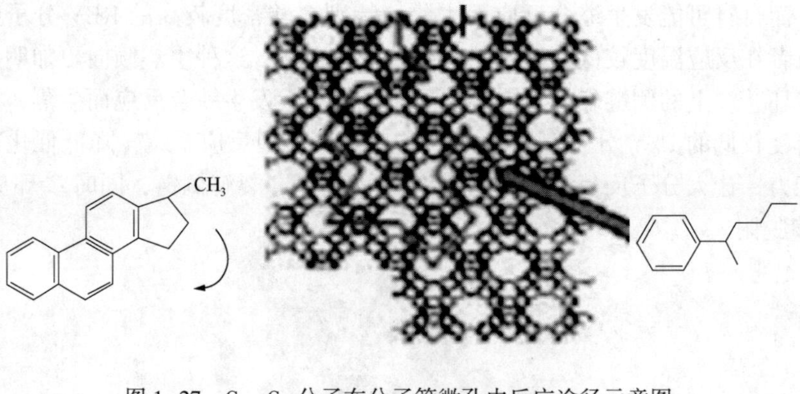

图 1-27　C_5 ~ C_{24} 分子在分子筛微孔内反应途径示意图

渣油原料在催化剂上经 1s 反应后组成变化见表 1-2。从表 1-2 可以看出，渣油中的胶质含量在 1s 内明显降低，表明胶质首先被催化剂吸附，堵塞了催化剂孔道，大分子反应物扩散到分子筛超笼内传递阻力增加，造成分子筛超笼利用率降低，影响反应物裂化以及目的产品的选择性。由于反应与扩散速率之间难以协调，造成转化率与产物的选择性之间不一致。如何实现反应 1s 后重油中的饱和烃、单环芳烃和多环芳烃有效转化？特别是单环芳烃和多环芳烃有效转化，需要开发新型反应系统。在新型反应系统中，既能使饱和烃、单环芳烃上的侧链和多环芳烃上的侧链在催化剂表面断裂生成汽油、液化气等小分子产物，同时又能使芳烃，尤其多环芳烃不发生缩合反应而生焦。由此可以看出，新型反应器必须具有两个反应区，第一反应区对渣油进行预裂化，分离出原料中的饱和烃、单环芳烃和多环芳烃，第二反应区设置更加合适的反应环境使饱和烃、单环芳烃和多环芳烃有效转化。只有通过分区优化吸附与反应，才能化解转化率与选择性之间的矛盾[27]。

表 1-2 反应进行 1s 后的原料组成变化 %(m)

组 成	原 料	反应1s后重油
烷烃	19.5	30.3
环烷烃	36.6	41.1
单环芳烃	10.4	11.6
多环芳烃	9.9	12.2
胶质	23.6	4.8

1.5.1.3 中间产物产率最大化

烃类分子大小与类型之间的动力学差异：大分子与小分子烃类在催化剂表面发生裂化反应，前者反应速度明显高于后者。当大分子烃类裂解成小分子烯烃时，烯烃与烷烃裂化反应也存在着动力学差异，如图 1-28 所示[27]。

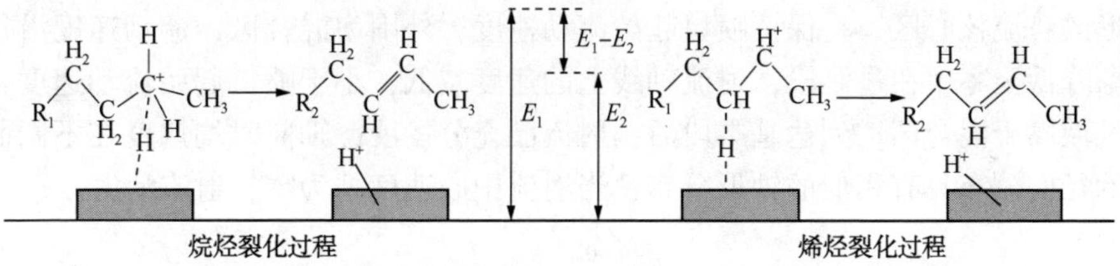

图 1-28 烷烃与烯烃催化裂化反应在动力学上差异

低碳烯烃可由烃类催化裂解或甲醇转化而得到。低碳烯烃属于中间产物，易发生氢转移、聚合等二次反应，导致目的产物选择性降低，在单一流态化反应区内制取低碳烯烃时，这一问题尤为突出，需要从动力学上精确控制反应进程。从动力学角度来看，低碳烯烃产率存在着最佳反应温度和反应时间，需要对操作条件优化以避免丙烯转化反应的发生，达到增产低碳烯烃的目的。从实验数据来看，反应最后 0.2s 对甲醇制烯烃反应至关重要，流化床难以对反应时间进行如此精确的控制。

1.5.2 变径流化床反应器结构

经过20年持续创新，在国际上首创了以变径流化床为反应器平台的复杂催化反应调控技术，突破了气固流化床难以调控复杂催化反应的技术瓶颈，创新开发了烃类高效定向转化的石油炼制与化工新工艺。

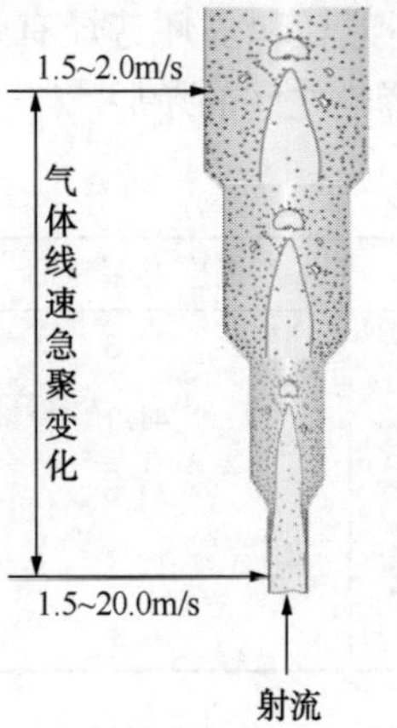

图1-29 流化床变径后气固流动状态的变化

流化床变径可使气固流动状态发生显著变化，在同一反应器内形成多个不同的颗粒浓度场或流域，见图1-29。不同的颗粒浓度场可为不同类型的反应提供最佳的反应环境，从而实现对复杂催化反应的深度和方向进行准确调控。

高速流体从一个反应器出口进入下一个反应器底部以射流形式喷入。高速流体从喷口进入流化床层的有限空间所形成的射流称受限射流。由于射流受床层限制，壁面约束，虽有自由射流发展的基本特点，但射流势流核心区缩短，常伴有附壁、回流、环流、压力沿轴线连续降低等复杂现象[10]。

高速流体从喷口进入无限空间所形成的射流称自由射流。自由射流从发生到消失，经历初始段、过渡段和基本段三个阶段，如图1-30所示。在初始段，射流刚离开喷口，速度均匀；随着向下游流动，卷入周围流体，射流加宽；中心有一尖楔形的势流核心区，将保持喷口起始流动速度，外围为混合区，流动速度沿径向逐渐降低至零。在过渡段，射流轴线上的速度减低，小于喷口起始流动速度，整个区域属于混合区。到达基本段后，射流已充分发展，轴向时均速度在不同截面上的径向分布具有相似的钟形分布；当射流中心速度减为零，射流消失。

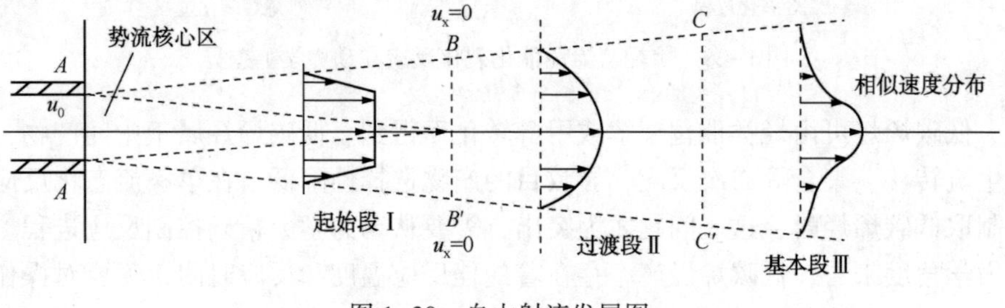

图1-30 自由射流发展图

射流由喷口喷出至射流床中消失，将主要经历起始段到发展段两个部分。在起始段区域内气体的动量、温度和组成与喷口处相同，称为射流势能区；在发展段区域内，射流轴线上的速度降低，射流得到充分发展，轴向时均速度的径向分布具有相似的“钟形”分布。

广义上讲，射流流化床是由高速射流喷入一有限空间的流化床所构成的床型，通常高速垂直射流通过底部锥形或平底分布板中心的平底喷口进入床层而形成射流与流化同时共存的两种流动状态。射流流化床的主要特征为：当环形区空隙率较大与中心喷动气流量较高时，喷动气穿过环形区和床层时的阻力很小，会使喷动气的大部分动量分散而形成隐没在床内的射流，同时射流不断崩溃产生气泡上升穿过床层又使床层处于全部流化状态。

典型的射流为一个圆锥形区域，由喷射圆锥体的底部与理想椭圆体的上部组成，喷口截面到该射流理想椭圆体顶端的高度定义为射流深度 L_{max}，见图 1-31。当射流上升到一定高度达射流深度位置时，射流上部的椭圆部分被拉长，接着在末端形成一个规则的气泡并与射流分离，则射流崩塌。

射流以气泡串的三阶段模式发展，见图 1-32。开始为间歇式缩颈的火炬段，对应于初始气泡的最小射流深度 L_{min}；进而为气泡明显合并的周期性颈口段，对应于射流崩塌时的最大射流深度 L_{max}；最后射流崩塌的气泡进入床层失去动量之前的最深喷射段，对应于为防止床层内部构件被射流“磨蚀”所需的最大深度 L_b。高速射流使床层分成几个不同的密相区，射流中卷吸的颗粒与流化床颗粒的相互碰撞造成射流动量的更快分散，使得床中射流喷射角达 36°，大于单相空气自由射流的喷射角 20°。

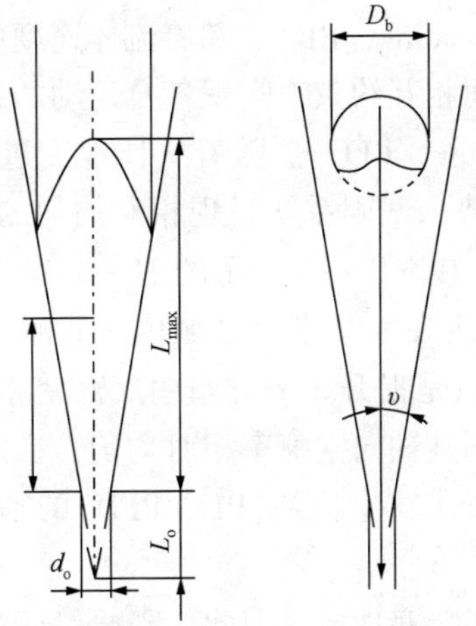

图 1-31 垂直射流及其起始气泡

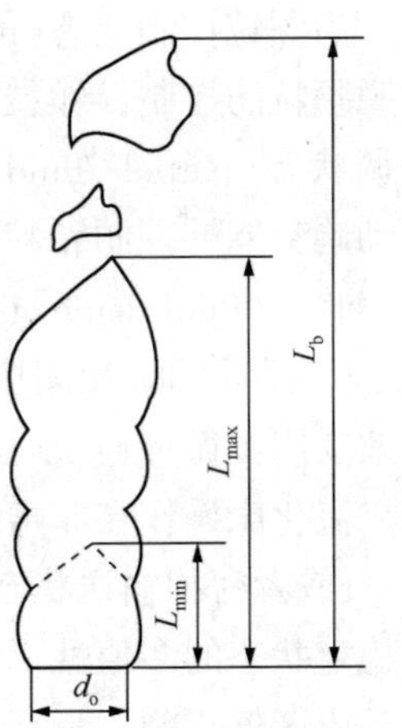

图 1-32 典型射流结构

采用图 1-29 变径流化床结构作为反应器，最下面的流化床出口线速约在 20m/s，喷入其上面的流化床，造成该流化床分成几个不同的密相区，并且所形成的流化床是不稳定的，床层内部催化剂密度处于不断变化中，或高或低，难以为催化反应提供合适的场所，必须在最下面的流化床出口设置分配器，将流体流动进行合理的分配，化解单一的射流结构对其上面的流化床底部床层密度的干扰。分配器是变径流化床能否成为通用反应器的关键设备，开发合适分配器，降低甚至消除第一反应区出口射流对第二反应区流化床稳定性的影响是变径流化床反应器技术开发所面临的重大的技术挑战之一。

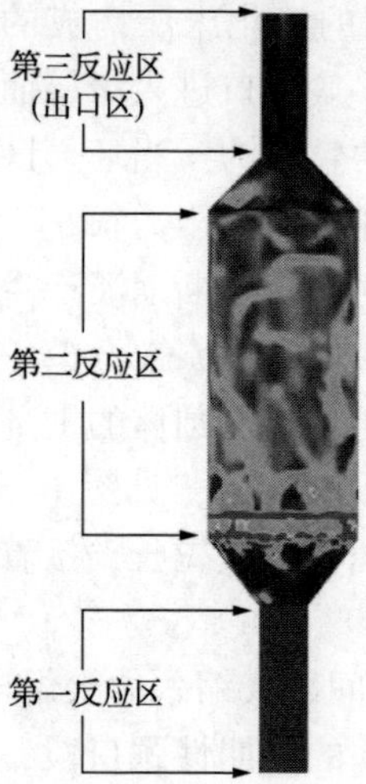

图 1-33 变径流化床结构示意图

基于图 1-29 变径流化床结构，考虑射流对流化床流动结构的干扰，发明了变径流化床反应器。该反应器由第一反应区、变径的第二反应区和第三反应区构成，第一反应区与第二反应区之间设置流体分配器，第二反应器底部能够形成一定密度的催化剂床层。通常第一反应区和第三反应区属于高速输送床，第二反应区属于快速流化床。变径流化床反应器结构示意图见图 1-33[28~30]。

在气固流态化系统中，噎塞是指随着操作条件的变化，床层中催化剂颗粒浓度分布突然增大或降低的异常现象。预测噎塞现象对气固系统设计和流体平稳流动至关重要。当颗粒的运动趋势控制流体的运动趋势时，为颗粒控制状态(particle dominating，PD)。随着流体速度的增加，流体逐步摆脱颗粒的控制，颗粒和流体之间相互约束，实现各自运动的趋势，为颗粒流体协调状态(particle fluid compromising，PFC)。随着气体速度进一步增加，气体的运动趋势能够控制颗粒的运动趋势，气固系统呈现相对均匀的稀相输送，即流体控制状态(fluid dominating，FD)。在图 1-34 所示的 U_g-G_s-I(表观气速-颗粒通量-床内存料量)相图中，噎塞出现在一个平台区域内。此时存料量的增加并不会改变固体循环通量($G_s=K^*$)，只是提升 S 形分布中底部密相段的高度。总之，如果流化床操作在非噎塞状态，则其轴向空隙率相对均匀，稳定状态为稀相输送(FD)或者密相输送状态(PD)，而在发生噎塞(PFC/PFD)的临界条件下，则表现出稳定状态的多值性[31,32]。

第二反应区催化剂藏量高，容易出现噎塞现象。因此，既要保证第二反应区具有催化剂藏量调节能力以满足反应重时空速的要求，同时避免出现流体输送中断的噎塞现象。第二反应区是否具有催化剂藏量调节能力是变径流化床技术开发所面临的重大的技术挑战之二。

在 3 项 973 项目资助下，经过 20 年持续研究，形成两个重要的创新理念：

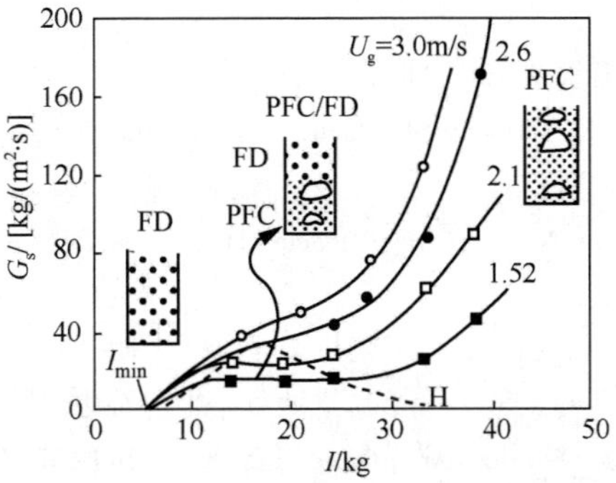

图 1-34 U_g-G_s-I 相图中的噎塞现象

(1) 以流化床变径实现了催化反应分区；

(2) 以催化反应分区实现了调控复杂催化反应定向转化。

基于变径流化床反应器技术平台，提出了流化床变径分区调控复杂催化反应技术途径，从而开发出基于变径流化床反应器技术平台调控复杂催化反应技术以及系列工程技术和专有设备与专用催化剂，实现了瞬间定向控制反应过渡态转化方向，如图 1-35 所示。从图 1-35 可以看出，烷烃分子与催化剂初始接触时生成非经典正碳离子，然后断裂生成经典正碳离子，经典正碳离子在第一反应区内继续发生断裂反应，生成更小的经典正碳离子。随着反应进行，吸附在催化剂表面上反应过渡态正碳离子随催化剂进入第二反应区，不存在着正碳离子脱附过程。进入第二反应区的正碳离子是发生 β-断裂、异构化、氢转移还是其他类型反应，除催化剂反应性能因素影响外，主要取决于第二反应区的温度、催化剂密度。也就是说通过调节第二反应区的温度和催化剂密度可以实现反应方向和深度的控制。当然，有必要时，甚至可以对第三反应区的温度和催化剂密度调节，以适应更加复杂的气固催化反应对工艺参数的要求。

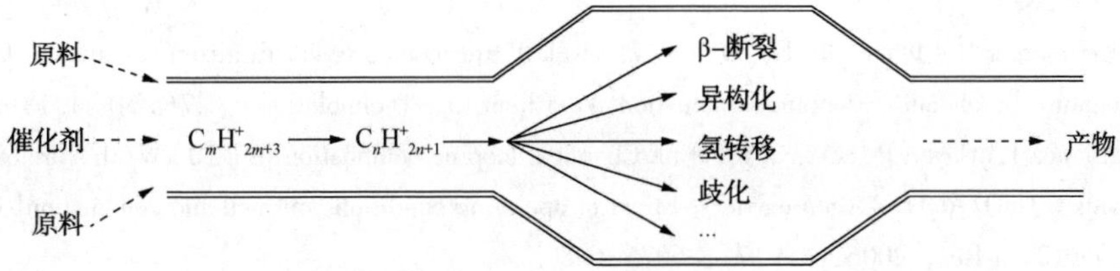

图 1-35 烃类在变径流化床反应器内反应途径变化示意图

参 考 文 献

[1] 甄开吉，王国甲，李荣生，等. 催化作用基础[M]. 3 版. 北京：科学出版社，2005.

[2] Hagen Jens. Industrial Catalysis：A Practical approach [M]. 2nd Ed. Germany：Wiley –

VCH，2005.
[3] 陈诵英．催化反应工程基础[M]．北京：化学工业出版社，2011.
[4] Forment G F，Bischoff K B. Chemical Reactor Analysis and Design[M]. New York：John Wiley & Sons，1979.
[5] Lapidus Leon，Amundson N L. Chemical Reactor Theory：A Review[M]. New Jersey：Prentice-Hall，Inc，1997.
[6] 李大东，聂红，孙丽丽．加氢处理工艺与工程[M].2版．北京：中国石化出版社，2016.
[7] 徐承恩．催化重整工艺与工程[M].2版．北京：中国石化出版社，2014.
[8] Kunii D，Levenspiel O. Fluidization Engineering[M]. 2nd Ed. London：Butterworth-Heinemann，1991.
[9] Dudukovic M P. Frontiers in Reactor Engineering[J]. Science，2009，325(5941)：698-701.
[10] 郭慕孙，李洪钟．流态化手册[M]．北京：化学工业出版社，2008.
[11] Kannan C S，Rao S S，Varma Y B G. A study of stable range of operation in multistage fluidized beds[J]. Powder Technology，1994，78(3)：203-211.
[12] Gascon J，Tellez C，Herguido J，et al. Fluidized bed reactors with two-zones for malefic anhydride production：Different configurations and effect of scale[J]. Ind Eng Chem Res，2005，44(24)：8945-8951.
[13] Covezzi M，Mei G. The multizone circulating reactor technology[J]. Chem Eng Sci，2001，56(13)：4059-4067.
[14] Gupta A，Rao D S. Model for the performance of a fluid catalytic cracking（FCC）riser reactor：effect of feed atomization[J]. Chem Eng Sci，2001，56(15)：4489-4503.
[15] Gupta A，Rao D S. Effect of feed atomization on FCC performance：simulation of entire unit[J]. Chem Eng Sci，2003，58(20)：4567-4579.
[16] 陈俊武，许友好．催化裂化工艺与工程[M].3版．北京：中国石化出版社，2015.
[17] Adanez J，Abad A，Garcia-Labiano F. et al. Progress in chemical-looping combustion and reforming technologies[J]. Progress in Energy and Combustion Science，2012，38(2)：215-282.
[18] Kronberger B，Johansson E，Loffler G，et al. A two-compartment fluidized bed reactor for CO_2 capture by chemical-looping combustion[J]. Chem Eng Technol. 2004，27(12)：1318-1326.
[19] Adanez J，Gayan P，Celaya J，et al. Chemical looping combustion in a 10 kW(th) prototype using a CuO/Al_2O_3 oxygen carrier：Effect of operating conditions on methane combustion[J]. Ind Eng Chem Res，2006，45(17)：6075-6080.
[20] Lyngfelt A，Leckner B，Mattisson T. A fluidized-bed combustion process with inherent CO_2 separation：application of chemical-looping combustion[J]. Chem Eng Sci，2001，56(10)：3101-3113.
[21] 周业丰．持液气固流化床中多温区的构建、调控及其稳定性研究[D]．杭州：浙江大学，2014.
[22] Marcilly C. Acido-Basic catalysis—Application to refining and petrochemistry[M]. Paris，Edi-

tions Technip, 2006.

[23] 何鸣元．石油炼制和基本有机化学品合成的绿色化学[M]．北京：中国石化出版社，2006.

[24] He M. The development of catalytic cracking catalysts: acidic property related catalytic performance[J]. Catalysis Today, 2002, 73: 49-55.

[25] Xu Youhao, Cui Shouye. A novel fluid catalytic cracking process for maximizing isoparaffins: from fundamentals to commercialization [J]. Frontiers of Chemical Science and Engineering. 2018, 12(1): 9-23.

[26] Xu Youhao, Zhang Jiushun, Yang Yinan, at al. Catalytic Conversion ProcessforProducing IsobutaneandIsoparaffin-Enriched Gasoline: US 6495028 Bl[P]. 2002.

[27] 许友好．催化裂化化学与工艺[M]．北京：科学出版社，2013.

[28] 许友好，余本德，张执刚．一种用于流化催化转化的提升管反应器：ZL99105903.4 [P]. 1999.

[29] Xu Youhao, Yu Bende, Zhang Zhigang, et al. Riser Reactorfor Fluidized Catalytic Conversion: US 7678342 Bl[P]. 2010.

[30] Joachim Werther, Ernst-Ulrich Hartge, Stefan Heinrich. Fluidized-Bed Reactors-Status and Some Development Perspectives[J]. Chem Ing Tech, 2014, 86(12): 2022-2038.

[31] Lu B N, Wang W, Li J H. Searching for a mesh-independent sub-grid model for CFD simulation of gas-solid riser flows[J]. Chemical Engineering Science, 2009. 64(15): 3437-3447.

[32] Lu B N, Wang W, Li J H. Eulerian simulation of gas-solid flows with particles of Geldart groups A, B and D using EMMS-based meso-scale model[J]. Chemical Engineering Science, 2011, 66(20): 4624-4635.

第 2 章　变径流化床冷态流动实验和理论计算

2.1　冷态变径流化床实验装置

2.1.1　大型冷模装置

变径流化床的首套冷态流动试验装置绘于图 2-1[1]，以有机玻璃为主体，安装于中国科学院过程工程研究所的 1600m²实验大厅。

该冷模装置主要由变径流化床 1、循环管(再生器)2、三级旋风分离器 4、5、6 及布袋除尘器组成。装置总高为 13.78m。变径流化床高 11.52m，由下部提升段(Ⅰ)和上部二反段(Ⅱ)组成，其中下部提升段的管径 ϕ150mm ×5mm，高 3.15m，上部二反段的管径 ϕ304mm×10mm，高 8.25m，两段之间由锥体(高 120mm)连接。变径流化床的侧面每隔 500mm 间距设有测压孔，共计 21 个测压点(测压点的标高见表 2-1)。再生器的管径 ϕ408mm ×12mm，管侧面有 5 个测压点。在再生器内一旋排料口下方装有蝶阀 8，实验时用于测量装置内物料的循环速率。距再生器底部约 3m 处设计了一个用以节流的同心管。再生器的一侧设有开口，用斜连通管与变径流化床相连，连通管中安装了可调节固体颗粒循环速率的蝶阀 10 和 11。

表 2-1　变径流化床冷模装置的测压点标高①

测压点序号	标高/mm	测压点序号	标高/mm	测压点序号	标高/mm
1	205	10	4305	19	9395
2	590	11	4805	20	10645
3	1070	12	5340	21	11145
4	1520	13	5800	22	8940
5	1975	14	6300	23	8040
6	2605	15	6800	24	1785
7	3055	16	7340	25	1185
8	3335	17	8300	26	580
9	3795	18	8800		

①各测压点的标高均以变径流化床下部的气体分布板为基准测量得到。

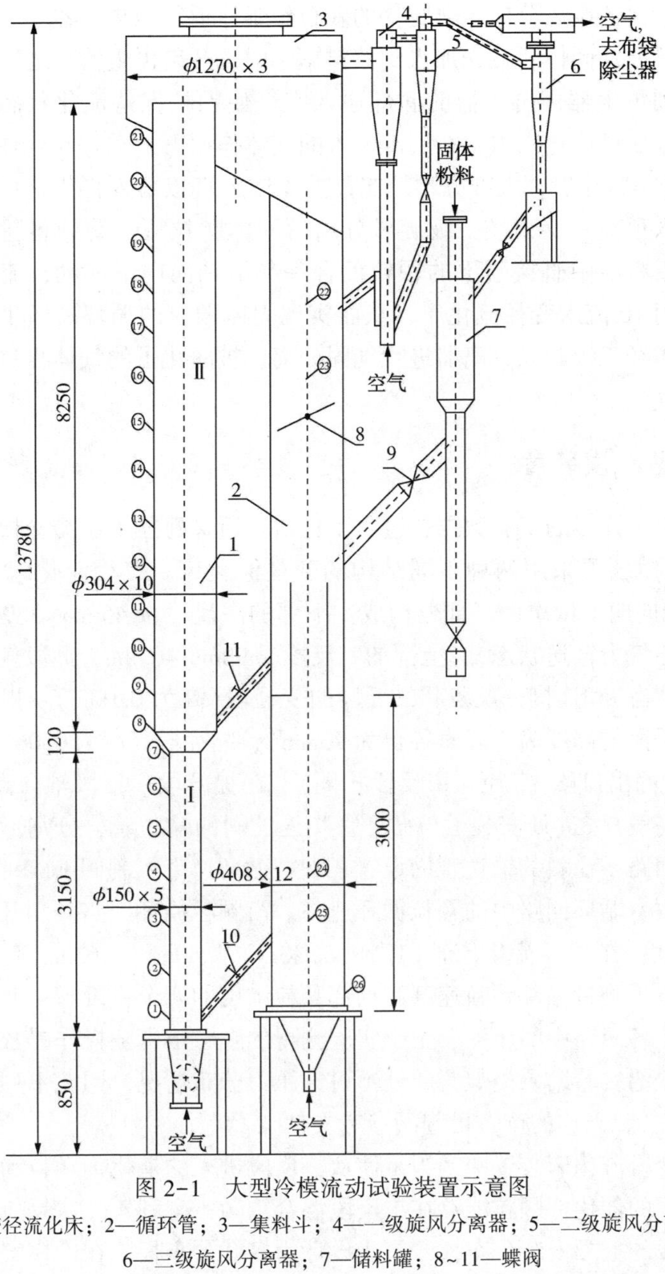

图 2-1　大型冷模流动试验装置示意图

1—变径流化床；2—循环管；3—集料斗；4—一级旋风分离器；5—二级旋风分离器；6—三级旋风分离器；7—储料罐；8~11—蝶阀

实验时空气经转子流量计计量后从变径流化床及再生器底部吹入，通过调节空气流量控制提升管内的气体流速。再生器内的气体流量基本维持常量(气速 u_g

=0.0288~0.0768m/s)，以保证再生器内的颗粒处于流化状态。在一旋底部亦通入适量空气，保证旋风分离器料腿处的颗粒经锥斗返回至再生器。

实验开始前，固体颗粒先加入到储料罐7中，开启再生器与之连接的阀门9，颗粒即流入到再生器，再生器的底部通入空气使颗粒保持流化状态。打开蝶阀10，颗粒流入变径流化床内，在底部吹入的气体作用下，颗粒与气体并行向上至集料斗3，经集料斗后，大部分颗粒在重力作用下直接落入再生器中，而部分含尘气体则进入顶部一旋，经二级旋风分离后固体颗粒从一旋的料腿返回至再生器，并与从集料斗中直接落下的颗粒汇合一起沿轴向向下流动，流至再生器底部，再经阀门10流入变径流化床，从而实现固体颗粒的循环。经集料斗顶部引出的含尘气体经三级旋风分离器进行气固分离，被净化了的气体再进入布袋除尘器后排入大气。

2.1.2 小型冷模装置

为获得更为详尽的实验数据，过程工程研究所又建立了小型冷模装置，见图2-2。这套冷模装置采用两种不同结构的变径流化床。变径流化床A的总高为10.5m，沿轴向向上依次由三部分构成：下部的一反段(ϕ45mm×3.94m，此段气速高，操作在气力输送状态)，上部的二反段(ϕ90mm×6.2m，此段气速低，操作在快速流化状态)和连接一反段和二反段的变径段(高为0.06m)。提升管b的总高不变，二反段的高度为2m(直径仍为90mm)，缩径段高度为0.06m，缩径段上方是高4.2m的出口段(直径与一反段相同)，在提升段一反段轴向高度0.5m和二反段轴向高度0.3m处安装了与循环管相连的斜的输送管，分别形成颗粒循环的主副循环回路。在斜的输送管内设置了颗粒循环速率控制阀E1和E2，通过调节此阀门可改变循环回路中的颗粒循环速率。沿颗粒循环回路分别开有压力和光纤探头测量孔：在变径流化床轴向高度2.43m、4.30m、5.63m、7.77m的四个位置分别设置了测量局部颗粒速度和局部颗粒浓度的四个光纤探头测孔。该循环系统也测量了各回路中的压力，由于实验测得的颗粒浓度随操作参数的变化规律与大冷模装置的实验结果类似，此处不讨论压力分布情况，因此不列出压力测量点的详细信息(感兴趣的读者可查阅参考文献[2])。

在工业变径流化床装置中，为了使从一反段进入的催化剂颗粒和通过副循环回路补充加入的催化剂颗粒能够在二反段混合均匀，有利于二次反应的进行，一般会在扩径段的上方安装分布板，初步设计为多孔分布板。在冷模实验中也安装了多孔分布板，实验考察了具有不同开孔率的多孔分布板的压降随气速的变化(可参见参考文献[2，3])。这两个分布板的开孔率分别为14.82%(孔径为5mm，48个圆孔)和8.33%(孔径为5mm，27个圆孔，均匀分布)。

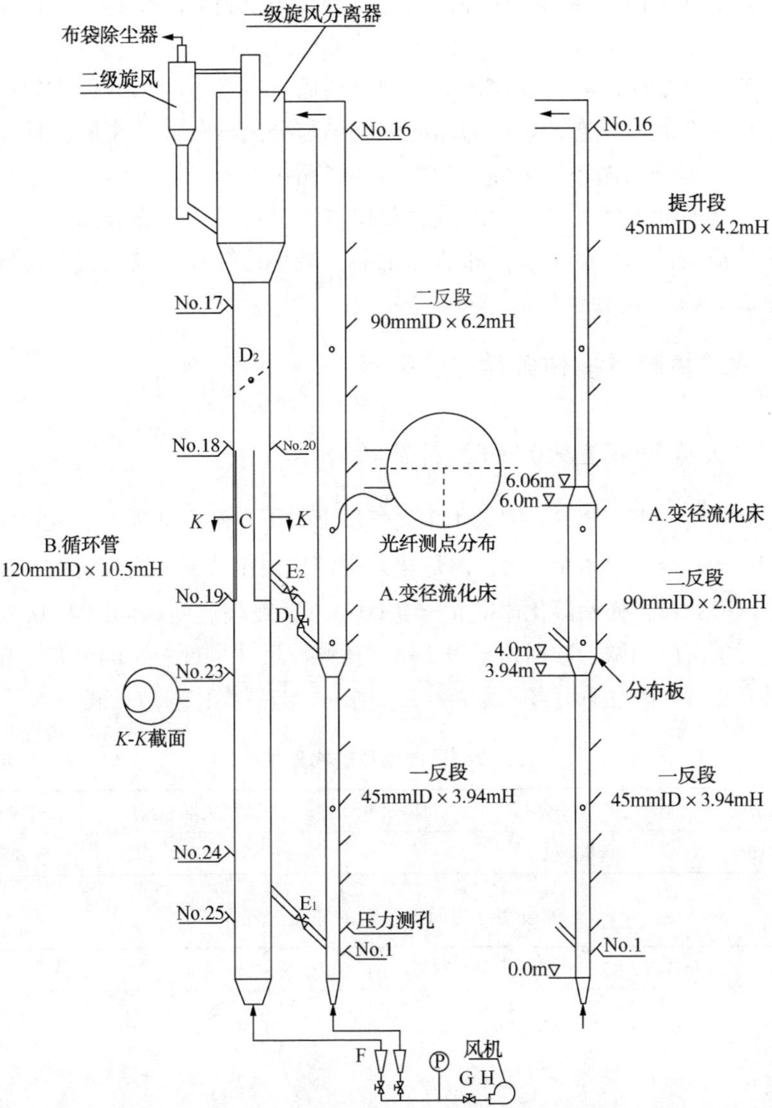

图 2-2　小型冷模流动试验装置的示意图[2]

(a)扩径流化床；(b)扩径-缩径流化床

颗粒循环管 B(在工业装置中称为再生器，这里由于不涉及反应，我们称为循环管)用于储存颗粒。它是整个循环系统的重要组成部分，从气固分离器分离出来的颗粒通过循环管再进入变径流化床进行循环。该循环管尺寸为 ϕ120mm×10. 5m。在循环管轴向高度 5m 处设置了一个尺寸为 ϕ70mm×2. 0m 的圆管 C，在其与循环管的环隙内形成向副循环回路提供颗粒的供料床。供料床可以运行在两种不同的操作状态：底部不通入气体时的移动床或底部通入少量流化气体时的流化床。当实验开始时，颗粒经旋风分离器分离后，大部分会落入此供料床内，使其始终维持一个充满状态，多余溢出的颗粒则与分离器分离下来的其他未落入供料床的颗粒一道进入循环管下部，为主循环回路供料。

此外，实验装置中安装了两级旋风分离器，维持高的气固分离效率。在第二级的旋风分离器的出口处安装了布袋除尘器，避免超细颗粒进入大气造成环境污染，而过滤后的气体则排入大气。

2.1.3 试验材料及操作条件

2.1.3.1 大冷模装置采用的物料及操作参数

流化介质为压缩空气，20℃及1个大气压下的干空气密度为1.205kg/m^3，黏度为1.81×10^{-5}Pa·s。固体粉料为镇海炼化公司催化裂化装置平衡催化剂，是一种灰白色的微球形颗粒，初始流化速度u_{mf}=0.007m/s，终端速度u_t=0.34~0.7m/s。对该颗粒进行了密度测试，数据列于表2-2。其颗粒尺寸呈现一定的分布，粒度筛分组成列于表2-3，颗粒平均直径为d_p=70.61μm。装置操作参数见表2-4。

表2-2 固体颗粒的物理性质 g/mL

骨架密度	充气密度	沉降堆积密度	密集堆积密度	球密度
2.31	0.84	0.89	0.95	1.727

表2-3 固体颗粒的粒度分布

颗粒直径/μm	质量分数/%	颗粒直径/μm	质量分数/%
0~45	4.60	100~125	15.1
45~56	13.8	125~175	5.70
56~80	26.0	>175	0.50
80~100	34.3		

表2-4 实验用变径流化床内气体操作速度、系统物料藏量及循环量

藏料量/kg	气速/(m/s)		循环量/(t/h)	
	下部提升段	上部扩径段	W_{s1}	W_{s2}
320	5	1.22	0.15~1.46	0.61
	12	2.92	3.77~7.00	0.61~0.91
	15	3.65	1.17~5.13	—

续表

藏料量/kg	气速/(m/s)		循环量/(t/h)	
	下部提升段	上部扩径段	W_{s1}	W_{s2}
410	12	2.92	6.55~15.23	0.18~11.95
	15	3.65	18.08	1.29
	16	3.91	17.49~20.08	2.84~4.57
460	12	2.92	14.32	0~5.81

2.1.3.2　小型冷模装置采用的物料及操作参数

小型冷模装置实验采用的固体颗粒的平均粒径为 82μm，颗粒密度为 1450kg/m³。其粒度分布较窄，采用 Coulter-LS230 型激光粒度分析仪检测得到的粒度分布如图 2-3 所示[3]，粒度分布与常用的 FCC 催化剂颗粒的粒度分布接近，也与大型冷模实验采用的固体颗粒粒径分布类似。流化气体则为常温、常压空气，密度为 1.29kg/m³，黏度为 1.81×10^{-5}Pa · s。

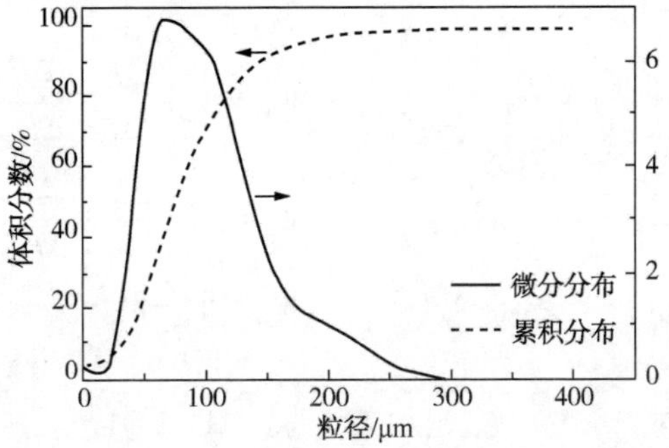

图 2-3　固体颗粒的粒度分布(平均粒径为 82μm)

循环系统的总装料量始终维持在 25kg，变径流化床一反段入口处表观气速 U_{F1} 为 5~14m/s，二反段的表观气速 U_{F2} 为 1.25~3.5m/s。变径流化床主循环回路颗粒循环速率 W_{s1} 在 3.9~19kg/min 之间调节，副循环回路的颗粒循环速度 W_{s2} 在 0~2.9kg/min 之间调节。

2.2　测量方法

2.2.1　压差测量

采用 U 形管压力计测量床层压力。在流化床各测压点用塑料管与 U 形管压力计相连，测量相邻测压点的压差。若忽略摩擦阻力和加速压降的影响，床层颗粒质量密度和空隙率的计算公式如下：

$$\rho_b=\frac{\Delta P}{\Delta L g} \tag{2-1}$$

$$\varepsilon_g=1-\frac{\Delta P}{\Delta L(\rho_p-\rho_g)g} \tag{2-2}$$

式中，ρ_b是床层密度，kg/m^3；ΔP 表示测压点压差，Pa；ε_g表示床内空隙率；ρ_p是颗粒密度，kg/m^3；ρ_g为气体密度，kg/m^3；ΔL 表示测压点间距，m。

2.2.2 循环量的测量

实验在大型冷模流动试验装置(图 2-1)上进行，采用安装在再生器 2 中部的蝶阀 8 来测量颗粒循环量。蝶阀形状类似多孔板，当设备运行稳定后，突然关闭蝶阀，此时，蝶阀上部开始累积物料，测量一定时间间隔内存料的高度和再生器的压力梯度，即可根据式(2-3)～式(2-8)求得颗粒循环量。各循环量(循环速率)间的关系如图 2-4 所示。

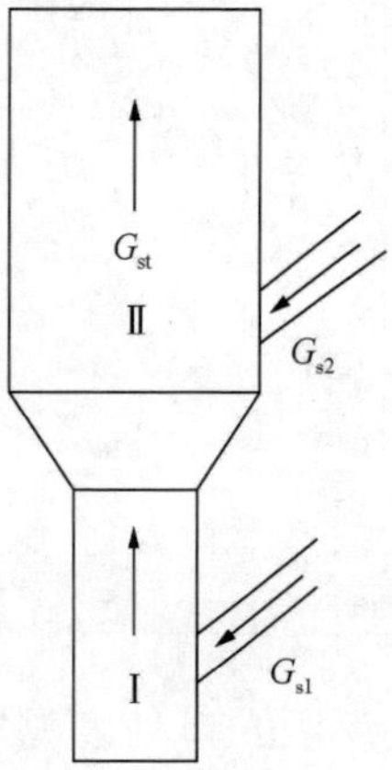

图 2-4 提升管中各循环量(循环速率)相互关系示意图

$$W_{s1}=A_2\cdot\frac{\Delta h}{\Delta t}\cdot\frac{\Delta P_{25-24}}{\Delta H_{25-24}g} \tag{2-3}$$

$$W_{st}=A_2\cdot\frac{\Delta h}{\Delta t}\cdot\frac{\Delta P_{23-22}}{\Delta H_{23-22}g} \tag{2-4}$$

$$W_{s2}=W_{st}-W_{s1} \tag{2-5}$$

$$G_{s1}=\frac{W_{s1}}{A_{\mathrm{I}}} \tag{2-6}$$

$$G_{st}=\frac{W_{st}}{A_{\mathrm{II}}} \tag{2-7}$$

$$G_{s2}=\frac{W_{s2}}{A_{\mathrm{II}}} \tag{2-8}$$

式中，W_{st}、W_{s1}和 W_{s2}分别为床层总循环量、流化床下部提升段(Ⅰ)循环量以及流化床上部二反段(Ⅱ)补充催化剂循环量，kg/s；G_{st}、G_{s1}和 G_{s2}分别是床层总循环速率、流化床下部提升段(Ⅰ)循环速率及流化床二反段(Ⅱ)补充催化剂循环速率，kg/(m^2·s)；A_2是再生器截面积，m^2；A_{I}为流化床下部提升段(Ⅰ)截面积，m^2；A_{II}是流化床二反段(Ⅱ)截面积，m^2；Δh 为蝶阀上的料高，m；Δt 是形成 Δh 料高的时间，s；ΔP_{25-24}表示测压点 25 和 24 间的压力差，Pa；ΔH_{25-24}表示测压点 25、24 间的距离，m。

2.2.3　颗粒浓度的测量

局部颗粒浓度可采用 X 射线吸收法、γ射线吸收法、激光多普勒法(LDA)、压力梯度法、电容探针、光纤探头等方法进行测量。这里采用了光纤探头测量提升管中的颗粒浓度，在小型冷模装置内进行。实验共测量了变径流化床 4 个轴向高度上的 11 个径向位置上的颗粒浓度。在确定径向测量点时，将某个高度的横截面分为 10 个面积相等的同心圆环，然后取 10 个圆环的中径以及横截面的中心作为相应的径向位置测点，这 11 个径向测量点的位置分别是 r/R 值为 0、0.158、0.382、0.497、0.59、0.67、0.741、0.806、0.866、0.922 及 0.974。

在每个横截面的 11 个径向测量点上，计算机通过光纤探头依次采集波动的电压信号，然后利用光纤探头的标定曲线将电压值转换为颗粒浓度值。在每个测量点上每间隔 0.1s 采集电压信号(共采集 5 次)，然后将采集数据平均作为此测量点的最终颗粒浓度值。而截面平均颗粒浓度是将除中心点以外的 10 个测量点的颗粒浓度值进行算术平均得到的。

在利用光纤探头进行测量时，需要仔细选取信号采样频率和采样时间，并且样本数必须足够多以能可靠反映信号随时间的变化情况。在本实验中，采样频率和采样时间随表观气速而定，具体见表 2-5。

表 2-5　光纤探头的采样频率和采样时间

表观气速/(m/s)	采样频率/kHz	采样时间/ms	样本量
5	31.25	1040	32768
8	62.5	524.28	32768
10，12	125	262.14	32768
14	500	65.53	32768

2.2.4　颗粒速度的测量

常用的颗粒速度测量法主要有高速摄像法、激光多普勒测量法以及光纤测量法。出于成本和数据后处理方面的优势，本实验采用光纤探头(PV-4A)测量局部颗粒速度。实验中，首先旋转光纤探头，使探头内 2 束光纤的排列方向与变径流化床垂直轴向方向一致。然后，将探头水平通过测孔伸入变径流化床内部。调整探头端部到要测量的径向位置，设定采样频率和采样时间后开始进行数据采集。随后，进行相应的数据处理得到颗粒的瞬时速度，进一步计算得到变径流化床内的上升颗粒的时均速度、下降颗粒的时均速度及各截面上的全部颗粒的时均速度。颗粒速度的径向测量点位置与浓度测量点位置相同。

在计算截面平均颗粒速度时，考虑到颗粒浓度的径向不均匀分布，采用以下式进行计算：

$$\bar{u}_p = \sum_1^{10} u_p \varepsilon_s / \sum_1^{10} \varepsilon_s \tag{2-9}$$

2.3 实验结果及讨论

依据实验要求及实验室可能条件进行了冷模流动试验，记录各实验条件下沿变径流化床轴向压差变化数据，观察床内物料流动情况，分析流化床内床层密度变化情况。为表达方便，采用以下符号表示各参数：快床表示变径流化床(其中Ⅰ为下部提升段，Ⅱ为变径流化床二反段)；Q_F表示进变径流化床气量，m^3/h；U_{F1}表示变径流化床下部提升段(Ⅰ)的气速，m/s；U_{F2}表示变径流化床二反段(Ⅱ)气速，m/s；慢床即再生器(又称循环管)，因此Q_L表示进入再生器气量，m^3/h；U_L表示再生器内的气速，m/s。

2.3.1 主体颗粒循环量的影响

此试验条件模拟开工状态，实验在大型冷模装置内进行。当$U_{F1}=5m/s$(即$U_{F2}=1.22m/s$)，$G_{s2}=0$时，调节阀门10开度，逐步提高变径流化床内的循环量

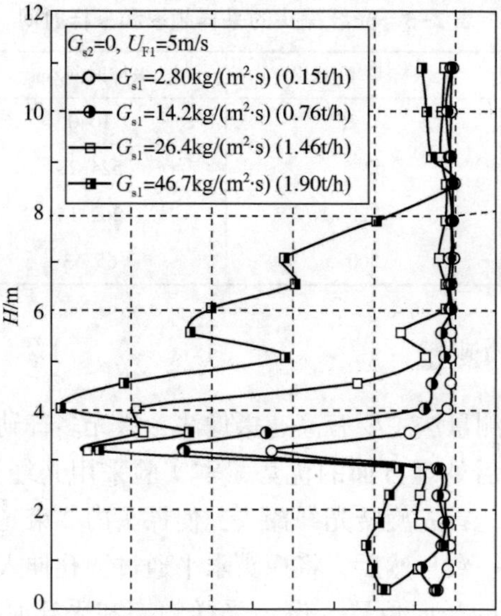

图2-5 空隙率轴向分布图($U_{F1}=5m/s$，$G_{s2}=0$)

G_{s1}，测得流化床中的空隙率轴向分布，如图 2-5 所示[1]。从图中可看到，当一反段的颗粒循环量 $G_{s1}=2.8kg/(m^2 \cdot s)$ 升至 $45.7kg/(m^2 \cdot s)$ 时，床密度沿轴向变化显著。下部提升段（Ⅰ）从稀相输送状态（空隙率约等于 0.99）逐渐过渡为浓相输送状态（空隙率约等于 0.91）。因流化床扩径的影响，二反段的床层密度明显增加。二反段沿轴向呈现上稀下浓的状态，随 G_{s1} 的增大，床层上稀下浓的状态愈加显著。在流化床变径处的空隙率从 0.76 变化至约 0.5，二反段浓相段床高约从 0.5m 增高至 4.5m 左右，床层激烈波动，快床系统压降增大（>200mmHg）。在此气速下，当一反段颗粒循环通量大于 $26.4kg/(m^2 \cdot s)$ 时，已可观测到流化床二反段的轴向床密度呈上稀下浓分布状态，且随 G_{s1} 加大二反段的浓相床高度随之增加。

当流化床一反段气速升至 12m/s 时（即二反气速 $U_{F2}=2.92m/s$）时，与上类似，调节阀门 10 的开度，逐步提高一反段的颗粒通量（同时保持二反段的补料量为 0），则测得不同 G_{s1} 对应的空隙率轴向分布如图 2-6 所示[1]。

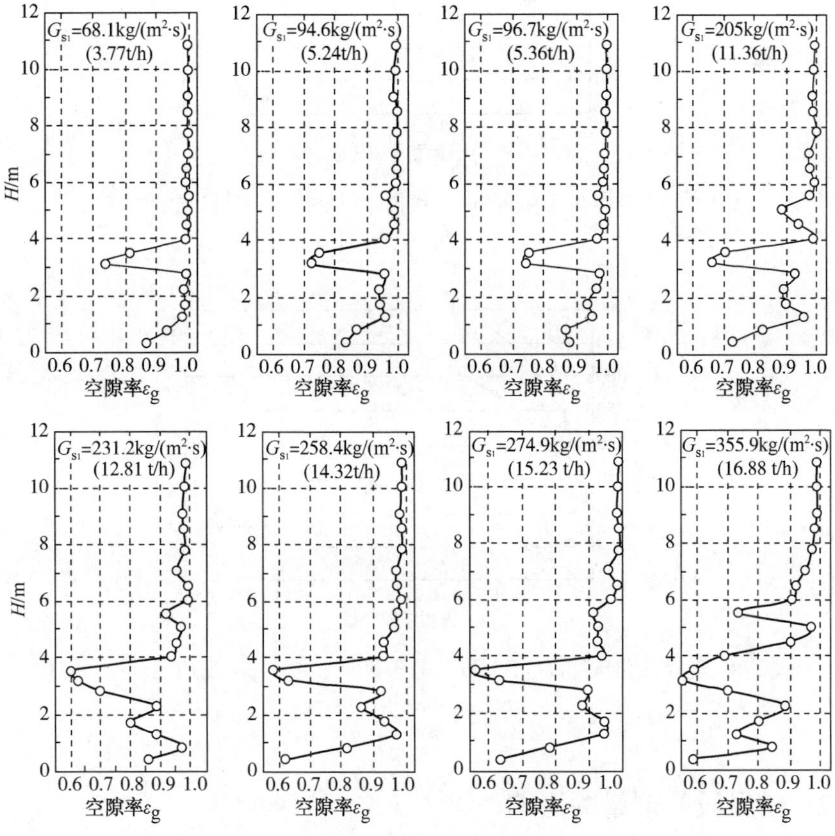

图 2-6　空隙率轴向分布图（$U_{F1}=12m/s$，$G_{s2}=0$）

可看到，随着 G_{s1} 增大，沿流化床一反段(Ⅰ)的床层密度逐渐增大，从床底部至变径处出现由浓变稀再增浓的情况。床高 3m 处固相分率随 G_{s1} 的变化绘于图 2-7，可看到，固相体积分率明显随 G_{s1} 的增加而增大。扩径段(Ⅱ)的轴向床密度呈上稀下浓 S 型变化，其下部浓相床高度且随 G_{s1} 的增大而显著增高，与之相应的稀相浓度也逐渐加大，但操作状态稳定。图 2-8 展示了流化床扩径段(Ⅱ)床高 3.5m 以上的各截面在气速一定的情况下随颗粒循环量增加而变化的情况[1]。可看到，即使 $G_{s2}=0$，即操作时不向流化床的扩径段(Ⅱ)补充催化剂颗粒，只要底部有足够大的循环量 G_{s1}［$G_{s1}>200\text{kg/(m}^2\cdot\text{s)}$］在流化床变径扩大段(Ⅱ)可以建立起浓相床，其高度在实验范围内可达 1~2.5m。

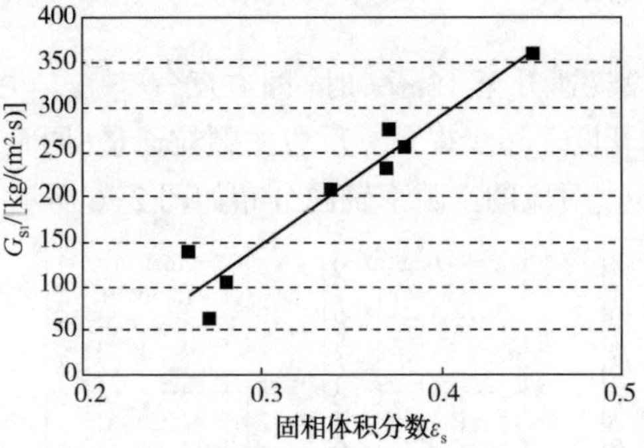

图 2-7 变径流化床标高 3m 处颗粒体积分数随一反段通量的变化
($U_{F1}=12\text{m/s}$，$G_{s2}=0$)

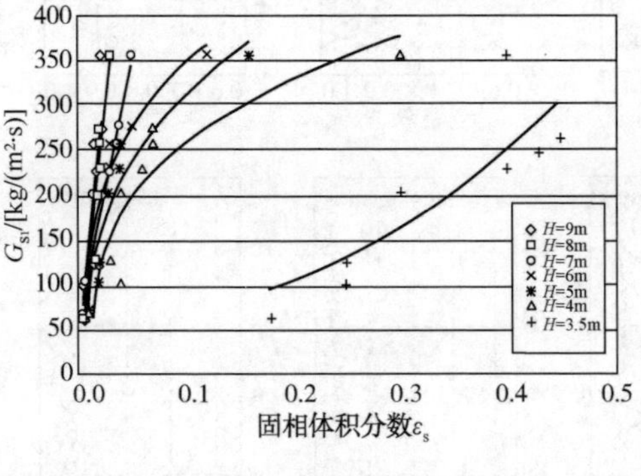

图 2-8 变径流化床标高 3.5m 以上的各截面床密度随一反段循环量的变化
($U_{F1}=12\text{m/s}$，$G_{s2}=0$)

2.3.2 扩径段补剂量的影响

当一反段表观气速 $U_{F1}=12\text{m/s}$(即二反段表观气速 $U_{F2}=2.92\text{m/s}$)，主体颗

粒循环量 $G_{s1}=258.4\mathrm{kg/(m^2 \cdot s)}$ 时，实验观测了二反段补剂量的影响，图 2-9 比较了不同 G_{s2} 下变径流化床内的轴向空隙率分布[1]。可看到，G_{s2} 由 0 逐渐增大至 $25.5\mathrm{kg/(m^2 \cdot s)}$，二反段(Ⅱ)在 4~6m 处的空隙率从 0.95 减小到 0.85，床层密度逐渐增大。而同时可看到，随着 G_{s2} 的增加，一反段中的平均颗粒浓度有所减少，特别是 $G_{s2}=25.5\mathrm{kg/(m^2 \cdot s)}$ 时的浓度与无补充催化剂的浓度有显著区别。

减小主体颗粒循环量后[$G_{s1}=118.2\mathrm{kg/(m^2 \cdot s)}$]，气速不变，同时调节二反段补剂量，观察了空隙率沿轴向的变化情况，绘于图 2-10[1]。可看到，随 G_{s2} 逐渐增大，二反段(Ⅱ)中的轴向床密度的上稀下浓“S 型分布”愈加明显。因 G_{s2} 逐渐增大，二反段(Ⅱ)下部的床层浓度逐渐增浓，但浓相床高度增加并不明显，而下部提升段(Ⅰ)的床密度呈现变稀趋势。

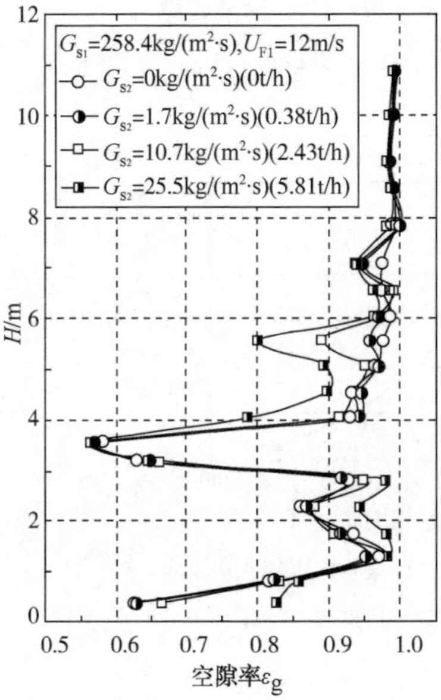

图 2-9　不同补剂量下的
变径流化床空隙率轴向分布
[$U_{F1}=12\mathrm{m/s}$，$U_{F2}=2.92\mathrm{m/s}$，
$G_{s1}=258.4\mathrm{kg/(m^2 \cdot s)}$]

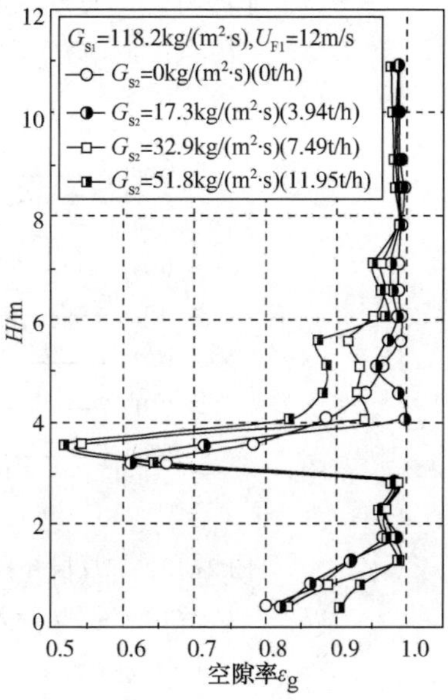

图 2-10　不同补剂量下的
变径流化床空隙率轴向分布
[$U_{F1}=12\mathrm{m/s}$，$U_{F2}=2.92\mathrm{m/s}$，
$G_{s1}=118.2\mathrm{kg/(m^2 \cdot s)}$]

以变径流化床轴向测压点 1~7、8~21 分段统计在实验条件下的压降值，计算平均空隙率。图 2-11 和图 2-12 绘出了气速和主体颗粒循环量为定值时调节 G_{s2} 得到的变径流化床二反段(Ⅱ)的平均空隙率随 G_{s2} 循环量的变化情况[1]。从图中可以看到，在一反段的颗粒循环量为定值时，随着 G_{s2} 循环量的增加，二反段(Ⅱ)的平均空隙率呈现逐渐降低的趋势，图 2-11 中的扩径段平均空隙率从

0.924 降为 0.894，而图 2-12 中的二反段平均空隙率从 0.954 降为 0.903。表明变径流化床结构改进后，在扩大段采取补料增浓的措施是行之有效的。

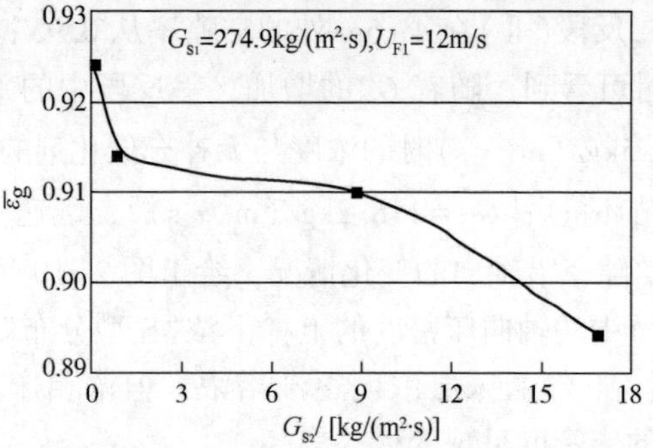

图 2-11 二反段补料对流化床扩径段(Ⅱ)的增浓效应
[U_{F1} = 12m/s，U_{F2} = 2.92m/s，G_{s1} = 274.9kg/(m²·s)]

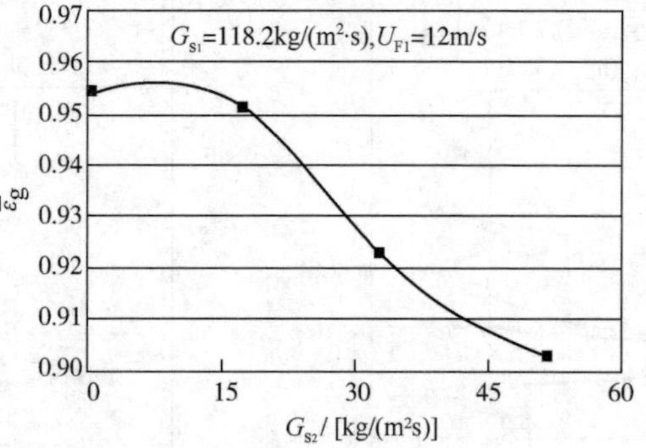

图 2-12 二反段补料对流化床扩径段(Ⅱ)的增浓效应
[U_{F1} = 12m/s，U_{F2} = 2.92m/s，G_{s1} = 118.2kg/(m²·s)]

2.3.3 气速的影响

图 2-13 比较了变径流化床一反段表观气速(U_{F1})从 12m/s 逐渐增大到 16m/s 时的床密度沿轴向变化情况(二反段补料量为 0)[1]。当 U_{F1} 增大时，提升管的一反段和二反段中的颗粒浓度同时减少，提升管的总压降ΔP_t相应也减小，增加气速流化床操作将更趋稳定。

2.3.4 颗粒速度的径向分布

在并流上行的流化床内，固体颗粒并非始终维持向上的运动状态，在很多操作条件下会出现下行的颗粒流，尤其在床层边壁附近。Schut 等[4] 模拟了变径流

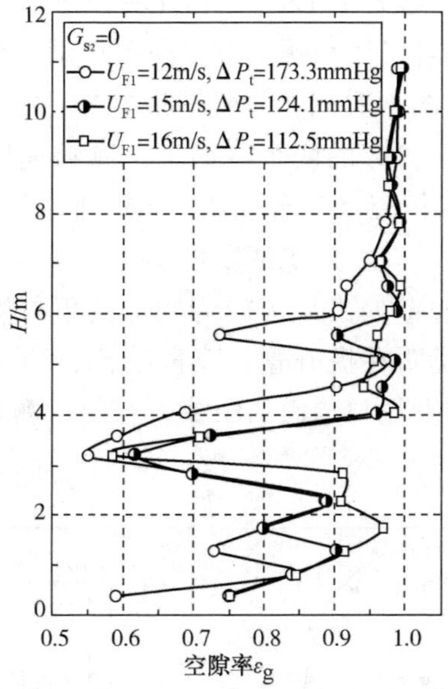

图 2-13　不同气速下的空隙率轴向分布情况

[$U_{F1}=12m/s$，$U_{F2}=2.92m/s$，$G_{s1}=355.9kg/(m^2 \cdot s)$，$G_{s2}=0$；$U_{F1}=15m/s$，$U_{F2}=3.65m/s$，$G_{s2}=0$；$U_{F1}=16m/s$，$U_{F2}=3.91m/s$，$G_{s1}=375.8kg/(m^2 \cdot s)$]

化床扩径段附近的颗粒运动(包含了 20 个 FCC 颗粒)，经分析发现，由于受到重力惯性的影响，颗粒或颗粒群在向上运动过程中比气体分子具有更大的垂直速度分量，因而在经过扩径段后能更好地维持原有运动状态。Marjanovic 等[5]在实验中发现，当颗粒和气体并流向上经过流化床的扩径段时，由于受重力惯性影响程度的不同，两者的速度场存在明显差异，导致两者间存在强烈的动量和能量交换，并且呈现复杂的流动结构。

在同一表观气速和颗粒循环速率下，用光纤探头测量系统测量了小型冷模实验装置[见图 2-2(a)]无分布板情况下的四个不同轴向高度处的颗粒速度的径向分布。如图 2-14 所示，这四个轴向高度上的颗粒速度最大值均出现在变径流化床的中心位置，颗粒速度从中心向管壁逐渐下降，在边壁附近达到最小值，即与实验观察到的“环核结构”相一致。在一反段轴向高度为 2.34m 处，颗粒速度在中心区维持一个较大且相对恒定的数值，沿壁面下降程度较为缓慢，在 r/R>0.8 后颗粒速度突然降低，在边壁附近几乎为零。在二反段，颗粒速度沿径向的变化相对较为缓慢(除 H=2.34m 外，其余三个截面都处于二反段内)。在轴向高度 4.30m 处(离扩径椎体较近，扩径椎体上部截面在 H=4m 处)，表观气速已降为一反段的 1/4，但颗粒速度仍维持较高的数值，在中心区达到 7.1m/s，而在边壁附近为 1.1m/s。相比一反段，颗粒速度沿径向分布的变化已相对较为平缓。随着气体和颗粒继续向上运动，两者不断进行动量交换，颗粒速度逐渐降低。从图中看到，颗粒速度在中心位置处已降为 4m/s 左右，在轴向高度 5.63m 和 7.77m 的两个截面上，颗粒速度的径向分布基本趋于一致，说明此时，气固两相流已充分发展。在轴向高度为 2.34m 和 4.30m 处，光纤测量和实验观察均没有在边壁区发现明显的下行颗粒流，而在轴向高度 5.63m 和 7.77m 处，在边壁处出现了较为明显的下行颗粒流，颗粒向下运动的速度达到 1.3m/s。这说明在提升管二反段上部，边壁附近的气固曳力不足以克服颗粒自身的重力和颗粒与壁面的摩擦力，使得颗粒开始出现沿壁面向下滑落的现象。

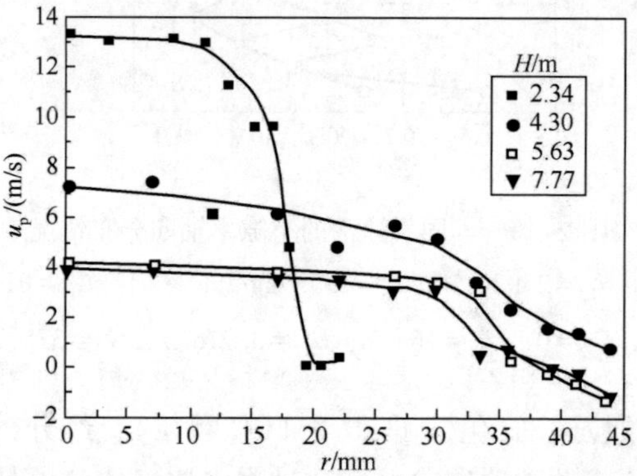

图 2-14　小型冷模装置的变径流化床内不同轴向高度处颗粒速度的径向分布[2]

（$U_{F1}=10$m/s，$U_{F2}=2.5$m/s，$G_{s1}=4.7$kg/min，$W_{s2}=0.7$kg/min）

在相同的表观气速及主循环回路颗粒循环速率下，改变副循环回路的颗粒循环速率，对应的颗粒速度径向分布绘于图 2-15[3]。可看到，在流化床一反段轴向高度 2.34m 处，颗粒速度的径向分布基本不受副循环回路的颗粒循环速率的影响。在扩径段的略上方（轴向高度 $H=4.30$m），随着副回路的颗粒循环速率的增加，流化床中心区的颗粒速度逐渐降低，这是因为从补料管进入的颗粒是斜向下进入二反段，与主体颗粒碰撞混合后，降低了总体的颗粒速度。但壁面附近的颗粒速度随补料量的增加并没有发生显著变化。当颗粒向上运动到高度 7.77m 时，在不同补料量下，颗粒速度的径向分布曲线较为相近，这是因为在此高度，气固两相流已充分发展。从以上分析可知，随着副回路中的补料量的增加，流化床一反段的颗粒速度分布几乎不随其变化，二反段中心区的颗粒速度有所降低，但到了充分发展区，颗粒速度径向分布几乎不再受此影响。

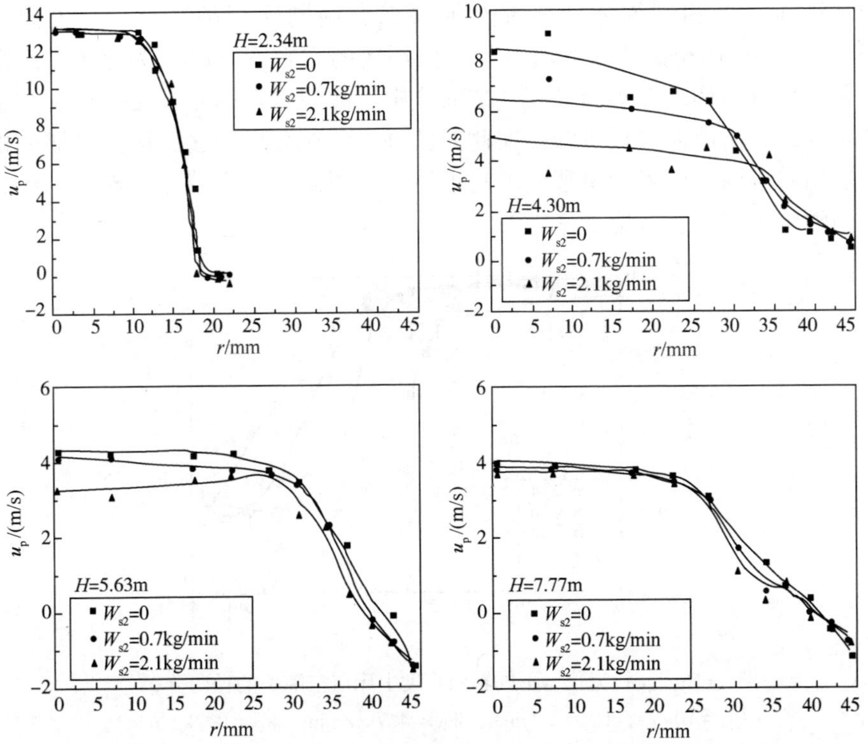

图 2-15　不同轴向高度的颗粒速度径向分布随副回路颗粒循环速率的变化
($U_{F1}=10m/s$，$U_{F2}=2.5m/s$，$W_{s1}=4.7kg/min$)

2.3.5　空隙率的径向分布

许多实验表明，变径流化床内的任一床层截面上均存在较明显的环核结构，中心区的颗粒向壁面迁移，在壁面处多形成颗粒团聚物沿着壁面下落，形成了内循环。本实验也发现类似现象。

在小型冷模实验装置的变径流化床[见图 2-2(a)]四个轴向高度上，空隙率的径向分布见图 2-16。可看到，四个不同截面上的颗粒浓度均呈现出中心稀、边壁浓的分布。在中心区空隙率分布相对平坦，空隙率沿径向迅速下降，在边壁附近降到最小值。在流化床一反段轴向高度 2.34m 处，空隙率径向分布呈现明显的环核结构特征：在中心区空隙率较大($\varepsilon_g=0.9987$)，在边壁附近约为 0.9253。一反段的表观气速为 10m/s，属于气力输送区，中心处的颗粒速度达到 13m/s，对应的颗粒浓度非常稀；而在环区，由于壁面效应，颗粒形成团聚物，速度下降，颗粒浓度相应增加。在轴向高度 4.30m(处于二反段，离扩径椎体上截面 0.3m)处，中心区的空隙率有较大波动且颗粒浓度有所增加，这是表观气速降低和副循环回路补充加料二者共同作用的结果。在轴向高度5.63m，中心区的空隙率又有所升高，但环区的空隙率下降较为显著，呈现更为明显的环核结构。在轴向高度7.77m，中心区的空隙率分布几乎和5.63m处的分布一致，由前面分析可知，在此处已进入了充分发展区，因此气固间的动量交换相对减弱，两者的滑移速度趋于恒定，因此空隙率分布已趋于一致，而环区的颗粒浓度相应有所下降。

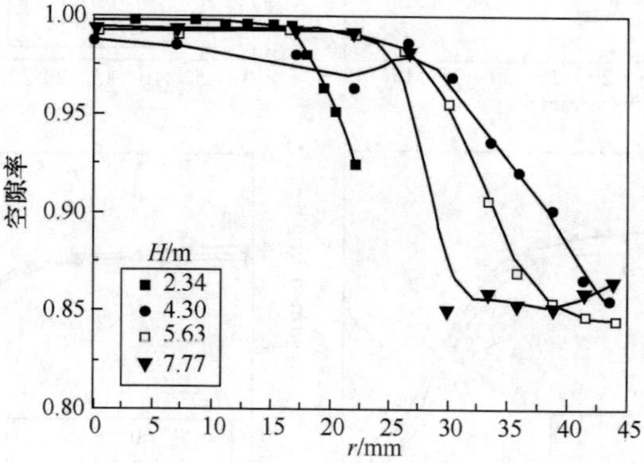

图2-16 变径流化床不同轴向高度上床层空隙率的径向分布[2]
（$U_{F1}=10m/s$，$U_{F2}=2.5m/s$，$W_{s1}=4.7kg/min$，$W_{s2}=0.7kg/min$）

在相同主循环回路颗粒循环速率及表观气速下，在不同副循环回路颗粒循环速率时变径流化床四个轴向高度处的空隙率径向分布见图2-17[3]。在流化床一反段轴向高度2.34m处，由于气固两相流操作在气力输送区，流化床内的空隙率径向分布几乎不随副循环回路的颗粒循环速率的变化而变化。在轴向高度4.30m处，空隙率随副回路的颗粒循环速率的增加而降低，且在径向上空隙率的数值波动较大。在此轴向高度处，表观气速的突然降低及二反段的补充加料均有助于增加此区域内颗粒浓度。当副回路的颗粒循环速率从0增加到2.1kg/min时，流化床中心区的空隙率由0.995下降到0.942，边壁附近的空隙率由0.860下降到0.839。同时，从副循环回路补充的斜向下运动的颗粒与从流化床一反段向上运动进入二反段的颗粒由于两者初始速度的不同，导致颗粒混合剧烈，空隙率的数值出现较大波动。二者间的动量交换沿提升管轴向高度的增加逐渐减弱，直到二者经充分混合和碰撞后达到几乎相同的上行速度。在轴向高度5.63m处，在任一径向位置上的空隙率均随副循环回路固体循环速率的增加而有所降低，但空隙率的径向分布随着副循环回路颗粒循环速率的变化呈现相似的变化趋势。在轴向高度7.77m处，副循环回路颗粒循环速率的变化几乎不影响空隙率径向分布。

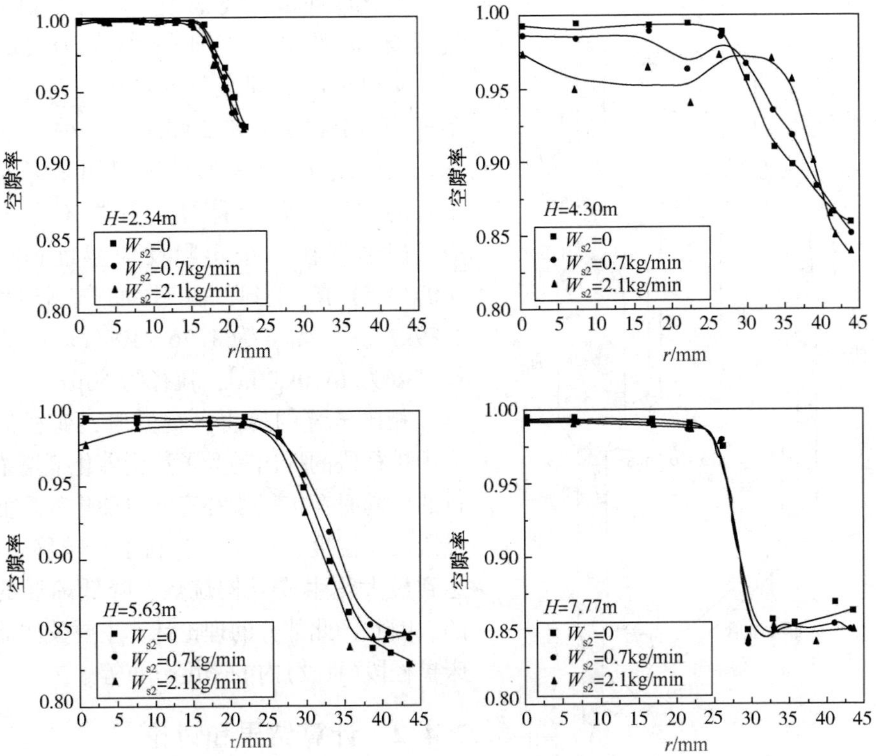

图 2-17　副循环回路颗粒循环速率对轴向高度空隙率径向分布的影响

（$U_{F1}=10m/s$，$U_{F2}=2.5m/s$，$W_{s1}=4.7kg/min$）

2.4　工业变径流化床的理论计算

2.4.1　装置构体及操作条件

综合实验结果和实际经验，设计院给出了工业规模新型双循环变径流化床的初步设计，如图 2-18 所示。可以看到，左边为再生下行床，由上部的沉降器和下部的再生器组成；右边为变径流化床反应器，依次由预提升段（Ⅰ段）、一区（Ⅱ段）、扩径区（Ⅲ段）以及出口段（Ⅳ段）组成。催化剂离开出口段之后，首先进入沉降器，经两级旋风分离器后，催化剂颗粒流入汽提段并经待生立管以一定的压力压入再生器，且在再生器中形成上稀下浓的颗粒分布，即稀相和密相。密相中再生后的催化剂颗粒经再生立管返回至变径流化床反应器底部，完成一次循环。

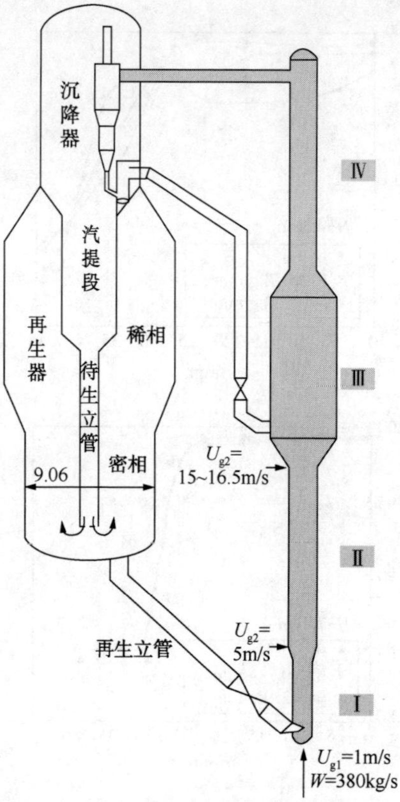

图 2-18 工业规模新型双循环变径流化床示意图(图中直径为内径)[6]

流化床底部催化剂循环量为380kg/s，流化床Ⅱ段出口线速分别为16.5m/s、15m/s和5m/s，Ⅲ段外补催化剂循环量按不补充、100kg/s和200kg/s三种工况考虑。其中线速5m/s的情况仅用来考察停工时的状态。整个计算过程中不考虑反应，但油气物性按实际反应温度(490~500℃)计算得到，其中油气密度为2.89kg/m^3，黏度为1.76×10^{-5}Pa·s。颗粒密度为1400kg/m^3，粒径为60μm。

相比传统的等直径提升管，变径流化床中扩径段的提出是为了达到催化剂增浓的目的，同时在扩径段补充低温催化剂降低扩径段反应温度，进一步有利于氢转移反应，达到最大化生成异构烷烃、降低烯烃的目的。因此，此部分的理论计算主要关注流化床扩径段(Ⅲ段)内的密度分布等。

2.4.2 计算结果和讨论

由于循环流化床颗粒流体系统同时具有颗粒团聚局部非均匀特征和环-核结构等整体非均匀流动特征。颗粒团聚受局部稳定性条件控制，而环-核流动结构则遵循径向整体稳定性条件。根据这一原理，程从礼[6]在李静海提出的能量最小多尺度(EMMS)模型[7]的基础上，建立了EMMS/CA模型，可求解流体速度、颗粒速度、颗粒浓度等变量的径向分布和空隙率轴向分布。下面是利用该模型进行的一系列计算和参数分析。由于变径流化床存在多段直径不同的区域，因此在给定入口催化剂颗粒的质量流率的情况下，各段中的颗粒循环量也不相同，需根据其所在区域的截面积进行换算。

李静海和郭慕孙在等直径的循环流化床实验[7]中发现，流化床中存在“噎塞”现象。他们定义：当噎塞发生时，定性上表现为颗粒轴向浓度分布呈现上稀下浓的S形分布，一旦操作条件发生改变，流化状态就会过渡到密相输送或稀相输送状态；定量上表现为在噎塞发生时的操作气速下，颗粒循环量不随床内存料量的增多或减少而发生变化，此时对应的气速为噎塞速度(U_{ck})，对应的颗粒循环量为饱和夹带量(K^*)。当颗粒和流体的物性确定时，U_{ck}与颗粒循环量G_s相对应，K^*与气体操作速度U_g相对应。若变径流化床刚好操作在噎塞区域时，当外部操作条件稍作变化时，流化床内的流化状态会发生很大变化，可能使操作状态严重偏离预期效果。因此，通过理论计算预先判断工业变径流化床内的流域状态，对最终的稳定操作和流化床设计尤为重要。

采用 EMMS/CA 模型，程从礼[6]计算了在第Ⅱ段出口速度分别为 5m/s、15m/s 和 16.5m/s 对应的噎塞条件。表 2-6 列出了噎塞计算结果以及流化床的操作条件，其中U_g表示实际操作表观气速，G_s表示实际操作时的颗粒循环量(由底部颗粒给料结合床径进行折算，在第Ⅲ段和第Ⅳ段还需考虑催化剂补料量)，ΔW_3为催化剂补料量(在扩径段即第Ⅲ段进入)，U_{ck}和K^*是基于 EMMS/CA 模型计算得到的结果。因此，可根据表 2-6 初步判断实际操作条件下对应的流化状态。具体来说，在G_s不变时，若$U_g<U_{ck}$时，系统处于密相流化状态；若$U_g>U_{ck}$时，系统处于稀相输送状态；只有当$U_g=U_{ck}$时，颗粒浓度才会出现 S 形分布。在U_g不变时，若$G_s>K^*$时，系统处于密相流化状态；若$G_s<K^*$时，系统处于稀相输送状态；只有当$G_s=K^*$时，颗粒浓度才会出现 S 形分布。因为理论预测与实验结果之间存在一定误差，所以无论上面哪种情况，只要U_g与U_{ck}接近或者是G_s与K^*接近时，都可以被认为是 S 形分布。

表 2-6　流化床各段操作状况及相应的噎塞条件[6]

第Ⅱ段出口表观气速 U_{g2}=5m/s												
第Ⅰ段			第Ⅱ段			第Ⅲ段				第Ⅳ段		
U_g/(m/s)	U_{ck}/(m/s)	G_s/[kg/(m²·s)]	U_g/(m/s)	U_{ck}/(m/s)	G_s/[kg/(m²·s)]	ΔW_3/(kg/s)	U_g/(m/s)	G_s/[kg/(m²·s)]	K^*/[kg/(m²·s)]	U_g/(m/s)	U_{ck}/(m/s)	G_s/[kg/(m²·s)]
2<	8.65	597.3	5~5	6.03	286.3	0	0.83	47.2>	4.33	5.87<	6.51	336
第Ⅱ段出口表观气速 U_{g2}=15m/s												
第Ⅰ段			第Ⅱ段			第Ⅲ段				第Ⅳ段		
U_g/(m/s)	U_{ck}/(m/s)	G_s/[kg/(m²·s)]	U_g/(m/s)	U_{ck}/(m/s)	G_s/[kg/(m²·s)]	ΔW_3/(kg/s)	U_g/(m/s)	G_s/[kg/(m²·s)]	K^*/[kg/(m²·s)]	U_g/(m/s)	U_{ck}/(m/s)	G_s/[kg/(m²·s)]
						0		47.2≈	43.8		6.51	336
2<	8.65	597.3	5~15	6.03	286.3	100	2.48	59.7>	43.8	17.6>	7.30	424.4
						200		72.1>	43.8		8.02	512.8
第Ⅱ段出口表观气速 U_{g2}=16.5m/s												
第Ⅰ段			第Ⅱ段			第Ⅲ段				第Ⅳ段		
U_g/(m/s)	U_{ck}/(m/s)	G_s/[kg/(m²·s)]	U_g/(m/s)	U_{ck}/(m/s)	G_s/[kg/(m²·s)]	ΔW_3/(kg/s)	U_g/(m/s)	G_s/[kg/(m²·s)]	K^*/[kg/(m²·s)]	U_g/(m/s)	U_{ck}/(m/s)	G_s/[kg/(m²·s)]
						0		47.2≈	53.8		6.51	336
2<	8.65	597.3	5~16.5	6.03	286.3	100	2.72	59.7≈	53.8	19.4>	7.30	424.4
						200		72.1>	53.8		8.02	512.8

根据上述计算结果，程从礼[6]和李静海等[8]对各段的流化状态进行了详细分析，并计算得到各段的颗粒密度轴径向分布。下面主要针对扩径段进行流域判断。

第Ⅱ段出口表观气速为5m/s的条件对应开工状态，因为开工时第Ⅱ段内还未发生反应。在正常运行情况下，气液混合物在第Ⅱ段经汽化以及裂化反应后密度减小、体积膨胀，使得出口速度远高于5m/s，达到15~20m/s。在第Ⅲ段内，管径扩大到3.2m。当第Ⅱ段出口表观气速为5m/s时，颗粒循环量47.2kg/(m^2·s)大于计算所得的饱和夹带量4.33kg/(m^2·s)，因此判断第Ⅲ段操作在密相流化状态。当第Ⅱ段出口表观气速增加至15m/s时，还需结合三种补充催化剂质量流率ΔW_3(0kg/s，100kg/s，200kg/s)分别进行分析。当扩径段无催化剂补料时($\Delta W_3=0$kg/s)，对应的颗粒循环量为47.2kg/(m^2·s)，接近于15m/s时的饱和夹带量K^*[43.8kg/(m^2·s)]。而当扩径段的补充催化剂分别为100kg/s和200kg/s时，对应的颗粒循环量远大于饱和夹带量K^*[43.8kg/(m^2·s)]。同理，在第Ⅱ段出口表观气速为16.5m/s时，结合三种补充颗粒质量流率ΔW_3(0kg/s，100kg/s，200kg/s)进行分析可知，只有当ΔW_3 = 200kg/s时，颗粒循环量G_s[72.1kg/(m^2·s)]远大于同样操作气速下的饱和夹带量K^*[53.8kg/(m^2·s)]。其他两种情况，颗粒循环量G_s均接近于同样操作气速下的饱和夹带量K^*。

从上面分析可知，当扩径段无催化剂补料时，在正常运行的上述两个气速(即U_{g2}=15m/s和16.5m/s)下，扩径段的颗粒循环量接近饱和夹带量，因而颗粒浓度沿轴向呈现上稀下浓的S形分布。密相段高度由流化床的总压降确定，进而确定了截面平均颗粒浓度和颗粒反混量的轴向分布。由前述冷模实验可知，扩径段补料虽可灵活调节床内的颗粒浓度，但多段回路的存在给压力平衡调节带来一定困难，可能不易工业操作。因此初步判断，二反段无补料的情况更为重要(在实际操作中更易实现)，表2-7是程从礼[6]计算得到的扩径段(第Ⅲ段)内的密相段高度、截面平均颗粒浓度、扩径段颗粒质量与流化床的总压降的关系。虽然第Ⅲ段内平均颗粒密度和压降可以通过调节再生滑阀来改变，但其他各段的气体操作速度和颗粒循环量均维持不变，所以它们的颗粒密度、压降并不因此发生改变。

表2-7 第Ⅲ段密相段高度、空隙率与流化床总压降的关系(U_{g2}=15m/s，ΔW_3=0)

密相段高度/m	截面平均空隙率	截面平均颗粒浓度/(kg/m^3)	总压降/kPa	床料量/t
0.0	0.9367	88.60	51.5	7.13
1.0	0.9315	95.83	52.2	7.71
2.0	0.9249	105.18	53.1	8.46

续表

密相段高度/m	截面平均空隙率	截面平均颗粒浓度/(kg/m^3)	总压降/kPa	床料量/t
3.0	0.9161	117.44	54.3	9.44
4.0	0.9080	128.85	55.4	10.36
5.0	0.9008	138.85	56.4	11.17
6.0	0.8936	148.93	57.4	11.98
7.0	0.8864	159.09	58.4	12.79
8.0	0.8791	169.29	59.4	13.61
9.0	0.8753	174.53	59.9	14.04
10.0	0.8647	189.47	61.3	15.24

针对 $U_{g2}=15$m/s 和无催化剂补料的操作条件，通过EMMS/CA模型计算得到流化床的颗粒浓度轴径向分布。从图2-19可看到，第Ⅰ段内颗粒浓度较大，为密相操作状态。进入第Ⅱ段后，气体速度急剧增加，所以颗粒浓度迅速减小，床内操作随之转变为稀相输送状态。到了第Ⅲ段(床高21~31m之间)，气速随着管径的增加而减小，颗粒循环量接近饱和夹带量，此时对应的轴向分布呈现上稀下浓的S形分布。图2-20是第Ⅲ段床高为25m时对应的颗粒浓度径向分布。从图2-19中可判断，当床高为25m时，正处于第Ⅲ段中的密相段。从图2-20可看到，颗粒浓度沿着径向呈现中间稀边壁浓的环核结构，在壁面附近处的颗粒浓度达到500kg/m^3，接近第Ⅰ段中的颗粒浓度。其他操作条件与上述分析类似，更全面的分析结果可参考李静海等的《颗粒流体复杂系统的多尺度模拟》[8]。

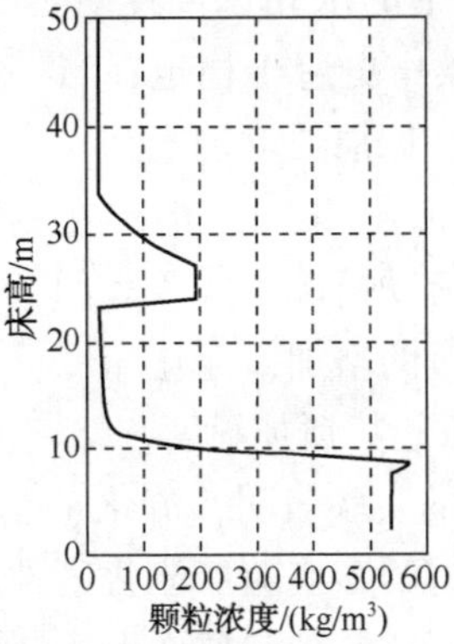

图2-19　第Ⅲ段床料量为10t时截面平均颗粒密度的轴向分布

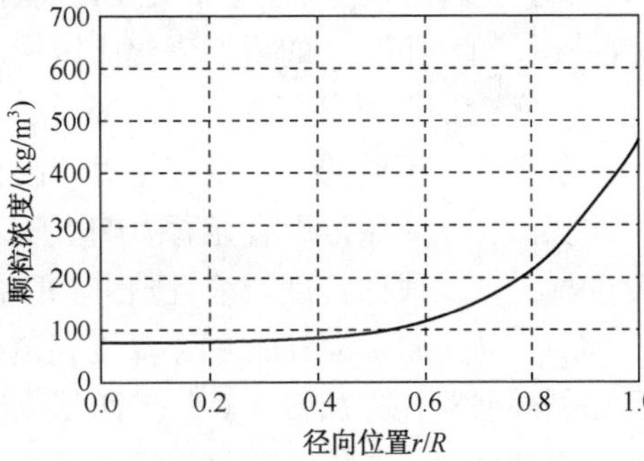

图2-20　床高为25m处颗粒密度的径向分布

根据上述实验和理论计算结果，设计了第一套变径流化床反应器装置，在上海高桥石化公司试车成功。

2.5　实验小结

本章描述了外径 ϕ304mm/ϕ150mm 的变径流化床以及 ϕ90mm/ϕ45mm 的小型变径流化床，给出了冷模流动试验结果。在较大的冷模装置中主要观测了床密度的轴向分布。冷模流动试验结果证明，用扩径及分段补料的思路设计新的变径流化床反应器，可以控制反应器轴向床密度分布，实现流化床一反段处于稀相或浓相输送状态；而二反段内的颗粒轴向密度呈“S 形”上稀下浓分布，颗粒浓度及浓相段高度可调节一反段气速及两个回路循环量进行控制。操作中向反应器二反段补充颗粒是有效的增浓措施。由于二反段的颗粒补料使得扩径段和二反段的平均床密度都有所增加。在小型的冷模装置也测量了气速、颗粒循环量等对颗粒浓度和速度的影响，这里主要讨论的颗粒浓度和速度的径向分布。实验的主要结论如下：

(1) 在外径 ϕ304mm/ϕ150mm 的变径流化床中，U_{F1} = 5m/s，W_{s1} > 1.5t/h [G_{s1} = 27.1kg/(m^2 · s)]，W_{s2} = 0 时，随着一反段颗粒循环量的增大，流化床内颗粒在一反段由稀相输送转至浓相输送状态，变径处的床密度也逐渐增大，在二反段沿轴向呈现上稀下浓“S”形分布。

(2) 外径 ϕ304mm/ϕ150mm 的变径流化床中，U_{F1} = 12 ~ 16m/s，W_{s1} = 20.82t/h [G_{s1} = 375.7kg/(m^2 · s)]，W_{s2} = 0 时，流化床操作稳定。流化床一反段呈浓相输送状，至变径处浓度增加，二反段中的床层密度沿轴向呈上稀下浓的分布。W_{s1} = 19.72t/h[G_{s1} = 355.9kg/(m^2 · s)]时二反段中的浓相床高度可达 2m 左右。当 W_{s2} = 0，W_{s1}维持定值，增加气速使得流化床操作更趋于稳定；当一反段气速 U_{F1}维持恒定值，随 W_{s1}的增加流化床床密度增加，床层波动加剧。

(3) 实验分别观察了 U_{F1} = 5m/s，12m/s，15m/s，16m/s 时，在相同一反段循环量条件下，不同的二反段补料对床内颗粒的流动情况。实验表明，二反段补料对改变流化床床层浓度有显著影响。随着补料量的增加，流化床一反段的床层密度变稀，二反段的密度增浓且随 W_{s2}的增加增浓趋势愈加显著。

(4) 在 ϕ90mm/ϕ45mm 的小型变径流化床上的实验表明，流化床中部的扩径段及副循环回路补充加料，对气固两相流流动结构的影响随着流化床轴向高度的增加而逐渐减弱。与传统流化床反应器相类似，在任一轴向截面上床层空隙率随表观气速的增加和固体循环速率的降低而增加；在扩径后的流化床二反段，固体颗粒速度沿轴向向上逐渐降低、中心区半径减小。

(5) 经 EMMS/CA 模型可获得变径流化床各段内发生噎塞时对应的操作条件，进而可根据此条件确定合适的操作条件。当第Ⅱ段出口表观气速为 15m/s，无催化剂补料时，扩径段内有可能出现噎塞，而其他两种条件均会出现密相流化状态。当第Ⅱ段出口表观气速为 16.5m/s 时，补充催化剂质量流率为 0kg/s 和 100kg/s 时，均有可能出现噎塞现象。

受有机玻璃制成实验设备及实验装置的限制，在更大循环量和更高气速下进行实验具有一定困难。上述冷模试验装置设计及试验表明，因流化床操作气速太大，试验过程中又需补充物料，物料藏量不足时可能造成系统压力不平衡，造成流化床底部窜气、补充物料加入困难等现象，从而影响流化床内物料正常循环操作。

参 考 文 献

[1] 陈丙瑜，夏麟培，高士秋，等，MIP 工业装置冷态流动模拟实验研究[R]. 中国科学院过程工程研究所，2002.

[2] 王向辉. 双循环变径提升管反应器的流体力学特性[D]. 北京：中国科学院研究生院，2006.

[3] Wang X，Gao S，Xu Y，et al. Gas-solids flow patterns in a novel dual-loop FCC riser[J]. Powder Technology，2005，152：90-99.

[4] Schut S B，van der Meer E H，Davidson J F，et al. Gas-solids flow in the diffuser of a circulating fluidised bed riser[J]. Powder Technology，2000，111(1)：94-103.

[5] Marjanovic P，Levy A，Mason D J. An investigation of the flow structure through abrupt enlargement of circular pipe[J]. Powder Technology，1999，104(3)：296-303.

[6] 程从礼. 循环流化床能量最小多尺度环核模型[D]. 北京：中国科学院研究生院，2001.

[7] Li J，Kwauk M. Particle-fluid two-phase flow：the energy-minimization multi-scale method[M]. Beijing：Metallurgical Industry Press，1994.

[8] 李静海，欧阳洁，高士秋，等. 颗粒流体复杂系统的多尺度模拟[M]. 北京：科学出版社，2005.

第3章　变径流化床多尺度模拟放大

随着多相流理论和计算流体力学(Computational Fluid Dynamics，CFD)技术的迅速发展，特别是介尺度理论的兴起，如将介于颗粒尺度和反应器尺度的流体结构(又称为介尺度结构)的影响考虑到以曳力为代表的本构关系中[1~3]，可使CFD更好地应用于模拟流态化反应器中的复杂流动和反应行为。本章将采用以能量最小多尺度(EMMS)曳力模型结合CFD的多尺度CFD模拟方法，对实验室规模到工业规模的变径流化床进行一系列模拟，考察不同因素对变径流化床反应器性能的影响。此项研究是利用CFD模拟助力新型反应器从实验室到工业装置一步放大的成功案例[4]，也为这一类多相催化反应器的放大和优化提供了理论基础。

3.1　数学模型

3.1.1　基本控制方程

在有关颗粒流体系统的数值模拟中，根据对颗粒和流体描述详细程度的不同，主要可分为三类模型：连续介质模型(若涉及两相，常称为双流体模型)，颗粒轨道模型(DPM，常称为CFD-DEM)和直接数值模拟(DNS)。其中，连续介质模型是工业应用最为广泛的方法，基于该方法的软件开发也相对较为成熟。然而，在气固流化床中存在颗粒团聚现象，严重影响气固间动量、热量传递及反应行为，而传统的连续介质方法基于均匀假设，忽略了非均匀结构的影响，使得对气固流态化的预测远偏离真实状态。由于变径流化床反应器(以下称变径流化床)存在第二反应区，该反应区操作在快速流态化状态，非均匀现象显著，我们采用连续介质方法耦合EMMS曳力模型对其进行多尺度CFD模拟。下面是相关模型的介绍。

连续介质模型假设颗粒和流体都是连续的，且两者相互渗透。它们的运动行为通过求解描述流体微元和局部颗粒群平均量的一套连续性方程和动量守恒方程得到。相比颗粒轨道模型和直接数值模拟，连续介质模型所需计算量最少，因此广泛用于工程计算。在本模拟中，由于只涉及了两种介质(催化剂颗粒和流化气体)，因此又称连续介质模型为双流体模型(TFM)。该模型中平均化技术的应用抹平了两相界面的间断条件和局部物理量，其过滤的微元体细节最终体现在平均化守恒方程中的各项未封闭量上，如相间曳力、固相应力等。

以下是常见的双流体模型的控制方程[5]。

连续性方程（$q=\mathrm{g}$，s；$p=\mathrm{s}$，g）：

$$\frac{\partial}{\partial t}(\varepsilon_q \rho_q) + \nabla\cdot(\varepsilon_q \rho_q \boldsymbol{u}_q) = \Gamma_{pq} - \Gamma_{qp} \tag{3-1}$$

其中，$\boldsymbol{u}_q$是相 q 的速度，Γ_{pq}是相 p 到相 q 的质量交换量，g 表示气相，s 表示固相。

动量守恒方程：

$$\frac{\partial}{\partial t}(\varepsilon_{\mathrm{g}}\rho_{\mathrm{g}}\boldsymbol{u}_{\mathrm{g}}) + \nabla\cdot(\varepsilon_{\mathrm{g}}\rho_{\mathrm{g}}\boldsymbol{u}_{\mathrm{g}}\boldsymbol{u}_{\mathrm{g}}) = -\varepsilon_{\mathrm{g}}\nabla p + \nabla\cdot\boldsymbol{\tau}_{\mathrm{g}} + \varepsilon_{\mathrm{g}}\rho_{\mathrm{g}}\boldsymbol{g} - \boldsymbol{F}_{\mathrm{d}} + (\Gamma_{\mathrm{sg}}\boldsymbol{u}_{\mathrm{sg}} - \Gamma_{\mathrm{gs}}\boldsymbol{u}_{\mathrm{gs}}) \tag{3-2}$$

$$\frac{\partial}{\partial t}(\varepsilon_{\mathrm{s}}\rho_{\mathrm{s}}\boldsymbol{u}_{\mathrm{s}}) + \nabla\cdot(\varepsilon_{\mathrm{g}}\rho_{\mathrm{g}}\boldsymbol{u}_{\mathrm{s}}\boldsymbol{u}_{\mathrm{s}}) = -\varepsilon_{\mathrm{s}}\nabla p - \nabla p_{\mathrm{s}} + \nabla\cdot\boldsymbol{\tau}_{\mathrm{s}} + \varepsilon_{\mathrm{s}}\rho_{\mathrm{s}}\boldsymbol{g} + \boldsymbol{F}_{\mathrm{d}} + (\Gamma_{\mathrm{gs}}\boldsymbol{u}_{\mathrm{gs}} - \Gamma_{\mathrm{sg}}\boldsymbol{u}_{\mathrm{sg}}) \tag{3-3}$$

其中，$\boldsymbol{\tau}$ 是应力张量，采用以下牛顿应力形式：

$$\boldsymbol{\tau}_q = \varepsilon_q \mu_q [\nabla \boldsymbol{u}_q + (\nabla \boldsymbol{u}_q)^{\mathrm{T}}] + \varepsilon_q\left(\lambda_q - \frac{2}{3}\mu_q\right)\nabla\cdot \boldsymbol{u}_q \boldsymbol{I} \tag{3-4}$$

这里，μ_q和 λ_q是相 q 的剪切和体积黏度，p 是两相共享压力，p_{s}是固相压力。$\boldsymbol{u}_{\mathrm{gs}}$和 $\boldsymbol{u}_{\mathrm{sg}}$是相界面处的速度。如果 $\Gamma_{\mathrm{sg}}>0$，$\boldsymbol{u}_{\mathrm{sg}}=\boldsymbol{u}_{\mathrm{s}}$，否则 $\boldsymbol{u}_{\mathrm{sg}}=\boldsymbol{u}_{\mathrm{g}}$；同样地，如果 $\Gamma_{\mathrm{gs}}>0$，$\boldsymbol{u}_{\mathrm{gs}}=\boldsymbol{u}_{\mathrm{g}}$，否则 $\boldsymbol{u}_{\mathrm{gs}}=\boldsymbol{u}_{\mathrm{s}}$。需要注意的是，这里 $\boldsymbol{F}_{\mathrm{d}}$一般指曳力，而忽略了升力、虚拟质量力、Basset 力等其他相间作用力，这是因为在气固流态化系统中，曳力的数量级要远大于其他相间作用力。通常，$\boldsymbol{F}_{\mathrm{d}}$表示为$(\boldsymbol{u}_{\mathrm{g}}-\boldsymbol{u}_{\mathrm{s}})\beta$，其中 β 是曳力系数。

能量守恒方程：

$$\frac{\partial}{\partial t}(\varepsilon_q\rho_q h_q) + \nabla\cdot(\varepsilon_q\rho_q\boldsymbol{u}_q h_q) = -\varepsilon_q\frac{\partial p_q}{\partial t} + \boldsymbol{\tau}_q : \nabla\boldsymbol{u}_q - \nabla\cdot\boldsymbol{q}_q + S_q + Q_{pq} + (\Gamma_{pq}h_{pq} - \Gamma_{pq}h_{qp}) \tag{3-5}$$

其中，h_q是相 q 的比焓，q_q是热通量，S_q是考虑化学反应或辐射等的源项，Q_{pq}是相 p 和相 q 的热交换量。注意 h_{pq}是相间交换焓（如在蒸发情况下液滴温度的蒸汽焓），不在此考虑。

组分输运方程的一般形式：

$$\frac{\partial}{\partial t}(\rho_q\varepsilon_q Y_{q,i}) + \nabla\cdot(\rho_q\varepsilon_q\boldsymbol{u}_q Y_{q,i}) = -\nabla\cdot\varepsilon_q\boldsymbol{J}_{q,i} + \varepsilon_q R_{q,i} + \Re \tag{3-6}$$

其中，$\boldsymbol{J}$ 是组分 i 的扩散通量，$R_{q,i}$是相 q 中通过化学反应的均相组分 i 的净生成速率，$\Re$是异相反应速率。不同的平均化技术会导致双流体模型的守恒方程在描述一些非封闭项时略有差别。

3.1.2 固相封闭关系

在连续介质框架下，如何封闭气固相间的动量传递、质量/热量传递以及固相应力等是当今学术界研究的热点之一。从气体分子动理论发展而来的颗粒动理论(KTGF)[6]，其可调参数相对较少，被认为是封闭快速颗粒流固相应力的一种较为可靠的方法。表 3-1 列出了本模拟采用的基于颗粒动理论的固相黏度和固相压力等多个物理量的对应模型。

表 3-1 基于颗粒动理论的固相封闭关系[5]

颗粒温度方程的代数形式：$(-p_s\boldsymbol{I}+\boldsymbol{\tau}_s):\nabla\boldsymbol{u}_s-\gamma_s=0$	(3-7)
固相黏度：$\mu_s=\mu_{s,col}+\mu_{s,kin}+\mu_{s,fr}$	(3-8)
碰撞黏度采用 Gidaspow 模型：$\mu_{s,col}=\frac{4}{5}\rho_s\varepsilon_s^2d_sg_0(1+e_{ss})\sqrt{\frac{\theta_s}{\pi}}$	(3-9)
动力学黏度采用 Gidaspow 模型：$\mu_{s,kin}=\frac{\varepsilon_s d_s\rho_s\sqrt{\theta_s\pi}}{6(3-e_{ss})}\left[1+\frac{2}{5}(1+e_{ss})(3e_{ss}-1)\varepsilon_s g_{0,ss}\right]$	(3-10)
摩擦黏度采用 Schaeffer 模型：$\mu_{s,fr}=\frac{p_s\sin\varphi}{2\sqrt{I_{2D}}}$	(3-11)
颗粒体积黏度采用 Lun et al. 模型：$\lambda_s=\frac{4}{3}\varepsilon_s^2\rho_s d_s g_0(1+e_{ss})\left(\frac{\theta_s}{\pi}\right)^{1/2}$	(3-12)
固相压力采用 Lun et al. 模型：$p_s=\varepsilon_s\rho_s\theta_s+2\rho_s(1+e_{ss})\varepsilon_s^2g_0\theta_s$	(3-13)
径向分布函数采用 Lun et al. 模型：$g_0=\left[1-\left(\frac{\varepsilon_s}{\varepsilon_{s,max}}\right)^{1/3}\right]^{-1}$	(3-14)

3.1.3 气固曳力模型

相比固相应力，气固流态化中的大量研究聚焦相间曳力的构建。早期的曳力公式源于对实验数据的关联，如 Wen 和 Yu 模型($\varepsilon_g>0.8$)[7] 和 Ergun 公式($\varepsilon_g<0.8$)[8] 及结合两者的 Gidaspow 模型[9]。此外，在过去的十几年中还出现了一些从直接数值模拟或细网格模拟数据中关联得到的曳力模型。这些模型都是由近均匀流态化系统中的实验数据或模拟分析导出。这里我们主要采用基于 EMMS 的曳力模型[1,2,10]。同时考虑宏观和微观参数对结构的影响时，得到的 EMMS 曳力模

型[3,10]具有网格弱相关性且适用条件宽，因此适合工业尺寸流化床反应器的粗网格模拟[11]。另外，我们也采用了 Gidaspow 模型作为比较，下面分别介绍。

3.1.3.1　Gidaspow 模型

基于均匀流态化的 Gidaspow 模型[9]表示为：

$$\begin{cases} \beta = \dfrac{3}{4} C_{D0} \dfrac{\varepsilon_s \varepsilon_g \rho_g |\boldsymbol{u}_g - \boldsymbol{u}_s|}{d_p} \varepsilon_g^{-2.65}, & (\varepsilon_g \geqslant 0.8) \\ \beta = 150 \dfrac{(1-\varepsilon_g)^2 \mu_g}{\varepsilon_g d_p^2} + 1.75 \dfrac{(1-\varepsilon_g)\rho_g |\boldsymbol{u}_g - \boldsymbol{u}_s|}{d_p} & (\varepsilon_g < 0.8) \end{cases} \tag{3-15}$$

其中，C_{D0}的表达式为：

$$\begin{cases} C_{D0} = \dfrac{24(1 + 0.15\, Re_s^{0.687})}{Re_s}, & Re_s < 1000 \\ C_{D0} = 0.44, & Re_s \geqslant 1000 \end{cases} \tag{3-16}$$

3.1.3.2　EMMS 曳力模型

由于流动结构的非均匀分布对颗粒群曳力系数影响巨大，而 EMMS 模型可求得气固流态化系统中的稀密相结构，Yang 等人[2]将 EMMS 模型用于曳力建模，建立基于结构的曳力本构关系。EMMS 模型最初由 Li 和 Kwauk[1]提出，用于描述稳态气固流态化系统中的流动结构。描述该系统的参数分别属于三个尺度。如图 3-1 所示，宏观尺度的参数包括表观气速 U_g、颗粒速度 U_s 等操作参数。微观尺度参数包括密相空隙率 ε_{gc}、密相表观气速 U_{gc}、密相表观颗粒速度 U_{sc} 以及稀相空隙率 ε_{gf}、稀相表观气速 U_{gf}、稀相表观颗粒速度 U_{sf}。介尺度参数主要包括密相(或团聚物)体积分数 f 和团聚物当量直径 d_{cl}。

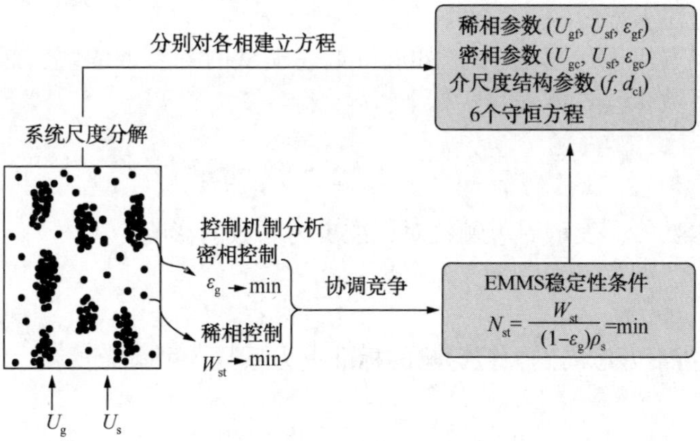

图 3-1　EMMS 模型建立的结构示意图

考虑到气固流态化中的任意一个微元控制体是非稳态的，在建模时首先在力平衡方程中引入一个平均的颗粒加速度[2]。该曳力模型在 EMMS®软件中命名为 EMMS-global 模块，由一组非线性方程组成。

密相、介观相和稀相的力平衡方程：

$$F_{dc}=\frac{(1-\varepsilon_{gc})}{\pi d_p^3/6}C_{dc}\frac{1}{2}\rho_g U_{slipc}^2\frac{\pi}{4}d_p^2=(1-\varepsilon_g)(\rho_s-\rho_g)(g+a) \tag{3-17}$$

$$F_{di}=\frac{f}{\pi d_{cl}^3/6}C_{di}\frac{1}{2}\rho_g U_{slipi}^2\frac{\pi}{4}d_{cl}^2=f(\varepsilon_g-\varepsilon_{gc})(\rho_s-\rho_g)(g+a) \tag{3-18}$$

$$F_{df}=\frac{(1-\varepsilon_{gf})}{\pi d_p^3/6}C_{df}\frac{1}{2}\rho_g U_{slipf}^2\frac{\pi}{4}d_p^2=(1-\varepsilon_{gf})(\rho_s-\rho_g)(g+a) \tag{3-19}$$

气相和固相的质量守恒方程：

$$U_g=fU_{gc}+(1-f)U_{gf} \tag{3-20}$$

$$U_s=fU_{sc}+(1-f)U_{sf} \tag{3-21}$$

团聚物直径方程：

$$d_{cl}=\frac{d_p[U_s/(1-\varepsilon_{max})-(U_{mf}+U_s\varepsilon_{mf}/(1-\varepsilon_{mf}))]g}{N_{st}\rho_s/(\rho_s-\rho_g)-(U_{mf}+U_s\varepsilon_{mf}/(1-\varepsilon_{mf}))g} \tag{3-22}$$

以上 6 个方程源自 EMMS 模型[1]，不同之处在于力平衡方程式(3-17)~式(3-19)增加了加速度项。此外，模型引入平均空隙率和稀相空隙率、密相空隙率的关系式

$$\varepsilon_g=\varepsilon_{gc}f+\varepsilon_{gf}(1-f) \tag{3-23}$$

综上，共有 7 个方程和 9 个未知变量(ε_{gc}，U_{gc}，U_{sc}，ε_{gf}，U_{gf}，U_{sf}，f，d_{cl}，a)，方程无法封闭。模型引入稳定性条件封闭上述方程。这里的稳定性条件与原 EMMS 模型一致，即

$$N_{st}=\frac{W_{st}}{(1-\varepsilon_g)\rho_s}=\frac{\rho_s-\rho_g}{\rho_s}\left[U_g-\frac{\varepsilon_{gf}-\varepsilon_g}{1-\varepsilon_g}f(1-f)U_{gf}\right]g\rightarrow\min \tag{3-24}$$

通过全局遍历优化算法[12]，可求得上述模型的各参数的解，然后计算基于结构的曳力系数，其具体表达式如下：

$$\beta=\frac{\varepsilon_g^2}{U_{slip}}[fF_{dc}+F_{di}+(1-f)F_{df}] \tag{3-25}$$

引入了参数 ω，表示周边颗粒对标准曳力系数的影响，

$$\omega=\frac{\beta}{\beta_0} \tag{3-26}$$

而 β_0 是指不考虑周围颗粒影响的标准曳力系数，可写为：

$$\beta_0=\frac{3}{4}\frac{1-\varepsilon_g}{d_p}\rho_g U_{slip}C_{D0} \tag{3-27}$$

对于均匀曳力来说，如 Wen & Yu 曳力模型[7]，其 $\omega=\varepsilon_g^{-2.65}$。参数 ω 可表达为空隙率的函数，即 $\omega=f(\varepsilon_g)$，ε_g 是给定控制体的平均空隙率。当 ω 与 CFD 耦合计算时，计算 ω 所用的局部流动参数是 CFD 网格内的颗粒速度、气体速度和空隙率。该 EMMS 曳力模型应用简便，许多报道表明[2,13,14]，它能成功模拟 Geldart A 类颗粒的快速流态化反应器。

考虑到密相和稀相中的颗粒所处流场不同，Wang 和 Li[3]进一步区分了稀相、密相和介观相力平衡方程中的加速度项，并提出两步法的求解思路：①流态化系统是个非线性非平衡系统，需要外部持续地输入能量维持颗粒的悬浮和输送。维持介尺度结构的能量主要源于气体和颗粒间宏观平均相对速度。因此，认为介尺度结构参数（如 d_{cl} 和 ε_{gc}）主要受宏观或全局流体力学条件约束，在第一步进行求解；②介尺度结构受局部流体力学影响会发生动态变化，因此相关的动态参数，如惯性量（a_c，a_f，a_i）与微元体信息（u_g，u_s，ε_g）密切相关，它们在第二步中进行求解。

在第一步中，EMMS-global 模型中的式(3-17)～式(3-19)可改写为：

$$F_{dc}=\frac{(1-\varepsilon_{gc})}{\pi d_p^3/6}C_{dc}\frac{1}{2}\rho_g U_{slipc}^2\frac{\pi}{4}d_p^2=(1-\varepsilon_g)(\rho_s-\rho_g)(g+a_c) \tag{3-28}$$

$$F_{di}=\frac{f}{\pi d_{cl}^3/6}C_{di}\frac{1}{2}\rho_g U_{slipi}^2\frac{\pi}{4}d_{cl}^2=f(\varepsilon_g-\varepsilon_{gc})(\rho_s-\rho_g)(g+a_i) \tag{3-29}$$

$$F_{df}=\frac{(1-\varepsilon_{gf})}{\pi d_p^3/6}C_{df}\frac{1}{2}\rho_g U_{slipf}^2\frac{\pi}{4}d_p^2=(1-\varepsilon_{gf})(\rho_s-\rho_g)(g+a_f) \tag{3-30}$$

其中，通过压降平衡方程，可推导出介观相加速度 a_i 与 a_c 和 a_f 的关系：

$$a_i=\frac{(1-f)[(1-\varepsilon_g)(g+a_c)-(1-\varepsilon_{gf})(g+a_f)]}{f(\varepsilon_g-\varepsilon_{gc})}-g \tag{3-31}$$

此外，连续性方程式(3-20)、式(3-21)、团聚物方程式(3-22)和空隙率方程式(3-23)保持不变。模型产生 10 个未知变量（ε_{gc}，U_{gc}，U_{sc}，ε_{gf}，U_{gf}，U_{sf}，f，d_{cl}，a_c，a_f）由 7 个方程和 1 个稳定性条件进行封闭。利用全局寻优法，求得介尺度结构参数（d_{cl}，ε_{gc}）分别与空隙率 ε_g 的关系。并假设稀相空隙率 ε_{gf} 和稀相加速度项 a_f 的解（$\varepsilon_{gf}\to\varepsilon_{max}$ 和 $a_f\to -g$）仍在第二步中成立。此两个变量的解与 Matsen[15]的实验结果以及 Li 和 Kuipers 的 CFD-DEM 模拟结果[16]相一致。

基于第一步的结果，第二步仅剩 6 个未知变量（U_{gc}，U_{sc}，U_{gf}，U_{sf}，f，a_c），由 6 个控制方程[式(3-28)～式(3-30)、式(3-20)、式(3-21)和式(3-23)]结合输入的局部信息（u_g，u_s，ε_g）进行封闭。这 6 个方程可进一步简化为 3 个方程，6 个未知变量也相应合并为 3 个（U_{slipc}，U_{slipi}，a_c），分别是方程式(3-28)和式(3-29)以及以下表达式[10]：

$$U_{slipi} = (U_{slip} - fU_{slipc})\frac{\varepsilon_{gf}(1-\varepsilon_g)}{\varepsilon_{gf}-\varepsilon_g} \tag{3-32}$$

第二步方程求解得到上述模型的所有参数，进而可计算曳力系数。曳力系数的计算公式同式(3-25)一致。同时，定义曳力修正的非均匀因子 H_D，用以表征非均匀结构对曳力系数的影响，其定义式为：

$$H_D = \frac{\beta}{\beta_w} \tag{3-33}$$

其中，β_w 是 Wen 和 Yu 曳力系数，由均匀流态化实验数据关联得到。曳力修正因子 H_D是局部空隙率 ε_g 和局部滑移速度 U_{slip}的函数。该曳力模型在 EMMS® 软件中命名为 EMMS-matrix 模块。图 3-2 展示了针对气固流化系统计算的曳力修正因子及比较。可以看到，EMMS-matrix 模型计算得到的 H_D在大部分空隙率范围内都小于 1。除空隙率之外，滑移速度成为表征结构效应的第二因素。较高的滑移速度通常对应较大的 H_D，这是因为高滑移速度抑制了介尺度结构的进一步增大。该模型不仅提高了原曳力模型的计算精度，拓宽了适用范围，且对网格尺寸不敏感，适合大规模反应器的粗网格模拟。

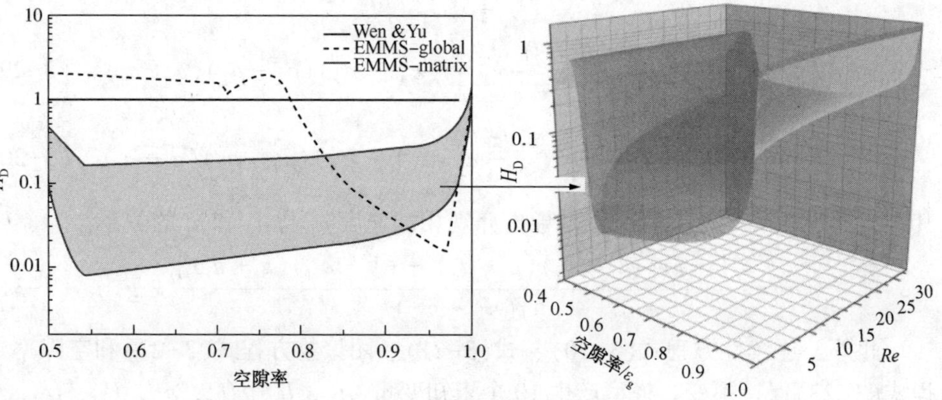

图 3-2 EMMS 模型计算得到的气固流化系统的曳力修正因子及比较[10]

$\rho_s = 930kg/m^3$，$d_p = 54\mu m$，$U_g = 1.52m/s$，$G_s = 14.3kg/(m^2 \cdot s)$，$\varepsilon_{mf} = 0.4$，$\varepsilon_{max} = 0.9997$，$Re = \rho_g U_{slip} d_p/\mu_g$

3.2 模型验证

3.2.1 构体及模拟设置

由于实验室尺寸的变径流化床有较多的实验数据，因此作为模型验证的首选。图 3-3 为其中两个变径流化床的二维构体图。由于二维模拟所需网格量较少，且也能反映主要流场分布特征，因此早期模拟(完成时间为 2004~2005 年)主要基于二维构体，曳力采用 EMMS-global 模型[2]。

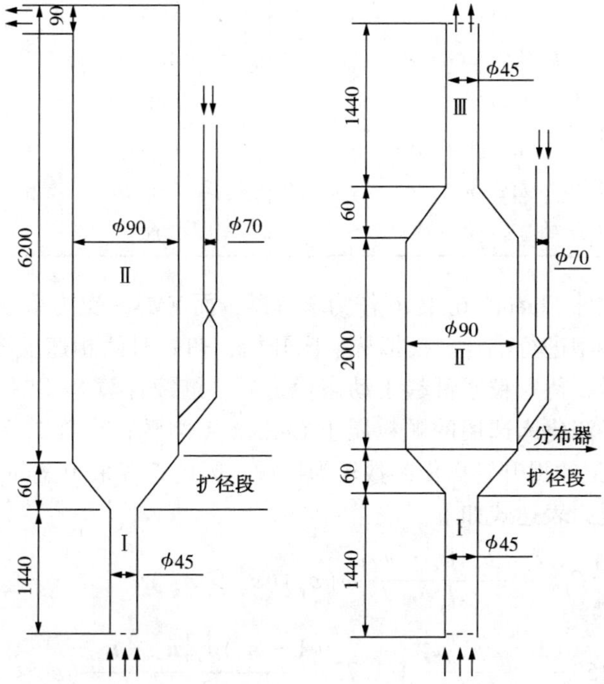

(a) 实验装置1　　(b) 实验装置2

图 3-3　两种实验室尺度的变径流化床的二维构体示意图(单位为 mm)

Ⅰ—第一反应区；Ⅱ—第二反应区；Ⅲ—出口管

采用 Gambit® 2. 2. 30 用于几何构体及网格生成，流化床的大部分区域都采用均匀网格，过渡段则采用三角形网格。在模拟设置时，采用颗粒动理论(代数方程)封闭固相应力，具体公式可参见 3. 1. 2 节。恢复系数设为 0. 9，时间步长为 5×10^{-4}s。设有两个速度入口(分别位于底部一反段，以及二反段补充侧管)，出口设为压力出口边界(表压为 0)，壁面设为非滑移。物性参数和操作参数列于表 3-2 与表 3-3。

表 3-2　颗粒与气体的物性参数

项　目		物性参数
d_p	颗粒直径/m	8.2×10^{-5}
ρ_s	颗粒密度/(kg/m³)	1450
ρ_g	气体密度/(kg/m³)	1. 1795
μ_g	气体黏度/(Pa・s)	1.8872×10^{-5}

表 3-3 操作参数

	项 目	实验装置 1	实验装置 2
G_s	底部入口/[kg/(m² · s)]	95.49	62.45
U_g	底部入口/(m/s)	10	8
ε_s	底部入口	0.07	0.04
G_s	二反区/[kg/(m² · s)]	31.36	21.37
U_g	二反区/(m/s)	2.5	2
ε_s	侧面补料口	0.05	0.1

采用商业软件 Fluent® 6.2.16 作为求解器，而 EMMS 曳力系数则通过自定义函数与双流体模型进行耦合。模拟从空床开始，初始时两相速度都设为 0。跟踪出口的颗粒通量，待颗粒通量趋于动态稳定后，继续计算 8s 以上用于时均数据统计。由于变径流化床选用的颗粒属于 Geldart A 类颗粒，且二反段的操作参数与 Yang 等[2]模拟的提升管操作参数较为接近，因此直接采用 Yang 等[2]计算得到的关联式，其曳力表达式如下：

$$\begin{cases} \beta = \dfrac{3}{4} C_{D0} \dfrac{\varepsilon_s \varepsilon_g \rho_g |\boldsymbol{u}_g - \boldsymbol{u}_s|}{d_p} \omega(\varepsilon_g) (\varepsilon_g > \varepsilon_g^*) \\ \beta = 150 \dfrac{(1-\varepsilon_g)^2 \mu_g}{\varepsilon_g d_p^2} + 1.75 \dfrac{(1-\varepsilon_g)\rho_g |\boldsymbol{u}_g - \boldsymbol{u}_s|}{d_p} (\varepsilon_g < \varepsilon_g^*) \end{cases} \tag{3-34}$$

$$\omega(\varepsilon_g) = \begin{cases} -0.5760 + \dfrac{0.0214}{4(\varepsilon_g - 0.7463)^2 + 0.0044} (\varepsilon_g^* < \varepsilon_g < 0.82) \\ -0.0101 + \dfrac{0.0038}{4(\varepsilon_g - 0.7789)^2 + 0.004} (0.82 < \varepsilon_g < 0.97) \\ -31.8295 + 32.8295 \varepsilon_g (\varepsilon_g > 0.97) \end{cases} \tag{3-35}$$

这里的 ε_g^* 根据具体计算而得(与操作参数和物性条件有关)，取为 0.74。

3.2.2 模拟结果和讨论

3.2.2.1 定量比较

图 3-4 展示了实验装置 1 的颗粒浓度分布情况。图 3-4(a)是瞬时的颗粒浓度分布图，可看到，在反应器的二反段，颗粒形成不同形状的团聚物，呈现显著的不均匀分布，而一反段中的颗粒分布较为均匀，为典型的稀相输送。图 3-4(b)是时均空隙率分布图，图中显示采用 EMMS 曳力模型的模拟结果与实验吻合

很好。而当采用 Gidaspow 模型(未考虑非均匀结构影响)时，研究发现，即使模拟采用更接近实际的三维构体，得到的二反段浓度非常稀，与实验值偏差较大。

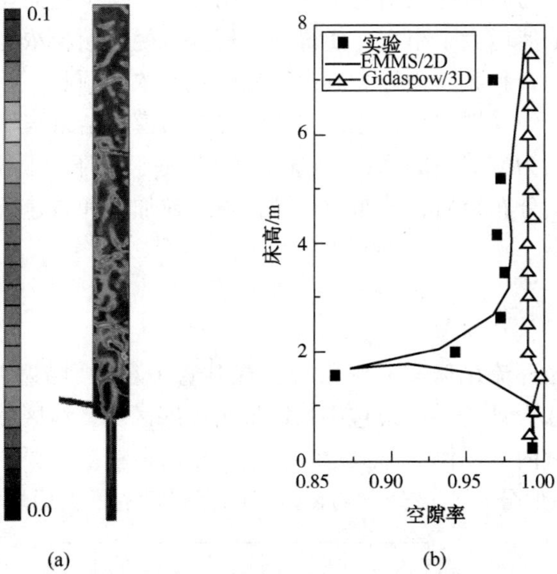

图 3-4　实验装置 1 的颗粒浓度分布情况[14]

(a) 瞬态颗粒浓度分布图；(b) 时均轴向空隙率分布

EMMS/2D：二维构体，采用 EMMS-global 曳力模型；Gidaspow/3D：三维构体，采用 Gidaspow 模型

气体分布器常用于流化床中用以维持相对均匀的进气和给料。为考察气体分布器带来的影响，实验室装置 2[如图 3-3(b)]安装了气体分布器[气体分布器为 27 个开孔的多孔分布板，开孔率为 8.33%]。在模拟此实验装置时，分布板区域细化了网格。由于分布板结构较为复杂，由实际 3D 形状简化成 2D 时，遵循下列原则：保持开孔率一致，水平线上的分布板孔数与三维分布板直径上的平均孔数一致。曳力系数都采用 EMMS-global 模型，其公式见式(3-34)和式(3-35)。

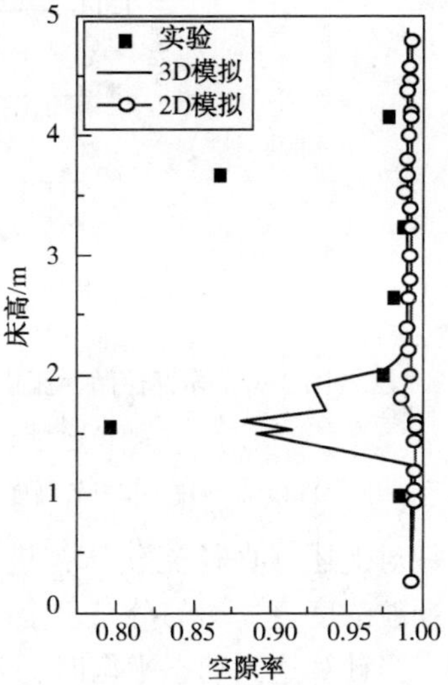

图 3-5　实验装置 2(二反段设有多孔分布板)的三维和二维模拟得到的轴向空隙率

图 3-5 比较了三维模拟和二维模拟预测的轴向空隙率分布，可看到，除分布板区域外，两者在其他区域的轴向空隙率分

布高度吻合。在分布板区域，三维模拟预测得到的空隙率小于二维模拟，但仍与实验所测数据有较大偏差。二维模拟在分布板区域所测的空隙率明显偏大，但分布板区域的空隙率与其他区域略有不同，说明二维模拟虽然简化了分布板，但简化分布板的存在依然增大了阻力，使得分布板区域处的颗粒浓度增大。若增加二维模拟时分布板的开孔数，预计会改进该处的颗粒浓度预测。

与实验装置 1 的模拟结果相比，实验装置 2 的模拟结果与实验数据的吻合度不如前者。这是因为空隙率的测量(见第 2 章)是基于压降和颗粒有效重力的平衡关系得到的，加入分布板后，分布板区域存在颗粒加速和减速现象，造成较大的测量误差。

3.2.2.2　噎塞预测

在等直径的循环流化床实验中发现，提升管中存在“噎塞”现象。如图 3-6 所示，Li 和 Kwauk[1] 认为，虚线包围的区域为噎塞区域，该区域的顶点为噎塞临界点。在噎塞区域内，操作气速恒定时，增大床内存料量，颗粒通量 G_s 不变，轴向空隙率呈现“S”形分布，该分布的转折点随存料量的增大而增大。

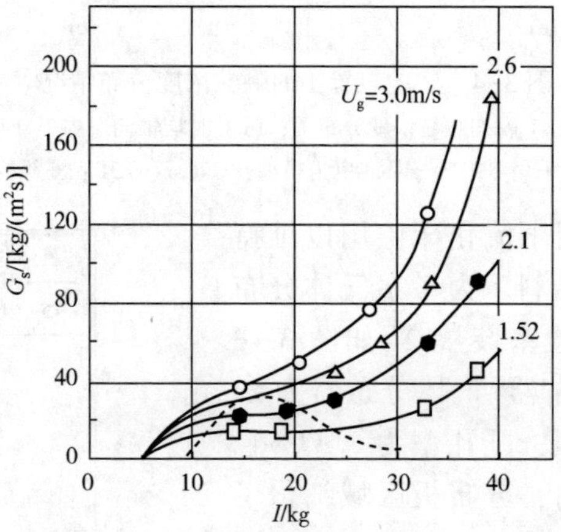

图 3-6　等直径循环流化床实验所测的“噎塞”现象，操作气速 U_g，颗粒通量 G_s 与床内存料量 I 之间的关系

FCC/air 系统，提升管高度 10m，内径 90mm，改自 Li 和 Kwauk 的专著[1]

针对上述等直径流化床，进行了一系列多尺度 CFD 模拟。在开始计算时，给定颗粒浓度值，均匀分布于全床。跟踪出口颗粒流量，并使其从两侧底部入口返回。当计算达到动态平衡时，开始进入统计状态，统计时间至少要大于气体在整个流化床的平均停留时间。然后，改变初始颗粒浓度值，计算得到同一气速下的颗粒通量与颗粒藏料量的变化曲线。继续改变操作气速，重复上述计算过程，

就可得到如图 3-7 所示的操作流域图，更具体模拟设置可参阅鲁波娜的博士论文[17]。

对比模拟结果(图 3-7)和实验结果(图 3-6)可发现，模拟预测的流域图与实验较为相似。由于模拟只针对提升管部分，其横坐标代表提升管内的存料量，而图 3-6 中的横坐标则代表了整个循环流化床系统的总存料量，因此无法直接对比两者的噎塞平台区长度。为便于比较，将由图 3-6 转化过来的颗粒通量 G_s 与提升管平均浓度的关系绘于图 3-8。比较图 3-7 和图 3-8 可发现，以操作气速为 1.52m/s 为例，模拟预测的噎塞平台区对应的浓度范围大致为 0.02～0.1 之间，实验所测范围约为 0.02～0.16，两者的平台起点较为吻合，而实验所测平台的末点则大于模拟值，这可能一是因为实验所测的浓度由压降值转换而来，而在颗粒浓度较大时，压降中所包含的摩擦压降等都会增加，导致所测的浓度值大于实际值；二是因为二维模拟的出口效应较三维强烈[18]，导致颗粒还未堆积到足够的高度就已被气体夹带出流化床反应器。图 3-7 中用灰色马鞍形虚线包围的区域为噎塞区域，马鞍形区域的顶点视为噎塞的临界点[18,19]。Li 和 Kwauk 认为[1]，超过这个临界点，都为均匀流化状态，相应的轴向浓度分布不再呈现"S"形分布。本模拟预测的临界点落在气速为 2.8m/s 的曲线上，这与实验值(2.6m/s)较为接近。此外，图中各条等速线起点位置都较为一致，对应一定的装料量，而并不从 0 开始，这也与实验所测情况一致。

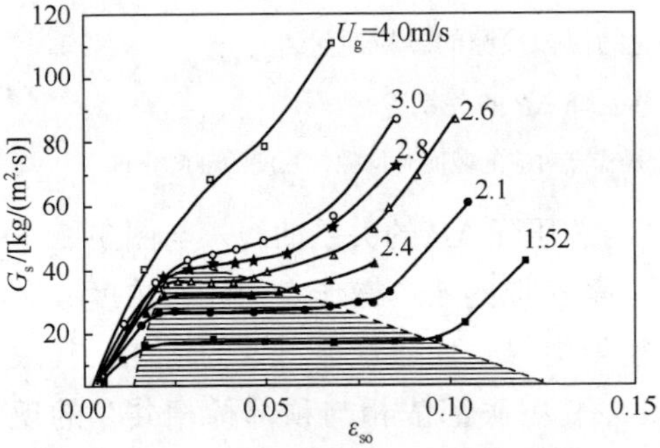

图 3-7　模拟预测的颗粒通量 G_s、操作气速 U_g 及全床平均颗粒浓度 ε_{s0} 的关系[19]

实验室尺度提升管：FCC/air 系统，$\rho_p=930kg/m^3$，$\rho_g=1.1795kg/m^3$，$\mu_g=1.8872\times10^{-5}Pa\cdot s$，$d_p=54\mu m$

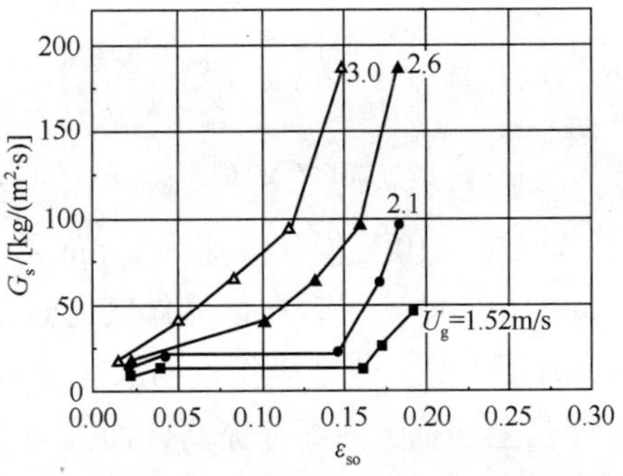

图 3-8　实验所测的颗粒通量 G_s，操作气速 U_g 及全床平均颗粒浓度 ε_{s0} 的关系

FCC/air 系统，$\rho_p=930kg/m^3$，$\rho_g=1.1795kg/m^3$，$\mu_g=1.8872\times10^{-5}Pa\cdot s$，$d_p=54\mu m$

图 3-9 是操作气速为 1.52m/s 下的 G_s 与总压降的关系曲线，可看到，存在一段较宽平台区，该段即为稀相气力输送到浓相输送的过渡区。图中 a 与 d 分别位于稀相气力输送和浓相输送两个操作区，b 与 c 则是对应噎塞区中的两个不同

存料量的操作点。通过观察这四个操作点的瞬时浓度分布图可发现，a 与 d 相对较为均匀，而 b 与 c 中底部浓相和顶部稀相共存，且浓相段随着存料量的增多而增高。右边是这四个操作点的截面时均浓度沿轴向的分布。从图中可观察到，a 对应的截面时均浓度较稀，且沿轴向几乎成直线分布；b 与 c 呈现典型的“S”形分布，两条曲线在提升管顶部几乎重合。相比较而言，d 的截面平均浓度直到出口附近仍处于较浓的水平，但受出口条件的影响，其值并不处于一条直线上，而是沿着床高略有降低。

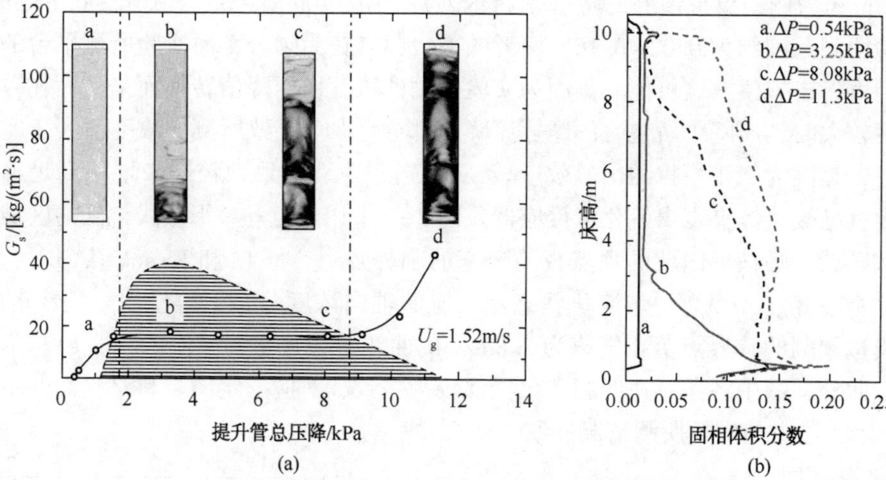

图 3-9 表观气速为 1.52m/s 时的模拟预测的颗粒通量 G_s、操作气速 U_g 及提升管总压降 ΔP 的关系[19]

(a) G_s 与总压降 ΔP 的关系；(b) 与 (a) 中 4 个操作点对应的截面时均颗粒浓度的轴向分布

图 3-10 是操作气速为 2.8m/s 下的 G_s 与总压降 ΔP 的关系曲线。与图 3-9 不同的是，噎塞平台在该操作气速时已消失。从选取的 4 个操作点的瞬时浓度分布图中可发现，4 个操作点的浓度分布相对较为均匀，且随着存料量的增加，其浓度在全床范围内都有提高，而并未出现图 3-9 中底部浓相与顶部稀相共存的现象，而是逐步从稀相输送过渡到浓相输送。右边是其 4 个操作点的截面时均浓度的轴向分布，可发现，随着存料量的增加，相同高度对应的截面时均浓度都有所增加，而图 3-9(b) 中的位于噎塞区域的两个操作点 (b、c) 在提升管顶部有重合的现象。需要注意的是，相比较于噎塞点的分布，这四个操作点的截面时均颗粒浓度沿轴向分布较为均匀，但仍显示出底部稍浓顶部较稀的情况，可能是受出口条件的影响。

流化床反应器的几何构造是除了物性参数及操作条件外影响流域转变的另一

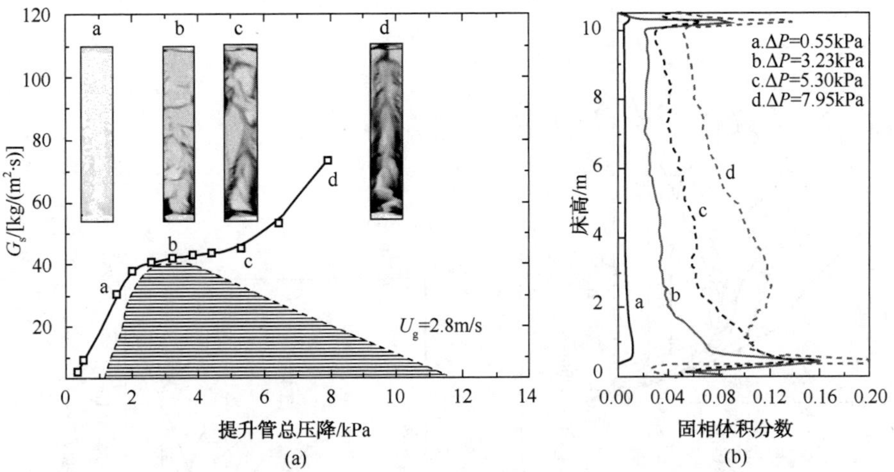

图 3-10　表观气速为 2.8m/s 时模拟预测的颗粒通量 G_s、操作气速 U_g 及提升管总压降 ΔP 的关系[19]

(a) G_s 与提升管总压降 ΔP 的关系；(b) 与 (a) 中 4 个操作点对应的截面时均颗粒浓度的轴向分布

重要因素[18]。比如在粗颗粒、小管径的系统中，当产生的气泡大于床径时，容易发生节涌[20,21]。对于颗粒较小、床径与颗粒直径比值相对较大的系统，Li 和 Kwauk[1]指出流化床高度也会影响噎塞。制作此类相关的流域图，相关实验需要同时建造多个不同高度的系统，费时费力，难以实现。而各文献中的实验数据，由于实验条件差异较大，因而无法用来综合考察几何因素对流域转变的影响。因此最实际办法就是借助模拟手段。针对上述的 FCC/air 系统，提升管高度分别选用 2m，5m，10.5m，15m 和 20m。五个提升管构体的网格数分别是 30×134，30×167，30×310，30×500 和 30×670。

图 3-11 是采用多尺度 CFD 模拟方法计算得到的不同高度提升管内的流域转变图情况。从图中可看到，以操作气速为 1.52m/s 为例，H=2m 的提升管中未发现明显的噎塞平台区，而随着提升管高度的逐渐升高，噎塞平台区开始出现并逐渐扩大，平台结束点从 5m 提升管的 0.087，10m 提升管的 0.10，15m 提升管的 0.11，到 20m 提升管的 0.115，变化幅度逐渐缩小。相应的临界点也随着提升管高度的变化而有所不同，5m 提升管的临界点发生在 2.6m/s 的等速线上，在 10m 提升管中变为 2.8m/s，在 15m 提升管中增加到 3.0m/s，而 20m 提升管中则约为 3.2m/s。总体来说，噎塞发生区面积(马鞍形曲线内区域)随着提升管高度的增加而扩大，主要体现在噎塞临界点的升高以及平台区长度的增加，而饱和夹带量保持不变。

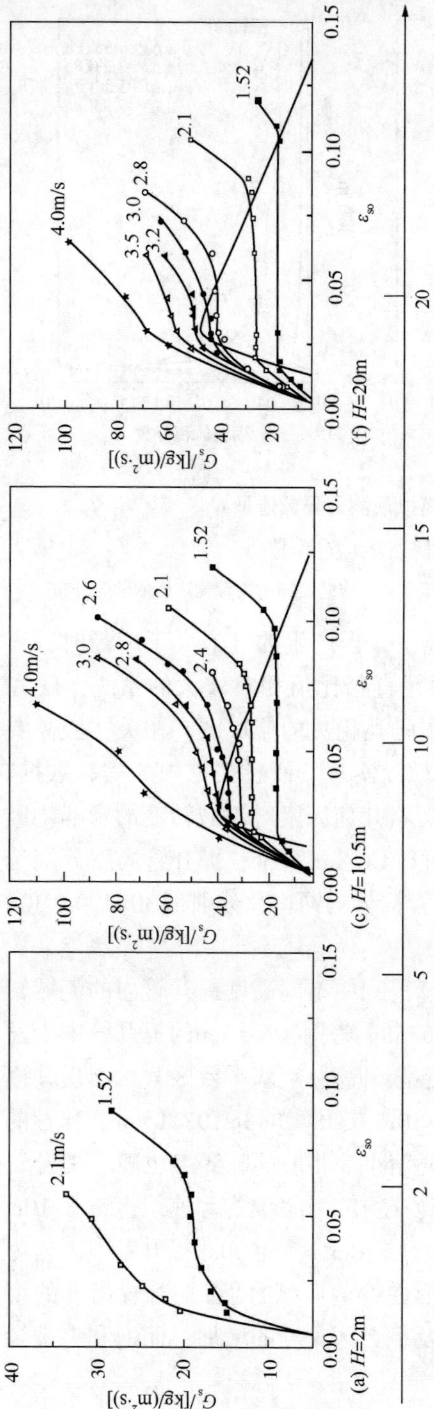

图 3-11 模拟预测的流域转变随提升管高度的变化

FCC/air 系统，$\rho_p=930\text{kg/m}^3$，$\rho_g=1.1795\text{kg/m}^3$，$\mu_g=1.8872\times10^{-5}\text{Pa}\cdot\text{s}$，$d_p=54\ \mu\text{m}$，$u_t=0.08\text{m/s}$

3.3　工业变径流化床的参数分析

3.3.1　模拟参数

上述研究表明，多尺度CFD模拟方法可准确预测变径流化床内的颗粒通量、颗粒浓度分布等关键流动参数，因此随后采用该方法考察了一系列参数对工业变径流化床内流动行为的影响[22]。模拟的两种不同尺寸的工业变径流化床的构造与图3-3(b)所示一致，几何尺寸列于表3-4。物性参数与实验室采用的条件略有不同，其中颗粒直径为65μm，颗粒密度为1500kg/m^3，气体密度为1.76kg/m^3，气体黏度为2.89×10^{-5}Pa·s。

表3-4　两种变径流化床反应器的几何尺寸

参数	工业变径流化床-1	工业变径流化床-2
一反直径/m	1.3	1.4
二反直径/m	3.4	4.2
出口段直径/m	1.1	1.36
二反高度/m	10	7.5
二反补剂管直径/m	0.6	0.7

模拟主要考察了线速、补剂量、分布板过孔线速、分布板结构、补剂结构、出口段线速以及出口段结构等参数的影响。表3-5列出了两个工业变径流化床的基准模拟算例的操作条件。曳力系数仍采用EMMS-global模型。跟踪出口颗粒流率，若大于105.5kg/s，设底部入口的颗粒流率为105.5kg/s，多余部分则通过二反段的侧面斜管返回；反之，则全部由底部进料。当计算到达动态平衡时，开始进入时均统计，统计时间至少要大于平均停留时间。其余模拟设置与3.2.2节中的设置一致。

表3-5　两种工业变径流化床反应器的基准操作条件

参　数	工业变径流化床-1		工业变径流化床-2	
	一反	二反	一反	二反
U_g/(m/s)	13	1.9	13	1.444
催化剂进料/(t/h)	1014	600	1840	1000
G_s/[kg/(m^2·s)]		49.38		56.94
分布板	弧形多孔分布板(390mm，ϕ50mm)		弧形多孔分布板(516mm，ϕ50mm)	

3.3.2 工业变径流化床之一

3.3.2.1 分布板的影响

首先考察了分布板孔径及过孔线速的影响。分布板为弧形多孔分布板，记基准算例中采用的分布板为分布板1，分布板孔数、孔直径以及开孔率分别为390，50mm及8.43%，记为(390，ϕ50，8.43%)。过孔线速定义为单孔的进气速度，记为u(m/s)。单孔截面积为A_i(m^2)，总的进气量记为Q(m^3/s)，则三个分布板的过孔气速分别为$u_1=Q/(A_1\times390)$，$u_2=Q/(A_2\times98)$和$u_3=Q/(A_3\times169)$。由于总进气量一致，分布板1和分布板2具有相近的开孔率，因此总开孔面积、过孔线速也相近。而分布板3的开孔率最大，则过孔线速最低。统计每个算例的平均颗粒浓度及悬浮密度，列于表3-6。

表3-6 变径流化床-1各段的平均颗粒浓度及悬浮密度

算例		一反	二反	出口段	全床平均浓度
390，ϕ50，8.43%(基准)	浓度/%	1.86	11.23	2.59	9.72
	悬浮密度/(kg/m^3)	17.80	171.35	38.89	145.73
98，ϕ100，8.47%	浓度/%	1.18	11.51	2.69	9.90
	悬浮密度/(kg/m^3)	17.65	172.59	40.40	148.56
169，ϕ100，14.6%	浓度/%	1.40	11.54	2.51	9.89
	悬浮密度/(kg/m^3)	21.04	173.08	37.62	148.35

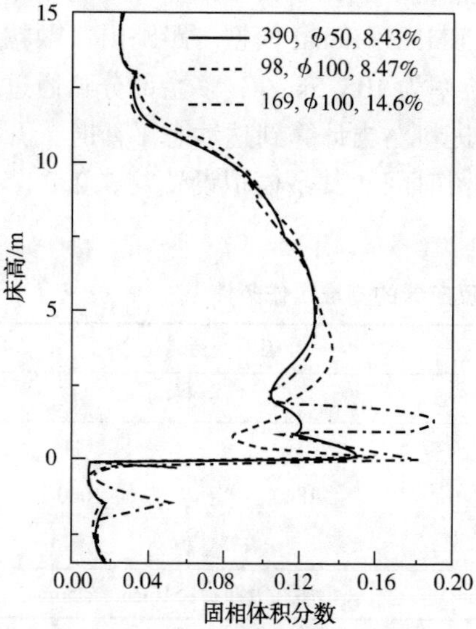

图3-12 时均轴向颗粒浓度分布

由表3-6可看到，基准算例的二反段中催化剂颗粒浓度约为11.23%，算例2和算例3的二反段颗粒浓度约为11.51%和11.54%，可见，改变孔径或开孔率对二反段增浓无明显效果。

三个算例的时均轴向颗粒浓度(又称固相体积分数)分布绘于图3-12，竖直刻度0处为分布板位置。可看到，分布板孔径和开孔率的改变对分布板附近区域的颗粒浓度波动造成较大影响，使得最高颗粒浓度出现的位置有很大不同。

图3-13是时均颗粒浓度的全床分布图。可以发现，在同一开孔率或同一孔径下，开孔数越多，分布板附近的颗粒浓度

分布越均匀。在分布板以上都会出现颗粒浓度较稀的区域，这里称之为“射流空区”。若规定从分布板中心处为起点沿轴向到射流空区浓度转折点的距离为射流高度，则分布板 1 的射流高度约为 0.5m，分布板 2 约为 0.4m，分布板 3 约为 0.3m。三个分布板中，分布板 3 与分布板 2 的孔径相同，但其过孔线速最低，其射流高度也最低。分布板 1 与分布板 2 的开孔率几乎一致，因此过孔线速一致。这说明射流高度不仅与过孔线速有关，且与分布板孔径及其孔分布有关。从图中可看到，射流空区一般呈现中间高、两边低的形状，这是由于从一反段出来的物料经过扩径段时没有充分地向四周扩散，导致大部分物料通过分布板的中间区域，造成中间区域的过孔线速高，两边的过孔线速低的缘故。

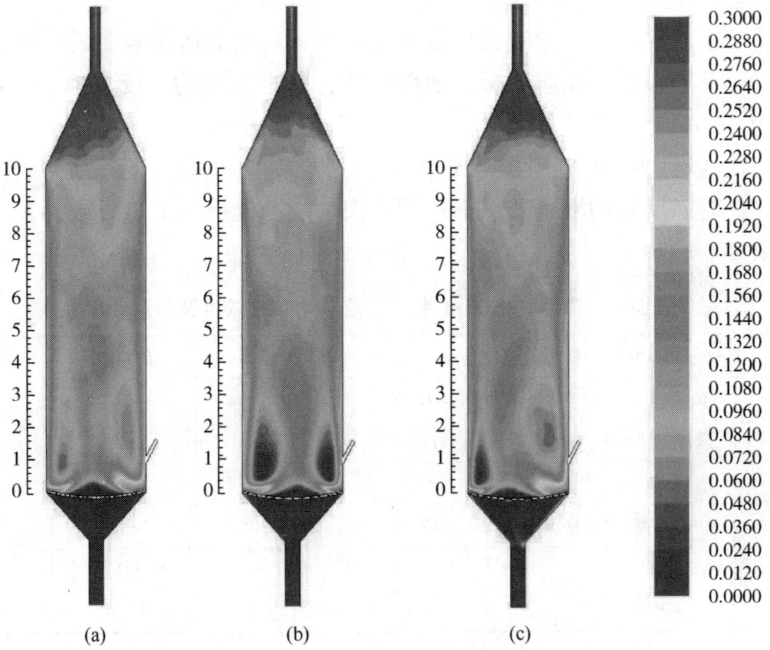

图 3-13　时均颗粒浓度全床分布

(a) 弧形多孔分布板 1(390，ϕ50，8.43%)；(b) 弧形多孔分布板 2(98，ϕ100，8.47%)；(c) 弧形多孔分布板 3(169，ϕ100，14.6%)

三种算例的分布板压降及二反段压降列于表 3-7 中。可看到，对于分布板开孔率相同的两个算例(分布板 1 和分布板 2)，分布板 2 的压降相对较大。其中原因较为复杂，比如从一反段出来的物料大部分通过分布板的中间区域，造成部分分布于周边的孔未发挥作用等。在三种分布板中，分布板 3 的压降最低，这是其过孔气速相对较低的缘故。由于分布板结构较为复杂，且其作用与所处环境密切相关，工程设计中经验公式的适用性非常有限，且流化床内的流动情况往往偏离设计值，因此采用 CFD 模拟能更好地预测分布板结构的影响以及分布板压降等重要因素。

表 3-7 变径流化床-1 中的分布板压降及二反段压降

算 例	分布板压降/kPa	二反段压降/kPa	所占比例/%
390，ϕ50，8.43%	4.57	21.01	21.76
98，ϕ100，8.47%	5.12	21.86	23.42
169，ϕ100，14.6%	2.82	19.23	14.60

3.3.2.2 补充催化剂量的影响

相比较于基准算例，改变二反段的催化剂补料量如何影响二反段内的颗粒浓度分布，以下模拟做了相应分析。如前所述，基准算例的一反气速为 13m/s，一反补料为 1014t/h，二反补料为 600t/h，当二反补料量减至 300t/h 或增加至 1014t/h 时，统计各段的催化剂颗粒浓度，列于表 3-8 中。可看到，当增加二反补剂量时，对一反段的浓度几乎不造成任何影响，但提高了二反段以及出口段内的颗粒浓度。

表 3-8 变径流化床-1 中的各段平均颗粒浓度及悬浮密度

二反补料/(t/h)		一反	二反	出口段	全床平均浓度
300	浓度/%	1.19	10.95	2.13	9.11
	悬浮密度/(kg/m^3)	17.78	164.28	31.93	136.67
600(基准)	浓度/%	1.19	11.42	2.59	9.72
	悬浮密度/(kg/m^3)	17.80	171.35	38.89	145.73
1014	浓度/%	1.20	11.68	3.11	10.07
	悬浮密度/(kg/m^3)	18.02	175.13	46.70	151.04

图 3-14(a)为时均颗粒浓度的轴向分布图，可以看到，随着二反段侧面补料量的增加，一反段浓度几乎保持不变，二反段分布板附近(图中显示大致在轴向高度 0~2.5m 之间)的颗粒浓度逐渐增加，在轴向高度 2.5~7.5m 这段的颗粒浓度相差不大。在轴向高度 7.5m 以上，颗粒浓度随着补料量的增加发生显著变化。图 3-14(b)是时均截面压力的轴向分布情况，可以看到，随着二反补料量的增加，截面压降逐渐变大，而分布板压降几乎不受二反段补料量的影响。

从图 3-15 可以看到，射流高度随着二反段补充催化剂料量的增多而逐渐降低。补料管下方靠近分布板处的颗粒随着补料量的增多而逐渐堆积，导致射流空区发生变化，其最高点逐渐向左侧偏移，这是因为来自一反段的颗粒在通过分布

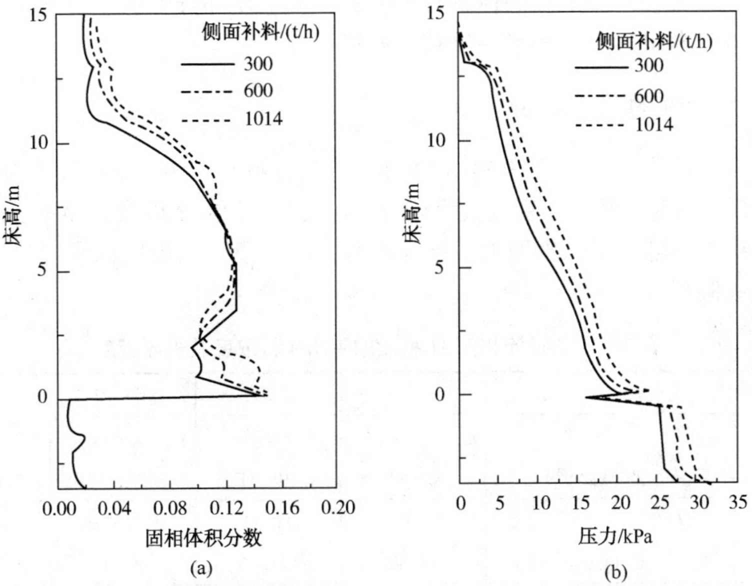

图 3-14　时均颗粒浓度轴向分布(a)以及时均截面压力轴向分布(b)

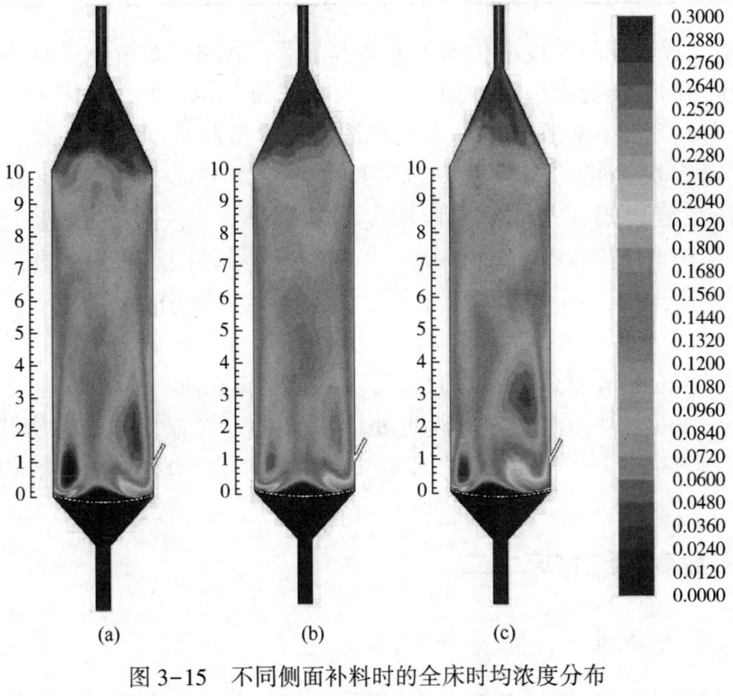

图 3-15　不同侧面补料时的全床时均浓度分布

（a）侧面补料 300t/h；（b）侧面补料 600t/h；（c）侧面补料 1014t/h

板时，受到分布板一侧上方固体颗粒堆积的影响，使部分颗粒上升通道受阻，造成大部分颗粒向阻力更小的另一侧移动而通过分布板。

3.3.2.3 气速的影响

相比较于基准算例(一反补料 1014t/h，二反补料 600t/h，一反气速为 13m/s)，当改变一反气速时，统计了变径流化床内的各段时均颗粒浓度及悬浮密度，列于表 3-9 中。从表中可看到，当增大一反气速时，一反段、二反段以及出口段的颗粒浓度均显著降低。

表 3-9 变径流化床-1 各段的平均颗粒浓度及悬浮密度

一反气速/(m/s)		一反	二反	出口段	全床平均浓度
10	浓度/%	1.59	13.25	3.64	11.56
	悬浮密度/(kg/m^3)	23.82	198.81	54.64	173.40
13 (基准)	浓度/%	1.19	11.42	2.59	9.72
	悬浮密度/(kg/m^3)	17.80	171.35	38.89	145.73
18	浓度/%	0.84	1.66	1.70	1.64
	悬浮密度/(kg/m^3)	12.54	24.94	25.46	24.61

气速对二反段颗粒浓度变化的影响尤其显著。图 3-16 给出了时均颗粒浓度以及时均压力的轴向分布。可看到，当一反气速为 18m/s 时，全床平均浓度还不到 2%，整体处于稀相输送状态，二反段浓度与出口段浓度几乎一致，且沿轴向均匀分布(分布板附近区域略高)。当一反气速降为 13m/s 时，二反浓度增幅最大，出口段浓度增幅次之，一反段浓度增幅最小。当一反气速进一步降低到 10m/s 时，全床浓度进一步增加。从时均截面压力沿轴向分布图来看，当气速为 18m/s 时，二反段压力曲线倾斜角度不大，说明床内浓度较稀。

图 3-17 是三种一反气速下的时均颗粒浓度的全床分布。从图中观察到，随着气速从 10m/s 增加至 13m/s 时，射流高度逐渐增加。但当气速进一步增加时，如增至 18m/s 时，由于二反段也处于稀相输送状态，床内无密相段形成，因此无射流空区形成，即只有当二反段中形成颗粒密相段时，才会有射流空区出现。

3.3.3 工业变径流化床之二

3.3.3.1 分布板开孔率的影响

基准算例的操作条件见表 3-5，这里采用的分布板也为弧形多孔分布板，参数为(516，ϕ50，7.3%)，当增大孔径减小开孔数后，开孔率增加为 11.2%后，

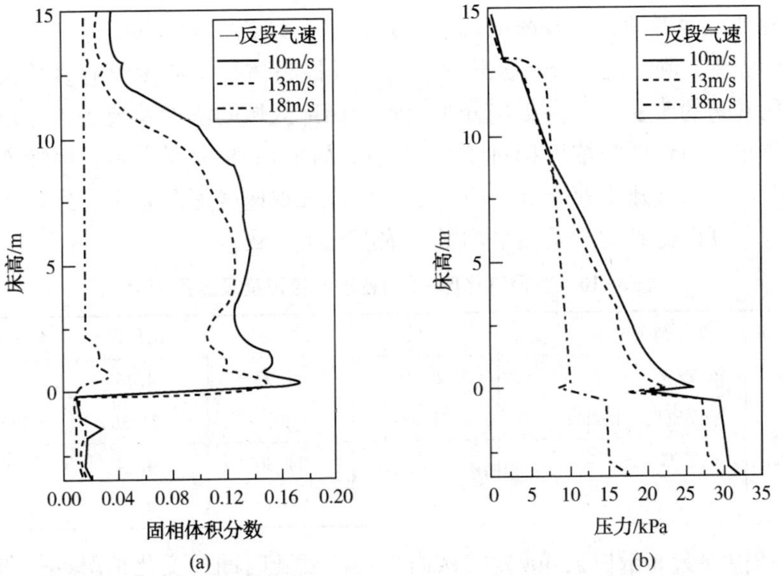

图 3-16　时均浓度轴向分布(a)以及时均截面压力轴向分布(b)

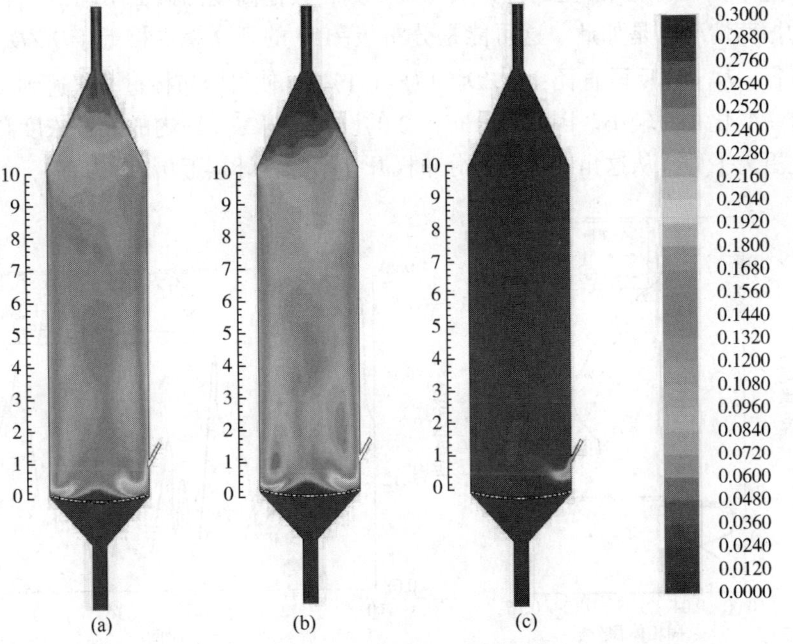

图 3-17　全床时均浓度分布

(a) 一反线速 10m/s；(b) 一反线速 13m/s；(c) 一反线速 18m/s

过孔线速降低，统计变径流化床各段的颗粒浓度及相应的悬浮密度，列于表 3-10。可看到，两者的二反段浓度几乎一致，这一结论与前面对工业变径流化床-1 的模拟结果一致，说明分布板开孔率和二反段整体平均浓度没有直接关系。分布板过孔气速的改变，只会影响分布板附近局部区域的浓度及流场，若过孔气速降低，分布板附近颗粒浓度相对较高，这可从图 3-18 中观察到。但随着气体进一步向上运动，气速迅速降低，两者的二反段表观速度逐渐趋于一致。因此总体而言，两个算例得到的二反段平均颗粒浓度几乎一致。

表 3-10 变径流化床-2 的各段颗粒浓度及悬浮密度

算例		一反	二反	出口段	全床平均浓度
516，ϕ50，7.3%	浓度/%	2.13	11.97	4.76	10.27
	悬浮密度/(kg/m^3)	31.93	179.49	71.36	154.10
197，ϕ100，11.2%	浓度/%	2.21	11.80	4.44	10.05
	悬浮密度/(kg/m^3)	33.20	177.06	66.57	150.67

图 3-19 是分布板以上 4m 处的截面平均浓度随时间的变化情况。从图中可观察到，算例 1(分布板-516)在该处的截面平均浓度振荡幅度大于算例 2(分布板-197)，这不仅在高度 4m 处的位置上可观察到，其他高度的截面平均浓度和压降随时间的振荡情况也是如此。这可能是分布板-197 的开孔率更接近于$D_{\mathrm{I}}^2/D_{\mathrm{II}}^2$($D_{\mathrm{I}}$：一反段直径；$D_{\mathrm{II}}$：二反段直径；$D_{\mathrm{I}}^2/D_{\mathrm{II}}^2$约为 11.1%)，使得分布板过孔气速到二反段气速的这一变化相对较小。因此，分布板 2 的设计使得二反段内的颗粒浓度和速度等的变化更为平稳。从这角度而言，分布板开孔率的设计接近$D_{\mathrm{I}}^2/D_{\mathrm{II}}^2$为宜。

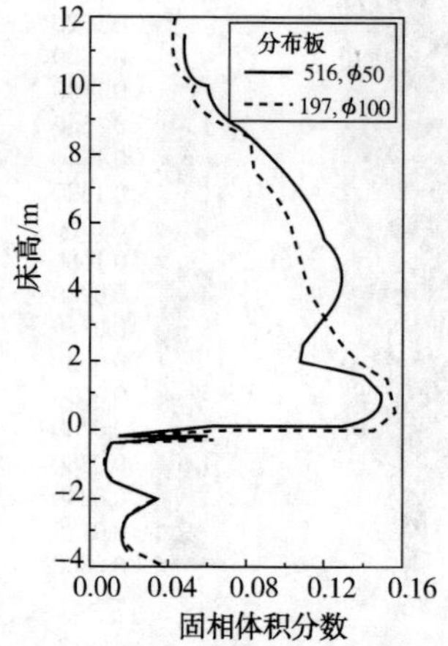

图 3-18 时均颗粒浓度轴向分布

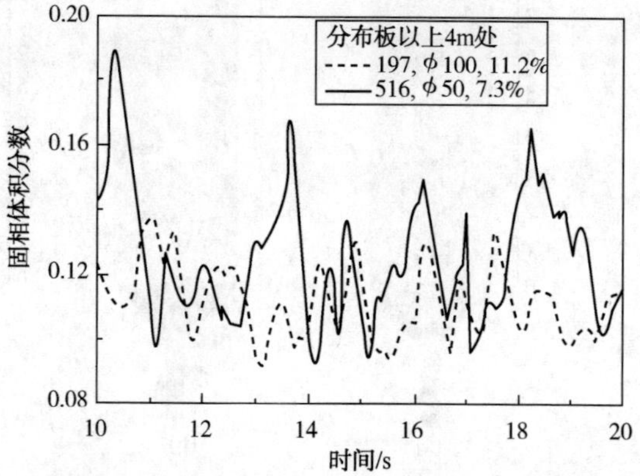

图 3-19 分布板以上 4m 处截面平均颗粒浓度随时间变化曲线

两种算例的分布板压降及二反段压降数据列于表 3-11。分布板-197 的分布板压降明显低于分布板-516，这是因为前者的过孔气速相对后者较小，造成物料穿孔时所受阻力较小的缘故。

图 3-20 进一步比较了采用两种不同开孔率的弧形分布板时的全床时均浓度的分布情况。从图中可看到，由于分布板 1(516，ϕ50，7.3%) 的过孔线速大于分布板 2(197，ϕ100，11.2%)，其射流空区面积也相应较大。

表 3-11　变径流化床-2 的分布板压降及二反段压降

算　例	分布板压降/kPa	二反段压降/kPa	所占比例/%
516，ϕ50，7.3%	4.81	18.14	26.51
197，ϕ100，11.2%	2.84	16.12	17.61

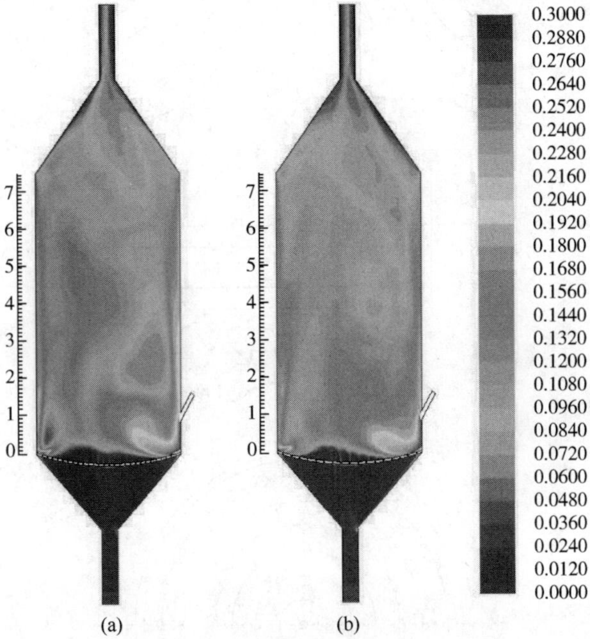

图 3-20　时均浓度全床分布

(a) 弧形多孔分布板(516，ϕ50，7.3%)；(b) 弧形多孔分布板(197，ϕ100，11.2%)

3.3.3.2　分布板结构的影响

以下将比较分布板结构的影响，同时保持分布板开孔率、开孔数以及孔径一致(197，ϕ100，11.2%)，操作参数与基准算例的操作参数相同(见表 3-5)。三个分布板的结构绘于图 3-21。

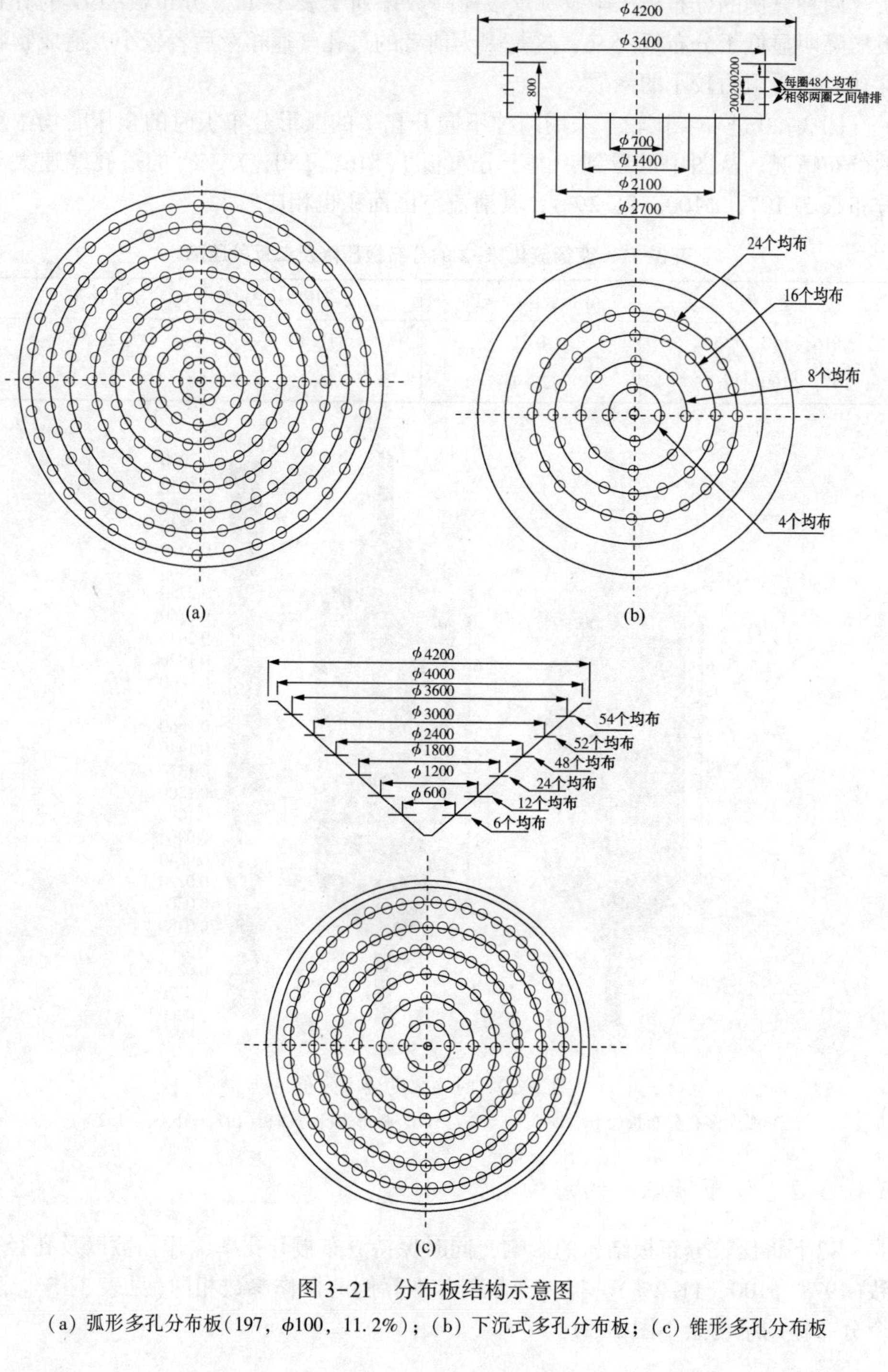

图 3-21 分布板结构示意图

(a) 弧形多孔分布板(197，ϕ100，11.2%)；(b) 下沉式多孔分布板；(c) 锥形多孔分布板三个算例各段的平均颗粒浓度及悬浮密度数据，列于表3-12。通过对比数据发现，安装下沉分布板的流化床中的二反段浓度最高，锥形分布板的次之，弧形分布板的最低。这说明，安装下沉分布板对二反段的增浓稍有帮助。

表3-12　变径流化床-2的各段平均颗粒浓度及悬浮密度

算例		一反	二反	出口段	全床平均浓度
弧形分布板	浓度/%	2.21	11.80	4.44	10.05
	悬浮密度/(kg/m^3)	33.20	177.06	66.57	150.67
下沉分布板	浓度/%	2.08	12.60	5.60	10.31
	悬浮密度/(kg/m^3)	31.20	188.77	84.01	154.71
锥形分布板	浓度/%	2.52	12.08	5.59	9.70
	悬浮密度/(kg/m^3)	37.83	181.25	83.85	145.47

虽然三种分布板的开孔率相同，而开孔的方向及分布板结构却有较大差异，造成二反段竖直方向的气速略有差异。图3-22展示了三个算例的竖直方向气体速度沿二反段高度变化情况，从图中清楚看到，对于安装下沉分布板的流化床，其竖直方向的速度最小，而另外两个算例的速度基本一致(分布板附近略有不同)。这是因为下沉分布板底部离二反段有一段距离，从底部孔出来的高气速有了一段缓冲的距离，物料到了二反段迅速扩散降低，两侧是水平开孔，无竖直方向的射流高度。因此总体来说，装有下沉分布板的流化床内的竖直方向速度低于另两个，造成物料在二反段的停留时间较长，使得二反段颗粒浓度略高。从上述

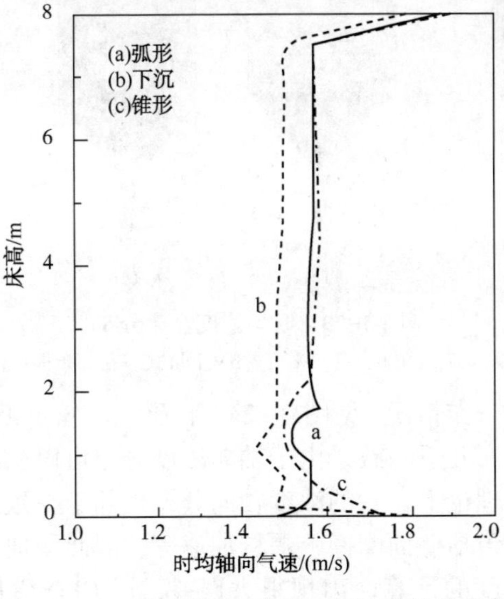

图3-22　二反段截面时均轴向气速沿轴向分布

分析可知，分布板结构的设计可能改变二反段的气速进而影响颗粒浓度。但总体而言，由分布板结构引起的速度变化非常有限，因此分布板不是调节二反段浓度的有效手段。最优的分布板设计需结合分布均匀程度、阻力损耗等几个因素进行评价。

图 3-23 展示了三个算例的时均浓度分布情况，结合观察动态变化情况可知，下沉分布板两侧开孔进气较多，使得两侧颗粒浓度偏稀，有利于物料迅速混合均匀。对于锥形分布板，存在不同位置的开孔。中间的开孔离一反段最近，因此从一反段出来的物料和气体倾向于从中间穿过，穿过其他位置的孔的催化剂颗粒相对较少。可估计锥形分布板的设计使得其底部由于颗粒冲击频率高更容易受到机械损坏和变形。此外，上述三个算例中，在分布板与管壁衔接处均存在高浓度区，这是死区高频发生区域。

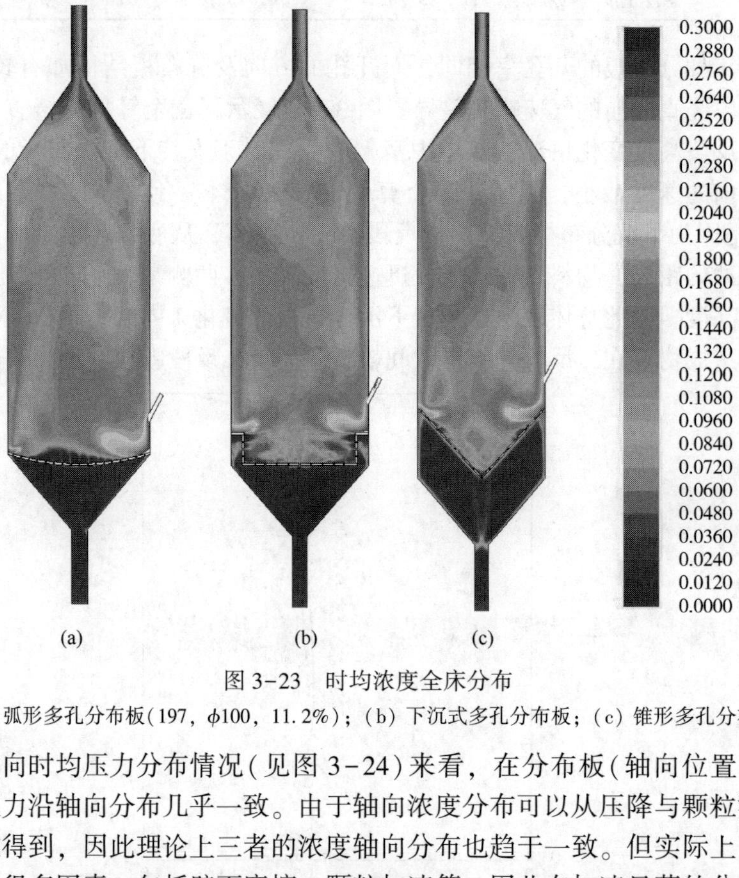

图 3-23　时均浓度全床分布

(a) 弧形多孔分布板(197，ϕ100，11.2%)；(b) 下沉式多孔分布板；(c) 锥形多孔分布板

从轴向时均压力分布情况(见图 3-24)来看，在分布板(轴向位置 0)以上，三者的压力沿轴向分布几乎一致。由于轴向浓度分布可以从压降与颗粒浓度关系式中反推得到，因此理论上三者的浓度轴向分布也趋于一致。但实际上，上述转化忽略了很多因素，包括壁面摩擦、颗粒加速等，因此在加速显著的分布板附近区域，用压降反推浓度的计算会出现很大误差，而 CFD 模拟可直接得到颗粒浓度的分布情况，在一些测量误差较大的区域，获得可靠数据。

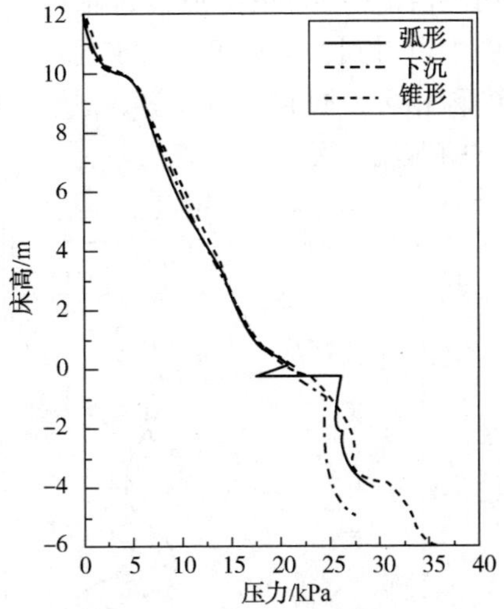

图 3-24　时均压力的轴向分布

3.3.3.3　补剂管结构的影响

从工业变径流化床-1 的模拟分析可知，二反补料量与二反段增浓有直接关系。下面考察补剂管与二反段的夹角对二反段增浓以及流场分布的影响。操作参数请参考基准算例。基准算例中的补剂管与二反段夹角为 45°，这里考察了两个不同夹角的例子，夹角分别为 135°和 100°。表 3-13 统计了这三个算例各段的平均颗粒浓度及悬浮密度，可以发现，改变补剂管角度对二反段中的颗粒浓度几乎无影响。

表 3-13　变径流化床-2 的各段平均颗粒浓度及悬浮密度

补剂管与二反段倾斜角		一反	二反	出口段	全床平均浓度
45°	浓度/%	2.13	11.97	4.76	10.27
	悬浮密度/(kg/m^3)	31.93	179.49	71.36	154.10
135°	浓度/%	2.15	12.01	5.04	10.34
	悬浮密度/(kg/m^3)	32.24	180.13	75.59	155.05
100°	浓度/%	2.13	12.06	5.17	10.30
	悬浮密度/(kg/m^3)	32.03	180.91	77.58	154.48

从时均浓度的轴向分布图(见图 3-25)来看，补剂管角度的改变，对其附近位置的颗粒浓度有一定影响，当补剂管角度为 135°时，补剂管所在位置(大约 1.5m)以下，颗粒浓度相对较低，但对二反段整体浓度影响不大。由于 100°与 135°模拟得到的结果较为接近，这里只比较了斜向上 45°和斜向下 45°的两个算例。

颗粒浓度的全床分布图(图 3-26)更能观察到补充催化剂管角度的改变对局部颗粒浓度的影响。从图中可看到，当夹角为 135°时(斜向下 45°)，补剂管的斜上方形成一个较为显著的稀相区，同时补剂管斜下方形成的颗粒高浓度区相对较小，且减小了分布板上方的射流空区。

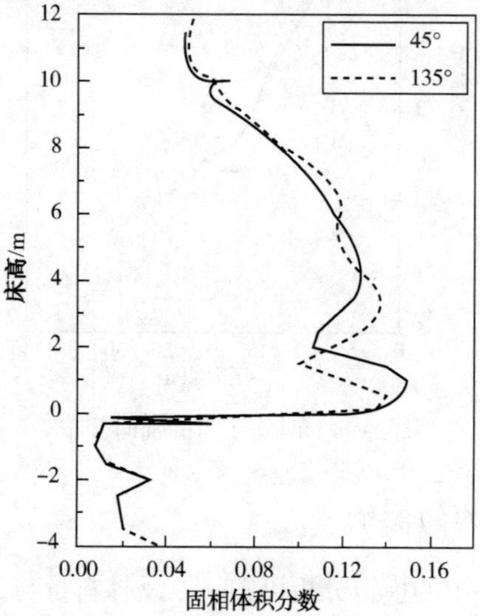

图 3-25 时均截面颗粒浓度的轴向分布

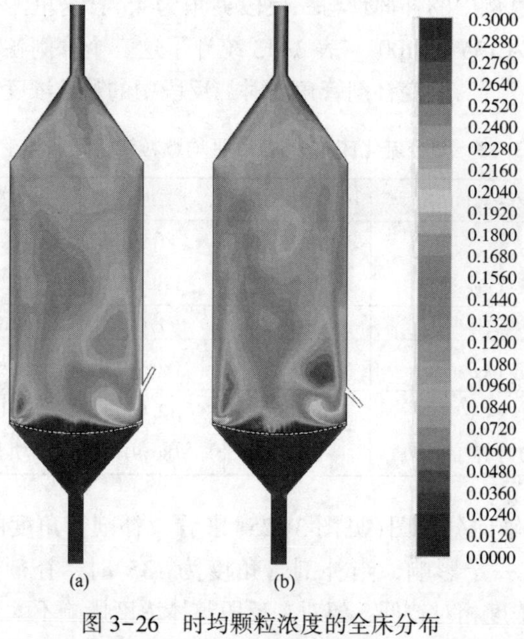

图 3-26 时均颗粒浓度的全床分布

(a) 补剂管与二反段夹角为 45°；(b) 补剂管与二反段夹角为 135°

图3-27展示了时均压力的轴向分布情况。从图中看到，当侧面补剂管与二反段倾斜角呈135°时，轴向压力从一反段向二反段过渡时比较平缓，压力从大到小逐渐过渡，而并不像倾斜角呈45度时出现压力突然变小继而增大的情况。这说明侧面补剂管角度的改变虽然对二反段增浓没有直接效果，但对于操作的稳定性可能产生一定影响。

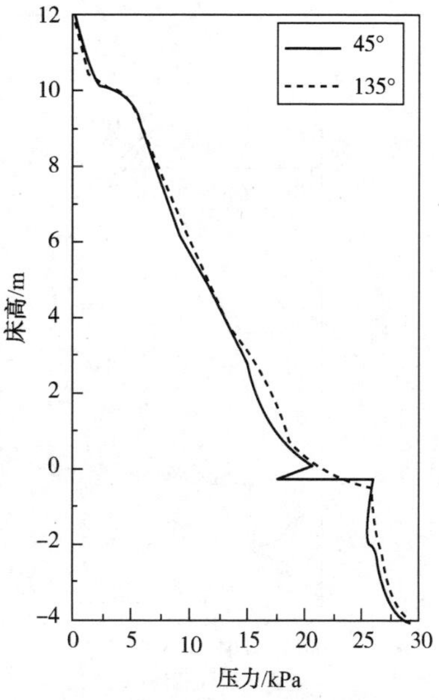

图3-27　时均压力轴向分布

3.3.3.4　出口段直径的影响

出口段直径的改变主要影响出口线速。这里考察了四种出口段直径的情况，分别是出口段直径为1.36m、2.0m、2.5m以及3.0m，操作条件参照基准算例。统计的四个算例的各段平均颗粒浓度及悬浮密度列于表3-14。可看到，随着出口段直径的扩大，出口段线速降低，出口段的浓度逐渐升高，而对二反段的平均颗粒浓度的影响不大，但改变了二反段浓度的轴向分布情况[见图3-28(a)]。出口段线速越低，二反段浓度沿轴向分布越均匀，这是因为随着出口段直径的扩大，使之与二反段的过渡越平缓，因而速度变化也比较平缓。但随着出口段线速降低，使得颗粒回落，造成颗粒回流现象，这在出口段直径2.5m及以上时尤为严重。

表3-14　变径流化床-2的各段平均颗粒浓度及悬浮密度

出口段直径/m		一反	二反	出口段	全床平均浓度
1.36	浓度/%	2.13	11.97	4.76	10.27
	悬浮密度/(kg/m^3)	31.93	179.49	71.36	154.10
2.0	浓度/%	2.11	12.14	5.40	10.30
	悬浮密度/(kg/m^3)	31.61	182.15	80.64	154.53
2.5	浓度/%	2.11	11.97	6.75	10.24
	悬浮密度/(kg/m^3)	31.66	179.52	101.25	153.55
3.0	浓度/%	2.11	12.19	7.31	10.45
	悬浮密度/(kg/m^3)	31.65	182.88	109.70	156.73

从图3-28(b)的时均压力分布图中可看到，当出口段直径为1.36m时，对应

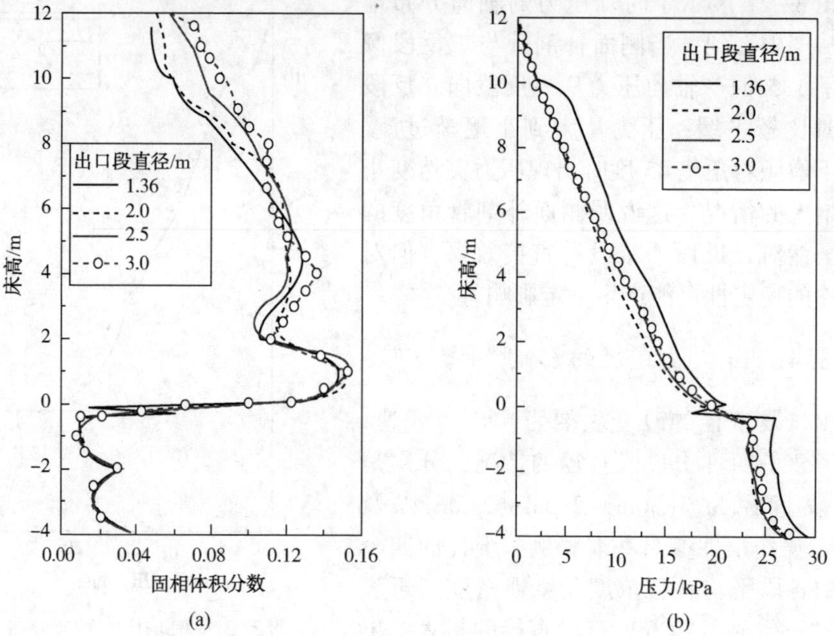

图 3-28 时均浓度的轴向分布(a)以及时均压力的轴向分布(b)

的压力最大，也就是出口段直径越小，所需动力越大。相比出口段直径为 1.36m 的情况，其余三个算例的压力分布较为接近。这是因为出口段直径为 1.36m 时，从缩径段到出口段气速变化剧烈，导致总压降增大。而其他三个，虽然出口段直径从 2m 到 2.5m 再到 3m 逐渐变大，出口段线速变化随之逐渐变小，然而出口段浓度也同时随着线速的变小而增大，两者作用导致总压降变化不大。

3.3.3.5 出口段结构的影响

这里考察了两类出口段结构，一种是常见的顶部缩口(前面讨论的所有算例都是该类出口)，另一种是侧面出口，具体结构和尺寸绘于图 3-29。

各段的平均颗粒浓度及悬浮密度数据列于表 3-15。可看到，出口结构改为单侧出口后，二反段浓度从 11.97%下降到了 10.69%。图 3-30 是时均颗粒浓度随流化床高度的变化图，可看到，二反段的颗粒浓度在离出口附近骤然降低。这是由于出口直径从二反段直径 4.2m 突然缩小到 1.36m，少了缓冲区，速度在出口附近变化剧烈，速率突然增高，物料被迅速带走，在出口附近出现一段浓度相对较低区域。而当出口段结构改为单侧开口后，颗粒浓度在出口附近处的减小幅度陡然增加。全床时均浓度分布图(见图 3-31)更清楚地展示了两种出口段结构的浓度分布变化，单侧出口的流化床在顶部有较大一片稀相区，出口管的 L 型转折角处堆积颗粒较多。

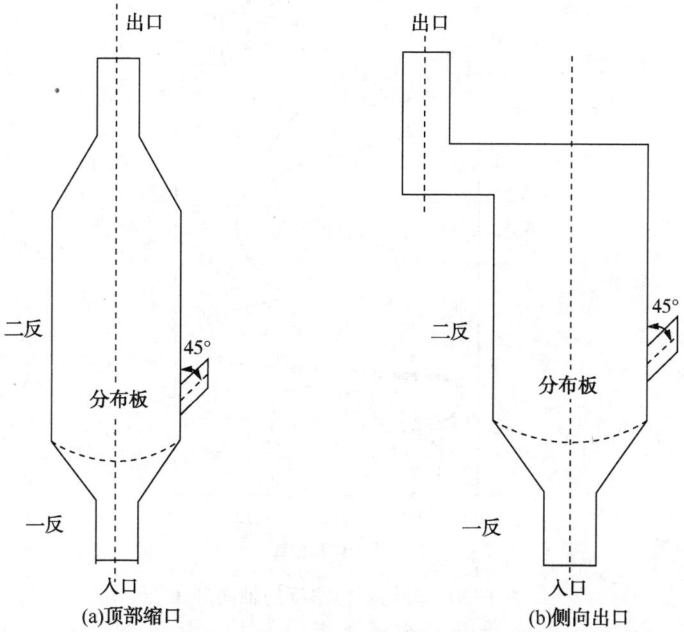

图 3-29　工业变径流化床的两种不同结构

表 3-15　变径流化床-2 的各段平均颗粒浓度及悬浮密度

出口结构		一反	二反	出口段	全床平均浓度
顶部缩口	浓度/%	2.13	11.97	4.76	10.27
	悬浮密度/(kg/m^3)	31.93	179.49	71.36	154.10
侧向出口	浓度/%	2.19	10.69	5.36	9.42
	悬浮密度/(kg/m^3)	32.85	160.35	80.42	141.22

从时均压力轴向分布(见图 3-32)来看，出口结构改为侧向出口，增大了总压降，由此可见，侧向出口造成的压降损失比改造前更大。图 3-33 是分布板以上 4m 和 6m 处，颗粒竖直方向速度的径向分布情况。从图中看到，随着高度增加，离出口处越近，相比常规的顶部出口，侧面出口的速度呈现更明显的不对称性。

3.3.3.6　补充催化剂量的影响

在给定一反气速 13m/s 和一反补料 1840t/h 情况下，改变二反补料量，计算得到的各段颗粒浓度和悬浮密度值列于表 3-16。前面提到，对于工业变径流化床-1，补剂量的增加对二反段增浓效果显著。从表 3-16 可看到，对于工业变径

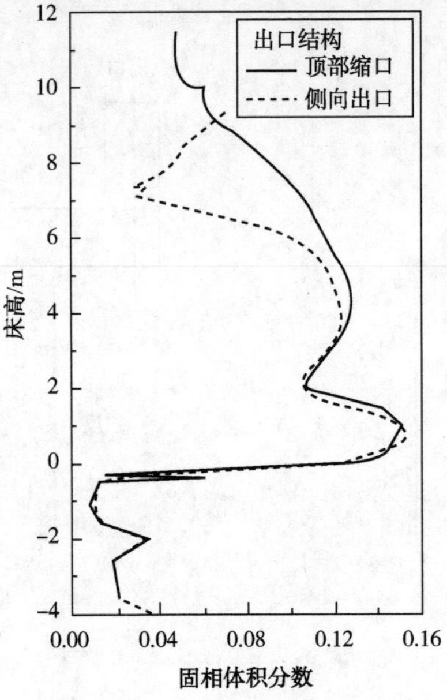

图 3-30 时均颗粒浓度的轴向分布

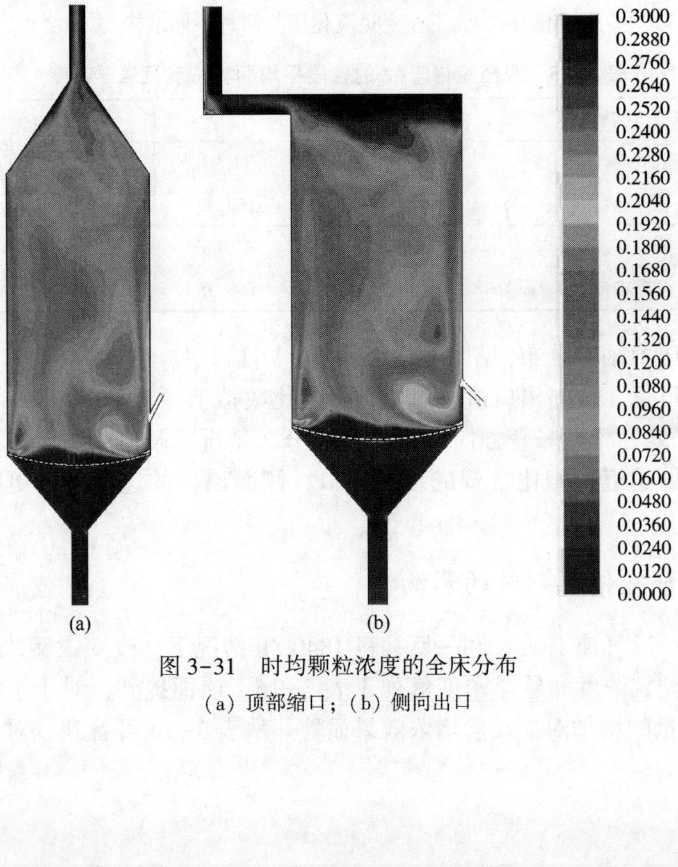

图 3-31 时均颗粒浓度的全床分布

（a）顶部缩口；（b）侧向出口

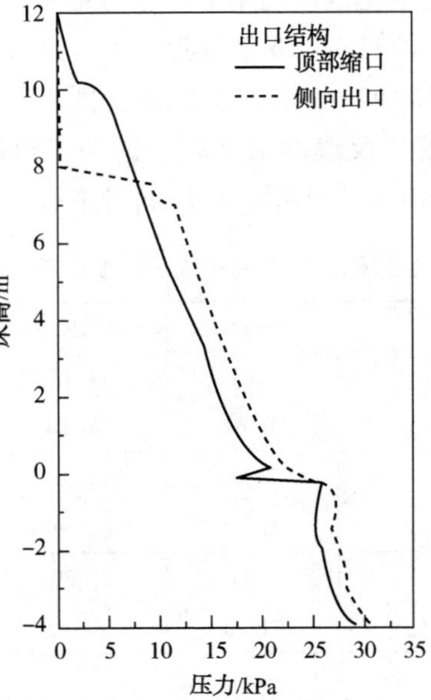

图 3-32　时均轴向压力分布

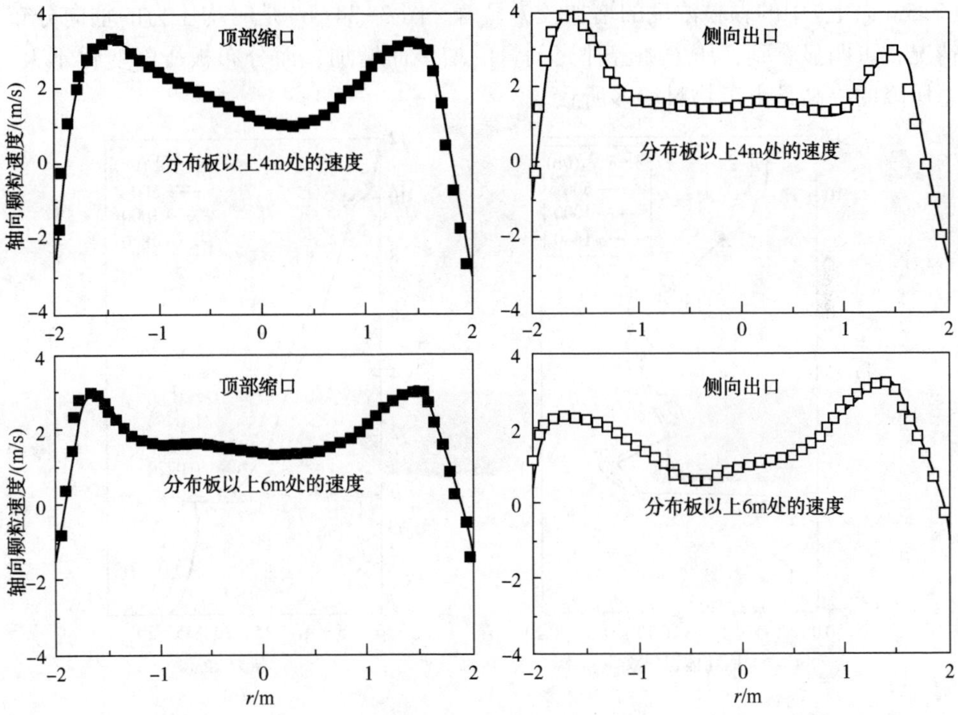

图 3-33　分布板以上 4m 处和 6m 处时均轴向颗粒速度的径向分布

流化床-2，随着二反补充催化剂料的增加(从500t/h到1840t/h)，二反段内的颗粒浓度变化不大，而出口段的浓度变化较为显著。这跟操作条件以及二反段尺寸密切相关，工业变径流化床-2的高度为7.5m，低于工业变径流化床-1(高度为10m)，在当前气速下，若二反段的浓度趋于饱和，则进一步增加二反段补充催化剂的量，对二反段增浓几乎无作用，在后面讨论流域转变时还会涉及这一点。

表3-16 变径流化床-2的各段平均颗粒浓度及悬浮密度

二反补料/(t/h)		一反	二反	出口段	全床平均浓度
500	浓度/%	2.11	11.75	3.58	9.94
	悬浮密度/(kg/m³)	31.64	176.24	53.67	149.05
1000	浓度/%	2.13	11.97	4.76	10.27
	悬浮密度/(kg/m³)	31.93	179.49	71.36	154.10
1840	浓度/%	2.11	12.20	6.11	10.60
	悬浮密度/(kg/m³)	31.70	183.01	91.68	158.98

从时均颗粒浓度的轴向分布图[图3-34(a)]可看到，二反段侧面补充催化剂量的增加，二反段分布板附近的物料堆积越多(大致在0~2m之间)，其次出口段(7.5m以上)中的颗粒浓度的增加较为显著。图3-34(b)是时均压力的轴向分布情况，可明显看到，压力随着补充剂量的增多而增加，而分布板压降变化不大，总压降的提高是由于物料增多所致。

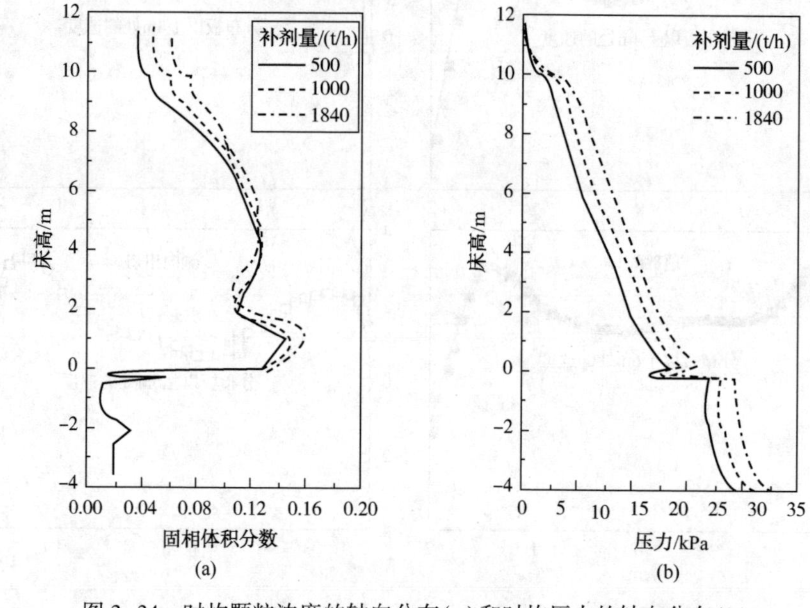

图3-34 时均颗粒浓度的轴向分布(a)和时均压力的轴向分布(b)

从图 3-35 看到，随着侧面补料的增加，对射流高度影响不大。如前所述，当侧面补剂量的增加对二反段增浓的影响不大时，它对射流高度的影响也非常有限。图中很清楚地显示出口段浓度随着补料量的增加而增加。

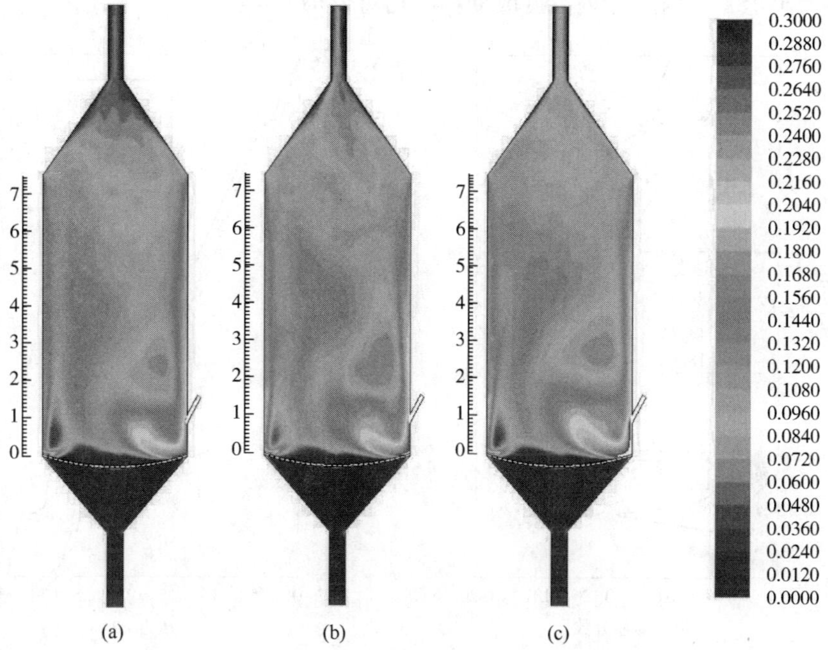

图 3-35　时均颗粒浓度的全床分布

（a）侧面补料 500t/h；（b）侧面补料 1000t/h；（c）侧面补料 1840t/h

3.3.3.7　气速的影响

在给定一反补料 1840t/h 和二反补料 1000t/h 的条件下，改变一反气速，计算所得各段颗粒浓度及悬浮密度值列于表 3-17。

表 3-17　变径流化床-2 的各段平均颗粒浓度及悬浮密度

一反气速/(m/s)		一反	二反	出口段	全床平均浓度
8	浓度/%	4.46	15.06	7.98	13.53
	悬浮密度/(kg/m³)	66.84	225.88	119.75	202.88
13	浓度/%	2.13	11.97	4.76	10.27
	悬浮密度/(kg/m³)	31.93	179.49	71.36	154.10
18	浓度/%	1.86	11.08	4.46	9.47
	悬浮密度/(kg/m³)	27.96	166.17	66.90	142.06

从表3-17以及时均浓度及压力轴向分布情况(图3-36)可知，气速对全床浓度改变影响显著。当一反气速为8m/s时，二反段的平均浓度达到15%，出口段达到8%左右，此时对应的总压降也最大，属于浓相输送阶段。一反气速从13m/s增至18m/s时，床内浓度改变幅度相对较小。

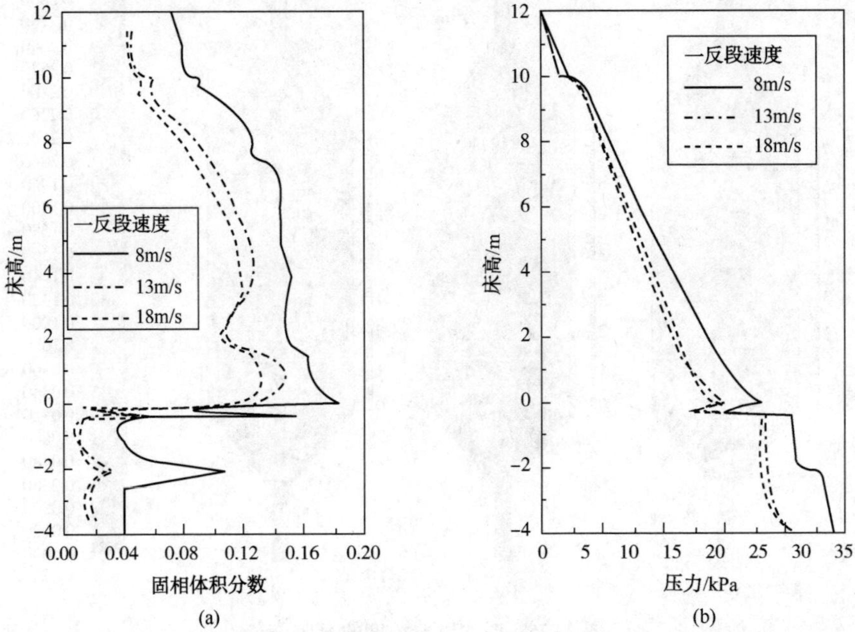

图3-36 时均颗粒浓度的轴向分布(a)和时均压力的轴向分布(b)

从图3-37可看到，随着一反气速的提高，床内射流高度也随着提高。当一反气速为8m/s时，由于二反段物料较多，较多物料堆积于分布板上，造成分布板射流高度很小，分布板中心区域射流高度可忽略不计，分布板两侧略有射流空区，高度很小。一反气速为13m/s时，射流空区明显增多。当一反气速进一步升高至18m/s时，射流高度变化较小。

3.3.4 噎塞预测

基于前述分析可知，调节气速和补料量是改变二反段颗粒浓度的关键，但操作条件与二反段颗粒浓度的变化关系还与流化床的当前操作状态密切相关，因此流化床的流域操作图对于指导工业变径流化床的操作尤为重要。在3.2.2节中，通过采用多尺度CFD模拟方法准确预测了传统等直径提升管内发生的噎塞现象。以下是对上述两个工业变径流化床进行相应模拟，考察发生噎塞时的操作条件，为提出规避措施提供依据[22]。

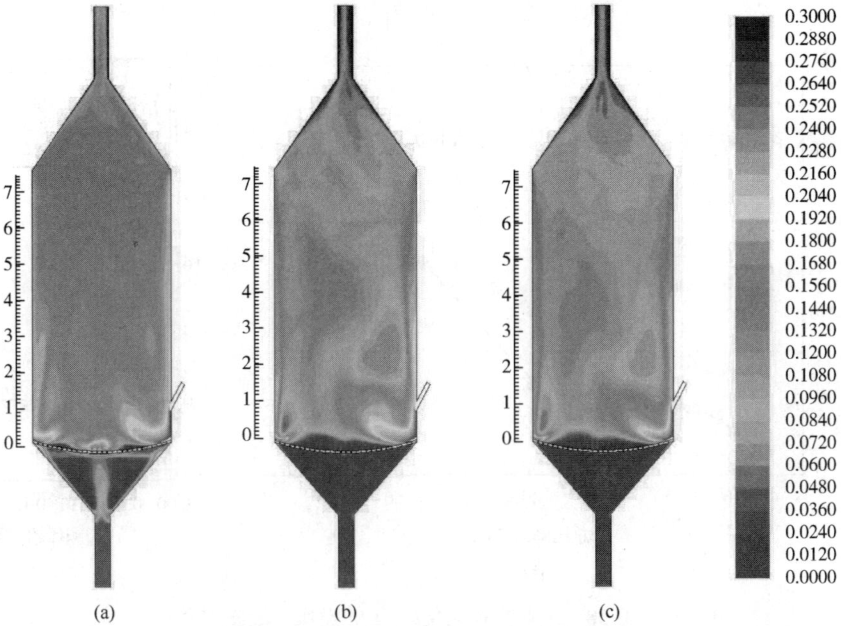

图 3-37　时均颗粒浓度的全床分布

(a) 一反气速 8m/s；(b) 一反气速 13m/s；(c) 一反气速 18m/s

工业变径流化床构体形状如图 3-3(b)所示，几何尺寸见表 3-4，模拟设置与前述设置保持一致。这里，在给定一反操作气速条件下，改变床内存料量，让固体颗粒自由循环，可得到工业变径流化床的颗粒循环量 G_s 随流化床总压降 ΔP 的变化规律。

由图 3-38 和图 3-39 可看到，当床内存料量较低时，系统处于稀相输送状态，颗粒循环量随存料量的增加而增大。当存料量继续增加，到达一定值时，此时继续增加存料量，出口循环量 G_s 始终保持恒定，说明在工业变径流化床中也存在“噎塞”。在噎塞发生时，二反段平均颗粒浓度随着存料量的增加而逐渐增加，且密相转折点高度也逐渐提高，而出口段内的颗粒浓度保持不变。当存料量进一步增大，循环量又开始随着存料量的增加而增加时，系统处于全浓状态。图 3-38(b)是相对应的轴向浓度分布，可看到，当系统处于稀相输送状态时，二反段及二反段以上区域的颗粒浓度沿轴向分布较为均匀。而当处于“噎塞”状态时，虽然随着存料量的增加，出口段浓度几乎保持恒定，但二反段浓度逐渐提高，且浓稀相转折点高度也逐渐升高。当系统处于全浓状态时，二反段及出口段的平均浓度逐渐升高，二反段以上浓度沿轴向分布又逐渐趋于均匀。

由图 3-38 可知，在一反气速为 13m/s，系统处于“噎塞”时，相对应的循环量 G_s 大致在 40kg/(m^2·s)。在所考察的三个操作点中(见 3.3.2.2 节)，二反补

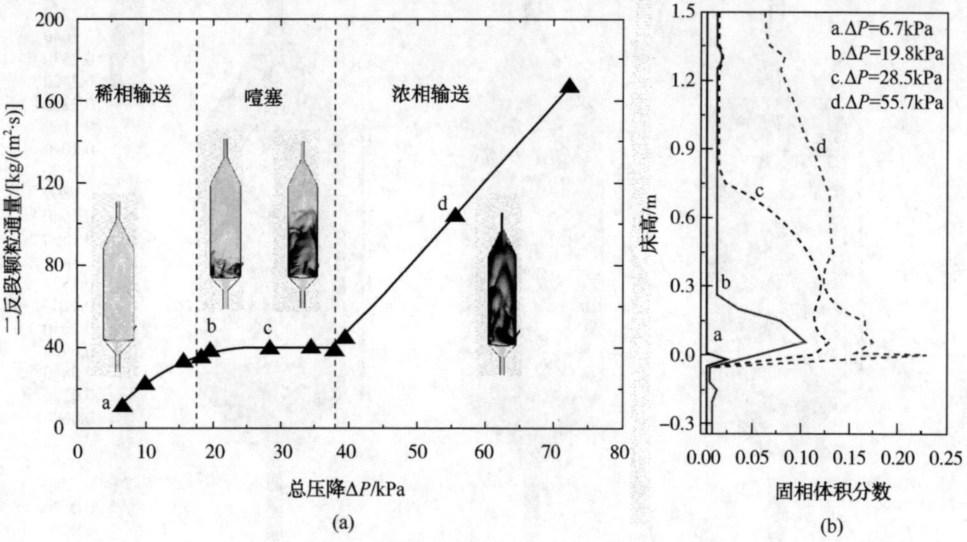

图 3-38 工业变径流化床-1 的操作流域图[14,22]

(a) 在一反气速 13m/s(二反气速 1.9m/s)下，循环量 G_s[kg/(m^2·s)]随 ΔP 的变化规律；

(b) 对应左图中 a，b，c，d 四点的操作条件下的时均浓度轴向分布

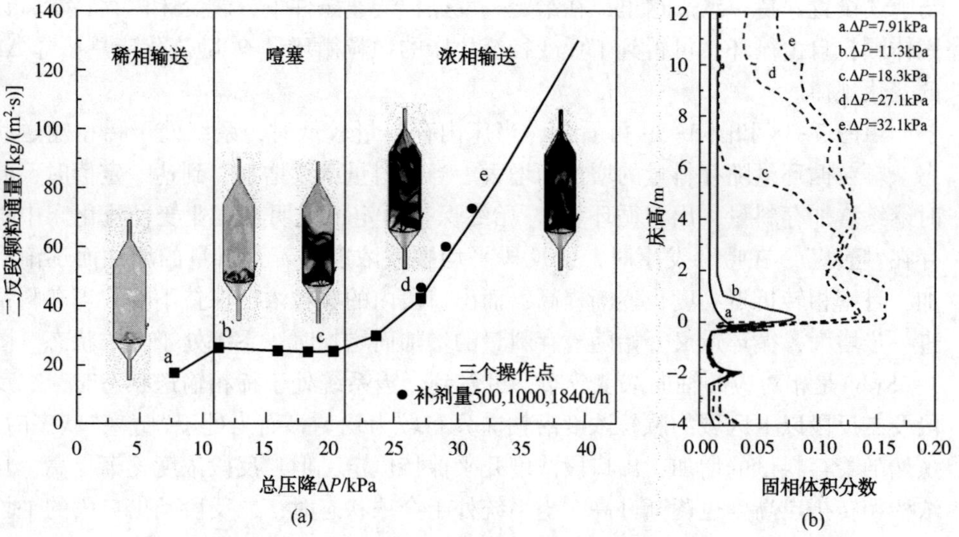

图 3-39 工业变径流化床-2 的操作流域图[22]

(a) 在一反气速 13m/s(二反气速 1.444m/s)下，循环量 G_s[kg/(m^2·s)]随 ΔP 变化规律；

(b) 对应左图中 a，b，c，d，e 五点的操作条件下的时均浓度轴向分布

料为300t/h时，对应二反段G_s为40.2kg/(m^2·s)，正处于“噎塞”段。此时进一步增加补料量，根据补料量的多少可估计该操作点所处流域(浓相输送或者“噎塞”)。若操作点属于“噎塞”范畴，那么给定操作气速及循环量的做法，不足以确定一个稳定的系统状态，它会随着初始状态的变化而变化，计算所得总压降将随着初始状态的不同而落入“噎塞”段对应的压降范畴。若操作点过了“噎塞”段，此时给定操作气速及循环量的方式，可得到一个确定的系统状态，与初始状态的给定无关。另两个操作点，都属于浓相输送状态，因此给定操作气速及循环量的方式可以确定唯一的系统状态。

同理，由图3-39也可得到，在一反气速为13m/s时，“噎塞”对应的循环量G_s约为25kg/(m^2·s)。而表3-16所示的工业变径流化床-2的三个操作点都处于浓相输送状态，这也解释了3.3.3.6节中讨论的，当在补剂量500t/h的基础上增大补料量未有效提高二反段浓度的原因。

基于3.2.2.2和3.3.4节分析可知，噎塞与颗粒流体物性、操作条件及流化床尺寸密切相关。在实际生产过程中，当流化床尺寸和给料物性不能调节时，提高操作气速可能是唯一可避免噎塞的有效方法。2006年7月13号某变径流化床反再系统在操作过程中由于二反藏量初始给入过高，当气体线速变小时，二反藏量迅速上升，很快达到满量程，噎塞发生，反应器压降快速增加，导致气压机喘振。根据计算提出的噎塞规避方案，操作人员开大外补蒸汽和预汽提蒸汽以提高气速，同时关小再生滑阀降低处理量，控制住了噎塞[23]。

3.3.5　小结

(1) 分布板的具体形式及开孔方向对二反平均颗粒浓度造成一定影响，三种分布板(弧形、下沉及锥形分布板)中，下沉分布板对二反段有一定的增浓效果，锥形分布板对二反段增浓效果不明显，可见横向进气有助于一定程度的增浓。

(2) 出口段结构从竖直缩径改为单侧出口，导致出口效应增强，出口附近物料迅速被带出，使得二反段颗粒浓度在单侧出口处骤然降低，改变了二反段浓度的轴向分布，从总体上降低了二反段浓度，且造成总压降变大。

(3) 出口段线速的改变，对二反段增浓整体影响不大，但改变二反段浓度的轴向分布情况。出口段直径越接近二反段直径，二反段浓度的轴向分布越均匀，出口段浓度越高，总压降越低。

(4) 分布板的开孔率及孔径大小对二反增浓影响不大。在开孔率一致的情况下，孔数多的分布板使得二反段浓度分布更均匀。分布板附近上方一般都会出现一段浓度相对较低的“射流空区”，射流空区的高度与过孔线速成正比，与侧面补料、分布板孔径及孔分布也有一定关系。

(5) 调节补剂管与主体的夹角，对二反段增浓影响不大，但改变了分布板附近压力分布情况。

(6) 二反段的操作条件是影响其浓度变化的最关键因素。线速的方向对二反段浓度的改变有一定的影响(改变物料停留时间)，其他不涉及改变线速大小和方向的因素一般只影响流态化品质(如径向分布及轴向分布的均匀性)或者操作的稳定性。操作在浓相区是最直接的增浓方案。但若浓相操作点越过“噎塞”点某一距离时，此时在给定气速下增加补剂量的做法更多地使出口段增浓，但对二反段增浓效果不明显。

(7) 强制给定操作气速和循环量的做法，有一定的限制条件，即在稀相输送状态或者浓相输送状态时，给定操作气速和循环量对应一个确定的系统状态。若处于“噎塞”段时，只给定操作气速和循环量时，系统状态无法确定。在自由循环操作条件下，当处于“噎塞”段时，增加存料量，二反段浓度增幅很大，出口段浓度保持恒定。操作流域图是确定合理操作区域的最佳参考依据。

(8) 在等直径和变径流化床中均会出现噎塞现象。流化床越高，出入口效应的影响越弱，越容易出现噎塞。提高操作气速和降低流化床高度是规避噎塞现象的有效措施。

3.4 工业变径流化床的三维热态模拟

3.4.1 预提升段的模拟

3.4.1.1 流动模拟设置

在预提升段中，传热是最为关键的问题。这里，先对预提升段进行流动模拟，进而逐步加入传热模型，以考察预提升段模拟中各类因素的重要性[24]。

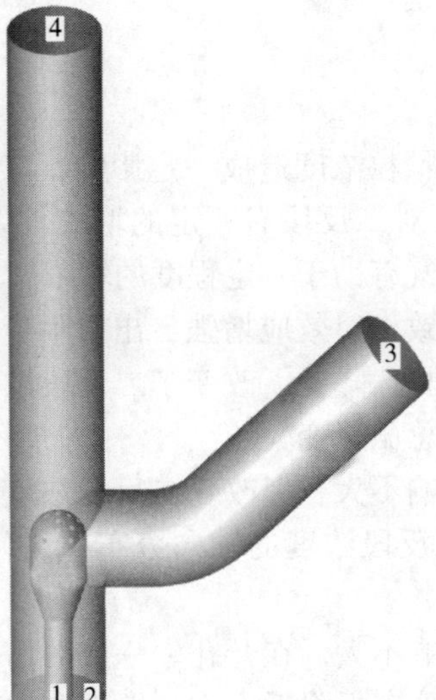

图 3-40 预提升段构体示意图
1—干气和蒸汽入口；2—松动蒸汽入口；
3—再生催化剂和夹带烟气入口；
4—与一反段的连接处(模拟中设为压力出口)

预提升段的构体如图 3-40 所示，实际的操作条件如表 3-18 所示，可看到，入口 1 是干气和蒸汽的混合气，且两者的温度不同。若已知标况下的体积流量，则在模拟时，需根据入口的实际温度进行转化，相关公式如下：

$$Q_f = Q_N \times [0.10132(273.15 + T)] / [(P + 0.10132) \times 273.15] \quad (3-36)$$

这里的温度单位为摄氏度(℃)，压力单位为 MPa。如已知标况下的干气体积流量为 4481.33nm^3/h，则经转化后计算得到的干气体积流量为472.65m³/h(见表3-18)。

表3-18 实际操作条件

入口1(干气)		入口1(蒸汽)	
相对分子质量	19.11	相对分子质量	18
温度/K	313.15	温度/K	523.15
压力/Pa	1101320	压力/Pa	1101320
黏度/[kg/(m·s)]	1.043×10^{-5}	黏度/[kg/(m·s)]	1.824×10^{-5}
密度/(kg/m³)	8.0838	密度/(kg/m³)	4.5577
质量流量/(kg/h)	3820.775	质量流量/(kg/h)	1185.72
体积流量/(m³/h)	472.65①	体积流量/(m³/h)	260.155
入口2(松动蒸汽)		入口3(夹带烟气)	
相对分子质量	18	相对分子质量	30.054
温度/K	523.15	温度/K	963.15
压力/Pa	1101320	压力/Pa	391320
黏度/[kg/(m·s)]	1.82413×10^{-5}	黏度/[kg/(m·s)]	4.195×10^{-5}
密度/(kg/m³)	4.5577	密度/(kg/m³)	1.46869
质量流量/(kg/h)	750	质量流量/(kg/h)	1043.77
体积流量/(m³/h)	109.78	体积流量/(m³/h)	710.68

入口3的夹带烟气的温度则为963K，高于干气和松动蒸汽的温度。各入口气体的黏度由下面公式计算所得：

$$\mu_{\text{drygas}} = 4.0828 \times 10^{-6} (0.01966T - 1.67)^{0.625} \tag{3-37}$$

$$\mu_{\text{steam}} = -1.9 \times 10^{-6} + 3.85 \times 10^{-8} T \tag{3-38}$$

$$\mu_{\text{carrygas}} = 9.6125 \times 10^{-6} + 3.3571 \times 10^{-8} T \tag{3-39}$$

密度则由理想状态方程计算得到。由于暂不考虑传热问题，因此模拟可对上面问题进行简化，过程如下：将三股气体处理成一种混合气，混合气的物性主要由入口1的气体性质决定，这是因为入口1的气体流量占总流量的大部分。简化后的操作条件如表3-19所示。

表3-19 流动模拟采用的操作条件

混合气		催化剂颗粒	
黏度/(Pa·s)	1.32×10^{-5}	直径/μm	66
密度/(kg/m³)	6.83	密度/(kg/m³)	1600
入口1(混合气)		入口2(混合气)	
质量流量/(kg/h)	5006.4959	质量流量/(kg/h)	750
体积流量/(m³/h)	732.805	体积流量/(m³/h)	109.7782
入口面积/m²	0.04524	入口面积/m²	0.4574
入口线速/(m/s)	4.4997	入口线速/(m/s)	0.06667

续表

入口 3(混合气)		入口 3(催化剂颗粒)	
质量流量/(kg/h)	1043.77	质量流量/(kg/h)	803000
体积流量/(m^3/h)	152.7775	体积流量/(m^3/h)	501.875
入口面积/m^2	0.5027	入口面积/m^2	0.5026
入口线速/(m/s)	0.12989	入口线速/(m/s)	0.7924
体积分数	0.65	体积分数	0.35

本模拟涉及三种气体和一种颗粒，采用双流体模型，其中主相处理为混合气体，第二相为颗粒相。这里只考虑流动，混合气的物性见表 3-19。若考虑传热问题，需要将混合气的三个组分的性质与温度的关系式写入程序中。其他模拟设置见表 3-20。

表 3-20 数值模拟设置条件

Unsteady formulation	First-order implicit
Pressure-velocity coupling	Phase coupled SIMPLE
Momentum discretization	Second-order upwind
Volume fraction discretization	Quick
Discretization of Species transport	Second-order upwind
Granular temperature	Algebraic
Granular viscosity	Gidaspow
Granular bulk viscosity	Lun et al.
Frictional viscosity	Schaeffer
Frictional pressure	Based-ktgf
Angle of internal friction	30
Solids pressure	Lun et al.
Restitution coefficient	0.9
Drag coefficient	Gidaspow
Packing limit	0.63
Drag coefficient	Gidaspow
Operating pressure	380673
Time step	5×10^{-4} s

3.4.1.2 结果讨论

图 3-41 是预提升段中的催化剂浓度的分布情况，左图是整体的浓度分布，右图是竖直截面上的浓度分布。可看到，由于催化剂是从一侧的斜输送管进入预提升段，因此输送管中的颗粒浓度很高。进入预提升段后，催化剂颗粒在预提升

管底部产生堆积，而从喷嘴以上，由于气速的增大，颗粒浓度逐渐降低。图 3-42 跟踪了预提升段(除去喷嘴和输送管)中的颗粒平均浓度随时间的变化情况，可看到，颗粒浓度从 0 开始逐渐增大，趋于顶峰后，又回落，最后达到平稳。平稳后的颗粒浓度为 0.4 左右，换算成床内的悬浮密度则为 640kg/m³，略高于实际所测(400~600kg/m³)。这是因为在流动模拟时，采用的气体物性为常数，这与实际情况不符。

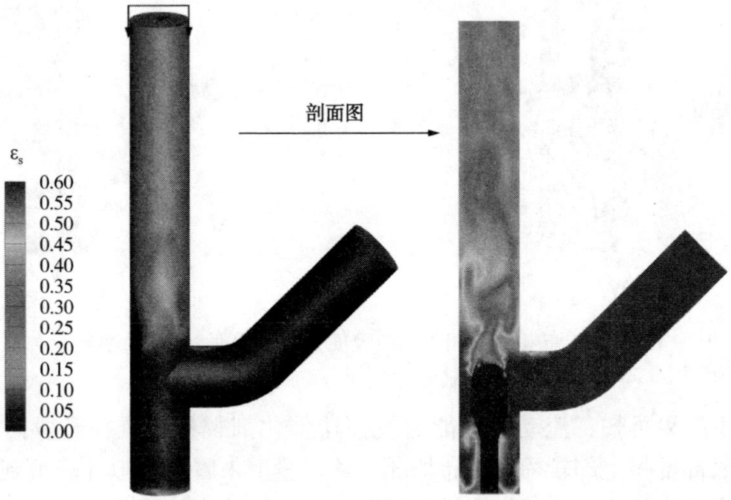

图 3-41　瞬时颗粒浓度分布

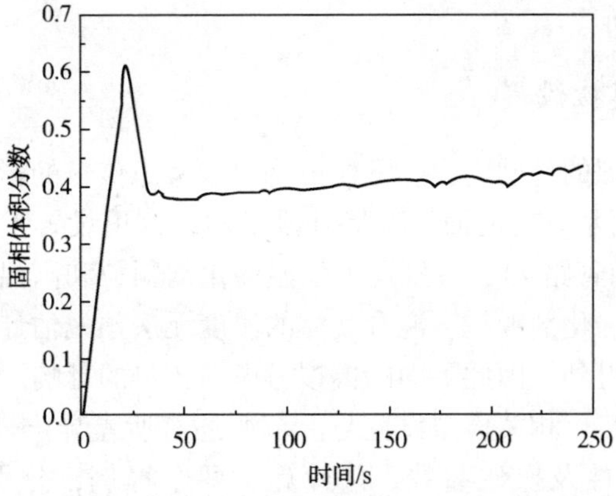

图 3-42　预提升段(除去斜的输送管和中间的喷嘴)中的颗粒浓度随时间变化情况

图 3-43 展示了气相和固相的轴向速度在竖直横截面上的分布情况。可看到，气相速度最高值出现在喷嘴入口，出了喷嘴后，气相速度有所减弱。在喷嘴以上，气相和固相的轴向速度分布极其相似。在喷嘴入口段附近，颗粒速度较低，

这是因为此处只有流化蒸汽(气速较低)。

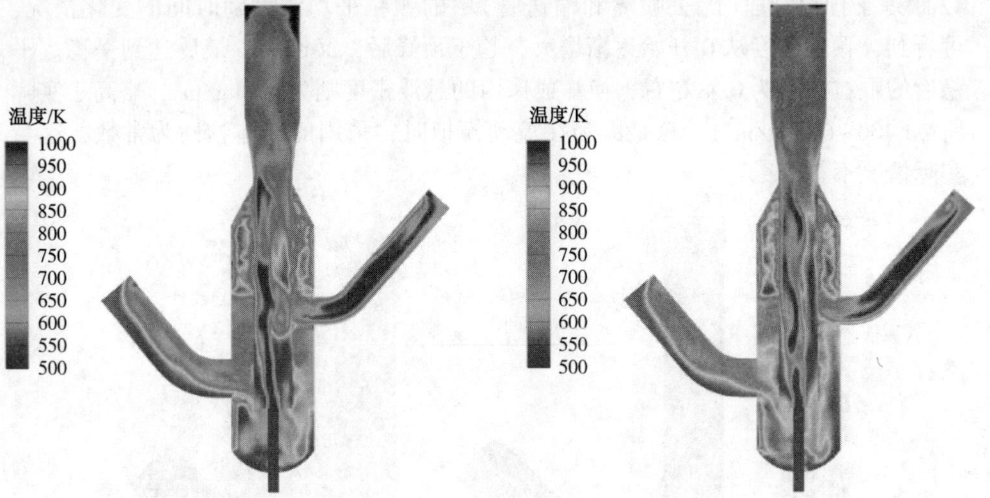

(a) (b)

图 3-43 气相和固相的轴向速度在竖直截面上的分布情况

(a) 气相轴向速度；(b) 固相轴向速度

从以上结果可知，流动模拟能定性描述催化剂颗粒在预提升段内的分布情况，呈现底部堆积上部较稀的分布情况。从定量上来看，模拟计算得到的总颗粒密度大于实验测量值，这可能是模拟采用的混合气体的性质与实际的热态值有所偏差。因此可推断，若能获得准确的混合气体的物性值，则只需要流动模拟就可得到合理的浓度分布。

3.4.1.3 热态模拟设置

在上述流动模拟的基础上，以下模拟将逐步考虑传热的影响。模拟的预提升段结构如图 3-44 所示，与前面的预提升段不同，这里设置了两股催化剂颗粒的入口管路(管路 3 和管路 4)，分别通入低温催化剂颗粒和高温催化剂颗粒。由于涉及了不同温度的催化剂颗粒，混合气体的温度无法预先估计，因此气相产物的准确预估值也难以得到，因此下面的模拟考虑了传热的影响。

由于考虑了传热，相关模拟设置与上节所述有所差异。表 3-21 是本模拟采用的气相和颗粒物性及操作参数，共计算了两个算例，分别命名为 Case 1 和 Case 2。上述两个算例的区别在于是入口 3 的低温催化剂颗粒温度，Case 1 中的低温催化剂颗粒的温度为 330℃，而 Case 2 中则为 450℃，其余条件保持一致。从表 3-21 可看到，通入预提升段的气体包含水蒸气和夹带烟气两种组分，而颗粒只有一种，即催化剂颗粒，但入口 3 和入口 4 进入的催化剂颗粒的温度不同。

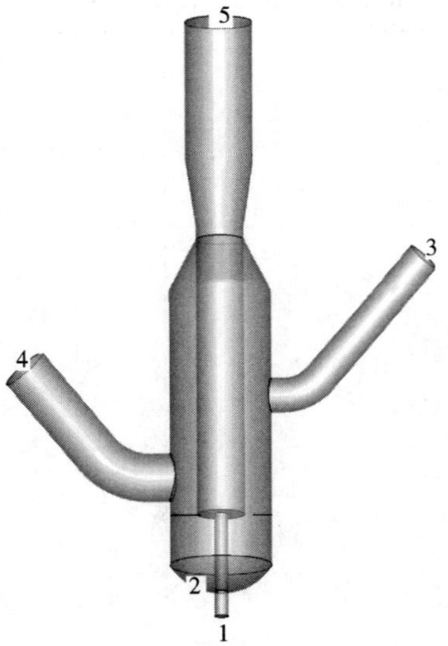

图 3-44　预提升段构体(单位：mm)

1—水蒸气入口；2—流化蒸汽入口；3—低温催化剂入口和夹带烟气；4—高温催化剂入口和夹带烟气；5—压力出口

表 3-21　各出入口的物性及操作参数

(操作压力取整体流动的平均值 38615Pa+出口压力 236000 Pa)

序号	气相与颗粒物	相对分子质量	密度/(kg/m^3)	黏度/(Pa·s)	体积分数	流量/(t/h)	Case 1 温度/℃	Case 2 温度/℃
1	水蒸气	18	1.5558	1.82×10^{-5}	1	2.87	250	250
2	流化水蒸气	18	1.5558	1.82×10^{-5}	1	0.5	250	250
3	催化剂		1500		0.4	253.38	330	450
	夹带烟气	30.054	1.8792	3.39×10^{-5}	0.6	0.318	330	450
4	催化剂		1500		0.4	496.6	690	690
	夹带烟气	30.054	1.411	4.19×10^{-5}	0.6	0.6	690	690
5	出口						665	665

若传热问题只考虑气固间传热，忽略颗粒间的传热，相关模拟方案如下：采用双流体模型，主相为包含两种组分的混合气体，由于组分物性与温度相关，因此需要采用 UDF 或多项式的形式写入求解器中。第二相为催化剂颗粒相，直径为 66μm，密度为 1500kg/m^3。开始时，采用较大步长 0.005s，忽略能量方程，待模拟达到相对稳定的状态，开始采用较小的时间步 0.0005s，并启动能量方程，传热开始，并进行 10s 左右的时间平均统计得到相关的时均值。其他模拟设置见表 3-22。

表 3-22 数值模拟设置条件

Unsteady formulation	First-order implicit
Pressure-velocity coupling	Phase coupled SIMPLE
Momentum discretization	Second-order upwind
Volume fraction discretization	Quick
Discretization of Species transport	Second-order upwind
Granular temperature	Algebraic
Granular viscosity	Gidaspow
Granular bulk viscosity	Lun et al.
Frictional viscosity	Schaeffer
Frictional pressure	Based-ktgf
Angle of internal friction	30
Solids pressure	Lun et al.
Restitution coefficient	0.9
Drag coefficient	Gidaspow
Heat transfer coefficient	Gunn
Packing limit	0.63
Drag coefficient	Gidaspow
Operating pressure	380673
Time step	0.005 s, 5×10^{-4} s

若同时考虑气固间传热和颗粒间的传热，则上述设置调整为：模型设为三相，主相是包含两种组分的混合气体，其物性与温度的变化关系与前述一致，也需写 UDF 或者以多项式的形式与求解器耦合。第二相设为低温催化剂颗粒，第三相设为高温催化剂颗粒。第二相和第三相的颗粒直径和密度不随温度变化，直径都是 66 μm，密度都为 $1500kg/m^3$，黏度等物性采用颗粒动理论封闭。气固之间的传热系数采用 Gunn 模型，即颗粒与颗粒间的传热系数采用文献中的模型[25]，具体公式如下：

$$h_{ps}=n_{p,i}n_{p,j}(R_{p,i}+R_{p,j})^2\sqrt{8\pi(\theta_i+\theta_j)}\frac{5.36(m/E)^{3/5}(RV)^{7/10}}{(\rho_iC_{p,i}\lambda_i)^{-1/2}+(\rho_jC_{p,j}\lambda_j)^{-1/2}}$$

其中，$R=\dfrac{R_{p,i}R_{p,j}}{R_{p,i}+R_{p,j}}$，$m=\dfrac{m_{p,i}m_{p,j}}{m_{p,i}+m_{p,j}}$，$E=\dfrac{4/3}{(1-\gamma_i^2)/G_i+(1-\gamma_j^2)/G_j}$，$\gamma$ 是泊松比，这里取 0.4，G 是杨氏模量。也计算了两组情况，命名为 Case 3 和 Case 4，其中 Case 3 在入口 3 的温度是 330℃，Case 4 在入口 3 的温度是 450℃，其余条件不变。

3.4.1.4 结果讨论

(1) 忽略颗粒间传热

图 3-45 展示了 Case 1 和 Case 2 的颗粒浓度在预提升段内的分布情况，未考虑颗粒与颗粒间的传热。可看到，虽然 Case 1 和 Case 2 在入口 3 的温度不同，但

颗粒浓度分布比较相似。在外围的流化段，颗粒流化面基本维持在与右边输送管连接处持平的位置。然后，颗粒在自身重力的作用下逐渐下落，在由底部喷嘴喷入的气体夹带下，被输送至预提升管的上部。总体来看，外围颗粒的浓度高于内部提升段内的颗粒浓度。

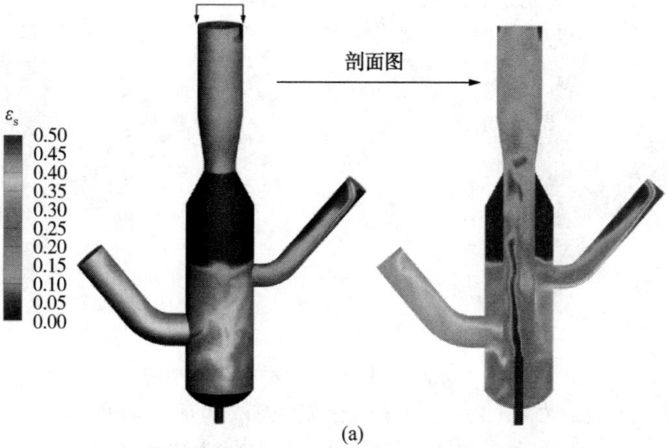

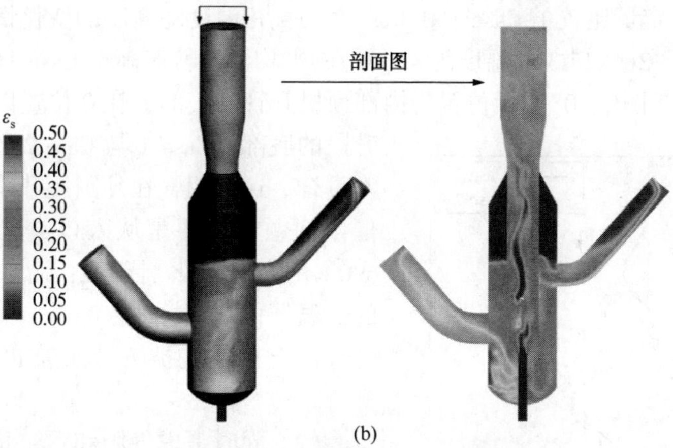

图 3-45　瞬时颗粒浓度分布情况

（a）Case 1，左右入口的催化剂温度分别为 690℃和 330℃；

（b）Case 2，左右入口的催化剂温度分别为 690℃和 450℃

图 3-46 是 Case 1 和 Case 2 的气相温度在竖直截面上的分布情况。可看到，在外围处，高温度主要出现在预提升段的底部及靠近壁面的地方。当催化剂进入内部预提升段后，温度沿着高度逐渐降低，且从径向上看，逐渐混合均匀。到了上部，气相温度在径向上的分布已较为均匀。

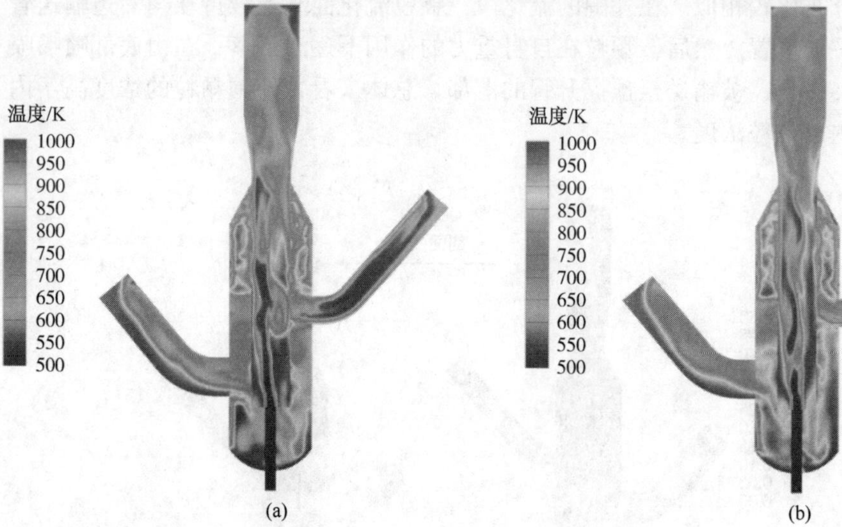

图 3-46 气相温度的瞬时分布情况

(a) Case 1，左右入口的催化剂温度分别为 690℃和 330℃；

(b) Case 2，左右入口的催化剂温度分别为 690℃和 450℃

图 3-47 定量比较了 Case 1 和 Case 2 的气相温度随高度的变化情况。很明显地看到，Case 2(入口 3 的温度为 450℃)的平均温度普遍高于 Case 1(入口 3 的温度为 330℃)。图中“0”所标位置为内部预提升管的底部，在 0 位置以下即外围提升段的底部，Case 1 与 Case 2 的气体温度基本重合。这表明，在外围提升段底部堆积的催化剂颗粒主要是从入口 4 进入的温度为 690℃的高温催化剂颗粒，而从入口 3 进入的低温催化剂颗粒还未与高温催化剂在底部充分混合后，就被气体夹带进入内部预提升管。

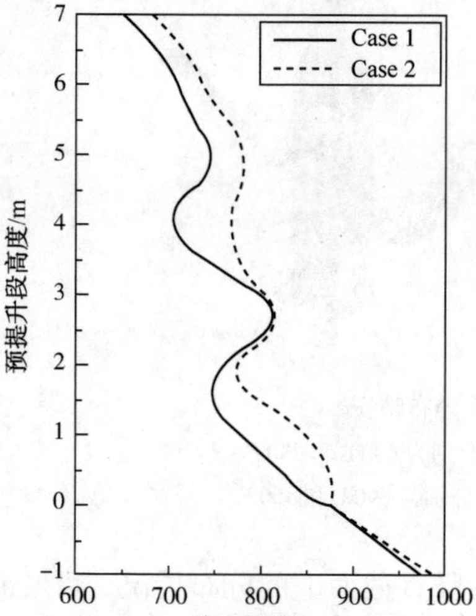

图 3-47 截面气相温度随预提升段高度的变化

(2) 同时考虑气固和颗粒间传热

Case 3 和 Case 4 同时考虑了气固间和颗粒间的传热。图 3-48 比较了这两个算例的颗粒浓度在预提升段内的分布情况。可看到，跟上述忽略颗粒间传热的算例类似，Case 3 和 Case 4 在浓度分布方面没有显著差异。颗粒流化面也基本与右边输送管的连接处持平。由于连接内部预提升段的喷嘴只有单一开口，因此内部提升段内的颗粒分布并不均匀，有气泡出现。

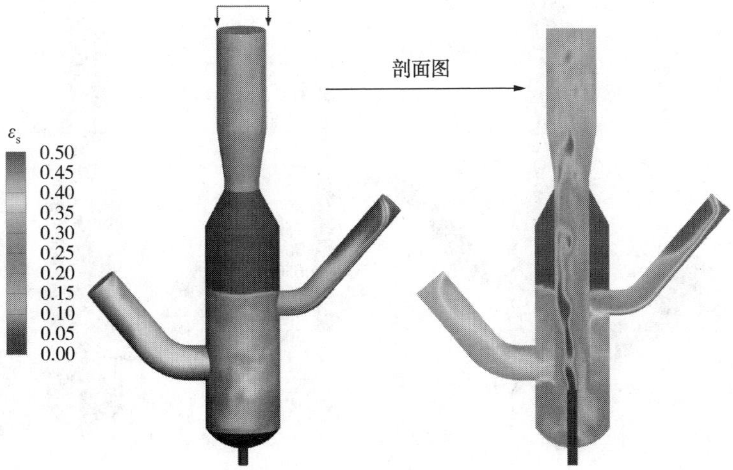

(a)

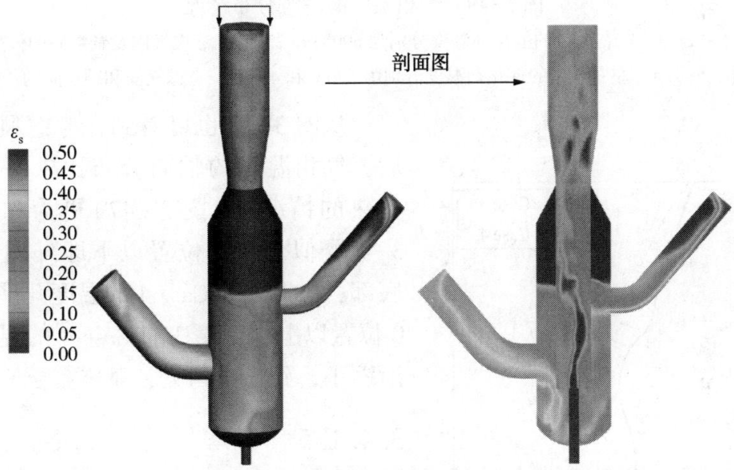

(b)

图 3-48　瞬时颗粒浓度分布情况[23]

(a) Case 3，左右入口的催化剂温度分别为 690℃ 和 330℃；

(b) Case 4，左右入口的催化剂温度分别为 690℃ 和 450℃

图 3-49 展示了 Case 3 和 Case 4 的气相温度分布情况。对比 Case 1 和 Case 2 的气相温度分布情况(未考虑颗粒间传热，见图 3-46)可看到，当入口温度一致时，考虑颗粒间的传热后，预提升段内的气相温度的轴向和径向分布都更为均匀。尤其观察内部预提升段可发现，在内部预提升段的底部，当忽略颗粒间的传热(图 3-46)时，温度在壁面附近较高。而考虑颗粒间的传热后(图 3-49)，催化

剂颗粒在内部预提升段底部已有混合，使得该处温度分布较为均匀。

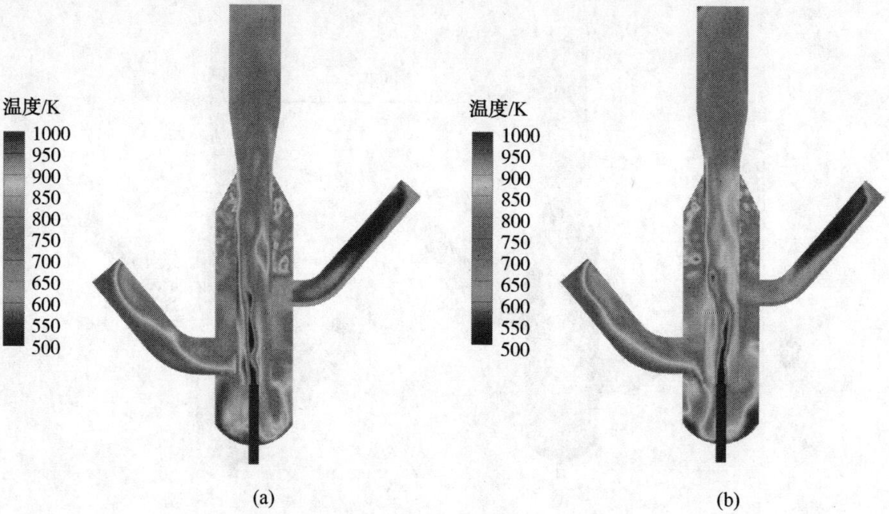

图 3-49 气相温度的瞬时分布情况

(a) Case 3，左右入口的催化剂温度分别为 690℃和 330℃，考虑气固及颗粒间的传热；
(b) Case 4，左右入口的催化剂温度分别为 690℃和 450℃，考虑气固和颗粒间的传热

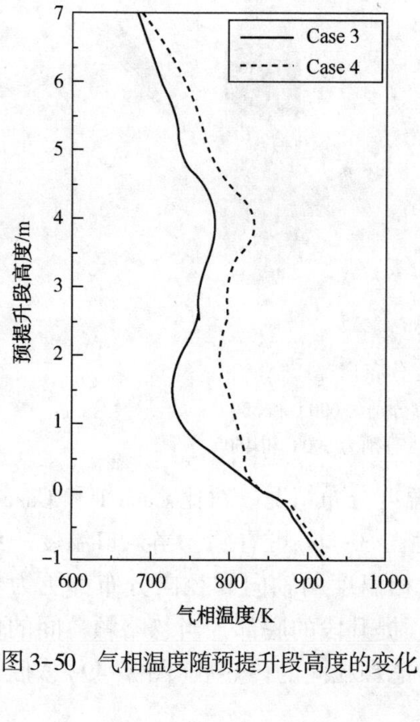

图 3-50 气相温度随预提升段高度的变化

从图 3-50 也可看到，考虑颗粒间传热后，气相温度的轴向分布比未考虑颗粒间传热的情况(见图 3-47)更为均匀。与图 3-47类似，在 0 位置以下即外围流化段的底部，Case 3 和 Case 4 的温度几乎重合。在 0 位置以上，Case 3 与 Case 4 的温度差异逐渐缩小，到了出口处，基本趋于一致。

3.4.1.5 小结

基于上述分析可知，若颗粒浓度较稀，气固间的传热占主导作用，可忽略颗粒与颗粒之间的传热，此时两侧入口的催化剂颗粒温度较为接近时，预提升段出口的催化剂颗粒混合后的温度也较为接近。若颗粒浓度较大，不能忽略颗粒间的传热作用，低温催化剂颗粒的温度变化对最终出口处的温度分布影响不大。

3.4.2　1.2Mt/a的变径流化床

3.4.2.1　数学模型

随着CFD技术水平的发展，研究者们尝试在完整的连续介质模型的基础上，结合复杂的反应动力学模型模拟变径流化床反应器中的催化裂化反应。对于反应器内气固流动，采用连续介质模型，结合基于EMMS的多尺度曳力模型，已能成功捕捉到团聚物结构及预测颗粒通量等宏观物理量。对于变径流化床的反应模拟而言，由于催化裂化反应还伴随着热量的传递，而热量的传递也与结构密切相关，因此我们尝试在动量和热量传递模型中都考虑非均匀结构的影响。

模拟采用FLUENT® 6.3作为求解器，双流体模型作为基本控制方程。颗粒相压力及颗粒黏度等物性由颗粒动理论封闭。相间动量作用主要考虑相间曳力。详细的动力学方程可参阅3.1节。由于曳力系数受流动结构影响显著，进而影响模拟的预测结果，因此对它的封闭尤为重要。本模拟主要采用EMMS-matrix的曳力模型[3,10]。作为对比，还考察了一种常见的基于均匀流态化的曳力关联式(Gidaspow模型，这里称为均匀模型)。EMMS-matrix模型计算得到的非均匀结构因子H_D的拟合公式列于表3-23，其中，表观气速U_g和颗粒通量G_s是基于二反段横截面得到的，油气的物性取自二反段中的油气平均物性。

表3-23　曳力系数关联式[26] [$\rho_p=1500\text{kg/m}^3$，$\rho_g=3.65\text{kg/m}^3$，$\mu_g=1.3\times10^{-5}\ \text{Pa}\cdot\text{s}$，$d_p=65\ \mu\text{m}$，$U_g=1.67\text{m/s}$，$G_s=34.6\text{kg/(m}^2\cdot\text{s)}$，$\varepsilon_{mf}=0.4$，$\varepsilon_{max}=0.9997$]

表达式 ($H_D=a(Re_s)^b$，$Re_s=d_pU_{slip}\rho_g/\mu_g$，$0.001\leqslant U_{slip}\leqslant1000$)	范围 ($\varepsilon_{mf}\leqslant\varepsilon_g\leqslant1$)
$\begin{cases}a=0.73364-\dfrac{0.46621}{1+(\varepsilon_g/0.42667)^{26.6505}}\\ b=243.79-2324.44\varepsilon_g+8305.91\varepsilon_g^2-13183.38\varepsilon_g^3+7842.72\varepsilon_g^4\end{cases}$	$0.4<\varepsilon_g\leqslant0.45709$
$\begin{cases}a=0.02314+\dfrac{0.72306}{1+(\varepsilon_g/0.48708)^{36.8913}}\\ b=0.40211-\dfrac{0.44496}{1+(\varepsilon_g/0.49737)^{24.4191}}\end{cases}$	$0.45709<\varepsilon_g\leqslant0.56747$
$\begin{cases}a=1.46525/(4851.47-4898.19\varepsilon_g)^{0.565259}\\ b=(-0.32443+0.32443\varepsilon_g^{-0.00016})^{0.090227}\end{cases}$	$0.56747<\varepsilon_g\leqslant0.988$
$\begin{cases}a=0.234044+1.66868\dfrac{1}{1+\exp\left(-\dfrac{(\varepsilon_g-0.99504)}{0.00269}\right)}\left(1-\dfrac{1}{1+\exp(-(\varepsilon_g-0.99984)/0.00059)}\right)\\ b=0.20652-0.38268\dfrac{1}{1+\exp\left(-\dfrac{(\varepsilon_g-0.99255)}{0.00205}\right)}\left(1-\dfrac{1}{1+\exp(-(\varepsilon_g-0.99343)/0.01558)}\right)\end{cases}$	$0.988<\varepsilon_g<0.9997$
$a=1$，$b=0$	$0.9997\leqslant\varepsilon_g\leqslant1$

3.4.2.2 传热模型

非均匀结构对传热系数也有一定的影响。在 FLUENT 中，相间传热系数 h 也是基于均匀流体化得到，

$$h = \frac{6\lambda_g \varepsilon_s \varepsilon_g Nu_s}{d_p^2} \tag{3-40}$$

其中，λ_g是油气的导热系数。对于气固两相流来说，Nu_s 常采用 Gunn 模型[27]，其表达式为

$$Nu_s = (1-10\varepsilon_g+5\varepsilon_g^2)(1+0.7Re_s^{0.2}Pr^{1/3})+(1.33-2.4\varepsilon_g+1.2\varepsilon_g^2)Re_s^{0.7}Pr^{1/3} \tag{3-41}$$

其中，$Pr=C_{pg}\mu_g/\lambda_g$，C_{pg}是油气的比定压热容。

若考虑非均匀结构的影响，这里采用 EMMS-matrix 模型求解得到微元内的结构参数，并假设密相和稀相内的颗粒为均匀分布。然后采用式(3-40)，可分别得到密相和稀相的传热系数，则总的相间传热系数表达为

$$h_D = f\frac{6\lambda_g \varepsilon_{sc} \varepsilon_{gc} Nu_{sc}}{d_p^2} + (1-f)\frac{6\lambda_g \varepsilon_{sf} \varepsilon_{gf} Nu_{sf}}{d_p^2} \tag{3-42}$$

这里，f 是密相的体积分数，下标 c 和 f 分别表示密相和稀相，结构参数 ε_{sc}，ε_{gc}，ε_{sf}，ε_{gf}及 f 通过 EMMS-matrix 模型中的第一步计算得到，Re 和 Pr 采用的参数不变。

3.4.2.3 集总反应动力学

反应动力学模型采用十二集总模型。集总网络如图 3-51 所示，集总组分划分见表 3-24。反应动力学参数，表 3-25 列出了详细的反应速率常数和活化能。

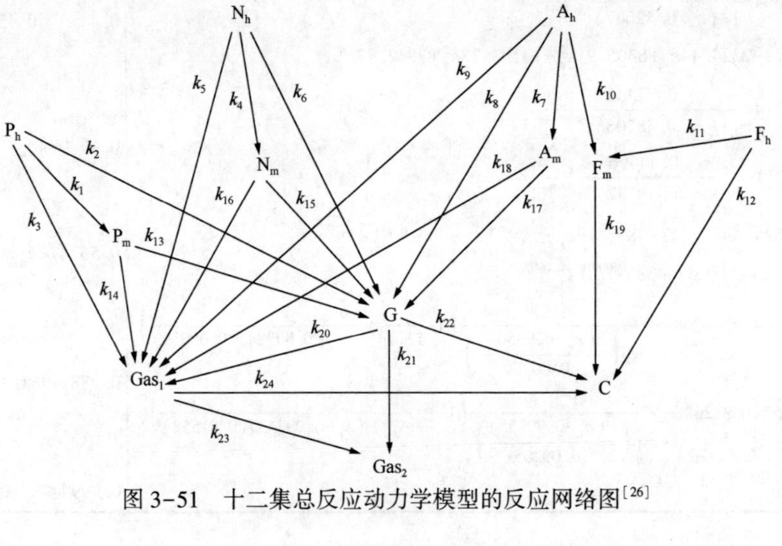

图 3-51 十二集总反应动力学模型的反应网络图[26]

表3-24 十二集总反应动力学模型的各集总划分[26]

馏 分	集总	沸点/℃
重质油	P_h：heavy paraffinics	> 342
	N_h：heavy naphtenics	> 342
	A_h：heavy aromatic substituent groups	> 342
	F_h：heavy aromatic ring carbons	> 342
轻质油	P_m：medium paraffinics	216~342
	N_m：medium naphtenics	216~342
	A_m：medium aromatic substituent groups	216~342
	F_m：medium aromatic ring carbons	216~342
汽 油	G：gasoline	C_5~216
液化气	Gas_1：primary gaseous products：LPG	C_3+C_4
干 气	Gas_2：secondary gaseous products：dry gas	$C_1+C_2+H_2$
焦 炭	C：coke	

表3-25 十二集总反应动力学模型中的反应速率常数和活化能[26]

路径	反应常数 k_{ref}/[$10^{-3}m^3/(kg_{cat}\cdot s)$]	活化能 E_{aref}/(kJ/mol)	路径	反应常数 k_{ref}/[$10^{-3}m^3/(kg_{cat}\cdot s)$]	活化能 E_{aref}/(kJ/mol)
1	15.56	38.45	13	18.94	32.60
2	35.61	32.60	14	3.89	45.98
3	8.03	45.98	15	24.03	32.60
4	14.22	38.45	16	2.44	45.98
5	10.06	45.98	17	12.92	63.53
6	50.03	32.60	18	0.94	81.53
7	16.19	38.45	19	0.32	81.53
8	48.64	63.53	20	0.35	124.14
9	11.61	81.53	21	0.04	124.14
10	33.06	38.45	22	0.08	124.14
11	11.39	38.45	23	0.41	105.00
12	3.53	81.53	24	1.35	105.00

集总反应速率 R 表示为

$$R_j = \sum_{p=1}^{N} \gamma_{jp} r_p \tag{3-43}$$

这里 N 是总的反应路径数。γ_{jp} 表示为

$$\gamma_{jp} = \delta_{ij}\frac{M_i}{M_j} \tag{3-44}$$

i 是路径 p 上的反应物，M 表示集总的摩尔质量。如果路径 p 不与集总 j 相连，则 $\delta_{ij}=0$；若 $j>i$，则 $\delta_{ij}=1$；若 $j=i$，则 $\delta_{ij}=-1$。单个反应速率表示为

$$r_p = k_{ref,p}\exp\left[\frac{-E_{aref,p}}{R}\left(\frac{1}{T_g}-\frac{1}{T_{ref}}\right)\varphi_{cat}C_{mol,p}\right] \tag{3-45}$$

$C_{mol,p}$ 是油气中该组分的摩尔浓度。φ_{cat} 为催化剂失活函数，表示为

$$\varphi_{cat} = (1 + 51Y_{cat})^{-2.78} \tag{3-46}$$

催化裂化反应是吸热反应，它产生的热量表示为

$$Q_{coke} = (R_{12}M_{Fh} + R_{19}M_{Fm} + R_{22}M_G + R_{24}M_{Gas_1})\rho_{cat}\varepsilon_{cat}\Delta H_{coke} \tag{3-47}$$

这里，ε_{cat} 是催化剂的体积分数，ρ_{cat} 是催化剂密度，焦炭生成热 ΔH_{coke} 为 6648.889kJ/kg。Q_{coke} 可作为源项从气相能量方程中的右边移除。

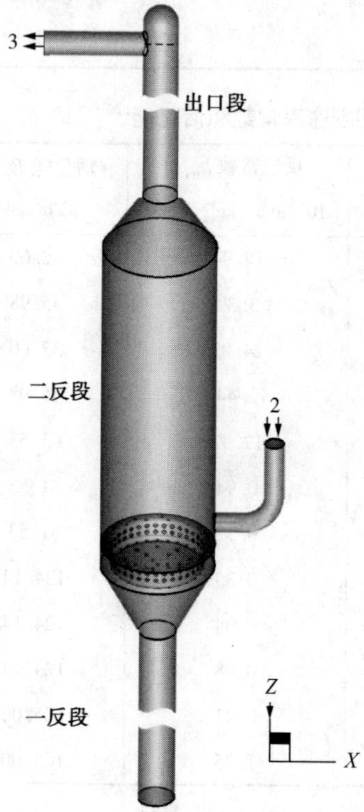

图 3-52 工业变径流化床三维构体示意图
1—主入口；2—二反段催化剂补料入口；3—压力出口

3.4.2.4 模拟设置

工业变径流化床的构体如图 3-52 所示，不考虑预提升段，并假设原料油在入口 1 与热催化剂颗粒接触时已瞬间汽化。油气在入口 1 的组成是由标定数据得到。入口 2 是二反段待生催化剂的补料入口。出口设为压力边界出口，壁面设为无滑移边界。

采用 Gambit® 2.4 进行构体及网格划分，总网格数约为 28 万。采用双流体模型，气相包含十二个组分（P_h，N_h，A_h，F_h，P_m，N_m，A_m，F_m，G，Gas_1，Gas_2 以及水蒸气），固相由催化剂颗粒和焦炭组成。气相中的每个组分的黏度、导热系数、扩散系数、比定压热容等物性都与温度相关，因此需要编写相应的 UDF（物性计算表达式见表 3-26）。对于固相中的焦炭，假设其物性与催化剂颗粒的物性一致，焦炭在催化剂颗粒表面附着的百分比 Y_{cat} 近似为焦炭在固相中的质量分数。反应引起的质量变化通过源项的形式加入到

每个组分方程中。需要注意的是，由于反应生成的焦炭处理成固相中的一部分，则需要考虑气固相之间的质量交换。由于催化裂化反应发生在催化剂颗粒表面的活性位，模拟假设反应生成的焦炭瞬间附着上了颗粒，因此在计算过程中，可在气固相的质量方程中通过源项的形式考虑产生焦炭引起的质量变化。另外，催化裂化反应是吸热反应，产生焦炭所需的热量从气相的能量方程中移除。具体的模拟设置列于表3-27。在计算进行中，跟踪二反段中的固相浓度，待其稳定后，则开始进行统计，统计时间约为20~30s。

表3-26　气体组分的物性数据

(1) 摩尔质量，g/mol

$M_{P_h}=461.16$，$M_{N_h}=459.16$，$M_{A_h}=461.16$，$M_{F_h}=455.16$

$M_{P_m}=209.75$，$M_{N_m}=207.75$，$M_{A_m}=209.75$，$M_{N_m}=203.75$

$M_g=102$，$M_{Gas_1}=50.93$，$M_{Gas_2}=19.11$，$M_{Steam}=18$

(2) 比定压热容，J/(kg·K)

$$C_{p,P_h}=C_{p,N_h}=C_{p,A_h}=C_{p,F_h}=973.44+\frac{2.40313\times10^9}{T_g^2[\exp(927.2/T_g)+\exp(-927.2/T_g)-2]}+\frac{4.29822\times10^9}{T_g^2[\exp(1489.14/T_g)+\exp(-1489.14/T_g)+2]}$$

$$C_{p,P_m}=C_{p,N_m}=C_{p,A_m}=C_{p,F_m}=1230.19+\frac{4.80505\times10^{10}}{T_g^2[\exp(3382.4/T_g)+\exp(-3382.4/T_g)-2]}+\frac{6.4989\times10^9}{T_g^2[\exp(1488.82/T_g)+\exp(-1488.82/T_g)+2]}$$

$$C_{p,g}=1328.82+\frac{4.64853\times10^{10}}{T_g^2[\exp(3271.2/T_g)+\exp(-3271.2/T_g)-2]}+\frac{6.67225\times10^9}{T_g^2[\exp(1492.8/T_g)+\exp(-1492.8/T_g)+2]}$$

$$C_{p,Gas_1}=1103.9+\frac{3.75475\times10^{10}}{T_g^2[\exp(3081.2/T_g)+\exp(-3081.2/T_g)-2]}+\frac{8.98753\times10^8}{T_g^2[\exp(619.34/T_g)+\exp(-619.34/T_g)+2]}$$

$$C_{p,Gas_2}=1507.3+\frac{5.03287\times10^{10}}{T_g^2[\exp(3698.4/T_g)+\exp(-3698.4/T_g)-2]}+\frac{3.54505\times10^9}{T_g^2[\exp(1357.22/T_g)+\exp(-1357.22/T_g)+2]}$$

$C_{p,Steam}=1910+0.035T_g$

(3) 黏度，Pa·s

$\mu_{P_h}=\mu_{N_h}=\mu_{A_h}=\mu_{F_h}=3.3782\times10^{-8}T_g^{0.94}$

$\mu_{P_m}=\mu_{N_m}=\mu_{A_m}=\mu_{F_m}=1.35872\times10^{-8}T_g^{0.94}$

$\mu_g=2.24115\times10^{-8}T_g^{0.94}$

$\mu_{Gas_1}=5.5365\times10^{-6}(0.0116T_g-1.67)^{0.625}$

$\mu_{Gas_2}=4.0828\times10^{-6}(0.01966T_g-1.67)^{0.625}$

$\mu_{Steam}=-1.9\times10^{-6}+3.85\times10^{-8}T_g$

(4) 热导率，W/(m·K)

$\lambda_{P_h}=\lambda_{N_h}=\lambda_{A_h}=\lambda_{F_h}=0.076+1.028\times10^{-4}T_g$

续表

$\lambda_{P_m}=\lambda_{N_m}=\lambda_{A_m}=\lambda_{F_m}=-6.908\times10^{-3}+1.028\times10^{-4}T_g$

$\lambda_g=-0.0214+1.028\times10^{-4}T_g$

$\lambda_{Gas_1}=-0.0132+1.0284\times10^{-4}T_g$

$\lambda_{Gas_2}=-6.3683\times10^{-3}+1.0284\times10^{-4}T_g$

$\lambda_{Steam}=-8.8682\times10^{-3}+1.0371\times10^{-4}T_g+1.7518\times10^{-9}T_g^2+0.2001/T_g$

(5) 扩散系数，m^2/s

$D_{P_h}=D_{N_h}=D_{A_h}=D_{F_h}=7.3457\times10^{-5}T_g^{1.75}/P$

$D_{P_m}=D_{N_m}=D_{A_m}=D_{F_m}=9.8099\times10^{-5}T_g^{1.75}/P$

$D_g=12.742\times10^{-5}T_g^{1.75}/P$

$D_{Gas_1}=20.055\times10^{-5}T_g^{1.75}/P$

$D_{Gas_2}=24.066\times10^{-5}T_g^{1.75}/P$

表 3-27　模拟设置参数

物性及模拟参数	参数值	物性及模拟参数	参数值
颗粒直径/μm	65	P_m	0.0204
颗粒密度/(kg/m^3)	1500	N_m	0.0227
主入口		A_m	0.0189
固相体积分数	0.0893	F_m	0.0092
催化剂质量流率/(t/h)	803	G	0
油气质量流率/(t/h)	146.27	Gas_1	0
油气温度/K	772	Gas_2	0.0256
催化剂温度/K	782	Steam	0.0423
组分(质量分数)		侧面入口	
P_h	0.1025	固相体积分数	0.045
N_h	0.2461	催化剂质量流率/(t/h)	20
A_h	0.3819	温度/K	763
F_h	0.1304	焦炭含量/%	0.012

3.4.2.5　结果讨论

(1) 固相浓度

图 3-53 跟踪了二反段的固相体积分数随时间的变化。可看到，当采用均匀模型后，固相体积分数的稳定值约为 0.0182。而采用基于 EMMS 的多尺度模型后，固相体积分数稳定值约为 0.0403，是前者的两倍多。标定实验中，二反段中

的催化剂密度约为 62.19kg/m³，折算成催化剂体积分数约为 0.041。对比标定数据和模拟值可发现，采用 EMMS-matrix 模型后，模拟预测的二反段中催化剂的浓度较为合理。需要注意的是，采用均匀模型，固相体积分数在 20s 左右基本达到稳定；而采用 EMMS-matrix 模型后，需要花 80s 左右才可达到稳定状态，达到稳定前的过渡时间是前者的 4 倍左右。这是因为考虑非均匀结构的影响后，模拟得到的二反段中的颗粒更易形成团聚物，反混大，因而颗粒在二反段中的停留时间也更长。

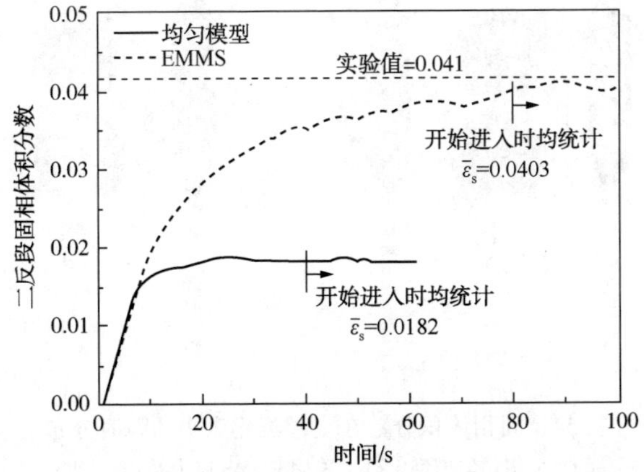

图 3-53　二反段中固相体积分数随时间的变化[26]

图 3-54 展示了固相浓度在三维流化床以及各截面中的瞬态分布情况。从一反段来看，由于表观气速较高，一反段呈稀相输送状态，催化剂颗粒的轴径向分布都很均匀，此时采用均匀模型和采用 EMMS 曳力模型的预测结果非常接近。进入二反段后，比较于 EMMS 曳力模型，采用均匀模型预测的二反段中的固相浓度较低，且固相浓度的轴向分布相对均匀。而采用 EMMS 曳力模型后发现，颗粒在二反段底部堆积较多，尤其是在盆形分布板的内部。从轴向上来看，呈现明显的上稀下浓分布，符合快速流化床的典型特征。进入出口段后，两种模型预测得到的固相浓度在横截面上呈现中间浓两边稀的情况，这可能与流化床缩径有关。

(2) 温度及焦炭质量含率分布

随着反应的进行，流化床反应器中的温度分布也逐渐发生变化。图 3-55 展示了采用不同曳力模型得到的催化剂温度在整个反应器中的分布情况，其中黑色方块点表示稳定运行时的数据。从实验数据可看出，催化剂温度变化最为剧烈的地方出现在一反段，变化幅度为 10℃；其次在一反段出口到分布板之间；分布板以上，温度基本保持恒定。

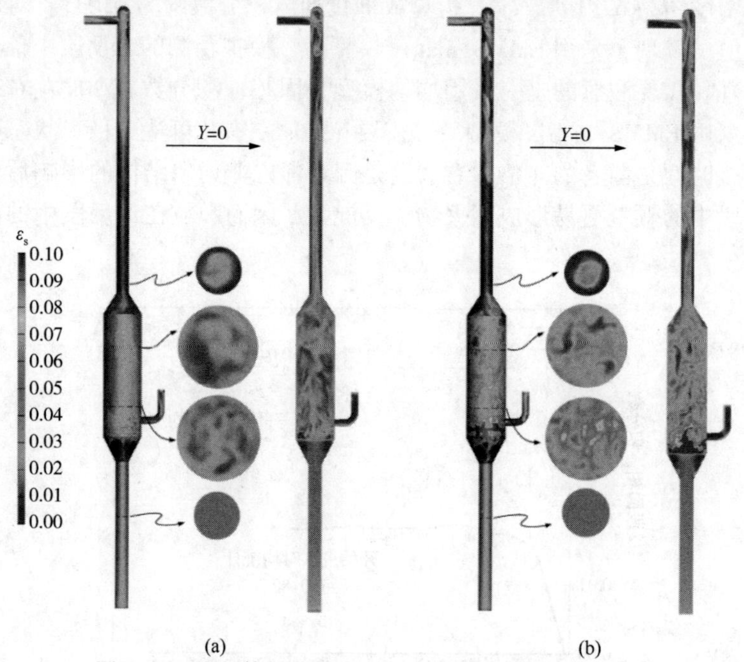

图 3-54 固相体积分数在变径流化床中的瞬时分布[26]

（a）采用均匀模型；（b）采用 EMMS 曳力及传热模型

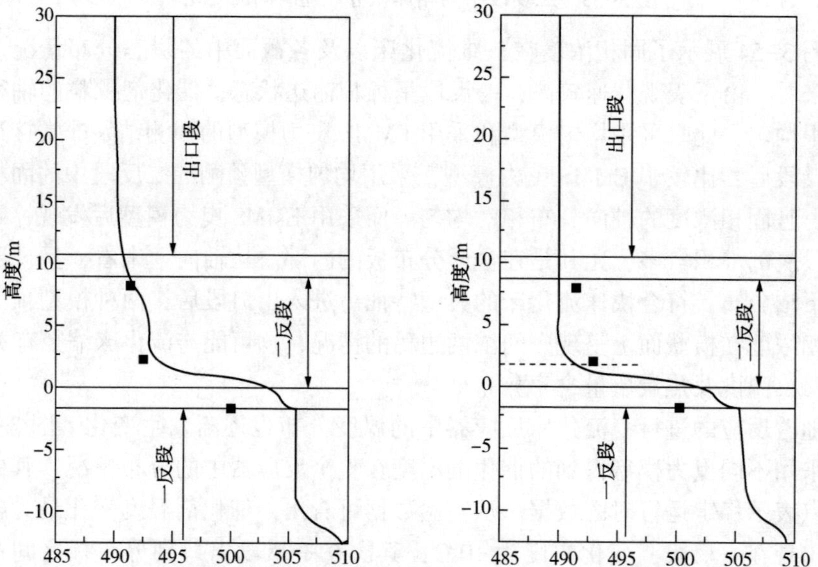

图 3-55 催化剂温度的轴向分布情况（■表示实验数据）

（a）采用均匀模型；（b）采用基于 EMMS 的多尺度模型

从模拟结果来看，采用两种模型预测得到的催化剂温度在一反段中的分布非常相似，从入口到一反段出口的温度变化幅度约为5℃，低于实验所测。这是因为在本模拟中已假设油气进入一反段后瞬间汽化，忽略了实际过程中原料油到油气的相变吸热。在一反段出口至分布板略偏上处(图中虚线所示位置)之间，模拟预测的温度变化大于实验所测。可以看到，当采用均匀模型时，温度从505℃降至494℃；采用EMMS曳力模型后，温度从505℃降至492℃。这是因为一反段出口处的催化剂温度比实际高，且高温催化剂进入二反段后由于扩径而速度降低，浓度增加，从而加速了该处的反应。对于从分布板略偏上处(图中虚线所示位置)到反应器出口这一段，采用均匀模型预测的温差约为4℃，这与实验有较大偏差；采用EMMS曳力模型预测的温度变化很小，与实际吻合较好。这是因为连续介质模型耦合EMMS曳力模型准确预测了二反段的催化剂浓度，进一步考虑了多尺度结构对热量传递的影响，使得二反段的温度预测更符合实际情况。

除温度外，焦炭质量含率也会影响反应速率。图3-56展示了模拟预测的焦炭质量含率的轴向分布，可看到，两种模型预测的焦炭含率在一反段基本一致，这是因为此处油气速度较高，处于稀相输送状态，非均匀结构的影响可忽略。进入二反段后，两种模型预测结果开始分离，均匀模型预测的焦炭含率在出口段约为1%；EMMS曳力模型预测得到的焦炭含率在分布板附近已达到1%，在出口处约为1.49%，更接近实验值。

(3) 油气轴向速度

图3-57展示了油气轴向速度沿提升管高度变化的情况，可看到，两种模型预测的油气速度基本相同。在一反段，油气由于吸收催化剂的热量，体积逐渐膨胀，到一反段出口处约为14m/s。到了二反段，由于扩径作用，油气轴向速度降低，如果不考虑密度变化，则二反段的油气轴向速度约为1.5m/s。而模拟预测的二反段油气轴向速度大于1.6m/s，说明二反段中的反应较为剧烈，油气中的重油馏分进一步分解为轻馏分，导致油气密度进一步降低。

(4) 产物分布

待计算稳定后，取出口处各组分的质量分数然后折算成如表3-28所示的各馏分质量分数。可看到，两个模型预测的各馏分质量分数较为接近，预测的油浆和柴油的质量分数与实验吻合相对较好，但预测的液化气和干气的质量分数与实验值偏差较大。由此可见，在预测馏分组成方面，集总反应动力学模型的各参数(如活化能、化学反应速率常数)起着关键的作用。

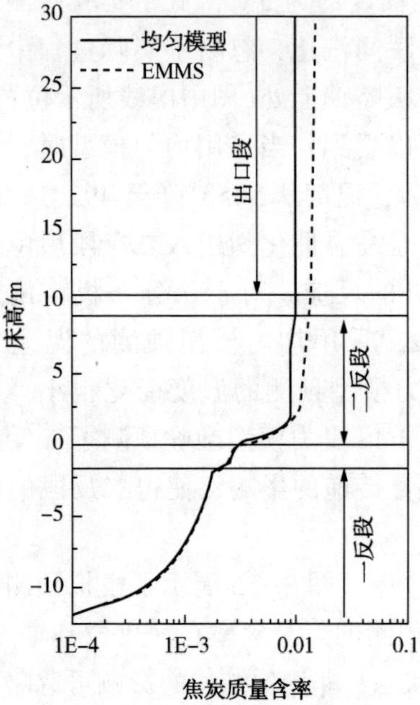

图 3-56 模拟预测的焦炭质量含率的轴向分布[26]

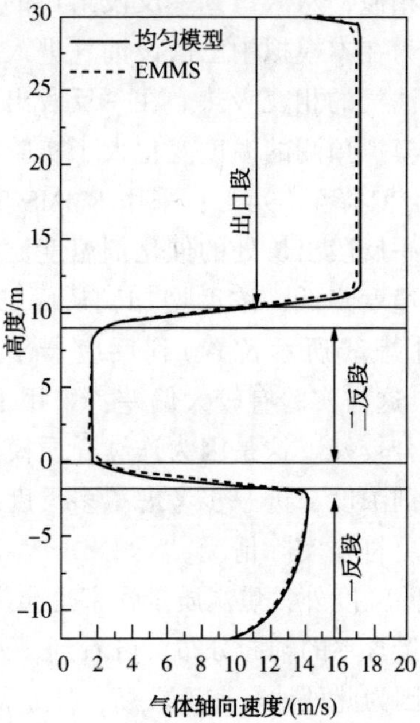

图 3-57 模拟得到的油气轴向速度的轴向分布图[26]

表 3-29 列了模拟所得的油气各组分在一反段出口及反应器出口的质量分数。从表中可看到，重燃料油(P_h，N_h，A_h和 F_h)到达一反段出口时已消耗大部分。由于一反段操作在稀相输送状态，流动结构分布均匀，此时基于均匀分布假设的集总反应动力学模型参数在此区域是合理的，这也是模拟预测的油浆质量分数相对较为合理的主要原因。在二反段，轻燃料油(P_m，N_m，A_m和 F_m)的质量变化较为明显，相比均匀模型，采用 EMMS 多尺度模型预测的轻燃料油在二反段的质量变化更大，这是因为 EMMS 多尺度模型预测的二反段颗粒浓度较高的缘故。观察表 3-28 和表 3-29 可发现，两种模型虽然预测的各馏分质量分数较为接近，但单个集总组分的预测(如 P_m、N_m等)存在较大差异。这说明，在流动及传热模型中考虑非均匀结构影响后，对产品的组分分布造成一定影响，这是因为各组分的反应速率都与温度及焦炭含率相关。目前基于平推流的集总反应动力学模型还需做进一步改进，既要把握各馏分的质量分布，还要细化到各馏分中每个集总的质量分布。在尽量保证反应动力学模型有足够大的剂油比适用范围前提下，通过考虑非均匀结构对反应速率的影响，使其通过与可靠的流动模型相结合，能更准确地预测产率分布。

表 3-28　模拟预测的各馏分质量分数与实验的对比

馏　分	实验/%	均匀模型		EMMS	
		质量分数/%	相对误差	质量分数/%	相对误差
重质油(slurry)	2.54	2.83	0.11	2.0	-0.21
轻质油(diesel)	24.87	22.16	-0.11	21.21	-0.18
汽油	40.55	53.24	0.31	52.35	0.29
液化气	22.22	11.94	-0.46	11.78	-0.47
干气	2.51	3.64	0.45	3.99	0.59
焦炭	6.86	6.18	-0.10	8.71	0.27
损失	0.44				
总计	100	100		100	

表 3-29　模拟预测的在一反段出口及反应器出口的油气各组分质量分数

组　分	入口	均匀模型		EMMS	
		一反段出口	反应器出口	一反段出口	反应器出口
P_h	0.1025	0.0229	5.7×10^{-4}	0.0219	2.4×10^{-4}
N_h	0.2461	0.0378	4.3×10^{-4}	0.0357	1.6×10^{-4}
A_h	0.3819	0.0174	2.4×10^{-5}	0.0160	7.3×10^{-6}
F_h	0.1304	0.0868	0.0277	0.0857	0.0201
P_m	0.0204	0.0266	0.0071	0.0264	0.0046
N_m	0.0227	0.0386	0.0079	0.0382	0.0049
A_m	0.0189	0.0486	0.0166	0.0482	0.0123
F_m	0.0092	0.1402	0.1931	0.1415	0.2005
G	0	0.4073	0.5399	0.4117	0.5488
Gas_1	0	0.0949	0.1211	0.0957	0.1235
Gas_2	0.0256	0.0274	0.0369	0.0275	0.0419
Steam	0.0423	0.0514	0.0486	0.0515	0.0429

3.4.2.6　小结

从以上讨论可知，在流动及传热模型中考虑多尺度结构影响后，模拟所得的变径流化床反应器中催化剂浓度及温度的分布与实验较为吻合。多尺度流动及传热模型对馏分质量分数的预测影响较小，但对各集总的预测存在一定的差异。本模拟采用的集总反应动力学参数是基于均匀分布的质量守恒方程推导而来，基于此套参数预测的油浆和柴油质量分数与实验吻合较好，但液化气和干气的质量分数与实验偏差较大。由于变径流化床反应器的二反段中气速较低，非均匀结构较为显著，改质主要发生在二反段，因此需要在集总反应动力学模型中考虑足够大的剂油比范围且考虑非均匀结构对反应速率的影响，从而更准确地预测各产物收率。

参 考 文 献

[1] Li J，Kwauk M. Paticle-Fluid Two-Phase Flow：the Energy-Minimization Multi-Scale Method [M]. Beijing：Metallurgical Industry Press，1994.

[2] Yang N，Wang W，Ge W，et al. CFD simulation of concurrent-up gas-solid flow in circulating fluidized beds with structure-dependent drag coefficient [J]. Chemical Engineering Journal，2003. 96：71-80.

[3] Wang W，Li J H. Simulation of gas-solid two-phase flow by a multi-scale CFD approach-extension of the EMMS model to the sub-grid level[J]. Chemical Engineering Science，2007，62(1-2)：208-231.

[4] 许友好，汪燮卿．催化裂化过程反应化学的进展[J]. 中国工程科学，2007. 9(8)：6-14.

[5] ANSYS I. ANSYS Fluent Theory Guide (release 15.0). http：//www. ansys. com，2013.

[6] Gidaspow D. Multiphase Flow and Fluidization：Continuum and Kinetic Theory Descriptions[J]. Boston：Academic Press，1994.

[7] Wen C Y，Yu Y H. Mechanics of fluidization[J]. Chemical Engineering Symposium Series，1966，62(62)：100-111.

[8] Ergun S. Fluid flow through packed columns[J]. Chemical Engineering and Processing，1952，48：89-94.

[9] Gidaspow D. Hydrodynamics of fluidization and heat transfer：supercomputer modeling[J]. Applied Mechanics Reviews，1986，39：1-23.

[10] Lu B N，Wang W，Li J H. Searching for a mesh-independent sub-grid model for CFD simulation of gas-solid riser flows[J]. Chemical Engineering Science，2009，64(15)：3437-3447.

[11] Lu B N，Wang W，Li J H. Eulerian simulation of gas-solid flows with particles of Geldart groups A，B and D using EMMS-based meso-scale model[J]. Chemical Engineering Science，2011，66(20)：4624-4635.

[12] Ge W，Li J. Physical mapping of fluidization regimes-the EMMS approach[J]. Chemical Engineering Science，2002，57(18)：3993-4004.

[13] Jiradilok V，Gidaspow D，Damronglerd S，et al. Kinetic theory based CFD simulation of turbulent fluidization of FCC particles in a riser[J]. Chemical Engineering Science，2006，61(17)：5544-5559.

[14] Lu B N，Wang W，Li J H，et al. Multi-scale CFD simulation of gas-solid flow in MIP reactors with a structure-dependent drag model[J]. Chemical Engineering Science，2007，62(18-20)：5487-5494.

[15] Matsen J M. Mechanisms of choking and entrainment[J]. Powder Technology, 1982, 32: 21-33.

[16] Li J, Kuipers J A M. On the origin of heterogeneous structure in dense gas-solid flows[J]. Chemical Engineering Science, 2005, 60(5): 1251-1265.

[17] 鲁波娜. 基于EMMS的介尺度模型及其在气固两相流模拟中的应用[D]. 中国科学院研究生院, 2009.

[18] Wang W, Lu B, Dong W, et al. Multiscale CFD simulation of operating diagram for gas-solid risers[J]. Canadian Journal of Chemical Engineering, 2008, 86: 448-457.

[19] Wang W, Lu B, Li J. Choking and flow regime transitions: Simulation by a multi-scale CFD approach[J]. Chemical Engineering Science, 2007, 62: 814-819.

[20] Bi H T, Grace J R, Zhu J, Types of choking in vertical pneumatic systems[J]. International Journal of Multiphase Flow, 1993, 19(6): 1077-1092.

[21] Yang W C. "Choking" revisited[J]. Industrial and Engineering Chemistry Research, 2004, 43: 5496-5506.

[22] 鲁波娜, 王维, 王军武, 等. 变径流化床反应器模拟计算: 项目报告[R]. 中国科学院过程工程研究所, 2006.

[23] 中国石化集团高级技师燕山培训基地. 催化裂化事故分析与预防[M], 北京: 中国石化出版社, 2007.

[24] 鲁波娜, 张楠, 王维, 等. FCC工业装置大型化过程模拟: 项目报告[R]. 中国科学院过程工程研究所, 2007.

[25] Chang J, Meng F, Wang L, et al. CFD investigation of hydrodynamics, heat transfer and cracking reaction in a heavy oil riser with bottom airlift loop mixer[J]. Chemical Engineering Science, 2012, 78(0): 128-143.

[26] 鲁波娜, 程从礼, 鲁维民, 等. 基于多尺度模型的MIP提升管反应历程数值模拟[J]. 化工学报, 2013, 64(6): 1983-1992.

[27] Gunn D J. Transfer of heat or mass to particles in fixed and fluidised beds[J]. International Journal of Heat and Mass Transfer, 1978, 21(4): 467-476.

第4章　变径流化床反应器结构、工程技术及应用效果

4.1　反应器结构及关键内构件

4.1.1　反应器结构尺寸

基于流化床变径对三大平衡的影响，建立匹配的 CFD & EMMS 耦合模型，研究反应器关键结构参数与变径流化床气固流动特性关系，确定反应器结构参数，为工程设计提供依据。

随着第二反应区/第一反应区直径比(D/d)增大，第二反应区气体线速降低，第二反应区催化剂藏量随之增加，催化反应重时空速在一定的范围内可调，从而满足各种催化反应工艺对重时空速的要求。但当第二反应区气体线速降低到1.5m/s 以下时，第二反应区出现"噎塞"现象的平台已经相当宽，如图 4-1 所示。如果此时再降低气体线速，第二反应区催化剂藏量可能急剧增加，导致反应器内催化剂难以正常流动输送。从图 4-1 还可以看出，随着第二反应区气体线速增加，出现"噎塞"现象的平台将变窄，但第二反应区催化剂藏量将减少，对第二反应区重时空速调控难度将增加，难以满足各种催化反应工艺对重时空速的要求。当第二反应区气体线速超过 2.8m/s 以上时，几乎不出现"噎塞"现象的平台，但此时第二反应器催化剂藏量较少，所对应的重时空速不能满足各种工艺对重时空速的要求。

综上所述，第二反应区气体线速控制应该在 1.5~2.8m/s 之间，相应地第二反应区与第一反应区直径比应该在 2.0~3.0，再借助其他工程技术，可实现对第二反应区重时空速在一定的范围内灵活调节，满足各种催化反应工艺对重时空速的要求，同时还保证高速流化床出口射流平稳地过渡到快速流化床反应区域。

第二反应区高度与出现"噎塞"现象的平台见图 4-2。从图 4-2 可以看出，随着第二反应区高度增加，所对应的"噎塞"临界点上升，出现"噎塞"现象的平台变宽。当高度增加到 10m 以上时，即使第二反应区气体线速在 2.8m/s 以上，"噎塞"临界点处于相当高的位置，方能出现"噎塞"现象的平台；当高度增加到

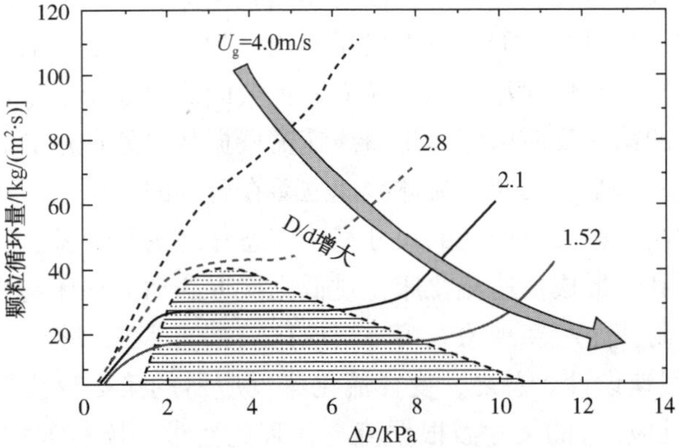

图 4-1　第二反应区/第一反应区直径比与出现“噎塞”现象平台之间关系

20m 以上时，更容易使第二反应区产生“噎塞”，可能导致第二反应区催化剂藏量急剧增加，反应器内催化剂难以正常流动输送。但当第二反应区高度低于 5m 时，此时“噎塞”临界点处于相当低的位置，第二反应区气体线速在 2.0m/s 以下，才会出现较宽的“噎塞”现象的平台。如果第二反应区高度低于 5m 时，那么其容量难以存储更多，催化剂藏量将减少，造成第二反应区重时空速处于较高的水平，难以满足某些催化反应工艺对重时空速的要求。

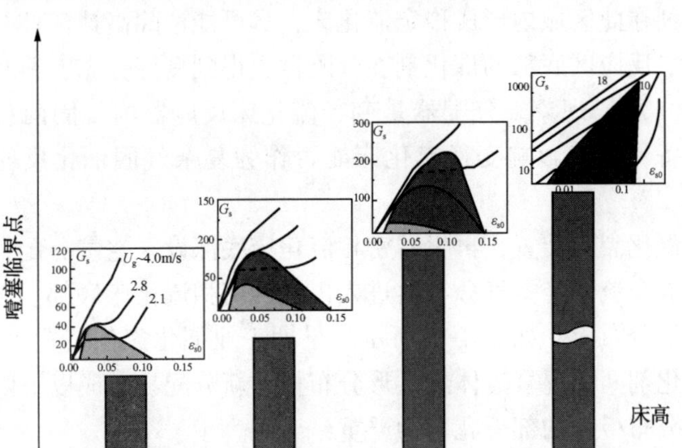

图 4-2　第二反应区高度对其出现“噎塞”现象的影响

综上所述，在第二反应区与第一反应区直径比控制在 2.0~3.0 之间时，第二反应区高度合理的范围应该在 5~10m 之间。再加上其他工程措施，可实现对第二反应区重时空速在一定的范围内灵活调节，满足各种催化反应工艺对重时空速的要求，同时还保证高速流化床反应区域平稳地过渡到快速流化床反应区域。

过渡段尺寸设计至关重要。过渡段的作用就是保证高速的气固流体线速均匀地降低，同时在过渡段合适的位置上设置专用分配器，改变气固流动方向，将高速流化床平稳地转换到快速流化床，从而保证气固流动处于平稳运行状态。

变径流化床的第一反应区流体出口线速需根据装置处理量和转化率确定，同时考虑第二反应区与第一反应区流体线速之差在合理的范围内，第一反应区流体出口线速不宜太高。第二反应区的尺寸基于流态化理论和经验进行设计，第二反应区线速过高不利于形成快速流化床，过低则接近湍动流化床与快速流化床的过渡点，不稳定，易产生噎塞现象。第二反应区后部直管一般按接近粗旋(或单级旋分器)的入口线速设计。总之，变径流化床反应器的第一反应区、第二反应区和出口区(第三反应区)的尺寸需根据流态化理论要求、原料油性质、设计目标、装置因素、试验数据以及已有的工程经验等来确定的。

4.1.2 稳态流化分配器

4.1.2.1 分配器开发技术思路与历程

在第一反应区和第二反应区过渡段之间设置流体稳态流化分配器，作用是使第一反应区出来的高速油气及催化剂在第二反应区底部区域充分均匀地稳态流化，部分催化剂在此区域内形成稳定流化床，尽可能消除高速流体射流现象，同时使补充到第二反应区底部的催化剂在分配器上得到良好分布，避免出现气固流动产生危险的“噎塞”现象。分配器是变径流化床反应器内气固两相流能否稳态流动的关键设备，直接影响变径流化床能否作为复杂气固催化反应通用反应器使用。

早期Ⅲ型催化裂化装置，再生器密相流化床底部设置空气分配器，空气和待生催化剂两相混合流体经空气分布器进入再生器密相流化床底部。较为典型的空气分布器是拱形分布板，如图 4-3 所示。早期工业催化裂化装置运行结果表明：高速空气和催化剂两相混合流体经拱形分布板重新分配易造成以下两个问题[1]：

(1) 拱形分布板上的部分孔磨蚀严重；

(2) 因部分孔磨蚀严重，导致孔的大小不一致，造成流体分配不均匀布。

随着催化裂化技术发展，待生催化剂采用密相输送直接进入分布器上方，分配器只有空气通过，拱形分布板上的孔磨蚀明显减轻。由此可以看出，气体和催化剂两相混合流体不适合用分配器来均匀分配其流动。但对于变径流化床反应器，第一反应区出来的高速油气及催化剂就是两相混合流动，且流体线速为 15~20m/s。

即使分配器上的小孔只有空气通过，但为了使密相流化床内气体流动分布均匀，分配器必须产生一定压降，因而喷口处气流速度较高，催化剂颗粒被射流加速，对“分布器影响区”内颗粒产生很大的冲击力造成磨损，射流对催化剂磨损机理如图4-4所示。非流化区颗粒围绕在气体喷射流的周围，部分被带入气流中加速，并与喷射气流顶部碰撞，进入流化区向上流动，同时下降的颗粒进入非流化区。在碰撞中，颗粒有棱角的部分被磨损。由于颗粒形状逐渐变圆，随时间的延长，其磨损速率逐渐降低达到恒定，即从非稳态转变到稳态，如图4-5所示。

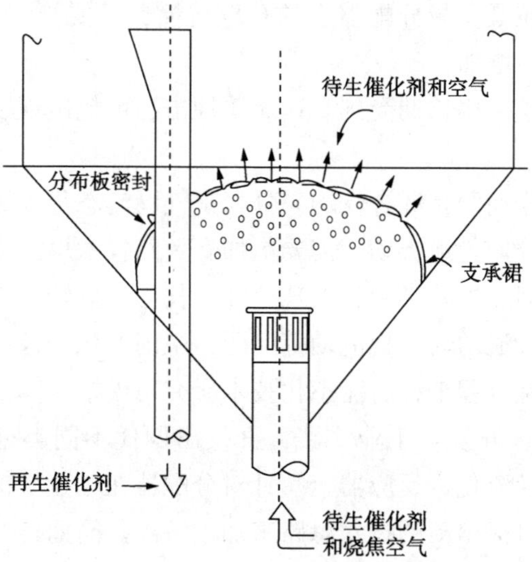

图4-3　拱形分布板

图4-4 流化床内射流对颗粒磨损机理

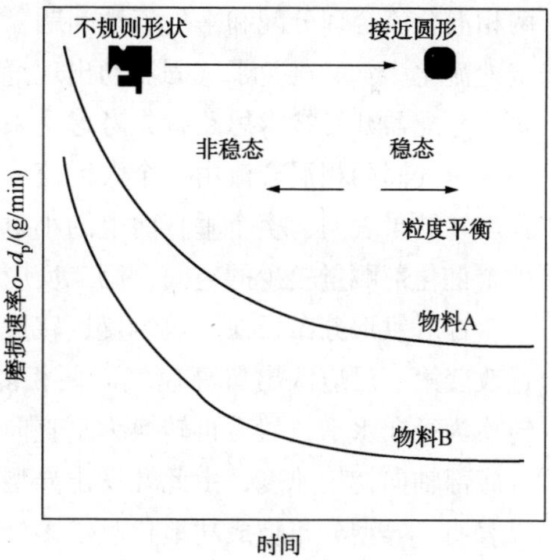

图4-5　流化床内射流对颗粒磨损速率曲线

基于上述的工业流化床在实际运转过程中存在的问题，在第一反应区和第二反应区过渡段设置分布板分配器可能存在下列问题：

(1) 分配器如果采用开孔分配，肯定存在部分孔磨蚀严重现象；

(2) 因部分孔磨蚀严重，孔的大小不一致，造成流体分配不均匀；

(3) 由于流体分配不均匀，大孔经过流体量多，而小孔经过流体量少，长期运转后可能造成部分小孔因油气缩合结焦而堵塞；

(4) 催化剂颗粒既要与分配器上的孔壁碰撞，又要受到高速气体携带磨损，从而催化剂损耗将会增加；

(5) 分配器自身结构长期受到高速流体冲击，可能出现变形，甚至损坏，难以长周期运转。

高速油气及催化剂两相混合流均匀分配是气固流态化领域中多年未解决的难题，如何实现其充分均匀地流动，需要更加有效的技术思路来解决。为了减少高速流体流动对催化剂磨损的影响，实现分配器长周期运转，同时解决大型变径流化床内气固两相混合流均匀平稳流动等问题，中国石化变径流化床反应器项目开发团队与中国科学院过程工程所流态化技术研究与模拟计算团队长期合作，持续10多年不断的研究、开发与工业实践，开发出四代不同类型的分配器，应用到不同装置规模的变径流化床反应器上。针对分配器在工业规模反应器上长期运转所暴露出的问题，再提出新的技术思路来加以解决。简而言之即为实践暴露出问题-新的技术思路-再实践暴露出问题-更新的技术思路，多次反复开发与工业实践，成功地开发出新型分配器，解决了高速流化床向快速流化床切换过程中气固两相混合流合理分配和平稳流动问题，同时实现了在第二反应区底部能够形成稳定的流化床，又避免了气固流动出现危险的“噎塞”现象。

分配器开发技术思路首先考虑是采用已有的拱形分布板，将第一反应区出口的高速气固两相混合流由一个大射流分解成多个小射流，如图4-6所示。工业装置运转结果表明，多个垂直向上的小射流使第二反应区底部与分布板之间形成了一个催化剂藏量较少的空间，第二反应区底部难以形成催化剂床层。

针对拱形分布板在工业装置运转过程中所暴露的问题，解决的技术思路是通过改变第一反应区出口高速气固两相混合流初始流动方向，由垂直向上(轴向)转换为径向水平，然后再转换为垂直向上流动，从而降低两相混合流在第二反应区底部轴向初始速度，由此开发出异型分布板，如图4-7所示。工业装置运转结果表明：异型分布板成功地化解了多个垂直向上的小射流所导致的问题，但此分布板使气固两相混合流分配均匀度变差，长期运转后，部分孔结焦堵塞，同时此分布板结构难以长期承受高速流体的冲击。

针对异型分布板在工业装置运转过程中所暴露的问题，选择了一个折中方案，既可以部分改变小射流的垂直向上流动方向，又使气固两相混合流分配均匀度有所改善，同时能够长期承受高速流体冲击，由此开发出凹式分布板，如图4-8所示。

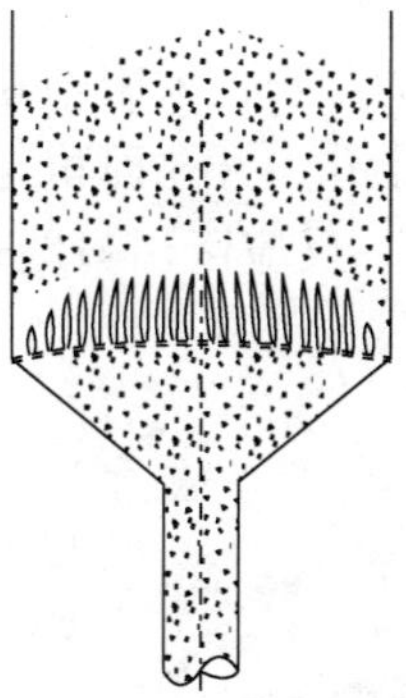

图4-6　拱形(凸式)分布板

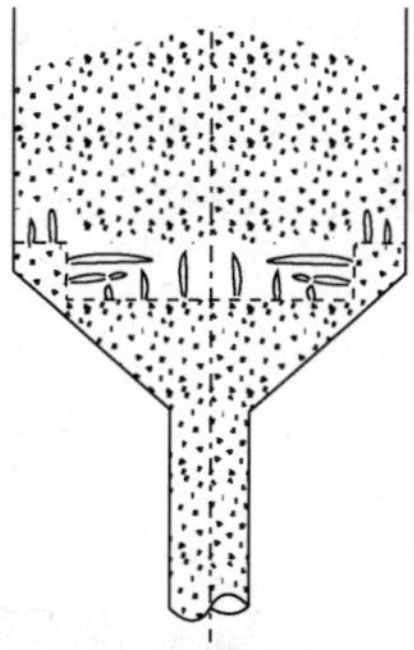

图4-7　异型分布板

无论是异型分布板，还是凹式分布板，为了化解垂直向上的小射流对第二反应区催化剂藏量不利影响，让小射流在水平方向上对冲，虽然消耗其流动的动能，但催化剂之间碰撞加剧，从而可能导致催化剂损耗增大。通过分布板上的小孔压降来分配气固两相混合流，不可避免地加剧催化剂碰撞，可能使催化剂损耗增大。为此，另辟蹊径，不采用分布板技术，在第一反应区与第二反应区过渡段中设置圆柱桶，圆柱桶底部与第一反应区出口相连接，顶部加上蘑菇头顶盖，从圆柱桶侧面开大孔，使气固两相混合流由垂直向上流动转为水平流动，由此开发出蘑菇头式分配器，如图4-9所示。

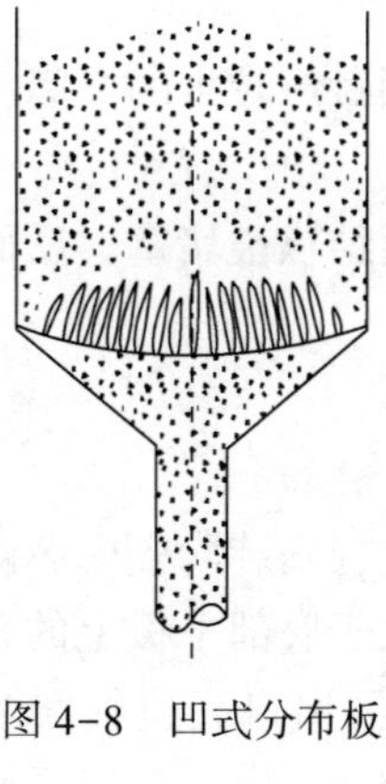

图4-8　凹式分布板

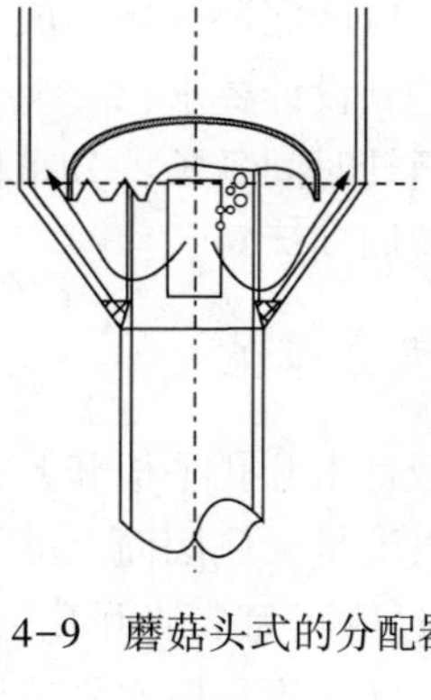

图4-9　蘑菇头式的分配器

4.1.2.2　拱形(凸式)分布板

变径流化床反应器于2002年2月首次在工业规模装置上应用时，其第一反应区与第二反应区之间设置的分配器是拱形(凸式)分布板，气固两相混合流经分布板上的等直径小孔形成垂直向上的射流进入第二反应区底部。考虑到高速油气和催化剂两相混合流体对分布板上的孔磨蚀的影响，采用陶瓷内芯耐磨管。为了流体均匀分配，在板上均匀地分布等直径的小孔，开孔面积与第一反应区出口面积相当，也就是说，每个小孔流体线速与第一反应区出口线速相当，如图4-10所示。

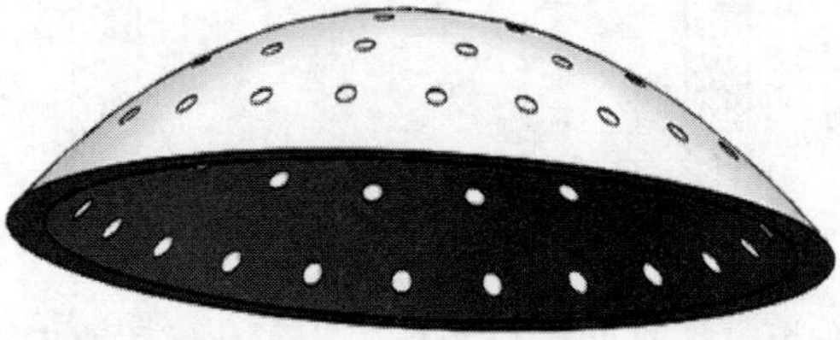

图4-10　拱形分布板上的小孔分布示意图

工业装置实际运转结果表明：气固两相混合流以15~20m/s的速度通过分布板上的小孔喷出，在第二反应区底部区域形成局部的油气和催化剂射流，其携带催化剂的能力并未减弱，相反还有增强的趋势。该局部高速油气和催化剂射流束经过3~4m的距离，才能衰减到气固两相混合流在第二反应区内的表观流体线速范围。受此射流影响，第二反应区底部区域(分布板以上3~4m)范围内很难形成合适的催化剂密度。因此，拱形(凸式)分布板在工业装置上应用后，暴露出下列两个问题：

(1) 第二反应区底部区域形成了一个催化剂藏量较少的空间，第二反应区催化剂藏量难以达到设计要求；

(2) 随着运转时间延长，分布板有些小孔因结焦被堵塞，反而造成分布不均匀，影响装置长周期运转。

4.1.2.3　异型分布板

异型分布板是由开孔平板和开孔侧圆筒组成，安装陶瓷内芯耐磨管。为了减少垂直向上的射流量，侧圆筒上的开孔面积远大于底部平板上的开孔面积，如图4-11所示。通过侧圆筒上的开孔，将第一反应区出口高速气固两相混合流流动方向由垂直向上转换为径向水平流动，将混合流体在第二反应区底部轴向初始速度降低到零，同时从侧圆筒上的小孔喷出的射流，相互对冲也消耗部分动能。在这两方面的作用下，气固两相混合流线速能够快速地降低到两相混合流在第二反应区内的表观流体线速范围内，从而有利于分布板上催化剂富集，达到合适的催化剂密度。

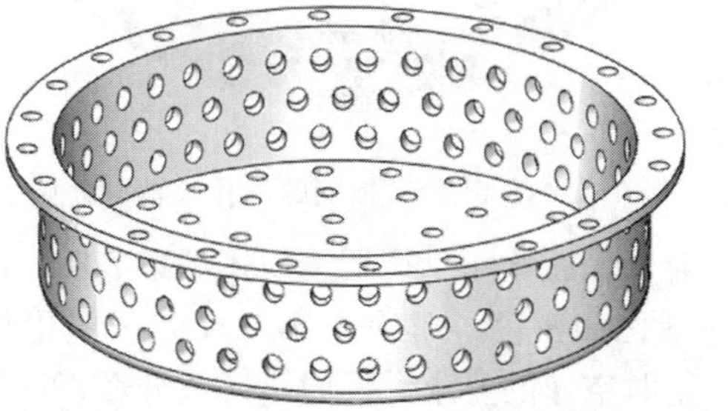

图 4-11　异型分布板底部平板上小孔和侧圆筒上小孔分布示意图

异型分布板于 2003 年 9 月首次在工业变径流化床反应器上应用。工业装置运行结果表明：异型分布板可以有效地增加第二反应区内催化剂密度，解决了第二反应区催化剂藏量调节与控制问题，满足催化反应对重时空速的要求。随后异型分布板在多套变径流化床反应器装置上使用。

但随着装置运转时间延长，异型分布板设置的侧圆筒上的开孔面积大，较多的流体从侧圆筒流入，底部平板上的开孔面积小，较少的流体从底部平板流入，流体流动分配不均匀问题凸显出来。流体长期不均匀流动会导致有些小孔因结焦被堵塞，反而造成流体分布更不均匀，影响装置长周期运转，同时从侧圆筒上喷出的射流对冲，加剧催化剂磨损。同时，部分装置停工检修发现，异型分布板容易变形，这表明异型分布板结构难以承受长期高速流体冲击。

4.1.2.4　凹式分布板

凹式分布板是在分布板的凹侧面圆形上开孔，安装陶瓷内芯耐磨管，其开孔垂直方向介于反应器轴向与径向之间，更偏向于径向，如图 4-12 所示。油气和催化剂两相混合流经分布板小孔喷出的射流进入第二反应区底部，射流方向与反应器径向存在着一定的角度，使两相混合流流动方向发生改变，从而降低两相混合流在第二反应区底部轴向初始速度，同时从侧圆形上的小孔喷出的射流，相互对冲也消耗部分动能。在这两方面的作用下，气固两相混合流线速能够尽快地降低到两相混合流在第二反应区内的表观流体线速范围内，从而有利于分布板上催化剂富集，达到合适的催化剂密度。

图 4-12　凹式分布板上的小孔分布示意图

凹式分布板在工业变径流化床反应器上应用结果表明：凹式分布板可以有效地增加第二反应区内催化剂密度，解决了第二反应区催化剂藏量调节与控制问题，满足催化反应对重时空速的要求。同时，凹式分布板能够使混合流均匀分配流动，自身结构也能够承受长期高速流体冲击。但从侧圆形上喷出的射流对冲，加剧催化剂磨损这一问题仍然没有得到合理的解决。

4.1.2.5　蘑菇头式分配器

蘑菇头式分配器是在第一反应区与第二反应区的锥形段中设置圆柱桶，圆柱桶底部与第一反应区出口相连接，顶部加上蘑菇头顶盖，从圆柱桶侧面四周开有槽口，大部分催化剂和油气从槽口进入到锥形段，少量的油气和催化剂通过设置在蘑菇头顶盖上的陶瓷内芯耐磨小管子，流入到第二反应区底部，如图 4-13 所示。

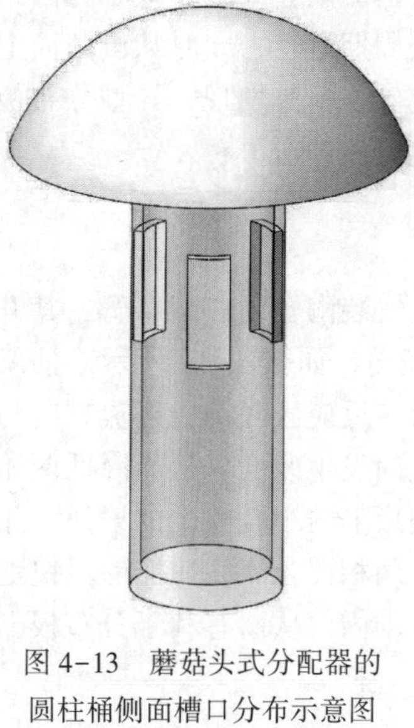

图 4-13　蘑菇头式分配器的圆柱桶侧面槽口分布示意图

从圆柱桶侧面上的槽口流出的混合流进入更大的空间锥形段，不仅流动方向发生了改变，而且其线速明显降低，并与第二反应区边壁处形成的相对密相的催化剂混合，同时携带这部分催化剂返回到第二反应区底部，增强中心区域的催化剂循环强度，从而提高了第二反应区底部催化剂密度，解决了第二反应区催化剂藏量调节与控制问题，满足了催化反应对重时空速的要求。

由于圆柱桶侧面上的槽口面积远大于分布板上的小孔面积，从而明显降低壁面对催化剂颗粒磨损，同时混合流进入锥形段空间后，线速明显降低，混合流自身再混合对催化剂颗粒冲击力也明显减少。由此可以看出，蘑菇头式分配器能够最大限度地降低催化剂颗粒的磨损，从而减少催化剂细颗粒的生成，降低催化剂的消耗。

气固两相混合流从圆柱桶侧面上的槽口流出，避免了高速流动对设备磨蚀和冲击，从而可以保证蘑菇头式分配器自身结构稳定不变形，满足装置长周期运转对关键设备性能的要求。蘑菇头式分配器因设置需要反应器内部存在着足够的空间，更适合大型变径流化床反应器。

蘑菇头式分配器成功地解决了高速气固两相混合流体合理分配和流动等关键问题，同时减少了催化剂磨损和保障了分配器长周期运转，已应用到最大直径为5.5m的变径流化床(4.80Mt/a国内最大的催化裂化装置)。蘑菇头式分配器成为高速流化床过渡到快速流化床较为理想关键设备，为变径流化床作为复杂气固催化反应通用反应器提供了可靠的技术支撑。

拱形(凸式)分布板、异型分布板、凹式分布板和蘑菇头式分配器在不同的时期应用到工业变径流化床反应器上。经过10多年开发与工业实践，对这四种分配器性能有了初步认识，其性能优劣简单比较列于表4-1。

表4-1 各种分配器性能优劣比较

分配器类型	拱形	异型	凹式	蘑菇头
流体分配优劣	好	一般	好	较好
第二反应区催化剂藏量形成难易	难	易	易	易
催化剂磨损高低	高	高	高	低
长周期/大型化难易	一般	难	一般	易

4.1.3 低压降预提升段

等直径提升管反应器底部设置预提升段，其结构如图4-14所示。预提升介质从提升管底部注入到预提升段，携带催化剂向上流动，可使催化剂得到预加速、预流化，改善了催化剂分布状态[1]。预提升段作用是使催化剂流动达到稳定状态，流动状态稳定后的催化剂与由喷嘴注入的新鲜原料液滴接触，可消除催化剂速度梯度，使提升管横截面上保持相对恒定的剂油比，且催化剂返混程度最小，从而有利于雾化原料油滴与催化剂均匀接触、快速混合、汽化和催化反应，最大限度地减少热裂化反应程度。要使催化剂流动达到稳定状态，这种类型的预提升段的高度应该在4m以上，有些装置可能超过6m，取决于预提升介质线速高低。由于预提升段内催化剂密度较大，一般在300~400kg/m^3，因而随着预提升段高度的增加，其压降也相应增大。

变径流化床反应器的总压降通常比等直径提升管反应器增加约10~20kPa。

一般需考虑增加推动力、降低预提升段长度、减小第二反应区分布板压降等技术措施。增加推动力，势必需要消耗更多的动力，而减少第二反应区分布板压降可能对两相混合流均匀分配产生不利的影响。最有效的技术手段是降低预提升段长度。为此，开发出低压降预提升段。低压降预提升段结构可将预提升段的高度控制在 2~3m，在此高度内即可使催化剂流动达到稳定状态，大大缩短竖向高度，从而降低预提升段压降，实现了变径流化床反应器的压降几乎与等直径提升管反应器压降相当。

低压降预提升段是将注入预提升介质的中央直管出口上移，超过催化剂循环到提升管底部管线的上沿，如图 4-15 所示。这种结构的预提升段可使催化剂在中央直管出口以下空间形成密相流化床，可避免催化剂进入提升管后形成 S 型不均匀分布，保证了催化剂密度在初始阶段就处于较高的水平，从而可使催化剂流动在高度 2~3m 内能够达到稳定状态。

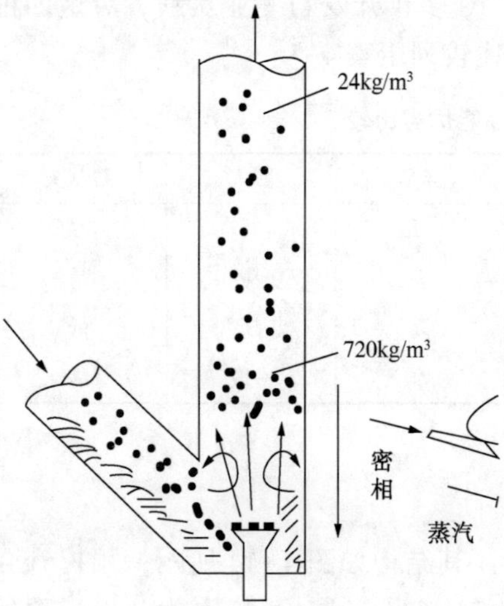

图 4-14　高压降预提升段

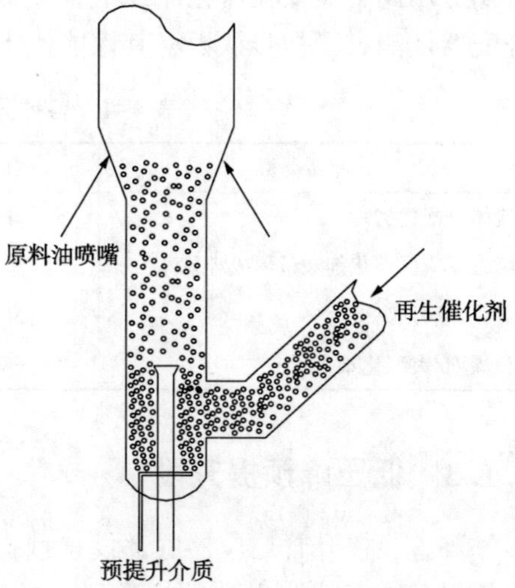

图 4-15　低压降预提升段

对于低压降预提升段，预提升介质垂直向上流动，在中央直管出口附近形成负压区域，催化剂自然地流动到此区域，此区域内催化剂被预提升介质携带向上流动，而中央直管出口以下空间是密相流化床，可以提供足够的催化剂流入到中央直管出口附近的负压区域，从而可使预提升介质持续携带足够量的催化剂向上流动。

对于高压降预提升段，预提升介质从催化剂循环到提升管底部管线中心注入。由于预提升介质线速在 1.5m/s 以上，循环到提升管底部的催化剂被较高线速的预提升介质携带，难以在此处形成密相流化床，只能形成 S 型不均匀分布，造成预提升介质初始携带的催化剂量不足且难以持续稳定。只有依靠增加预提升段高度，才能够使催化剂流动达到稳定状态。当然，预提升介质线速越高，相应地预提升段高度增加就越多。只有这样，才能够使催化剂流动达到稳定状态。

4.2　配套工程技术

4.2.1　催化剂双循环输送技术

为了同时能够调节变径流化床第二反应区内催化剂密度和温度，实现对第二反应区的催化剂藏量与温度控制，为复杂气固催化反应提供更加合理的工艺参数，最有效的工程技术手段是向第二反应区补充催化剂。补充的催化剂分为以下 3 种状态：

(1) 高温催化剂(再生催化剂)；

(2) 冷却后较低温度的催化剂(再生催化剂)；

(3) 较低温度的带炭催化剂(待生催化剂)。

由此形成了 3 种类型的催化剂双循环输送技术，分别为：

(1) 待生和再生催化剂抽出与输送技术，如图 4-16(a)所示；

(2) 两股再生催化剂抽出与输送技术，如图 4-16(b)所示；

(3) 高温和冷却再生催化剂抽出与输送技术，如图 4-16(c)所示。

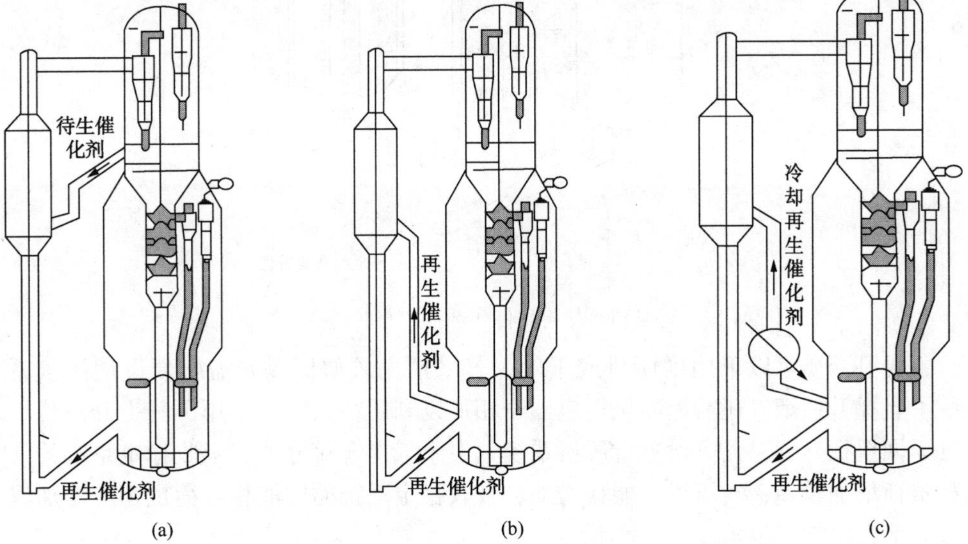

图 4-16　3 种类型的催化剂双循环输送技术原则流程

4.2.1.1 第二反应区温度低于第一反应区出口温度

针对各种型式的再生器和反应器布置，提出了多种与之相配套的反应部分工程技术，以调控第二反应区的温度和催化剂密度。根据具体情况可以选择向第二反应区补充低温再生催化剂或待生催化剂，但在工程设计上选择补充冷却的再生催化剂或待生催化剂是两条不同的技术路线，难以同时加以实施。两条工程技术路线选择取决于所开发的气固催化反应工艺技术对工艺参数的需求。

（1）高温和冷却再生催化剂抽出与输送技术

高温再生催化剂输送到反应器底部，而从外取热器内引出一股冷却的再生催化剂，经提升输送到脱气罐，在脱气罐内进行混合、脱气和缓冲，形成静压头，然后再输送到第二反应区底部。两股催化剂抽出与输送原则流程见图 4-17。

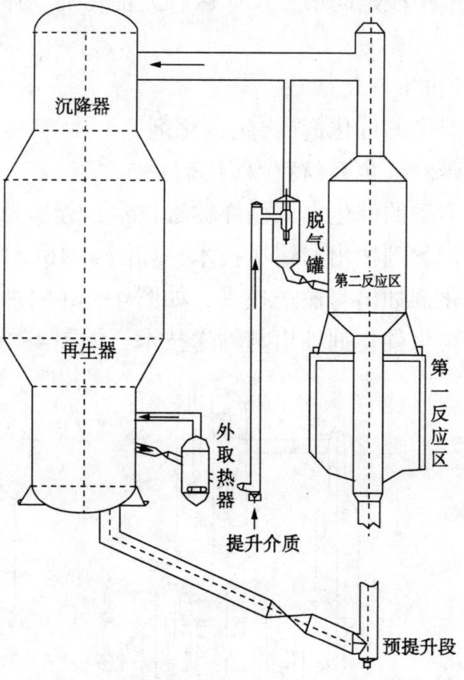

图 4-17 高温和冷却再生催化剂抽出与输送技术原则流程

提升介质可以采用增压风或干气。若采用主风增压提升需要新设增压机系统，且提升后烟气还需返回至再生器密相加以利用烧焦。若采用干气提升可将干气返回至提升管，无需设置增压机系统。但干气提升对分馏、吸收稳定系统的气相负荷增加较多，气压机的能耗增加，吸收稳定系统的气液相负荷也相应增加较多，能耗增加。

（2）高温再生催化剂和待生催化剂抽出与输送技术

基于装置的反应与再生型式不同，待生催化剂抽出与输送技术分为以下 3 个具体的实施方案：

方案 1：外置变径流化床，其顶部采用粗旋，其出口与顶旋软连接。粗旋回收的催化剂通过料腿收集后，引一路部分待生催化剂至第二反应区底部，其流程是在汽提段上锥段设置溢流斗，粗旋分离的待生催化剂经料腿流至溢流斗底部，底部有蒸汽通入，兼有汽提和流化之功能。溢流斗内空间不大，藏量增加有限，对两器基础的影响不大。溢流斗相当于一个缓冲料斗，不仅为外补待生线路催化剂的循环流动创造条件，还减少了待生催化剂携带的油气量，有助于降低沉降器的结焦倾向，如图 4-18 所示。该方案对原有装置的操作方式改变最小，改造的工程量不太大，并对压力平衡的影响较小。该方案适用于沉降器高度中等的外提升管装置，如同轴、沉降器较高的并列装置。

方案 2：外置变径流化床，其出口末端采用旋流头快速分离技术，快分后的油气进入沉降器，与顶旋采用软连接，待生催化剂流至预汽提段进行预汽提，然后部分待生催化剂至第二反应区底部，大部分待生催化剂进入汽提段，如图 4-19 所示。该方案的优点在于对原沉降器的高度没有要求，适用于停工时间短的改造，虽然操作上增加了一路滑阀，但难度基本没有增加。

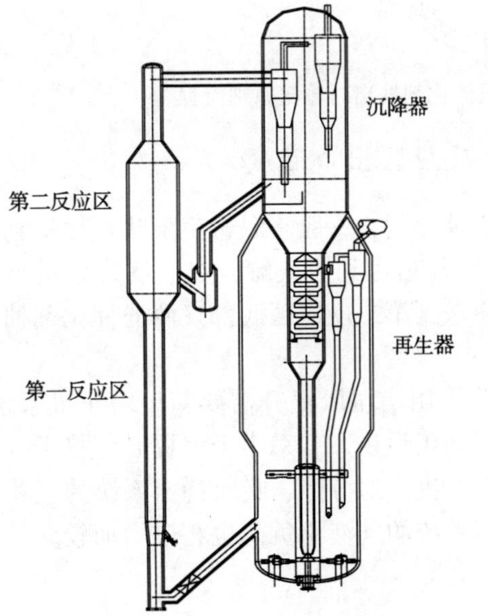

图 4-18　方案 1 对应的两股催化剂抽出与输送原则流程

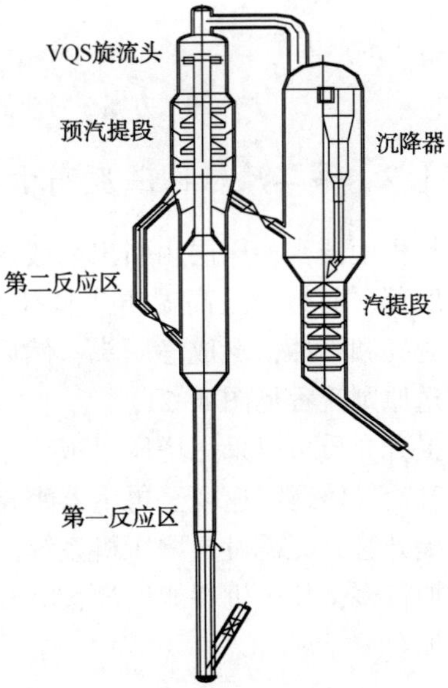

图 4-19　方案 2 对应的两股催化剂抽出与输送原则流程

方案3：内置变径流化床，对沉降器高度较高的内提升管反应器，第二反应区可布置在沉降器的下方，从汽提段底部引入部分充分汽提后的待生催化剂进入第二反应区底部，操作难度几乎没有增加，也不破坏原装置布置的总体布局，如图4-20所示。

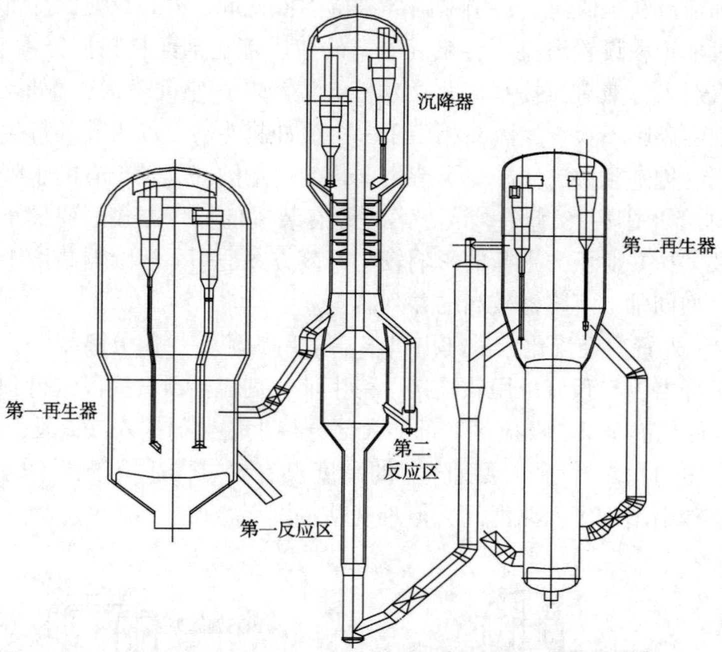

图4-20 方案3对应的两股催化剂抽出与输送原则流程

4.2.1.2 第二反应区温度高于第一反应区出口温度

从再生器密相床层内引出两股热再生催化剂，一股高温再生催化剂输送到反应器底部，而另一股高温再生催化剂经提升输送到脱气罐，在脱气罐内进行混合、脱气和缓冲，形成静压头，然后再输送到第二反应区底部。两股催化剂抽出与输送原则流程见图4-21。

提升介质可以采用增压风或干气。若采用增压风提升需要新设增压机系统，且提升后气体还需返回至再生器密相加以利用烧焦。若采用干气提升可将干气返回至提升管，无需设置增压机系统。但干气提升对分馏、吸收稳定系统的气相负荷增加较多，气压机耗能增加，吸收稳定系统的气液相负荷也相应增加较多，能耗增加。

4.2.2 冷热催化剂预提升混合器

冷热催化剂预提升混合器设置在第一反应区底部，冷催化剂由外取热器引出，从预提升混合器上部进入；热催化剂由再生器密相流化床引出，从预提升混合器中部进入；流化水蒸气由底部的分布器注入，预提升水蒸气由中央直管注入，如图4-22所示。

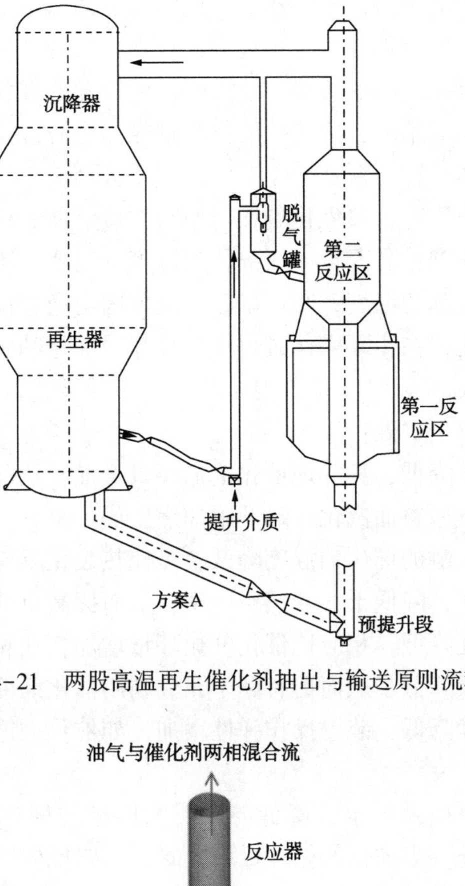

图4-21　两股高温再生催化剂抽出与输送原则流程

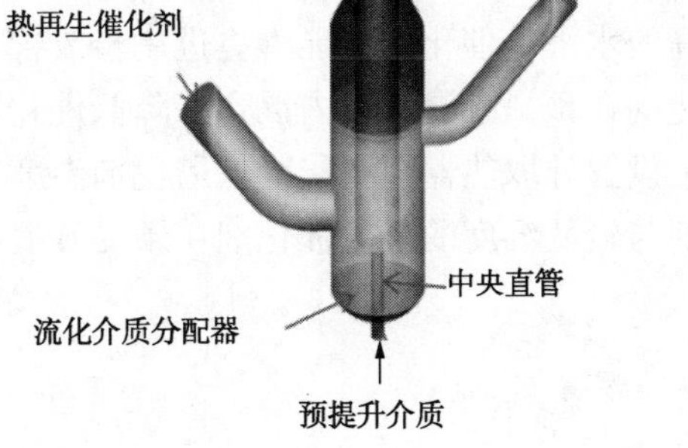

图4-22　预提升混合器结构示意图

在混合器内，冷却催化剂与高温催化剂在预提升混合器内同时被提升介质携带向上流动，在流动的过程中，两股催化剂在极短时间内就实现了混合均匀，催化剂温度基本相同。第3章模拟计算表明，如果颗粒浓度较稀，颗粒之间传热可忽略，气固两相之间的传热占主导作用，此时冷热两入口的催化剂颗粒温度快速趋于一致，混合后的催化剂颗粒在预提升混合器出口处温度已基本相同。如果颗粒浓度较高，尽管颗粒之间的传热不能忽略，但冷却的催化剂温度变化对出口处的混合催化剂温度影响不大，冷热两股催化剂在预提升混合器出口处混合程度相当均匀，温度也基本相同。

预提升混合器用于冷、热催化剂在与原料油接触前实现浓度和温度的混合均一。对于这两股催化剂，高温再生热催化剂温度一般变化不大，而对于从外取热器出来的冷再生催化剂的温度，则可以在一定范围内通过控制催化剂循环量来实现温度的变化。因此，在实际操作过程中，冷却的催化剂温度控制对于最终混合剂(冷、热混合剂)浓度和温度是否混合均一十分重要。降低与原料油接触的催化剂温度可以带来以下好处：

(1) 催化剂温度降低，相应地催化剂循环量增加，从而增加了原料油与催化剂接触面积，有利于原料油汽化，降低附加焦生成；

(2) 与原料油接触的催化剂温度降低，可使热裂化反应程度减少，实现在维持相同的反应深度下，降低干气和焦炭产率，从而提高目的产品收率；

(3) 催化剂温度降低，相应地催化剂循环量增加，在相同的焦炭产率下，待生催化剂上的碳含量降低，从而更有利于充分利用催化剂催化反应性能；

(4) 催化剂温度降低，装置操作弹性增加，如催化剂循环量可调控，原料油预热温度可以提高。

在变径流化床反应系统上，降低与原料油接触的催化剂温度除上述的好处外，还带来其他好处。当催化剂循环量增大时，第二反应区催化剂藏量相应地增加，对于某些催化反应对重时空速要求较大时，可以取消向第二反应区补充催化剂工艺流程，同时因催化剂循环量大，使待生催化剂上的碳含量降低，第二反应区内催化剂活性处于较高的水平，催化反应能力更进一步改善。

除冷催化剂与热催化剂在预提升混合器内混合来降低催化剂温度外，可以采用在热催化剂输送管线上设置外取热器，直接降低催化剂温度，如图4-23所示。还可以采用热再生催化剂与较低温度的待生催化剂在预提升混合器内混合来降低催化剂温度。

4.2.3 其他工程技术

基于反应物转化能力的差异，第一反应区底部注入难转化原料，第二反应区

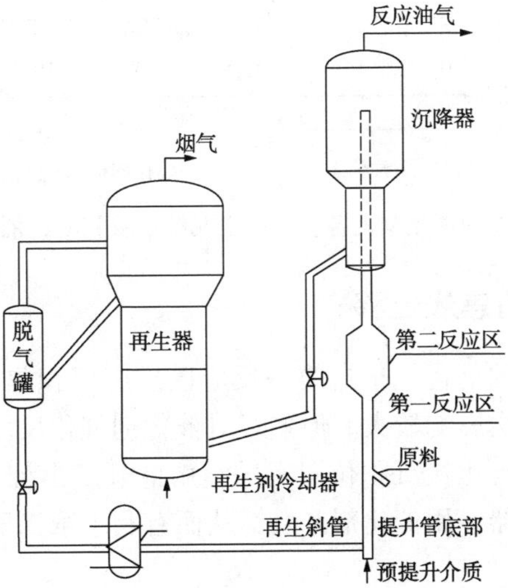

图4-23　热催化剂直接冷却输送到变径流化床反应器底部原则流程

底部注入易转化原料。通常难转化原料是指劣质重油、难以裂化的烷烃分子，而易转化原料是指烯烃、多环环烷烃、甲醇等。

为了降低第二反应区的反应温度或调节产物分布，可以采用粗汽油、轻汽油、重汽油等馏分或汽提后的酸性水等回注到第二反应区，因为会增加能耗及分馏塔负荷等，需根据装置的具体情况决定是否采用第二反应区注入冷却介质。

为了调节第二反应区温度，必要时在第二反应区设置热交换设备。这样可以取走第二反应区多余的热量，也可以向第二反应区提供所需要的热量。

4.3　专用催化剂

4.3.1　催化活性组元

第1章已论述，催化反应在催化剂上能够实现最优的转化率和选择性需要使用合适的反应器及相应的催化反应工程。变径流化床反应器已成功地应用到催化裂化技术领域(见第5章)、重油加工技术领域(见第6章)和石油及煤化工技术领域(见第7章)，相继开发出不同类型的专用催化剂，涉及到催化活性组元有Y型分子筛、ZSM-5分子筛和SAPO-34分子筛。不同类型的专用催化剂上各种活性组元配比见图4-24。从图4-24可以看出，对于催化裂化及重油加工技术领域，催化剂上活性组元以Y型分子筛为主，ZSM-5分子筛为辅；对于石油化工技术领域，催化剂上活性组元正好相反，以Y型分子筛为辅，ZSM-5分子筛为主。

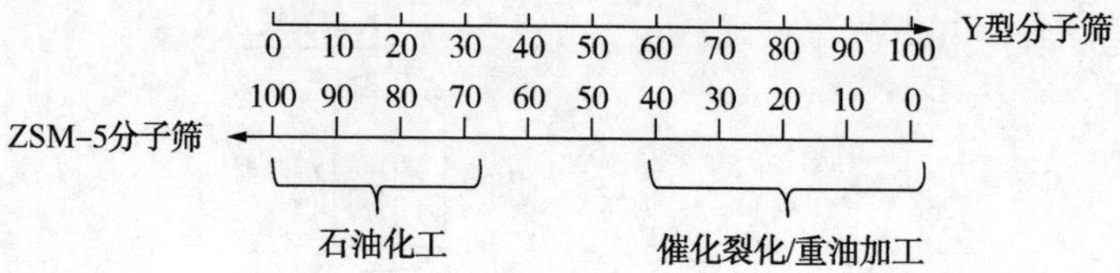

图 4-24　专用催化剂上各种活性组元配比及相应的催化反应工艺

4.3.2　催化剂上的焦炭迁移

由于第二反应区的催化剂来自第一反应区反应沉积焦炭后的催化剂，因此，其催化反应性能受积炭影响较大。但焦炭对催化剂催化反应性能的影响不仅与焦炭含量多少相关，更与焦炭沉积位置有关。由此开发出催化剂上焦炭迁移技术，用于变径流化床反应器专用催化剂开发，从而有利于第二反应区内催化剂催化活性及选择性改善。

专用催化剂是针对变径流化床第二反应区的特点而开发的，对比催化剂取自工业催化裂化装置的催化剂。专用催化剂和对比催化剂物理化学性质及酸量列于表 4-2。从表 4-2 可以看出，两者催化剂性质和酸量基本相当。

表 4-2　专用催化剂和对比催化剂物理化学性质及酸量

催化剂	堆积密度/(g/mL)	孔体积/(mL/g)	总酸量/(mmol/g)	酸量/(μmol/g)			
				250℃		450℃	
				L	B	L	B
专用催化剂	0.75	0.33	28.4	14.8	13.7	11.3	10.2
对比催化剂	0.70	0.33	26.9	13.9	12.1	10.1	9.1

专用催化剂、对比催化剂及其带炭后的活性列于表 4-3。从表 4-3 可以看出，专用催化剂和对比催化剂的再生催化剂上的碳含量质量分数均小于 0.1%，其活性分别为 66 和 62；当专用催化剂上碳含量质量分数为 1.57%时，其活性为 46；而对比催化剂上碳含量质量分数为 1.23%时，其活性为 41。在专用催化剂上碳含量明显高于对比催化剂上碳含量时，两者活性之差为 5，高于两者再生催化剂活性之差，表明专用催化剂具有较好的容焦能力。

表 4-3　专用催化剂、对比催化剂及其带炭后的活性

催化剂	微反活性/%		碳含量/%	
	带炭催化剂	再生催化剂	带炭催化剂	再生催化剂
专用催化剂	46	66	1.57	<0.1
对比催化剂	41	62	1.23	<0.1

采用中孔及微孔分析、Ar^+刻蚀及酸性分析技术进一步研究了催化剂活性变化的原因。由于考察的带炭催化剂、再生催化剂是在同一套装置换剂前后分别取样的，所加工原料的性质几乎相同，因此，可以排除装置及原料油的影响。通过比较催化剂沉积焦炭前后孔体积之差，可以推测焦炭沉积对不同孔径的孔体积影响，进而对催化剂活性产生影响。

专用催化剂和对比催化剂沉积焦炭前后不同孔径的孔体积及变化列于表 4-4。从表 4-4 可以看出，在专用催化剂上沉积焦炭量较多的情况下，其总孔体积下降幅度仍然小于对比催化剂的总孔体积下降幅度。对于专用催化剂，焦炭主要沉积在 2.0~8.0nm 的基质孔内，因而，这部分孔体积下降较多，而分子筛微孔（<2.0nm）的孔体积下降不到 8%，大孔（>25.0nm）的孔体积下降比例也较低；对于对比催化剂，焦炭大致均匀地沉积在不同孔径范围内，从而使不同孔径的孔体积下降幅度基本接近。这表明专用催化剂具有较好的孔道结构，使焦炭沉积在催化剂表面位置上，降低了催化剂活性组元上结焦以及大孔内结焦，从而使专用催化剂在第二反应区内发挥更好的催化反应性能。

表 4-4　两种催化剂沉积焦炭前后不同孔径的孔体积及变化

催化剂	孔径/nm	带炭催化剂孔体积/(mL/g)	再生催化剂孔体积/(mL/g)	孔体积相对变化/%
专用催化剂	<2.0	0.035	0.038	7.9
	2.0~8.0	0.037	0.046	19.6
	8.0~25.0	0.028	0.031	9.7
	>25.0	0.046	0.050	8.0
对比催化剂	<2.0	0.034	0.039	12.8
	2.0~8.0	0.038	0.043	11.6
	8.0~25.0	0.027	0.030	10.0
	>25.0	0.042	0.049	14.3

在相同的条件下，分别对专用催化剂和对比催化剂沉积焦炭前后进行 Ar^+刻蚀实验，采用 XPS 分析其表面原子数百分数，并将未沉积焦炭催化剂在刻蚀过程中的表面原子数百分数作为空白扣除。专用催化剂和对比催化剂表面碳原子数百分数随 Ar^+刻蚀时间的变化见图 4-25。

从图 4-25 可以看出，当 Ar^+刻蚀时间小于 200s 时，催化剂表面上的碳原子数百分数迅速下降；大于 200s 后，其碳原子数百分数下降速率随着刻蚀时间的增加缓慢降低，这表明大部分的焦炭沉积在催化剂表层上。从图 4-25 还可以发现，专用催化剂初始表面碳原子数百分数比较高，当 Ar^+刻蚀时间小于 800s 时，专用催化剂表面碳原子数百分数均高于对比催化剂，这可能与其含有较高的碳质量分数有关；但当 Ar^+ 刻蚀时间大于 800s 时，专用催化剂的表面碳原子数百分数反而低于对比催化剂，这说明对比催化剂上的焦炭更多地沉积在分子筛的微孔内，在刻蚀过程中不容易被溅射出来，从而对比催化剂表面上的碳原子数百分数随刻蚀时间下降得比较缓慢。

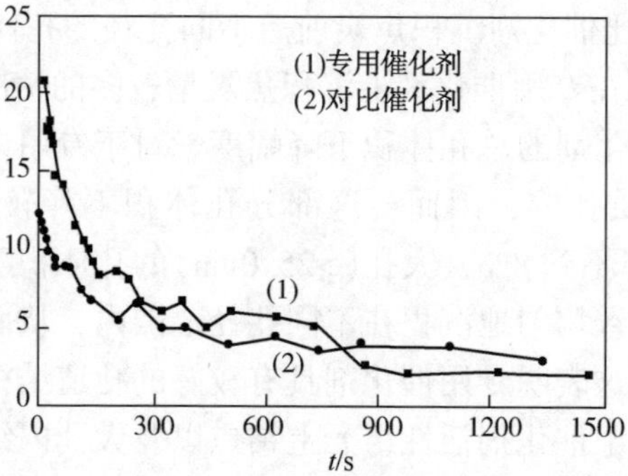

图 4-25 催化剂表面碳原子数百分数 r(C)随 Ar^+ 刻蚀时间 t 的变化

采用 NH_3-TPD 和吡啶吸附红外光谱分别测定专用催化剂和对比催化剂沉积焦炭前后酸量，测定结果列于表 4-5。从表 4-5 可以看出，专用催化剂沉积焦炭前后的总酸量分别与对比催化剂沉积焦炭前后的总酸量基本接近，两种催化剂的 L 酸总量也基本相当，但专用催化剂的强酸中心数目明显高于对比催化剂，特别是专用催化剂焦炭沉积后强 B 酸量约是对比催化剂的强 B 酸量 4 倍。

表 4-5 专用催化剂与对比催化剂的再生剂及待生剂的酸量

催化剂		总酸量/(mmol/g)	酸量/(μmol/g)			
			250℃		450℃	
			L	B	L	B
专用催化剂	待生催化剂	2.37	3.6	1.4	2.0	1.1
	再生催化剂	2.55	3.6	2.6	2.1	1.9
对比催化剂	待生催化剂	2.34	3.8	1.1	0.8	0.3
	再生催化剂	2.54	3.8	2.2	2.0	1.3

专用催化剂开发采用催化剂上焦炭迁移技术，可使焦炭沉积后的催化剂强酸总量损失较小，更多的强酸中心得以保留，这意味着催化剂的活性组元得到了较好的保留，在变径流化床第二反应区发挥作用。

催化剂上的焦炭迁移技术是使焦炭主要沉积在 2.0~8.0nm 的基质孔内。在催化剂基质研制过程中，加入了适宜的浆液性质的改进剂(简称改性剂)，改善了基质及催化剂浆液体系的胶体性质。一般认为，影响浆液性质的主要因素是颗粒之间势能的高低，而颗粒间势能又取决于颗粒间的作用力。高岭土作为专用催化剂基质的一个重要组成部分，其颗粒之间的作用力主要有伦敦-范德华引力、氢键作用力和双电层排斥力，其中双电层排斥力的大小可以用 zeta 电位值来衡量，zeta 电位越低，颗粒间的斥力就越大，颗粒之间的作用势能也越大，表现出高岭土浆液黏度就越低。加入适宜的改性剂，可以达到改变催化剂各组分，尤其是高岭土浆液 zeta 电位值的目的。加入改性剂后，高岭土浆液的 zeta 电位值表现出了不同程度的降低，对应的浆液黏度也随之减小，基质浆液呈现出良好的分散状态。这说明通过改变催化剂制备过程中浆液的胶体化学性质，并辅以其他措施，可以研制出新型基质。常规基质与新型基质的孔分布和酸性的变化见表 4-6。

表 4-6　基质的孔结构和酸性的变化

项目	常规	新型	
		CM-1	CM-2
孔分布/%(v)			
<5nm	24.0	6.2	7.9
5~20nm	52.0	64.3	43.6
>20nm	24.0	29.6	48.7
酸量/(mmol/g)	0.74	0.77	0.94
微反活性/%	33	36	38

从表 4-6 可以看出，新型基质的孔分布、酸量(NH_3-TPD 法)得到了有效调变，常规基质的小孔较多，酸量、活性较低；而新基质的小孔明显减少，中孔、大孔增多，酸量及催化活性增加。在 800℃、100%水蒸气、不同老化时间处理条件下，老化处理前后专用催化剂总表面积、分子筛比表面积列于表 4-7。

表 4-7　水热处理前后的专用催化剂和对比催化剂比表面积

项　目	专用催化剂(样 1)	专用催化剂(样 2)	对比催化剂
总比表面积/(m^2/g)			
新鲜剂	252	255	250
老化 8h	172	170	155
老化 17h	140	136	119
保留度/%			
老化 8h	68.3	66.7	62.0
老化 17h	55.6	53.3	47.6

续表

项　目	专用催化剂(样1)	专用催化剂(样2)	对比催化剂
分子筛比表面积/(m^2/g)			
新鲜剂	168	171	172
老化8h	100	90	81
老化17h	70	60	52
保留度/%			
老化8h	59.5	52.6	47.1
老化17h	41.7	35.1	30.2

从表4-7可以看出，专用催化剂新鲜状态时比表面积与对比催化剂基本相当，水热老化8h后，专用催化剂的比表面积在170m^2/g以上；水热老化17h后，比表面积在136m^2/g以上，其保留度都明显高于对比催化剂。分子筛比表面积变化趋势与催化剂相似，说明新型基质为活性组元提供了良好的保护作用。

4.3.3 专用催化剂开发案例

基于变径流化床反应器技术平台，开发出多产异构烷烃的催化裂化工艺。该工艺开发目标是降低汽油烯烃含量，改善重油转化能力。与该工艺配套的专用催化剂活性组元是改性的Y型分子筛。

Y型分子筛经金属元素R改性后的酸量和酸密度列于表4-8。从表4-8可以看出，随着金属元素R含量增加，改性后Y型分子筛的酸量和酸密度均增加，特别是强酸量。较多的强酸可以提高催化裂化活性，而较高的酸密度有利于氢转移反应。

表4-8　Y型分子筛经金属元素R改性后的酸量和酸密度

项　目	分子筛		
	RY1	RY2	RY3
R含量/%	3.1	6.5	10.2
总酸量/(mmol/g)	2.25	2.43	2.64
强酸量/(mmol/g)	1.62	1.93	2.34
酸密度/(μmol/m^2)	3.56	3.80	4.15

对表4-8所列的3种分子筛进行反应性能测试，选用正十二烷作为原料，反应温度480℃，反应结果列于表4-9。从表4-9可以看出，随着Y型分子筛中的R含量增加，汽油产率增加，说明裂化反应发生的几率增大，与表4-8所列的总酸量增加，尤其是强酸量增加趋势相一致；汽油烯烃含量减少，说明氢转移反应

几率增大，与表 4-8 所列的酸密度增加趋势相一致。因此，Y 型分子筛通过金属元素 R 改性有利于提高 Y 型分子筛催化裂化和氢转移活性，借助变径流化床反应器技术平台，改性的 Y 型分子筛具有较好的催化裂化和氢转移反应性能更加充分地得到了利用。

表 4-9　金属元素 R 改性的 Y 型分子筛催化反应性能

项　目	分子筛		
	RY1	RY2	RY3
R 含量/%	3. 1	6. 5	10. 2
汽油产率/%	59. 04	60. 77	61. 72
汽油烯烃含量/%	13. 40	12. 35	11. 63
焦炭产率/%	6. 95	7. 89	11. 19

Y 型分子筛经金属元素 R 改性后，强酸量增加过多，使催化裂化反应深度过高，造成焦炭产率上升太多。采用对 Y 型分子筛进行非金属元素 P 改性技术，在提高总酸量和酸密度的同时，限制强酸量，从而降低焦炭产率，并降低汽油中的烯烃含量。非金属元素 P 改性后 Y 型分子筛的酸量和酸密度列于表 4-10。从表 4-10 可以看出，当 Y 型分子筛中的 P 质量分数为 3%，其总酸量、酸密度较高，而强酸量较低，符合分子筛改性目标。

表 4-10　非金属元素 P 改性后 Y 型分子筛的酸量和酸密度

项　目	分子筛		
	PY1	PY2	PY3
P 含量/%	1. 0	3. 0	7. 0
总酸量/(mmol/g)	2. 58	2. 77	2. 07
强酸量/(mmol/g)	1. 79	1. 54	1. 27
酸密度/(μmol/m^2)	4. 03	4. 34	3. 69

对表 4-10 所列的 3 种分子筛进行反应性能测试，测试结果列于表 4-11。从表 4-11 可以看出，Y 型分子筛中的 P 含量适中，汽油产率最佳，汽油烯烃含量较低，同时焦炭产率也控制在合理的范围内。

表 4-11　非金属元素 P 改性后 Y 型分子筛反应性能

项　目	分子筛		
	PY1	PY2	PY3
P 含量/%	1. 0	3. 0	7. 0
汽油产率/%	62. 63	64. 78	64. 00

续表

项　目	分子筛		
	PY1	PY2	PY3
汽油烯烃含量/%	12.5	12.1	14.2
焦炭产率/%	7.41	6.17	5.24

4.4　变径流化床反应器技术平台

4.4.1　变径流化床反应器技术平台

基于变径流化床反应器技术平台，从反应温度、反应时间、催化剂活性组元类型、活性水平、活性分布、第二反应区催化剂密度和反应物种类等方面来设计与调控不同反应区的反应模式，以实现定向调控复杂气固催化反应深度和方向，从而使催化反应的转化率和选择性同时处于最佳水平，为复杂气固催化反应提供具有原始性创新的催化反应工程技术。不同的反应区反应模式设计与具体的工程技术列于表4-12。

表4-12　反应区反应模式设计与具体的工程技术

项　目	第一反应区	第二反应区	第三反应区
反应时间/s	1~1.5	5~10	<0.5
反应温度	出口温度为基准	-30~-10℃（采用取热或/和补充冷却催化剂或/和冷却介质）；或+10~+20℃（采用补充热再生催化剂）	低于第二反应区温度约5℃以上（必要时注入冷却介质）
催化剂状态	再生催化剂	带炭催化剂，补加再生催化剂或待生催化剂，或其他分子筛类型的再生催化剂	—
催化剂密度	从300kg/m^{3}左右降低到50kg/m^3	50~100kg/m^3	低于40kg/m^{3}以下
反应物	初始反应物	反应中间体（中间产物）、易反应物（由第二反应区底部注入）	反应产物，极易反应物（由第三反应区底部注入）

从表4-12可以看出，变径流化床通过变径部分实现了多流型区域，再采用补加催化剂等技术手段，可调控不同区域的催化剂密度分布。变径流化床反应器多温区实现方法更是多种多样，主要技术手段是通过注入液体冷却剂、冷催化剂和热催化剂来加强热量转移，进而降低或增加局部区域温度。

等直径提升管和变径流化床反应器的催化剂浓度和温度分布见图4-26。从图4-26可以看出，相对于等直径提升管反应器，变径流化床反应器具有不同的催化剂浓度场和温度场，再加上不同反应区催化剂停留时间的差异，并与适宜的催化剂性能匹配，使反应物的传递与反应协同高效地进行，同时有利于反应物过渡态延续及其定向转化，实现了反应-扩散的优化调控。由此开发出分区调控复杂气固催化反应工程技术，可应用到多步骤(多段)的复杂气固催化反应，尤其是快与慢串联的气固催化反应。

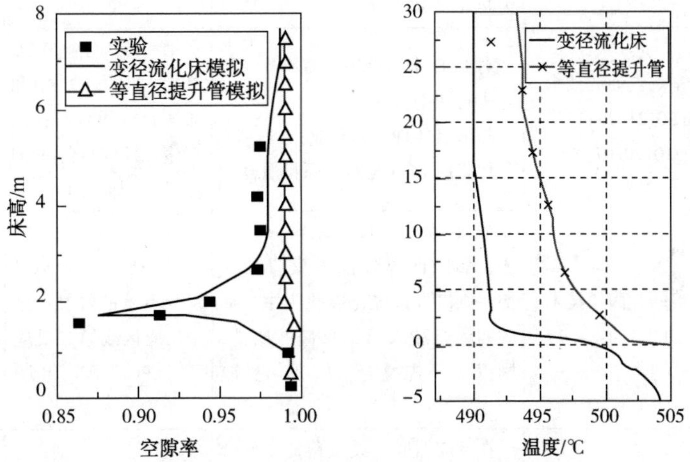

图4-26　等直径提升管与变径流化床催化剂密度分布、温度分布

4.4.2　在石油炼制与化工技术领域中应用

经过近20年持续研究、开发和工业实践，开发出基于变径流化床反应器分区调控复杂气固催化反应工程技术，已成功地应用到催化裂化技术领域(见第5章)、重油加工技术领域(见第6章)和石油及煤化工技术领域(见第7章)，开发出多项具有原始性创新的催化反应工艺技术。具体的催化反应工艺技术名称、技术特点、所加工的原料和目标产物列于表4-13。

表4-13　催化反应工艺技术名称、技术特点、所加工的原料和目标产物

项目	技术名称	技术特点	反应物	产物
1	多产异构烷烃(MIP：ZL99105904.2；US6495028)	裂化反应与氢转移反应在不同反应区进行；第二反应区温度低于第一反应区出口；第二反应区重时空速为$30h^{-1}$	VGO以及更重的烃类	异构烷烃/低烯烃汽油

续表

项目	技术名称	技术特点	反应物	产物
2	清洁汽油和丙烯 (CGP：ZL99105905.0；EP00108032.4)	汽油烯烃在第二反应区除发生氢转移反应外，还有部分烯烃裂解为液化气，尤其是丙烯； 使用专用催化剂； 第二反应区温度略低于第一反应区出口；第二反应区重时空速为 $20h^{-1}$	VGO 以及更重的烃类	丙烯+异构烷烃/低烯烃汽油
3	多产高辛烷汽油的技术 (LTG：ZL201210234472.4；ZL200710120107.X)	对 LCO 中的单环和多环芳烃组分进行切割； 与加氢处理工艺集成； 加氢后 LCO 与新鲜原料混合	第一反应区：VGO 以及更重的烃类或/和加氢 LCO 重馏分；第一/第二反应区：LCO 轻馏分、加氢 LCO	高辛烷值低烯烃汽油
4	碳四烯烃转化丙烯技术 (BTP：ZL01130984.9)	碳四烯烃与新鲜原料分开注入；如碳四烯烃注入反应器底部，则以直接催化裂化为主；如碳四烯烃注入第二反应区底部，则以烯烃先叠合，后裂化反应为主	第一反应区：VGO 以及更重的烃类；第一反应区或第二反应区：LPG 中碳四组分	丙烯+低烯烃汽油
5	干气和焦炭产率降低 (DCR：ZL200610113673)	在反应器底部设置预提升混合器，冷热催化剂在混合器快速均匀混合； 降低与新鲜原料接触的催化剂温度以及催化剂与原料温度差	VGO 以及更重的烃类	低烯烃汽油
6	精细催化裂化技术 (fFCC)	原料组成相对单一，定向生产目标产品，强化第二反应区氢转移反应；开发专用催化剂	多环环烷烃原料	异丁烷、异戊烷和芳烃
7	超低烯烃汽油技术 (Ultra Low Olefins)	强化第二反应区高选择性氢转移反应，避免焦炭产率增加过多； 开发高效再生工艺	VGO 以及更重的烃类	超低烯烃汽油
8	高选择性催化裂化技术 (IHCC：US8597500B2 ZL200810101853.9)	强化催化裂化反应的选择性，尤其在第二反应区内，控制转化率在合理的范围内； 使用专用催化剂； 与加氢处理工艺集成	重质烃类	轻质油品

续表

项目	技术名称	技术特点	反应物	产物
9	缓和催化裂解技术（MCC：US8696887B2；ZL200810101852.4）	强化催化裂化反应的选择性，尤其在第二反应区内，控制转化率在合理的范围内，同时使小分子烯烃裂解为低碳烯烃； 使用专用催化剂； 与加氢处理工艺集成	第一反应区：VGO以及更重的烃类；第二反应区：碳四及以上的烯烃或烯烃叠合产物	低碳烯烃，尤其丙烯
10	甲醇制取低碳烯烃（MTO：CN201410559920.7；PCT/CN2015/000705）	甲醇注入第二反应区底部，主要反应在第二反应区内进行；第三反应区进行精准控制反应程度，减少副产物产率	甲醇	乙烯、丙烯和丁烯

4.5　变径流化床反应器应用效果及分析

4.5.1　与Y型分子筛催化剂应用效果比较

Y型分子筛结构是八面沸石(FAU型)，其Si/Al比≥1.5，结构单元是截角八面体形的β笼。相邻两β笼之间通过六元环用6个氧桥相互连接(每个β笼通过8个六元环中的4个按照四面体的方向与其他β笼相连接)。在β笼的这种连接方式中还有2种笼形结构：一种是六角棱柱笼(或称方钠石笼)，其体积比β笼小；另一种是β笼和六角棱柱笼包围而成的八面沸石笼(或称为超笼)，是Y型分子筛的主孔穴，其直径在1.2nm左右。每个空腔以12元氧环的孔道(直径0.74nm)与另外4个相同的空腔相通，形成一种立方网络空间骨架，这种骨架结构是沸石中最开放的，其每个晶胞的总孔隙体积(包括方钠石笼)为51%(占总体积)，超笼本身的孔体积占总体积的45%。Y型分子筛的孔结构见图4-27，Y型分子筛结构见图4-28[1]。

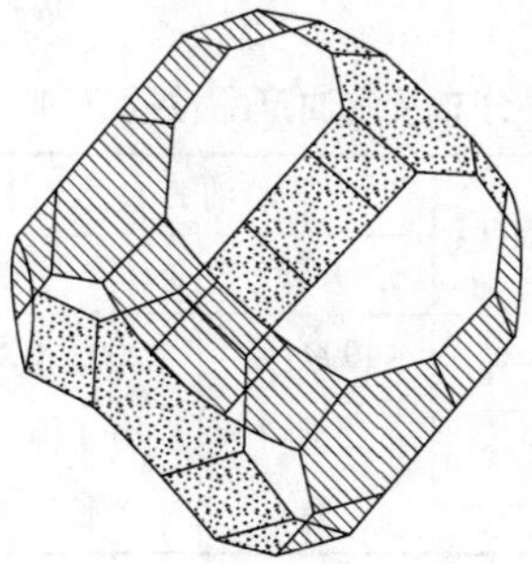

图4-27　Y型分子筛的孔结构

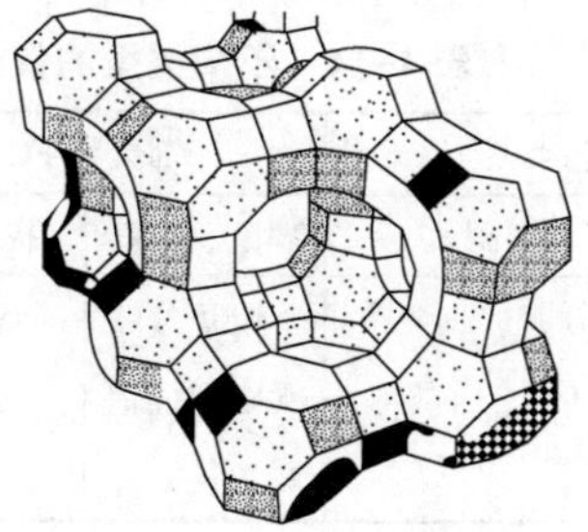

图4-28　Y型分子筛结构

由于分子筛超笼孔体积占总体积的45%，且孔径为1.2nm，因此，超笼是Y型分子筛的主要活性场所，尤其对于大分子反应物。孔径为1.2nm的超笼使之足以富集反应分子并成为双分子反应所需的“纳米反应器”。对于催化裂化反应，分子筛超笼在催化反应过程所起的作用如下：

（1）通过正碳离子反应促进重油转化；

（2）通过双分子歧化传递反应提高汽油产物选择性；

（3）通过双分子氢转移和异构化反应改进汽油质量。

分子筛超笼的有效利用对烃类的催化裂化与转化反应极其重要。如何实现分子筛超笼的有效利用，取决于以下三个要素：

（1）时间：因双分子反应的反应速率较低，反应分子及过渡态需要在分子筛超笼内有足够的停留时间；

（2）空间：畅通、完整、可接近与可利用的超笼空间；

（3）环境：包括可用的活性中心数、反应温度、反应压力等。

反应器内部结构及关键设备对时间、空间和环境的影响起主导作用，正如第1章已论述，反应器是催化反应工程的核心。下面的实施案例也证明：反应器结构能够充分发挥催化材料分子筛的作用，所带来的技术效果与分子筛所产生的效果基本相当。

我国第一套流化催化裂化(简称FCC)装置于1965年建成投产，加工大庆馏分油，以无定形硅铝为催化剂，以密相流化床为反应器，1965年装置考核标定结果列于表4-14。我国第一套分子筛催化剂-提升管催化裂化工艺于1974年开发成功。1976年对我国第一套流化催化裂化装置进行改造，将密相流化床反应器改为提升管反应器，用分子筛催化剂取代无定形硅铝催化剂，仍然加工大庆馏分油，1976年改造后装置考核标定结果列于表4-14。从表4-14可以看出，相对于无定形硅铝催化剂-密相流化床反应器催化裂化工艺，分子筛催化剂-提升管反应器催化裂化工艺表现为转化率明显上升，LCO产率明显降低，而汽油产率明显增加，液体收率有所增加；汽油烯烃含量大幅度降低，随之汽油辛烷值MON也明显降低。

表4-14　不同类型的催化裂化工艺产物分布及汽油产品性质

工艺类型	馏分油FCC		变化幅度	渣油FCC		变化幅度
反应器类型	密相流化床①	提升管①		提升管②	变径流化床②	
考核标定时间	1965年	1976年		1999年	2002年	
催化剂	无定形硅铝	分子筛		分子筛	分子筛	
反应时间	长	短		短	长	

续表

工艺类型	馏分油 FCC		变化幅度	渣油 FCC		变化幅度
反应器类型	密相流化床①	提升管①		提升管②	变径流化床②	
原料性质						
密度(20℃)/(g/cm³)	0.8410	0.8722		0.8967	0.8966	
残炭/%	0.15	0.13		4.0	4.68	
操作条件						
反应(提升管出口)温度/℃	467	493	+26	515	497	
回炼比/%	100	82	-18	5.5	1.15	-4.35
产率分布/%						
干气	1.48	1.42	-0.06	3.79	2.88	-0.91
液化气	11.6	10.92	-0.68	15.44	14.63	-0.81
汽油	44.20	49.63	+5.43	44.14	49.28	5.14
轻循环油	35.50	31.30	-4.20	22.57	21.22	-1.35
油浆				4.64	3.04	-1.60
焦炭	6.00	5.35	-0.65	8.92	8.64	-0.28
损失	1.22	1.38		0.50	0.31	
合计	100.00	100.00		100.00	100.00	
转化率/%	64.50	68.70	+4.20	72.79	75.74	+2.95
总液收/%	92.34	92.65	+0.31	82.15	85.13	+2.98
汽油性质						
烯烃/%	54.8	29.6	-25.2	43.1	34.3	-8.8
芳烃/%	8.4	10.6	2.2		14.8	
MON	82.2	77.3	-4.9	79.2	80.2	+1.0

① 抚顺二厂第一套馏分油催化裂化装置标定数据。

② 高桥石化公司渣油催化裂化装置标定数据。

由于催化裂化装置处理原料越来越劣质化，即使在分子筛催化剂-提升管反应器催化裂化装置上，重质原料油转化率较低，汽油产率较低而汽油烯烃含量超过40%，甚至更高，高达70%以上，LCO 产率较高，并外甩大量的油浆。典型重油催化裂化装置考核标定数据(1999 年)列于表 4-14。2002 年将这套考核标定的重油催化裂化装置的等直径提升管反应器更换为变径流化床反应器，加工的重质原料与改造前所加工的原料性质基本相当，使用相同的催化剂。2002 年改造后的装置考核标定结果列于表 4-14。从表 4-14 可以看出，相对于等直径提升管反应器的重油催化裂化工艺，变径流化床反应器的重油催化裂化工艺表现为转化率上升，干气产率明显降低，汽油产率增加或者汽油和液化气产率之和明显增加，LCO产率降低，油浆产率明显下降，液体收率明显增加；同时回炼比明显降低，汽油烯烃含量明显降低，汽油辛烷值MON上升。

蜡油催化裂化工艺从无定形硅铝催化剂发展到分子筛催化剂时，其技术指标变化幅度列于表4-14；渣油催化裂化工艺从等直径提升管反应器发展到变径流化床反应器时，其技术指标变化幅度列于表4-14。从这组技术指标变化幅度来看，除汽油辛烷值MON外，两组数据基本相同。这表明变径流化床反应器技术进步特征与分子筛催化剂技术进步特征基本一致[2,3]。分子筛催化剂是以分子筛为活性组元来提高催化反应速率和选择性，而变径流化床反应器提供更好的催化反应工程技术来进一步提高分子筛的超笼利用率，从而在分子筛催化剂所产生的效果基础上又提高了催化反应速率和选择性。两种技术发明点不同，但指标变化幅度相当，均实现了台阶式的进步，如图4-29所示。

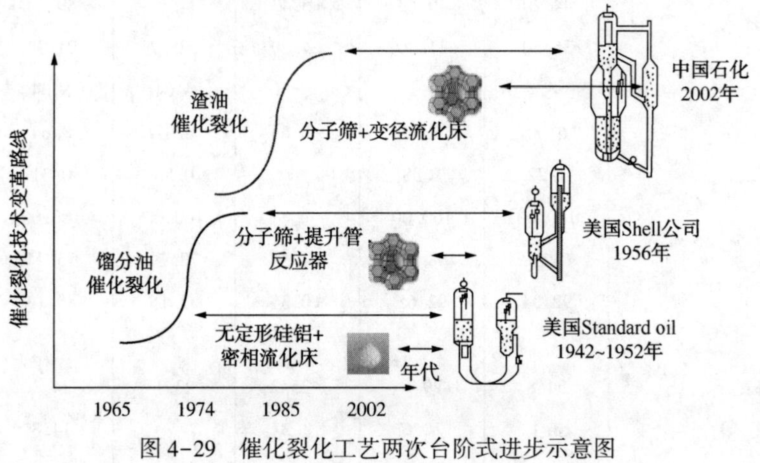

图4-29 催化裂化工艺两次台阶式进步示意图

分子筛催化剂使蜡油催化裂化实现台阶式进步原因在于分子筛晶内催化反应取代无定形硅铝的表面催化反应。红外光谱研究证实：分子筛催化剂和无定形硅铝催化剂的吡啶吸附的红外谱图基本类似，这表明从催化裂化反应机理来看，这两种类型的催化剂都是以正碳离子为中间过渡态而进行反应的，在裂化反应能力和方向上基本相当，活化能均在30kcal/mol左右，具有类似的酸强度，唯质子酸浓度有较大的差异。分子筛催化剂的质子酸数量是无定形硅铝催化剂的50~70倍，因此，分子筛催化剂对烃类裂解的活性大约是无定形硅铝催化剂的50~70倍[4]。也就是说，分子筛是依靠催化材料自身活性位大幅度增加来提高催化反应速率和选择性。两者简单直观比较见图4-30。

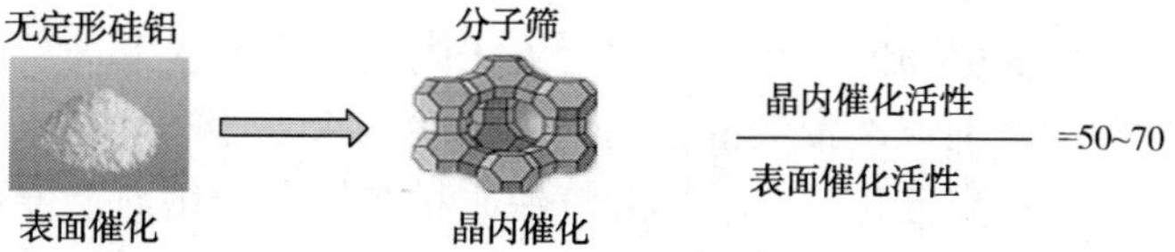

图 4-30　分子筛与无定形硅铝催化活性简单直观比较示意图

相对于等直径提升管反应器，变径流化床第二反应区内催化剂密度为 120~150kg/m^3，与第二反应区相同高度的等直径提升管段内(见图 4-31)，催化剂密度为 20~30kg/m^3。也就是说，如果在变径流化床第二反应区内存在着 6 个催化剂颗粒，那么在相同高度的等直径提升管段内只有 1 个催化剂颗粒。同时油气在第二反应区内停留时间为 5s，在相同高度的等直径提升管段内，油气停留时间只有 1s，由此可以算出，变径流化床与等直径提升管在此区域内催化反应强度之比约 30 倍，简单直观比较见图 4-31。也就是说，在催化剂密度和反应时间共同作用下，变径流化床第二反应区将催化反应强度再提高约 30 倍，主要在于提高分子筛的利用率。变径流化床反应器使渣油催化裂化工艺实现台阶式进步的原因在于进一步提高催化剂上的分子筛利用率，尤其充分利用其超笼结构。

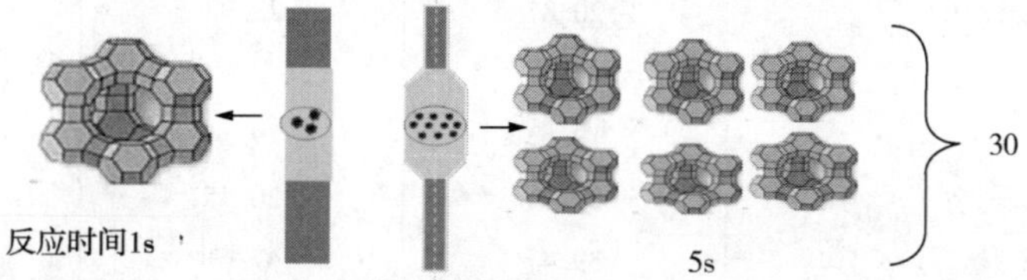

图 4-31　等直径提升管与变径流化床催化反应强度简单直观比较示意图

在渣油催化裂化催化剂开发中，由于渣油中的胶质和沥青质在反应初始时就被催化剂吸附(见第 1 章)，造成催化剂孔道堵塞，从而大分子反应物扩散阻力增加。反应与扩散难以协同的瓶颈难题长期困扰着国内外渣油催化剂开发研究者。即使将催化剂上分子筛含量提高到 35%以上，催化剂性能在常规等直径提升管中也难以充分体现(见表 4-14 中 1999 年装置考核标定数据)。而变径流化床反应器第二反应区可使 Y 型分子筛超笼有效利用率最大化在极大程度上得以满足，消除了渣油在催化剂上扩散问题，从而提高了重油转化能力，改善了目标产物选择性和汽油产品质量(见表 4-14 中 2002 年装置考核标定数据)。由于变径流化床反应器轴向温度分布更加优化，降低了热裂化反应，使干气产率明显降低，液体收率增加，并对平衡催化剂活性要求降低，从而减少催化剂以及催化剂稀土使用量。

为了模拟反应油气在第二反应区内催化转化情况，选用高烯烃汽油为原料，同时在催化剂上挂上一定量的焦炭，以模拟第二反应区催化剂状态，反应温度选择也在第二反应区温度范围内，在小型固定流化床反应器装置上进行试验。高烯烃汽油分别在带炭催化剂或不带炭催化剂上的试验结果列于表4-15。从表4-15可以看出，相对于不带炭催化剂，高烯烃汽油原料在带炭催化剂上催化转化表现为：液体产率高，干气、焦炭产率低，产品汽油中的烯烃含量高。由此可以看出，尽管高烯烃汽油原料在不带炭催化剂上转化率高(15%)，但选择性差，干气+焦炭选择性达到23.93%，同时汽油中的烯烃转化为异构烷烃多，芳烃少。由于异构烷烃的辛烷值低于芳烃，这就解释了表4-14所列的由催化剂分子筛作用使汽油烯烃较多地转化为异构烷烃，从而导致辛烷值MON明显降低；由第二反应区带炭催化剂使汽油烯烃转化为异构烷烃和芳烃，从而导致辛烷值MON有所增加，其反应机理详细分析见第5章第1节。

表4-15 高烯烃汽油在带炭催化剂和不带炭催化剂上的反应结果

催化剂状态	带炭催化剂	不带炭催化剂	原　料
汽油/%	88.45	85.0	100
液体产率/%	97.59	96.4	
干气+焦炭产率/%	2.41	3.59	
干气+焦炭选择性/%	20.87	23.93	
汽油组成分布/%			
芳烃	19.63	19.11	17.13
烯烃	27.71	20.45	42.06
异构烷烃	39.47	47.61	24.76

为什么带炭催化剂反应选择性要好于不带炭催化剂？从表4-5可以看出，带炭催化剂具有较低的强B酸量，而不带炭催化剂具有较高的强B酸量，而两者总酸量相差不大。同时带炭催化剂的孔径为8.0~25.0nm、大于25.0nm的比例均高于不带炭催化剂，见表4-16。由此可以看出，汽油分子在孔径较大的带炭催化剂反应时，尤其在超笼内，反应物和产物能够自由出入，避免发生“过度裂化”，同时强B酸量较低，对芳烃吸附能力减弱，而总酸量不低，从而有利于双分子裂化反应或选择性氢转移反应，可获得更好的产品选择性和产品性质。

表4-16 带炭催化剂与不带炭催化剂不同孔径分布

项　目	总孔体积/(mL/g)	孔分布/%(v)		
		2.0~8.0nm	8.0~25.0nm	>25.0nm
带炭催化剂	0.111	33.33	25.23	41.44
再生催化剂	0.127	36.22	24.41	39.37

4.5.2　与等直径流化床反应器应用效果比较

国内某石化分公司 1.5Mt/a 催化裂化装置于 2004 年由等直径单提升管改造为双提升管反应器，装置改造前后考核标定的产物分布及能耗列于表 4-17。装置改造后多年运转结果表明，采用双提升管反应器，其产物分布和装置能耗差于单提升管反应器。2010 年，被迫将双提升管反应器改造为变径流化床反应器。此次装置改造后一直运转至今，装置考核标定的产物分布及装置能耗列于表4-17[5]。

表 4-17　某石化催化裂化装置改造前后产物分布及能耗

项　目	单提升管	双提升管	变径流化床
加工原料量/(t/d)	4812.3	4761.4	4999.0
产物分布/%			
干气	4.78	5.50	2.95
液化气	14.76	16.10	20.19
汽油	43.87	38.30	49.80
轻循环油	23.92	25.30	16.08
油浆	4.70	6.50	3.65
焦炭	7.62	7.93	6.92
损失	0.35	0.37	0.41
合计	100.00	100.00	100.00
液体收率/%	82.55	79.70	86.07
轻循环油与汽油比	0.55	0.66	0.32
装置能耗/(kg 标准油/t)	63.37	69.60	56.44

从表 4-17 可以看出，与等直径双提升管反应器相比，采用变径流化床反应器，装置能耗降低，加工原料量提高幅度为 4.99%，低价值的干气和焦炭产率降低幅度分别为 46.36%和 12.74%，高价值的液化气、汽油产率增加幅度分别为 25.40%和 30.03%，轻循环油与汽油比降低幅度为 51.12%，装置能耗降低幅度为 18.91%。由此使装置每年经济效益增加 9000 万元[6]。

从表 4-17 还可以看出，与等直径单提升管反应器相比，变径流化床反应器在装置能耗降低，加工原料量提高，低价值的干气和焦炭产率降低，高价值的液化气、汽油产率增加，轻循环油与汽油比降低上仍具有较强的竞争优势。

国内另一家石化分公司 1.2Mt/a 催化裂化装置于 1998 年投产，采用等直径单提升管反应器。2004 年由等直径单提升管改造为双提升管反应器，装置改造后经过多年技术攻关，其运转结果仍然不如单提升管反应器。2011 年，被迫将双提升管反应器改造为变径流化床反应器。此次装置改造后一直运转至今，改造前后装置考核标定的产物分布及装置能耗列于表 4-18[7]。

表 4-18 另一家石化分公司催化裂化装置改造前后产物分布及能耗

项 目	等直径双提升管	变径流化床	变化幅度
加工原料量/(t/d)	3119	3721	19.30
产物分布/%			
干气	3.53	3.43	-2.83
液化气	12.84	17.68	37.69
汽油	40.79	43.15	5.79
轻循环油	24.67	20.70	-16.09
油浆	9.44	6.60	-30.08
焦炭	8.25	8.03	-2.67
损失	0.48	0.41	
合计	100.00	100.00	0.00
轻循环油与汽油比	0.60	0.48	-20.00
总液收/%	78.30	81.53	4.13
装置总能耗/(kJ/t)	2526.52	2305.32	-8.76

从表 4-18 可以看出，与双提升管反应器相比，采用变径流化床反应器，装置能耗降低幅度为 8.76%，加工原料量提高幅度为 19.30%，低价值的干气和焦炭产率降低幅度分别为 2.83%和 2.67%，高价值的液化气、汽油产率增加幅度分别为 37.69%和 5.79%，轻循环油与汽油比降低幅度为 20.00%。由此可以看出，变径流化床反应器在技术指标上仍具有较强的竞争优势。

4.5.3 与等直径提升管加密相流化床反应器应用效果比较

乙烯、丙烯和丁烯等轻烯烃是最基本的有机化工原料。基于催化裂化技术平台，开发以重油为原料通过深度催化裂化直接生产丙烯的技术路线备受各大石油公司和研究机构的青睐。20 世纪 80 年代末，石油化工科学研究院开发了以重油为原料的生产丙烯为主要目的催化裂解新工艺(Deep Catalytic Cracking，简称 DCC)。对于易裂化石蜡基的大庆原料，DCC 工艺的丙烯产率高达 22.9%，而中间基的原料所产丙烯产率略低，但丙烯产率仍然超过 17%。但是，当最大量地生产丙烯和芳烃时，随着液化气产率的增加，汽油产率减少，而汽油中的芳烃和苯含量大幅度增加，最不合理的是干气产率增长近 5 倍，从而造成重质油资源的浪费。其原因在于 DCC 工艺采用等直径提升管加密相流化床，油气在沉降器停留时间过长。采用变径流化床反应器，反应油气出口直接与旋风分离器连接，大幅度减少油气在沉降器内的停留时间，减少热裂化反应，从而降低干气产率，详细论述见第 7 章。

缓和催化裂解工艺(Moderate Catalytic Cracking Process，简称 MCC)是以变径流化床为反应器，既可以实现小分子烯烃在较温和的条件下发生裂化反应，同时又不会过度裂化造成干气产率明显增加，尤其是氢气和甲烷产率的大幅度增加。MCC 工艺和 DCC 工艺在中型实验装置上试验结果列于表 4-19[3]。

表 4-19　MCC 工艺和 DCC 工艺在中型实验装置上试验结果

工艺类型	MCC	DCC
试验编号	B40-12-MC	892-6
原料油	大庆 VGO+30%VR	大庆 VGO
反应器	变径流化床	提升管加流化床
操作条件		
反应温度/℃	基准	+50
剂油比	基准	+4
物料平衡/%		
干气	3.86	11.97
液化气	37.93	42.56
丙烷	1.76	3.34
丙烯	17.81	19.07
丁烷	3.16	4.22
丁烯	15.20	15.93
汽油	39.04	28.33
柴油	9.58	9.94
重油	3.48	—
焦炭	6.11	5.35
总计	100.0	98.15
转化率/%	90.41	90.06
总液收/%	86.55	80.83
丙烯含量/%	46.95	44.81
丙烯/丙烷	10.12	5.71
丁烯/丁烷	4.81	3.77
液化气/干气比	9.83	3.55

从表4-19可以看出，相对于采用等直径提升管加密相流化床反应器的DCC工艺，采用变径流化床反应器的MCC工艺能够明显抑制热裂化反应，大幅度地降低干气产率，改善产物分布，总液体收率增加5个百分点以上，而高价值的丙烯产率基本相当，从而在大幅度地提高装置的经济效益时，节约宝贵的重油资源，实现了石油资源高效利用。

孙守华等基于国内催化裂化同行公开发表的90篇文献资料，汇总了变径流化床反应器在40多套催化裂化装置上所得到174套工业装置生产数据，并对数据进行统计分析。相对于等直径提升管，采用变径流化床反应器后，汽油产率增加2.41百分点，轻循环油产率降低3.67百分点，液化气增加1.72百分点，汽油烯烃降低12.1单位，辛烷值RON增加0.2单位，MON增加0.7单位[8]。

4.6 变径流化床反应器工业应用以及经济效益分析

4.6.1 工业应用

近20年来，对变径流化床反应器技术持续攻关，解决了反应器平稳运行、气固两相混合流流动合理分配、催化剂磨损和分配器长期运转等技术难题，使变径流化床反应器可以作为某些复杂气固催化反应专用反应器，已成功地应用到催化裂化技术领域(见第5章)、重油加工技术领域(见第6章)和石油及煤化工技术领域(见第7章)，开发出多项具有原始性创新的催化反应工艺技术。

在催化裂化技术领域中，已开发出多产异构烷烃的催化裂化工艺(MIP)，生产清洁汽油和丙烯的催化裂化工艺(CGP)，多产高辛烷值汽油的催化裂化工艺(LTG)，降低干气和焦炭的催化裂化工艺(DCR)，正在开发的生产超低烯烃汽油的催化裂化工艺和精细催化裂化工艺，这些工艺技术的特点、过程反应化学和工业装置应用结果详细见第5章。下面简单地介绍这些技术应用情况。

基于变径流化床反应器技术平台，配合相应的专用催化剂开发和反应模式调控水平的提高，MIP或CGP工艺实现了催化裂化装置产品收率提高和产品结构改善，同时所生产的汽油烯烃含量大幅度地降低且降低幅度可控，满足各自企业对汽油质量要求。正因如此，在近20年时间内，国内大部分催化裂化装置将等直径提升管反应器更换为变径流化床反应器，应用MIP或CGP工艺的催化裂化装置名称、规模和开工时间列于表4-20。累计实施规模为122.72Mt/a。

表4-20　应用MIP或CGP工艺的催化裂化装置名称、规模和开工时间

序号	应用装置名称	实施规模/(Mt/a)	开工时间
1	高桥分公司(Ⅲ)	1.40	2002-2-4
2	安庆分公司(Ⅰ)	1.20	2003-1-19
3	龙油石化(Ⅰ)	0.44	2003-9-13
4	永坪炼油厂(Ⅱ)	1.40	2004-4-10
5	镇海炼化公司(Ⅰ)	1.80	2004-4-26
6	沧州分公司(Ⅰ)	1.20	2004-6-19
7	西安分公司	0.60	2004-7-4
8	九江分公司(Ⅱ)	1.00	2004-7-23
9	燕山分公司(Ⅲ)	2.00	2005-4-16
10	石家庄炼化分公司(Ⅰ)	1.00	2005-6-25
11	天津分公司(Ⅰ)	1.30	2005-7-1
12	青岛石化(Ⅱ)	1.40	2005-8-26
13	哈尔滨石化(Ⅱ)	0.60	2005-10-30
14	锦西石化(Ⅱ)	1.80	2005-11-22
15	中原油田石化(Ⅱ)	0.50	2006-6-28
16	海南炼化公司	2.80	2006-8-26
17	延安炼油厂(Ⅱ)	2.00	2006-11-17
18	金陵分公司(Ⅰ)	1.20	2006-11-27
19	广州分公司(Ⅰ)	2.00	2007-2-8
20	镇海炼化公司(Ⅱ)	3.00	2007-4-30
21	茂名分公司(Ⅱ)	1.00	2007-9-4
22	前郭石化	1.00	2007-9-29
23	青岛炼化公司	2.90	2008-5-10
24	大庆石化(Ⅱ)	1.40	2008-9-28
25	惠州炼化(Ⅰ)	1.20	2009-4-26
26	巴陵石化	1.05	2009-7-16
27	大庆石化(Ⅰ)	1.00	2009-8-1
28	大庆炼化(Ⅱ)	2.00	2009-9-28
29	榆林炼油厂(Ⅰ)	0.60	2009-9-30
30	齐鲁分公司(Ⅱ)	0.80	2009-10-27
31	永坪炼油厂(Ⅰ)	0.50	2010-4-14
32	清江石化公司(Ⅰ)	0.50	2010-9-27
33	吉林石化(Ⅲ)	1.40	2010-10-22
34	长岭分公司(Ⅲ)	2.80	2010-11-22
35	抚顺石化(Ⅱ)	1.70	2010-12-3

续表

序号	应用装置名称	实施规模/(Mt/a)	开工时间
36	榆林炼油厂(Ⅱ)	1.80	2011-6-22
37	哈尔滨石化(Ⅲ)	1.20	2011-7-26
38	九江分公司(Ⅰ)	1.00	2011-11-11
39	北海炼化公司(Ⅱ)	1.70	2011-12-29
40	湛江东兴石化(Ⅱ)	1.50	2012-6-9
41	金陵分公司(Ⅲ)	3.50	2012-10-8
42	呼和浩特石化	2.80	2012-10-28
43	上海石化(Ⅱ)	3.50	2012-11-29
44	茂名分公司(Ⅳ)	2.20	2012-12-12
45	安庆分公司(Ⅲ)	2.00	2013-8-31
46	中捷石化(Ⅲ)	1.20	2013-11-4
47	四川石化	2.50	2014-2-4
48	泉州石化	3.40	2014-4-12
49	扬子石化(Ⅱ)	2.00	2014-7-21
50	石家庄炼化分公司(Ⅲ)	2.20	2014-8-20
51	北海炼化公司	0.40(扩建)	2015
52	齐鲁分公司(Ⅲ)	2.60	2015-4-15
53	吉林石化(Ⅰ)	1.40	2015-7-1
54	延安炼油厂(Ⅰ)	1.00	2017-5-18
55	惠州炼化(Ⅱ)	4.80	2017-9-26
56	济南分公司(Ⅰ)	1.20	2018-5-21
57	胜利油田炼油厂	1.03	2018-11-15
58	洛阳分公司(Ⅰ)	1.80	在建
59	中科炼化公司	4.20	在建
60	荆门分公司(Ⅰ)	2.80	在建
61	天津分公司(Ⅱ)	2.80	在建
62	鑫泰石化	1.60	在建
63	扬子石化(Ⅲ)	2.80	设计
64	武汉分公司(Ⅰ)	2.80	设计
65	大庆石化(Ⅲ)	2.00	设计
66	抚顺石化南催化	0.80	改造
67	浙江石化	3.00	设计
68	北海炼化公司	1.20	设计
69	兰州石化(Ⅱ)	3.00	改造
70	中化大庆蓝星	0.50	改造
合计		122.72	

由于加氢LCO与催化裂化装置新鲜原料油混兑后，混合原料油的黏度和50%点馏出温度明显降低，从而使原料油雾化效果得到改善，进而使干气和焦炭产率降低。正因如此，LTG工艺及其子工艺在变径反应器平台上得到了广泛的应用，累计实施规模为38.95Mt/a，具体的装置名称、规模和开工时间列于表4-21。

表4-21　应用LTG工艺的装置名称、规模和开工时间

序号	应用装置名称	实施规模/(Mt/a)	LTG工艺类型	开工时间
1	巴陵石化	1.05	LTG-Ⅰ/LTG	2009-10-12
2	燕山石化(Ⅲ)	2.00	LTG	
3	天津石化	1.30	LTG	
4	石家庄炼化(Ⅲ)	2.20	LTG	
5	齐鲁石化(Ⅲ)	2.60	LTG	
6	安庆石化(Ⅲ)	2.00	LTG	
7	九江石化(Ⅰ)	1.00	LTG	
8	九江石化(Ⅱ)	1.00	LTG	
9	金陵石化(Ⅰ)	1.30	LTG	
10	金陵石化(Ⅲ)	3.50	LTG	
11	扬子石化(II)	2.00	LTG-Ⅰ/LTG	2014-7-21
12	高桥石化(Ⅲ)	1.40	LTG	
13	上海石化(II)	3.50	LTG	
14	镇海炼化(Ⅰ)	1.60	LTG	
15	北海炼化	2.10	LTG	
16	清江石化(II)	0.50	LTG	
17	青岛炼化	2.90	LTG	
18	青岛石化	1.40	LTG	
19	呼和浩特石化	2.80	LTG-Ⅰ/Ⅱ	2015-5-15
20	四川石化	2.80	LTG-Ⅱ	
合计		38.95		

DCR工艺通过降低与原料油接触的催化剂温度来降低热裂化反应，从而降低干气和焦炭产率，增加液体产品收率。DCR工艺应用到具体的装置名称、规模和开工时间列于表4-22，同时列出模仿DCR工艺的装置名称和规模。累计实施规模为21.10Mt/a。

表 4-22 应用 DCR 工艺的装置名称、规模和开工时间

序号	应用装置名称	实施规模/(Mt/a)	开工时间
1	九江分公司(Ⅱ)	1.00	2011-01-15
2	九江分公司(Ⅰ)	1.00	2011-11-11
3	呼和浩特石化	2.80	2012-10-29
4	长岭分公司(Ⅲ)	2.80	2014-05-01
5	北海炼化公司(Ⅱ)	2.10	2016-01-19
6	高桥分公司(Ⅲ)	1.40	未投用
7	中科炼化公司	4.20	在建
8	大庆石化	2.00	在建
合计		17.30	
1	HRB 石化(Ⅱ)①	0.60	
2	HRB 石化(Ⅲ)①	1.20	
3	中 J 石化①	0.60	
4	华 L 石化①	1.40	
合计		3.80	

① 模仿 DCR 工艺。

变径流化床反应器在催化裂化装置上应用表现出产物分布较优，汽油性质明显改善，引起我国炼油界广泛关注。某些工程设计人员觉得有利可图，成立小型工程设计公司，盗窃变径流化床反应器核心技术，转让给地方民营炼油企业。未经授权使用变径流化床反应器的企业和装置规模列于表 4-23，累计实施规模为 31.03Mt/a。

表 4-23 未经授权的使用变径流化床反应器企业和装置规模

序号	应用装置名称	实施规模/(Mt/a)	序号	应用装置名称	实施规模/(Mt/a)
1	华 X 石化	1.40	12	恒 Y 石化	0.80
2	正 H 石化	1.40	13	中 H 精细化工	0.60
3	昌 Y 石化	1.40	14	齐 W 达	0.60
4	山东 H 化	0.80	15	金 C 石化	0.50
5	中 J 石化	0.60	16	垦 L 石化	0.50
6	汇 F 石化	0.45	17	鲁 Q 石化	1.40
7	京 B 石化	1.40	18	神 C 石化	1.00
8	晨 X 石化	0.45	19	寿 G 联盟	0.60
9	东 M 石化	0.60	20	永 X 石化	1.40
10	润 C 石化	1.00	21	齐 R 化工	0.60
11	新 H 石化	1.00	22	鑫 Y 化工	0.60

续表

序号	应用装置名称	实施规模/(Mt/a)	序号	应用装置名称	实施规模/(Mt/a)
23	宏Y石化	0.15	35	东C石化	0.60
24	万T石化	0.60	36	天H石化	1.40
25	垦L分公司	0.30	37	明Y化工	0.20
26	石D科技	0.10	38	范县丰L	1.00
27	利J石化	0.30	39	海K集团	0.60
28	弘R石化	0.50	40	天H石化	1.20
29	石D科技(日照)	0.10	41	滨T燃化	0.80
30	河北大G石化	0.20	42	华L石化	1.40
31	华L石化	0.60	43	宝T石化	0.50
32	华L石化	0.18	44	宝T石化	0.07
33	圣S化工	0.60	合计		31.03
34	亚T化工	0.60			

中国石化有41套催化裂化装置使用变径流化床，只有14套规模小的催化裂化装置未改造，详细装置名称和规模列于表4-24。

表4-24 中国石化催化裂化装置新建和改造为变径流化床及其加工量

变径流化床反应器				等直径提升管反应器		
序号	公司名称	加工量/(Mt/a)	使用时间及装置状态	序号	公司名称	加工量/(Mt/a)
1	燕山分公司(Ⅲ)	2.00	2005.04.16至今	1	燕山分公司(Ⅱ)	0.80
2	天津分公司(Ⅰ)	1.30	2005.07.01至今	2	济南分公司(Ⅱ)	1.40
3	天津分公司(Ⅱ)	2.80	在建			
4	石家庄炼化分公司(Ⅰ)	1.00	2005.06.25至今	3	洛阳分公司(Ⅰ)①	1.40
5	石家庄炼化分公司(Ⅲ)	2.20	2014.08.20至今		洛阳分公司(Ⅱ)	1.40
6	沧州分公司(Ⅰ)	1.20	2004.06.19至今	4	金陵分公司(Ⅱ)	1.00
7	齐鲁分公司(Ⅱ)	0.80	2009.10.27至今			
8	齐鲁分公司(Ⅲ)	2.60	2015.04.15至今	5	安庆分公司(Ⅱ)	0.80
9	中原油田石化(Ⅱ)	0.50	2006.06.28至2017年(企业关闭)	6	武汉分公司(Ⅰ)	1.00
10	金陵分公司(Ⅰ)	1.20	2006.11.27至今		武汉分公司(Ⅱ)①	1.00
11	金陵分公司(Ⅲ)	3.50	2012.10.08至今	7	荆门分公司(Ⅰ)①	0.80
12	扬子石化(Ⅱ)	2.00	2014.07.21至今		荆门分公司(Ⅱ)	1.20
13	扬子石化(Ⅲ)	2.80	在建	8	长岭分公司(Ⅱ)	1.20

续表

变径流化床反应器				等直径提升管反应器		
序号	公司名称	加工量/(Mt/a)	使用时间及装置状态	序号	公司名称	加工量/(Mt/a)
14	安庆分公司(Ⅰ)	1.20	2003.01.19至今	9	高桥分公司(Ⅱ)	0.60
15	安庆分公司(Ⅲ)	2.00	2013.08.31至今	10	福建炼化	1.50
16	九江分公司(Ⅰ)	1.00	2011.11.11至今	11	广州分公司(Ⅱ)	1.00
17	九江分公司(Ⅱ)	1.00	2004.07.23至今	12	湛江分公司(Ⅰ)	0.50
18	长岭分公司(Ⅲ)	2.80	2010.11.22至今	13	茂名分公司(Ⅲ)	1.40
19	高桥分公司(Ⅲ)	1.40	2002.02.04至今	14	扬州石化	0.25
20	上海石化(Ⅱ)	3.50	2012.11.29至今	合计		17.25(-3.20)
21	镇海炼化公司(Ⅰ)	1.80	2004.04.26至今			
22	镇海炼化公司(Ⅱ)	3.00	2007.04.30至今			
23	广州分公司(Ⅰ)	2.00	2007.02.08至今			
24	湛江东兴石化(Ⅱ)	1.50	2012.06.09至今			
25	茂名分公司(Ⅱ)	1.00	2007.09.04至今			
26	茂名分公司(Ⅳ)	2.20	2012.12.12至今			
27	北海炼化公司(Ⅱ)	2.10	2011.12.29至今			
28	青岛石化(Ⅱ)	1.40	2005.08.26至今			
29	清江石化公司(Ⅰ)	0.50	2010.09.27至今			
30	巴陵石化	1.05	2009.07.16至今			
31	西安分公司	0.50	2004.07.04至2011年(企业关闭)			
32	海南炼化公司	2.80	2006.08.26至今			
33	青岛炼化公司	2.90	2008.05.10至今			
34	济南分公司(Ⅰ)	1.20	2018.05.31至今			
35	胜利石化(Ⅰ)	1.00	2018.11.13至今			
36	洛阳分公司(Ⅰ)	1.80	即将投产			
37	荆门分公司(Ⅰ)	2.80	在建			
38	中科炼化公司	4.20	在建			
39	北海炼化公司	1.20	在建			
40	扬子石化(Ⅲ)	2.80	在建			
41	武汉分公司(Ⅰ)	2.80	在建			
合计		77.35(-1.00②)				

① 正在将等直径提升管改为变径流化床反应器。

② 中原油田石化和西安分公司已关停。

从表4-24可以算出，中国石化基于变径流化床反应器的催化裂化装置加工量为77.35Mt/a，扣除1.00Mt/a停产装置，实际加工量为76.35Mt/a；基于等直径提升管的催化裂化装置加工量为17.25Mt/a，扣除3.20Mt/a改为变径流化床反应器，实际加工量为14.05Mt/a。催化裂化装置总加工能力为76.35+14.05=90.40Mt/a，其中变径流化床反应器加工能力占总加工能力比例为76.35/90.40=84.46%。

中国石油十几套催化裂化装置使用变径流化床反应器，约占总加工量的35%。随着车用乙醇汽油使用，轻汽油醚化技术将被淘汰，降低催化裂化汽油烯烃，并且要大幅度地降低汽油烯烃可能只有使用变径流化床反应器。预计变径流化床在中国石油催化裂化装置上使用的比例会增加。延长集团6套催化裂化装置全部使用变径流化床。中国海油惠州炼化公司两套催化裂化装置均使用变径流化床，其中480万t/a催化裂化装置是目前我国最大的催化裂化装置，2017年投产。

国内原油加工能力在2016年约为7.5亿t，全年原油实际加工量约为5.39亿t[9]，2017年原油实际加工量约为5.6亿t，2018年原油实际加工量约为5.8亿t。国内催化裂化加工量占原油加工能力约为25.9%[10]。由此可以算出：国内催化裂化加工能力约为5.8×25.9%=1.50亿t，2018年变径流化床反应器加工能力已达到0.938亿t/a，再加未经授权装置加工能力为0.310亿t/a，两者合计为1.248亿t/a，相当于占全国加工能力的1.248/1.50=83.2%。国内车用汽油量约70%来自催化裂化装置所生产的催化裂化汽油[11]。由此可以推算，变径流化床反应器生产了车用汽油量约83.2%×70%=58.24%，在我国车用汽油质量从国Ⅲ到国Ⅵ升级过程中发挥不可取代的作用。

IHCC工艺工业试验是在QJ石化10万t/a催化裂化装置与2万t/a加氢处理耦合装置上进行的，已完成工业试验，详细见第6章。IHCC工艺采用的反应器是变径流化床。在低碳烯烃生产技术开发上，实验室研究也采用变径流化床反应器，在此反应器上所表现的效果明显好于提升管+密相流化床或密相流化床反应器。

变径流化床反应器分区调控复杂气固催化反应技术的先进性已引起国内外同行的关注，美国Stone & Webster Process Technology公司已成为国外代理商，面向全球推广。Warren S. Letzsch申报了两件生产低碳烯烃发明专利，也是以变径流化床为反应器[12,13]。2011年，基于变径流化床反应器的MIP工艺在古巴CUVENPETROL Matanzas Refinery项目中中标。

4.6.2　经济效益分析

以变径流化床为反应器的CGP工艺作为技术经济效益分析案例。以ZH炼化公司CGP装置为对象，并以原有重油FCC装置的技术经济效益作为比较基础的。

CGP装置的原料油组成、产物分布、汽油性质和装置能耗数据来自2005年

1 月 7 日标定数据；而 FCC 装置的原料油组成、产物分布、汽油性质和装置能耗数据来自 2003 年 9 月 22 日标定数据。原料油和产品价格是 2004 年的市场价格，由 ZH 炼化公司财务处提供；干气系该公司内部燃料，价格按重油计算；焦炭也系该装置的内部燃料，价格按重油计算。依据原料油组成、产物分布、汽油性质和装置能耗以及所对应价格，可以算出 CGP 工艺加工每吨原料油各自的增值额，经济效益的具体数据见表 4-25。

表 4-25　CGP 工艺与 FCC 工艺每吨加工量的经济效益比较

项　目	价格/(元/t)	CGP/%	FCC/%	增值额/(元/t)
标定日期		2005-01-07	2003-09-22	
蜡油	2154	0.6747	0.70	54.50
渣油	1450	0.3253	0.30	-36.69
小计				17.81
干气	1422.84	2.58	3.46	-12.52
液化气	3101.81	15.47	11.03	137.72
汽油	2689.49	39.52	44.42	-131.79
轻循环油	2692.78	22.23	23.16	-25.04
油浆	1422.84	4.98	5.29	-4.41
焦炭	1422.84	7.11	7.06	0.71
丙烯	5989.21	7.63	5.10	151.53
小计				116.20
合计				134.01
		催化剂		
催化剂价格/(元/t)	24333.543	催化剂单耗变化	0.062	1.51
		装置能耗		
能耗价格/(元/t)	1422.84	能耗变化/(kgEO/t)	1.43	2.03
		汽油质量		
辛烷值收益/(元/t)	70.0	辛烷值变化	1.6	44.26
每吨加工量收益/(元/t)				181.81

从表 4-25 可以看出如下几点结论：

（1）原料油的增值额为 17.81 元/t

由于 CGP 装置掺渣比与原 FCC 装置基本相同，而蜡油的价格与渣油的价格是不同的。依照 CGP 和 FCC 标定时的掺渣比数据，可以算出 CGP 工艺所加工每吨原料油的原料油增值额为 17.81 元/t。

（2）产品的增值额为 134.01 元/t

由于 CGP 装置可以大幅度地提高液化气产率，特别是高附加值产品丙烯产率，同时 CGP 装置的干气产率和油浆产率有所降低，由此导致其他高附加值产品产率相应地增加，从而导致 CGP 装置的产品的增值额大幅度增加。依照 CGP 和 FCC 标定的产品分布及所对应的价格，可以算出 CGP 工艺所加工每吨原料油的产品的增值额为 134.01 元/t。

（3）装置能耗的增值额为 2.03 元/t

CGP 装置能耗减少 1.43kg 标油/t，燃料油价格按重油计算，可以算出每吨原料油的能耗的增值额为 2.03 元/t。

（4）汽油质量的增值额为 44.26 元/t

采用 CGP 工艺技术，汽油质量得到了明显的改善，汽油烯烃、汽油硫含量下降和诱导期增加，这方面价值增值额暂不计算，汽油硫含量下降有利于低硫高标号汽油的生产，诱导期增加可适当降低抗氧剂的加入。汽油质量的增值额主要集中在装置改造后研究法汽油辛烷值价格的增加上。改造后研究法汽油辛烷值增加了 1.60 个单位，按每个汽油辛烷值价值 70.00 元计算，可以算出每吨原料油的汽油辛烷值的增值额为 44.26 元/t。

（5）催化剂消耗的增值额为 1.51 元/t

装置所用化工原材料消耗只取催化剂消耗，其他化工原材料消耗改造前后基本相当，暂不计算。CGP 装置催化剂的单耗减少了 0.064kg/t，催化剂价格按每吨 24333.543 元计算，可以算出每吨原料油的催化剂消耗的增值额为 1.51 元/t。

依据上述的原料油的增值额、产品的增值额、装置能耗的增值额、汽油质量的增值额和催化剂消耗的增值额，可以算出 CGP 装置加工每吨原料油的增值额为 181.81 元/t。ZH 炼化公司 1.4Mt/a 的 CGP 装置每年所产生的经济效益为 25453 万元。

至 2018 年 12 月，已有 55 套工业催化裂化装置采用了变径流化床反应器，加工量为 9382 万 t/a，以 ZH 炼化公司 1.4Mt/a 的 CGP 装置每年所产生的经济效益为 25453 万元为计算依据，其经济效益约为 168 亿元/a，从 2002 年至 2018 年累计经济效益约为 1344 亿元。由此可以看出，以变径流化床为反应器的催化裂化工艺不仅可以生产低烯烃汽油，减少对环境污染，具有巨大的社会效益，同时由于高附加值产品产率的增加，产生巨大的经济效益。

DCR 技术总加工能力达到 1730 万 t/a，经济效益为 7.7 亿元/a。此外，LTG 技术总加工能力达到 805 万 t/a，经济效益为 3.0 亿元/a。后续脱硫装置因辛烷值损失减少而产生的经济效益为 61.5 亿元/a。

根据生产统计数据，在生产硫含量低于 10μg/g 的清洁汽油时以 MIP 汽油比常规的 FCC 汽油辛烷值平均少损失约为 1.48 个单位。按研究法辛烷值(RON)每单位 110 元/t 计，MIP 汽油产率平均约为 41.7%，则生产的清洁汽油约 37.896Mt/a，产生的经济效益约 61.5 亿元/a。

与变径流化床相配套的工艺所需的专用催化剂产量约为 70000t/a，每年新增销售额约为 2.1 亿元。

4.6.3 技术许可

变径流化床及相应的工艺技术已通过专利许可方式许可到中国石化、中国石油、中国海油、中国中化、延长集团、中国化工和民营炼油企业。变径流化床自 2002 年实现工业化以来，每年均有数家炼油企业通过专利许可方式使用变径流化床反应器及相应的工艺，截至 2018 年 12 月底，许可装置数目及规模列于表 4-26。

表 4-26 变径流化床及相应的工艺每年许可装置数目及规模

年份	许可装置数/套	实施规模/(Mt/a)	年份	许可装置数/套	实施规模/(Mt/a)
2002	1	1.40	2011	4	5.70
2003	2	1.84	2012	5	13.50
2004	5	6.00	2013	2	3.20
2005	6	8.30	2014	4	10.10
2006	4	6.50	2015	3	5.00
2007	4	7.00	2016	4	7.80
2008	2	4.30	2017	5	13.20
2009	6	6.65	2018	8	15.33
2010	5	6.90	合计	70	122.72

从表 4-26 可以看出，从 2002 年至 2018 年，变径流化床反应器及相应的工艺专利许可到 70 套装置，装置加工能力约为 1.23 亿 t/a，收入超过 6.26 亿元。与变径流化床反应器相配套的工艺所需的专用催化剂每年经济效益也相当可观。

4.7 社会效果及分析

4.7.1 气固流态化、石油炼制与化工等学科建设

1936 年，第一套固定床催化裂化装置投产，标志着催化裂化工艺开始进入炼油技术的舞台，随后呈现出精彩纷呈的新构思和新设计，移动床、流化床、等直径提升管和变径流化床反应器相继诞生，催化裂化工艺反应器类型演变见图 4-32。变径流化床反应器已获中国、美国和日本发明专利授权，实现了我国

催化裂化技术从跟踪模仿创新方式向自主创新方式转变。

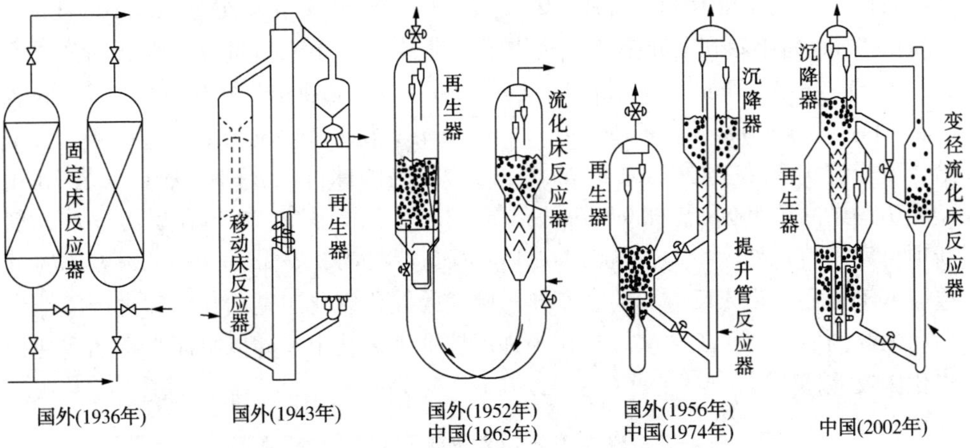

图4-32 80年催化裂化工艺反应器类型演变过程

变径流化床反应器发明起源于催化裂化新工艺研究与开发。经过近20年持续研究与开发，发现变径流化床具有多个不同的反应区，可以同时优化某些复杂气固催化反应的转化率与选择性，化解了复杂气固催化反应在单一流化床反应器内存在着转化率与选择性之间相矛盾的固有缺陷，为复杂气固催化反应提供了更加可靠的催化反应工程，由此推动气固流态化科学与技术研究向纵深发展。

变径流化床反应器及其相应的工艺开发是在国家科技部973项目和国家科技支撑计划支持下完成的。参与973项目分别为：石油炼制和基本有机化学品合成的绿色化学，其子课题——催化裂化生产清洁汽油组分的反应化学和催化材料科学基础(G200004801，2000.10.1~2005.9.1)；石油资源高效利用的绿色可持续化学，其子课题——石油资源的分子鉴别和转化规律认识(2006CB202501，2006.10.1—2010.9.1)；高效绿色炼油技术的化学和工程基础，其子课题——劣质重油高效绿色转化的化学和工程基础(2012CB224801，2012.1.1—2016.10.10)。参与国家科技支撑计划项目分别为：流程工业多尺度模拟放大技术及其在石化行业的应用，其子课题——MIP工艺中关键气固反应器的模拟优化设计与调控(2008BAF33B02，2008.01—2010.12)；劣质、重质原油高效转化，其子课题——重油加工组合工艺技术开发与应用(2012BAE05B05，2012.01—2014.12)。

国内外化工领域同行对变径流化床反应器及相应的工艺也给予积极评价。中国科学院大连化学物理研究所辛勤教授在《中国催化进展：理论和技术创新》一文中将基于变径流化床反应器的多产异构烷烃的催化裂化工艺(MIP)列为中国炼油重大技术创新。王基铭院士主编的《中国炼油技术新进展》一书在序言中将MIP

工艺列为我国自主创新的技术，将 MIP 工艺作为提升炼油工业效益水平的重大技术进行阐述，并安排专题来介绍 MIP 工艺[14]。Werther 等在纪念《Ullmann Encyclopedia》100 周年专刊上介绍变径流化床反应器[15]。由来自世界三大石油公司著名专家 Steven A. Treese(Philips)、Peter R. Pujado(UOP)和 David S. J. Jones(Fluor)主编的 *Handbook of Petroleum Processing*(第 2 版，Springer，2015)一书中给予变径流化床反应器(Dual diameter riser)较高的评价，被列为 FCC 工艺 70 年发展历程中的重大创新(Major Innovation)之一。FCC 工艺 70 年发展历程重大创新项目列于表 4-27[16]。Hydrocarbon Processing's 2011 *Refining Processes Handbook* 选取基于变径流化床反应器的多产异构烷烃的催化裂化工艺(MIP)和生产清洁汽油和丙烯的催化裂化工艺(CGP)作为许可炼油工艺技术，并以封面文章刊登变径流化床反应器[17]。

表 4-27　FCC 工艺 70 年发展历程重大创新项目

年　份	技术名称/公司
1942	First FCC unit on stream(Exxon)
1947	Stacked configuration(UOP) Compact with small inventory
1948	Spray-dried catalyst(improved fluidization)
1952	Synthetic high alumina(higher stability)
1955	Reactor riser cracking(Shell)
1959	Semisynthetic catalyst(addition of clay)
1960	Improved metallurgy(higher regenerator temperatures)
1961	Heavy oil cracking(Phillips-Kellogg)
1964	Zeolitic catalysts introduced(Mobil)
1972	Complete CO combustion process(Amoco)
1974	Combustion promoters(Mobil)
1975	Metals passivation(Phillips)
1981	Two independent regenerators for unlimited regeneration temperature(Total)
1982	High-performance feed injectors
1982	Dense bed catalyst coolers(Ashland/UOP)
1987	Vapor quench(Amoco)
1988	Close-coupled cyclones(Mobil)
1991	Deep catalytic cracking(RIPP/Sinopec)
1996	Enhanced stripping designs(Total/Koch-Glitsch)
2002	Catalytic pyrolysis(RIPP/Sinopec)
2005	Gasoline cracking(Kellogg)
2007	Dual diameter risers(RIPP/Sinopec)
2011	Downflow reactor (Nippon/Aramco/Technip-Stone & Webster/Axens)

2016 年，国家知识产权局和世界知识产权组织授予“一种用于流化催化转化的提升管(变径流化床)反应器(ZL99105903. 4，反应器母专利)”中国发明专利金奖。2003 年，国家知识产权局授予“一种制取异丁烷和富含异构烷烃汽油的催化转化方法(ZL99105904. 2，MIP 工艺方法专利)”中国发明专利优秀奖。预计在变径流化床反应器技术平台上，将开发出更多的石油炼制、石油化工以及其他化工领域更加高效的化工技术，促进石油炼制与化工等学科建设与发展。

4. 7. 2　重质石油资源高效利用与化工原料来源多样化

变径流化床反应器的高选择性催化裂化与加氢集成技术(IHCC)是国际首创的重油加工路线，大幅度提高石油资源利用率。工业试验结果表明，IHCC 技术可使液体产品收率增加 10 个百分点以上，这意味着一旦 IHCC 工艺得到广泛应用，势必轻质油收率将大幅度提高。据测算，当我国炼油能力达到 6 亿 t/a 时，重质油量约为 3. 6 亿 t，如果这些重质油采用 IHCC 工艺加工，轻质油产量可增加约 3600 万 t/a，接近于大庆油田每年所生产的原油量。IHCC 工艺符合中国以汽油消费为主国情，具有较大的竞争优势。与其他重油加工路线比较列于表 4-28。

表 4-28　IHCC 工艺与其他重油加工路线比较

项　　目	固定床+FCC	沸腾床	浆态床	固定床+IHCC
原料油	常规重油	劣质重油	劣质重油	较劣质重油
主要产品	汽油	柴油	柴油	汽油
液体产品收率	低	中	中	高
技术成熟性	成熟	较成熟	开发中	较成熟

DCR 工艺可以降低干气和焦炭产率，也小幅度地提高了石油资源利用率。LTG 技术可以部分降低柴油产率，增加汽油产率。而高选择性催化裂化技术甚至可以不产柴油，从而优化产品结构。MCC 工艺多产低碳烯烃，同时大幅度地降低干气产率，从而提高石油资源利用率。开发替代石油以煤制甲醇生产烯烃工艺可降低石油资源依赖，实现可持续发展，具有重大意义[18]。

对于相同液体收率，MIP 工艺的焦炭产率减少，相应地二氧化碳排放量减少。劣质重油采用 IHCC 技术加工，其焦炭产率明显降低，从而二氧化碳排放量减少更多，实现了低碳、绿色、可持续发展。

4. 7. 3　车用汽油生产关键技术开发

国内炼油技术人员经过近 20 年的研究与开发，开发出多项降低催化裂化汽油烯烃和硫含量技术。这些技术经市场多次反复竞争与淘汰，形成了我国车用汽油生产两条基础技术路线：一是 MIP 与 S Zorb/汽油加氢脱硫组合；二是 FCC 与汽油加氢脱硫/轻汽油醚化组合，其中 MIP 与 S Zorb 组合工艺已成为我国车用汽油生产最具有竞争力技术路线。

4.7.3.1 国Ⅲ到国Ⅴ车用汽油

基于变径流化床反应器的多产异构烷烃的催化裂化工艺(MIP)开发目标是将汽油中的烯烃含量降低到35%以下。随后在 MIP 工艺应用过程中，通过对多套工业装置所积累的数据进行分析，确定了工艺参数对汽油烯烃含量影响的定量关系，再加上专用催化剂应用与协同，使 MIP 工艺汽油烯烃含量控制在20%~35%范围内，并能够按企业生产车用汽油对汽油烯烃含量要求，进行更加精准控制，从而使经济效益最大化。MIP 工艺为国Ⅲ到国Ⅴ车用汽油中的烯烃含量调控提供了可靠的技术支撑。

MIP 工艺汽油在烯烃含量大幅度降低的情况下，RON 有所增加(除个别装置外)，MON 明显增加，尤其以多产丙烯和汽油生产方案时，MIP 工艺汽油的 RON 和 MON 均增加近 2 个单位；硫传递系数 STC(汽油中的硫与原料中的硫之比)降低约为30%~50%；汽油中的苯含量与芳烃含量之比(苯芳比，R_{BA})低。MIP 工艺汽油性质明显改善的原因在于其组成发生了变化，MIP 工艺和 FCC 工艺的汽油组成列于表 4-29[19]。

表 4-29　MIP 工艺和 FCC 工艺汽油性质与组成

工艺类型	MIP	FCC	工艺类型	MIP	FCC
质量组成/%			烯烃组成/%	25.07	40.78
正构烷烃	4.93	4.74	直链 1-烯烃	1.16	1.93
异构烷烃	31.18	23.91	直链 2-烯烃	6.10	8.68
烯烃	25.07	40.78	直链 3^+-烯烃	1.04	2.94
环烷烃	7.31	7.31	支链 1-烯烃	6.05	10.30
芳烃	29.61	22.24	支链 2-烯烃	7.30	9.70
其中苯	0.88	0.78	多支链烯烃	0.09	0.30
RON	92.9	93.0	环状烯烃	2.85	5.89
MON	82.0	81.5	二烯+三烯+炔	0.47	1.03
异构/正构烷烃	6.32	5.04	支链/直链比	1.62	1.48
苯芳比(R_{BA})	2.97	3.51	支链 2/支链 1 比	1.20	0.94

从表 4-28 可以看出，相对于 FCC 工艺汽油组成，MIP 工艺汽油异构烷烃含

量高，烯烃含量低，芳烃含量高，苯含量低，苯芳比低，正构烷烃含量和环烷烃含量与FCC工艺汽油相当，异构烷烃与正构烷烃比较高。此外，在异构烷烃分布中，MIP工艺汽油的异戊烷含量和异己烷含量较高，异庚烷及其以上单支链烷烃含量较低，多甲基异构烷烃含量也较低；在烯烃分布中，MIP工艺汽油直链烯烃含量较低，尤其是直链1-烯烃，尽管支链烯烃含量较低，但支链烯烃与直链烯烃比较高，同时支链2-烯烃与支链1-烯烃比较高。

直链烯烃-1辛烷值低，且易于加氢饱和，饱和后为正构烷烃，其辛烷值更低，而支链烯烃辛烷值较高，且难以被加氢饱和，即使加氢饱和，其辛烷值损失少。由于MIP汽油中的直链烯烃-1较低，且异构烯烃含量较高，因而在相同的加氢条件下，烯烃饱和率低，辛烷值损失少，或者说在相同的脱硫率下，烯烃饱和率低，辛烷值损失少。FCC和MIP工艺汽油的脱硫率与RON损失列于表4-30。

表4-30　MIP和FCC工艺汽油的脱硫率与RON损失

项目	硫/(mg/kg)		烯烃/%		脱硫率/%	RON损失
汽油类型	原料	产品	原料	产品		
FCC汽油-1	942	43	38.8	30.7	95.43	1.8
FCC汽油-2	766	36	25.5	22.3	95.30	1.0
FCC汽油-3	770	38	37.0	27.4	95.06	1.6
MIP汽油-1	627	32	28.8	24.7	94.90	0.8
MIP汽油-2	532	44	32.7	28.3	91.73	0.6
MIP汽油-3	364	6.2	14.1	12.8	98.30	0.2
MIP汽油-4	664	33	31.0	25.2	95.03	0.7

由此可以看出，MIP工艺不仅降低汽油烯烃含量，增加汽油辛烷值和减少汽油中的硫，同时为汽油脱硫工艺提供更为理想的汽油原料。采用汽油超深度脱硫工艺时，以MIP工艺汽油为原料，其辛烷值损失明显低于FCC工艺汽油，从而确保了高标号车用汽油生产，这也是FCC工艺无法具备的。

由于MIP工艺与汽油脱硫工艺具有较好的协同性，因此，MIP和RSDS/S Zorb工艺组合是我国车用汽油质量升级主要技术途径，且具有较好的经济效益，同时为后续车用汽油升级提供了可靠的基础。实际上，中国石化所有的大型炼油企业生产国Ⅴ车用汽油均采用MIP和S Zorb组合工艺。

4.7.3.2　国Ⅵ车用汽油和车用乙醇汽油

随着国Ⅵ车用汽油和车用乙醇汽油质量标准即将实施，车用汽油烯烃含量要求低于15%，同时车用乙醇汽油不允许添加含氧化合物，这意味着MIP工艺所生产的汽油馏分烯烃含量也过高，MTBE 和轻汽油中的烯烃醚化氧化物不能作为车用汽油组分。我国车用汽油生产技术路线又一次面临着巨大挑战。

为了应对国Ⅵ车用汽油和车用乙醇汽油质量标准要求，有必要对我国已形成的两条车用汽油生产基础技术路线进行深入分析、多层次对比。对于 FCC 与汽油加氢脱硫/轻汽油醚化组合工艺的车用汽油生产路线，由于轻汽油中的烯烃经醚化所生成的氧化物不允许作为车用汽油组分，轻汽油醚化工艺即将淘汰。因此，这条技术路线在短时间内无法提供未来车用汽油组分，需要开发汽油烯烃后处理技术。即使汽油烯烃后处理技术开发成功，是否具有市场竞争力还需一定时间经受市场检验。对于 MIP 与 S Zorb 组合工艺的车用汽油生产基础技术路线，MIP 工艺因生产汽油烯烃含量高于 20%而需要再次深度开发，将汽油烯烃含量降低到 20%以下，甚至 10%以下。

在变径流化床反应器技术平台上，从工艺流程、工艺参数和催化剂性能上强化汽油中的烯烃在第二反应区内进行高选择性氢转移反应，以进一步降低汽油中的烯烃含量，生成更多的异构烷烃和芳烃。同时开发相应的高效再生技术，以烧去因汽油烯烃含量降低而带来的产率增加的焦炭。由此开发出多产高辛烷值、超低烯烃含量汽油的新一代 FCC 工艺(FCC for producing gasoline with Ultra Low Olefins，简称 ULO)，将汽油烯烃体积分数降至 10%以下[20]。

尽管 S Zorb 工艺可使汽油深度脱硫，但在汽油深度脱硫过程中会造成汽油辛烷值损失，一般在 1 个单位左右。为此，开发出汽油灵活吸附脱硫工艺(简称 SDS)。在 FCC 装置主分馏塔塔顶处设置两级冷凝器，FCC 粗汽油从塔顶首先进入第一级冷凝器，分离出重汽油和油气，重汽油直接输送到后续的 S Zorb 装置进行吸附脱硫，油气再进入第二级冷凝器进行冷却，冷却后的液体进入吸收稳定系统，富气进入气压机系统，这部分轻汽油从稳定塔塔底抽出进入另一个 S Zorb 装置进行吸附脱硫。由于重汽油烯烃含量低，而硫含量高，可以采用高苛刻度来降低汽油中的硫含量；同时轻汽油烯烃含量高、硫含量低，可以采用低苛刻度操作以尽可能地减少汽油烯烃的饱和，从而降低汽油辛烷值损失。SDS 工艺原则流程见图 4-33[20]。

在 SDS 工艺基础上，研制专用催化剂及其处理方法，并开发出相应的工艺，将汽油中的重烯烃轻质化裂解为低碳烯烃，而不是低碳烷烃，同时部分烯烃轻度芳构化。由此开发出重烯烃转化技术(Heavies To Lights，简称 HTL)。生产硫质量分数低于 10μg/g 汽油的同时，将汽油中的重烯烃芳构化和轻质化，而烯烃芳构化和轻质化均可以提高汽油的辛烷值，达到汽油自身碳氢更加合理利用的效果[20]。

从生产国Ⅴ车用汽油转变到生产国Ⅵ车用汽油时，需要对 MIP+S Zorb 组合

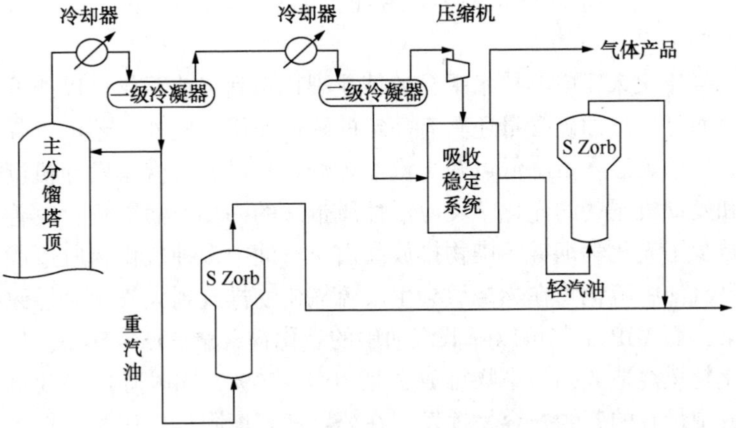

图 4-33　SDS 工艺原则流程

的车用汽油生产路线再开发，形成 Ultra LOF+SDS+HTL 组合的车用汽油生产路线，如图 4-34 所示。在 Ultra LOF+SDS+HTL 组合的车用汽油生产路线上，集成开发出生产更多的高辛烷值汽油调合组分(如异构化、烷基化、碳 4 烯烃叠合等汽油)的技术，以提高汽油前段和中间馏分的辛烷值。

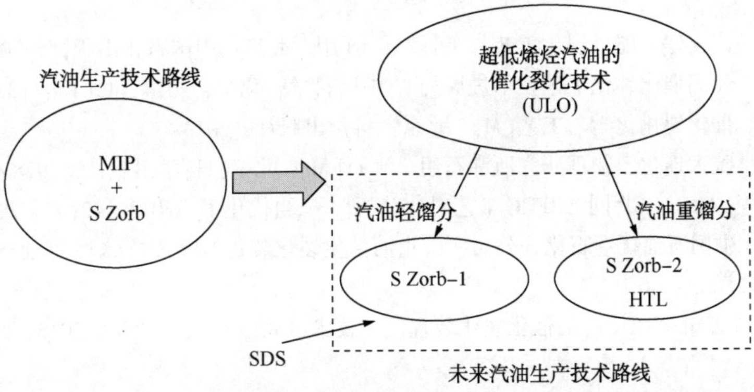

图 4-34　现有与未来车用汽油生产基础技术路线流程示意图

随着烷基化油的需求增加，会导致更多的新建烷基化装置投入使用。烷基化装置的主要原料是 C_4组分，主要来自催化裂化液化气。未来烷基化装置面临的首要问题就是 C_4资源不足。由于未来对烷基化油和 C_5/C_6异构烃的需求持续增加，需要更多的异丁烷和异戊烷。精细催化裂化新工艺(简称 fFCC)可以提供更多的异丁烷和异戊烷，满足部分未来需求。fFCC 工艺是以多环环烷烃为原料，通过精准反应途径控制，多产异丁烷、异戊烷等异构烷烃和二甲苯等轻质芳烃，从而实现了原料油组成单一化、反应过程精准化和目标产品定制化的目标。由于 LCO 性质越来越劣质，LCO 中的双环芳烃和三环芳烃含量越来越多，因此，对

LCO 进行深度加氢，将 LCO 中的多环芳烃转化为多环环烷烃，满足 fFCC 工艺对原料组成的要求[21]。

基于变径流化床反应器技术平台的催化裂化系列工艺不仅可以调控汽油烯烃体积分数，而且对汽油硫含量还具有一定的降低作用。此外，还可以降低汽油中的苯含量。汽油烯烃含量降低可减少汽油烯烃含量过高对汽车发动机沉积物、发动机排放和发动机尾气的光化学反应活性所带来的许多负面影响，改善了汽油燃烧性能，减少了光化学烟雾污染物排放。由于汽油中多种硫化物所造成的很多危害，尤其是汽油中硫化物在燃烧后会生成硫氧化物排放到大气中会导致酸雨，造成环境污染，而 MIP 工艺可以降低汽油中的硫化物含量 30%~50%，从而相应减少了因硫化物燃烧造成的污染物排放也是 30%~50%，同时降低发动机腐蚀。苯是汽油组成中最轻的芳烃，容易挥发，在公路和车库附近居住和工作人群承受最高致癌危险。研究结果表明，车辆排放气体毒物占室外毒物排放的 44%和致癌物的 50%，其中苯具有最大的致癌危险。相对于多产丙烯的 FCC 工艺，MIP 工艺汽油中的苯含量降低幅度为 60%，相对于多产汽油的 FCC 工艺，汽油中的苯含量降低了 30%~50%。苯含量减少，相应地由苯所导致癌症的风险将明显降低。

参 考 文 献

[1] 陈俊武，许友好．催化裂化工艺与工程[M].3 版．北京：中国石化出版社，2015.

[2] 许友好．我国催化裂化工艺技术进展[J]．中国科学：化学，2014，44(1)：13-24.

[3] 许友好．催化裂化化学与工艺[M]．北京：科学出版社，2013.

[4] 中国科学院大连化学物理研究所沸石组．沸石[M]．北京：科学出版社，1978：298.

[5] 郭大鹏等．MIP-CGP 同 ARFCC 工艺对比分析[J]．当代化工，2013，42(7)：939-943.

[6] 钱伯章．中国石油抚顺石化分公司实施重油催化裂化装置 MIP 改造[J]．炼油技术与工程，2011，41(02)：56.

[7] 米英泽．1.2Mt/a 减压渣油催化裂化装置优化技术研究[J]．能源化工，2015，36(2)：35-38.

[8] 孙守华，宋寿康，申志峰，等．MIP 系列技术在催化裂化装置的工业应用[C]//2017 年中国石油炼制科技大会论文集．北京：中国石化出版社，2017：252-263.

[9] 刘朝全等．2016 年国内外油气行业发展概述及 2017 年展望[J]．国际石油经济，2017，25(1)：22-31.

[10] 侯芙生．中国炼油技术[M].3 版．北京：中国石化出版社，2011：2.

[11] 曹湘洪．面向未来，我国生产汽油的技术路线选择[J]．石油炼制与化工，2012，43(8)：1-6.

[12] Letzsch Warren S. Deep Catalytic Cracking Process：USP6905591B2[P].2005-6-14.

[13] Letzsch Warren S. Deep Catalytic Cracking Process：USP7479218B2[P].2009-1-20.

[14] 王基铭．中国炼油技术新进展[M]．北京：中国石化出版社，2017.

[15] Werther Joachim, Hartge Ernst-Ulrich, Heinrich Stefan. Fluidized-Bed Reactors-Status and Some Development Perspectives[J]. Chem Ing Tech, 2014, 86(12), 2022-2038.
[16] Jones David S J, Treese Steven A, Pujadó Peter R. Handbook of Petroleum Processing[M]. 2nd Ed. Springer International Publishing Switzerland, 2015.
[17] Long Jun, Xu Youhao, Zhang Jiushun, et al. Consider new processes for clean gasoline and olefins production[J]. Hydrocarbon processing, 2011(9): 85-90.
[18] 谢在库. 低碳烯烃催化技术基础[M]. 北京: 中国石化出版社, 2013.
[19] 许友好, 屈锦华, 杨永坛, 等. MIP系列技术汽油的组成特点及辛烷值分析[J]. 石油炼制与化工, 2009, 40(1): 10-14.
[20] 许友好, 徐莉, 王新, 等. 我国车用汽油质量升级关键技术及其深度开发[J]. 石油炼制与化工, 2019, 50(2): 1-11.
[21] 许友好, 王新, 张毓莹, 等. 精细催化裂化工艺研究[J]. 石油炼制与化工, 2018, 49(10): 1-8.

第 5 章　催化裂化系列工艺技术

变径流化床反应器的发明可溯源至 1998 年 5 月，当时我国正准备启动车用汽油清洁化进程。针对催化裂化工艺面临着汽油质量升级的严峻挑战，基于实验现象和对烃类化学反应分析，提出了裂化和转化两个反应区概念，当时等直径提升管反应器难以同时实现裂化与转化反应，需要开发出多温区和多流型的单器流化床反应器，以同时实现裂化与转化反应。由此开发出变径流化床反应器技术，并在催化裂化技术领域中取得了广泛应用，先后开发出多产异构烷烃的催化裂化工艺(MIP)，生产清洁汽油和丙烯的催化裂化工艺(CGP)，多产高辛烷值汽油的催化裂化工艺(LTG)，降低干气和焦炭的催化裂化工艺(DCR)，正在开发的生产超低烯烃汽油的催化裂化工艺和精细催化裂化工艺等。

5.1　多产异构烷烃的催化裂化工艺

我国汽车工业发展极其迅速，到 2015 年底机动车保有量已达到 3.1 亿辆，其中汽车保有量突破 1.6 亿辆。汽车保有量大幅度增加刺激了对车用汽油的需求，预计到 2020 年成品油需求量将达到 420Mt，其中汽油 140Mt 以上[1]。我国车用汽油主要来源于 FCC 工艺所产的汽油，20 世纪末，国内 FCC 汽油约占车用汽油的 80%。由于 FCC 汽油烯烃含量约 45%～60%(v)，而烯烃是生成 VOC、NO_x和其他有毒物质的主要来源[2]。为此，我国于 1999 年底颁布车用汽油质量标准，首次限制汽油烯烃含量不得大于 35%(v)。随后汽油升级步伐不断加快，国家质量技术监督局于 1999 年 12 月 28 日颁布 GB 17930—1999《车用无铅汽油标准》后，又先后于 2006 年、2011 年、2013 年、2016 年修订、实施新的《车用汽油标准》。我国车用汽油标准(GB 17930)主要指标演变列于表 5-1。

表 5-1　车用汽油标准(GB 17930)主要指标

排放标准	国Ⅰ	国Ⅱ	国Ⅲ	国Ⅳ	国Ⅴ	国Ⅵ(A/B)
发布时间	1999 年	2005 年	2006 年	2011 年	2013 年	2016 年
执行时间		2006 年	2009 年	2014 年	2018 年	2019 年/2024 年
硫含量/(μg/g)	≯1000	≯500	≯150	≯50	≯10	≯10
烯烃含量/%	—	≯35	≯30	≯28	≯25	≯18/15

续表

排放标准	国Ⅰ	国Ⅱ	国Ⅲ	国Ⅳ	国Ⅴ	国Ⅵ(A/B)
芳烃含量/%	≯40	≯40	≯40	≯40	≯40	≯35
苯含量/%	≯2.5	≯2.5	≯1.0	≯1.0	≯1.0	≯0.8
氧含量/%	—	≯2.7	≯2.7	≯2.7	≯2.7	≯2.7

由于我国炼油企业生产车用汽油的装置构成与欧美国家明显不同，若按欧美国家模式生产清洁汽油，需斥数千亿巨资新建大量重整、烷基化装置。在我国车用汽油池中，催化裂化汽油约占65%，重整汽油约占20%，其他装置的汽油约占15%。因此，我国车用汽油质量标准提高一定要求催化裂化工艺提供更优质的汽油，而常规催化裂化汽油中的烯烃含量和硫含量较高，严重影响我国车用汽油质量的升级步伐。只有开发出降低汽油烯烃含量和硫含量的催化裂化新工艺，才能确保催化裂化工艺在炼油工艺中仍然起主导作用。催化裂化工艺，特别是重油催化裂化工艺面临着生存与发展的巨大挑战。

20世纪80年代初，汽油无铅化迫使催化裂化技术由生产最大量汽油向生产高辛烷值桶汽油或高辛烷值汽油方向发展，主要表现在工艺参数和催化剂类型发生了变化。在工艺上采用以下措施：

① 高转化率；

② 高反应温度；

③ 短接触时间；

④ 低油气分压和高水蒸气注入量。

这些工艺参数的改变可以使汽油的研究法辛烷值(RON)增加3个单位、马达法辛烷值(MON)增加1个单位。

在催化剂上主要使用如下催化剂：

① REHY类型催化剂；

② USY类型催化剂；

③ REUSY/REHUSY类型催化剂；

④ 复合型催化剂。

这些用于生产高辛烷值桶汽油和高辛烷值汽油催化剂可以导致RON增加3.0单位，MON增加1.5单位[3]。所生产的高辛烷值汽油可满足汽油无铅化的要求，但无论是工艺条件的改变，还是新型分子筛催化剂的使用来提高汽油辛烷值，都是以提高汽油中的烯烃含量来增加汽油辛烷值，烯烃含量大约为35%~60%。表5-2列出了我国催化裂化汽油和催化裂解家族工艺汽油组成，而我国车用汽油标准(GB 17930—2006)要求烯烃含量不大于35%(v)，芳烃含量不大于40%(v)，苯含量不大于2.5%(v)，硫含量不大于0.08%。对照表5-2所列的数据可以看出，当时我国催化裂化汽油组成中的芳烃含量低于车用汽油质量标准，但烯烃含量远高于车用汽油质量标准。如何降低催化裂化汽油组成中的烯烃含量，同时保持汽油辛烷值是当时催化裂化工艺面临的紧迫而艰巨的任务。

表 5-2　催化裂化汽油和催化裂化家族工艺汽油性质与组成

工艺类型	FCC	FCC	ARGG	MIO	DCC-Ⅱ	DCC-Ⅰ
密度/(g/cm^3)	0.7321	0.7263	0.7200	0.7268	0.7378	0.7581
诱导期/min	360	380	535	300	755	210
氢含量/%	—	—	13.61	13.32	12.44	12.42
辛烷值　RON	91.4	92.4	91.8	94.8	97.0	97.2
MON	80.1	80.0	79.7	81.4	82.1	81.7
芳烃/%	19.55	18.98	20.38	24.81	31.67	40.06
苯/%	—	—	1.64	—		1.85
烯烃/%	45.4	46.12	37.78	39.94	38.87	40.31
烷烃/%	25.84	26.97	33.82	28.12	22.98	14.46
正构烷烃/%	3.84	3.95			4.42	4.41
异构烷烃/%	22.00	23.02			18.56	9.95
环烷烃/%	9.26	7.92	8.02	7.12	6.48	5.27

降低汽油组成中的烯烃较好的办法是使正、异构烯烃尽可能地转化为异构烷烃和芳烃，解决问题需要从催化裂化反应机理出发，对催化裂化反应规律再认识，改变现有的反应模式和催化剂类型，以利于重质烃类的裂化和轻质烯烃的转化。通过对催化裂化反应机理研究以及烃类在不同类型的反应器上所表现的反应结果差异的仔细分析，提出了多产异构烷烃的流化催化裂化新工艺(MIP，A Novel FCC Process For Maximizing Iso-Paraffins)，该工艺突破了现有的催化裂化工艺对氢转移和异构化反应的限制，实现可控性和选择性地使催化裂化工艺中的主要几种类型反应有序进行，从而使产品性质和产物分布得到改善[4,5]。

5.1.1　裂化反应与氢转移反应机理分析

对于加工重质原料油，在等直径提升管反应器装置上所得到的汽油烯烃含量较高；而在小型固定流化床实验装置上，处理同样的重质原料油，所得到的汽油烯烃含量一般相对较低。表 5-3 列出了大庆常压渣油在这两类不同反应器装置上的试验结果差异。

表 5-3　大庆常压渣油在两类不同反应器装置上的试验结果

项　　目	小型固定流化床	中型等直径提升管
操作条件		
反应温度/℃	500	530
质量空速/h^{-1}	10	78
产物分布/%		
干气	3.58	2.95
液化气	22.59	28.08
汽油	47.82	40.63
轻循环油	11.99	11.69
重油	6.02	8.58
焦炭	8.00	7.64
损失	—	0.43
异丁烷/%	6.44	4.69
异丁烯/%	1.53	4.18
汽油组成/%		
芳烃	30.04	25.99
烯烃	25.55	49.20
正构烷烃	5.88	3.54
异构烷烃	31.79	15.17
环烷烃	6.72	6.10

从表 5-3 可以看出，不同类型反应器上得到的反应结果存在差异，不仅表现在产物分布有所不同，更为重要的是，产品性质也存在巨大差别。基于反应结果的差异，对催化裂化过程中的化学反应体系进行了更深入的研究。烃类油气在分子筛催化剂上发生平行顺序反应，形成一个相当复杂的反应体系，主要反应类型如图 5-1 所示[3]。

从图 5-1 可以看出，无论是烷烃、环烷烃还是芳烃，都是以 C—C 键断裂为最基本的一次反应并生成烯烃，然后在此基础上发生各种二次反应。较重要的二次反应有烯烃裂化、环化、异构化和叠合，氢转移，环烷烃脱氢，芳烃缩合，烷基转移和烷基化等。值得注意的是，除少数二次反应外(环烷烃脱氢、芳烃缩合和烷基转移)，上述的二次反应都是通过烯烃或烯烃参与而进行的。由催化裂化反应生成的烯烃产品，则基本上成为二次反应的反应物。涉及到生成异构烷烃和芳烃的反应有异构化、氢转移和烷基化，如图 5-1 所示，这些反应的反应物均是烯烃，也就是说烯烃是生成异构烷烃和芳烃的前身物。以下从氢转移、异构化和烷基化反应热力学数据来预测这些反应可能进行的程度及最佳操作条件。这些反应的热力学数据列于表 5-4[3]。

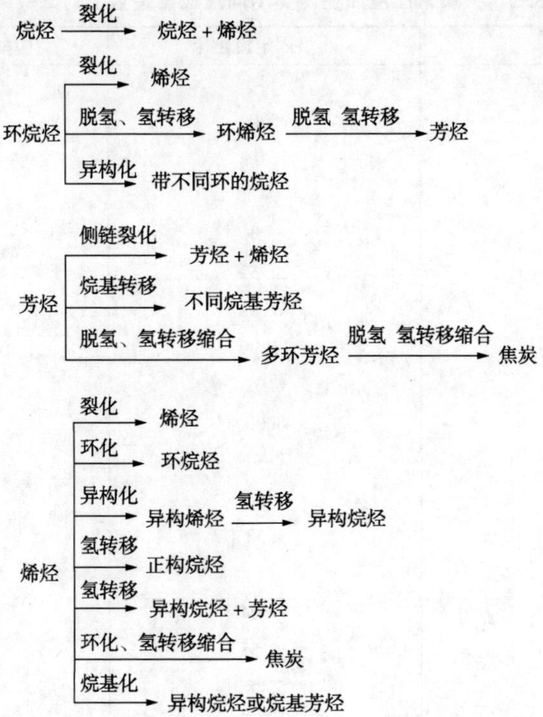

图 5-1 烃类在催化剂上所发生的主要反应类型

表 5-4 裂化、氢转移、异构化和烷基化反应的热力学数据

反应类型	化学反应	$\lg K_E$(平衡常数)			反应热/(kJ/mol)
		454℃	510℃	527℃	510℃
裂　化	$n\text{-}C_{10}H_{22}\rightarrow n\text{-}C_7H_{16}+C_3H_6$	2.04	2.46	—	74.55
	$i\text{-}C_8H_{16}\rightarrow 2i\text{-}C_4H_8$	1.68	2.10	2.23	78.30
氢转移	$4C_6H_{12}\rightarrow 3C_6H_{14}+C_6H_6$	12.44	11.09	—	-255.11
	环 $C_6H_{12}+3i\text{-}C_5H_{10}\rightarrow 3C_5H_{12}+C_6H_6$	11.22	10.35	—	-170.37
异构化	$1\text{-}C_4H_8\rightarrow t\text{-}2\text{-}C_4H_8$	0.32	0.25	0.09	-11.34
	$1\text{-}C_4H_8\rightarrow i\text{-}C_4H_8$	—	—	0.236	—
烷基化	$1\text{-}C_4H_8+i\text{-}C_4H_{10}\rightarrow i\text{-}C_8H_{18}$	—	—	-3.3	—

从表 5-4 可以看出，由于裂化是吸热反应，而氢转移、异构化和烷基化是放热反应，反应温度增加，对裂化反应是有利的而对氢转移、异构化和烷基化反应是不利的。从这些反应平衡常数来看，高温对裂化反应有利；对氢转移反应不利，但由于其平衡常数较大，受热力学影响较小；对异构化反应也不利，但由于其平衡常数较小，受热力学影响较大，故降低反应温度对异构化反应更有利，烷

基化反应在高温下(527℃)几乎不能有效地发生反应。由此可以推断，低反应温度对生成异构烷烃有利，但异构烷烃的前身物烯烃则需要高温催化裂化才能得到，这两者是矛盾的。由于生成异构烷烃的前身物烯烃是串联反应的中间体，故可以将烯烃的生成和反应分成两个部分，如图 5-2 所示[4,5]。

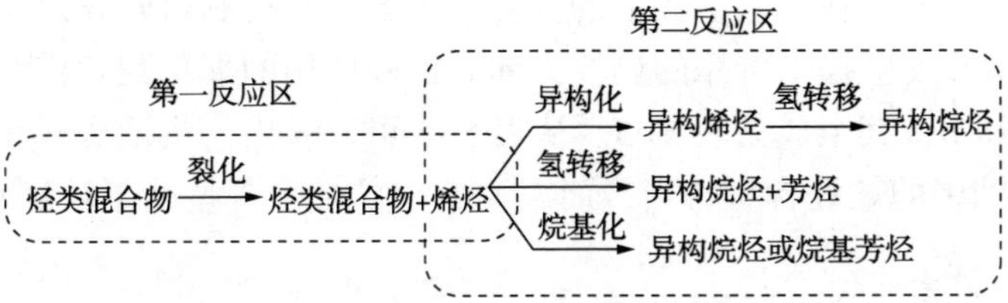

图 5-2　烃类催化裂化与转化生成异构烷烃和芳烃的反应途径

为了达到生成异构烷烃和芳烃，将图 5-2 分成两个部分，以烯烃为结合点，生成烯烃设置在第一反应区，采用高温、短接触时间和高剂油比，在短时间内较重的原料油裂化生成烯烃，而烯烃还没有时间进一步裂化，保留较大分子的烯烃，同时高反应苛刻度可以减少汽油组成中的低辛烷值组分正构烷烃和环烷烃，对提高汽油的辛烷值非常有利；烯烃转化反应设置在第二反应区。由于烯烃生成异构烷烃既有平行反应又有串联反应，且反应温度低对其生成有利，采用低反应温度和长反应时间，促使烯烃反应有利于生成异构烷烃和芳烃。烯烃是通过氢转移反应生成异构烷烃和芳烃，汽油中的烯烃之间的氢转移反应分为下列两种类型[3]：

氢转移反应类型Ⅰ：

$$\underset{\text{烯烃}}{3C_nH_{2n}} + \underset{\text{环烷烃(烯烃)}}{C_mH_{2m}} \longrightarrow \underset{\text{烷烃}}{3C_nH_{2n+2}} + \underset{\text{芳烃}}{C_mH_{2m-6}}$$

氢转移反应类型Ⅱ：

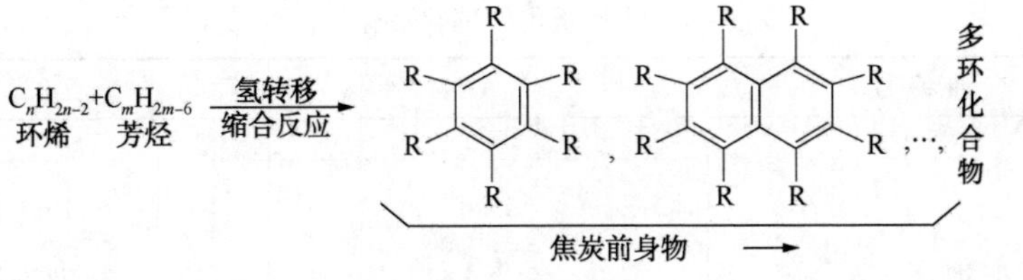

$$C_nH_{2n} \xrightarrow{\text{吸收负氢}} C_nH_{2n+2}$$

小分子烯烃氢转移反应试验研究是在小型固定流化床反应器装置上进行的[6]，装置原则流程见图 5-3。该装置主要包括小型固定流化床反应器、进料系统、产物收集系统和控制系统四部分组成。采用气相色谱分析裂化气组成；采用离线色谱仪对液体产物进行模拟蒸馏，得到汽油、轻循环油和重油馏分，并使用色谱仪对汽油馏分进行详细分析，得到 PIONA 数据；采用质谱和色谱分析方法，通过烃类碳数分布法(HCND)半定量测定液体产物中的烃类；采用离线色谱仪对催化剂烧焦得到的烟气进行分析，根据其中的CO和CO_2含量计算焦炭量。

以烯烃含量较高的催化裂化汽油为原料，设计多种操作工况进行烯烃氢转移反应试验研究。对试验结果进行分析与综合，确定有利于氢转移反应类型Ⅰ或氢转移反应类型Ⅱ发生在工艺参数上的差异，为选择性控制氢转移反应类型Ⅰ或氢转移反应类型Ⅱ发生提供可靠的调控方向。试验所用的催化裂化汽油原料编号分别为汽油A和B，其组成见表5-5。从表5-5可以看出，汽油A中的烯烃含量与常规FCC汽油中的烯烃含量相当，而汽油B中的烯烃含量处于较高水平。

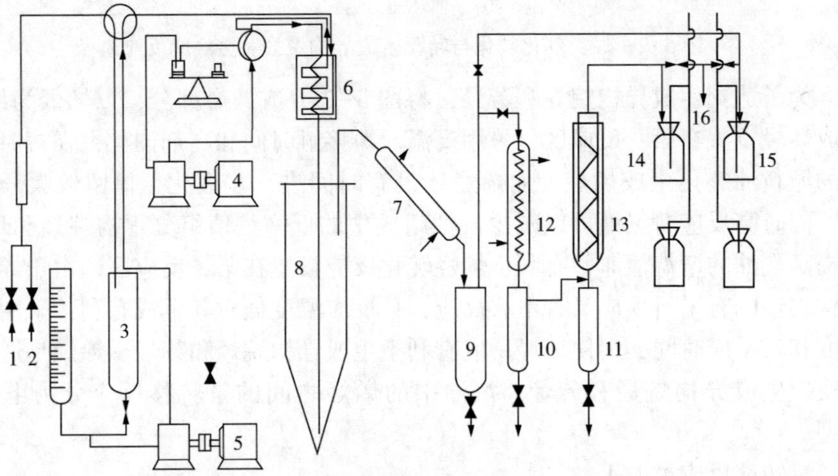

图5-3 小型固定流化床反应器装置原则流程

1—氧气；2—压缩空气；3—蒸馏水；4—原料泵；5—水泵；6—加热器；7—水冷器；8—反应器；9~11—集油瓶；12—水冷器；13—空调冷却器；14—裂化气；15—烟气；16—采样点

表5-5 试验所用的催化裂化汽油组成

汽油编号	A	B
族组成/%		
烷烃	29.6	23.1
正构烷烃	5.3	5.0
异构烷烃	24.3	18.1
环烷烃	8.3	7.5
烯烃	37.8	50.7
芳烃	24.3	18.7

为了准确地描述FCC汽油在反应前后组成的变化，定义以下几个表征参数

（假设原料汽油中的芳烃和异构烷烃不参与反应）：

（1）烯烃转化能力（C_O）定义为汽油原料中的烯烃含量（F_O）减去汽油产品中的烯烃含量（P_O）与汽油收率（Y_G）之积，简单表达式为：

$$C_O = F_O - P_O Y_G$$

（2）芳烃增加幅度（Δ_A）定义为汽油产品中的芳烃含量（P_A）与汽油收率之积减去汽油原料中的芳烃含量（F_A），该参数表示汽油原料中的烯烃参与氢转移反应造成芳烃增加的量，简单表达式为：

$$\Delta_A = P_A Y_G - F_A$$

（3）异构烷烃增加幅度（Δ_{IP}）定义为汽油产品中的异构烷烃含量（P_{IP}）与汽油收率之积减去汽油原料中的异构烷烃含量（F_{IP}），该参数表示汽油原料中的烯烃参与氢转移反应造成异构烷烃增加的量，简单表达式为：

$$\Delta_{IP} = P_{IP} Y_G - F_{IP}$$

（4）环烷烃增加幅度（Δ_N）定义为汽油产品中的环烷烃含量（P_N）与汽油收率之积减去汽油原料中的环烷烃含量（F_N），该参数表示汽油原料中的烯烃参与氢转移反应造成环烷烃增加的量，简单表达式为：

$$\Delta_N = P_N Y_G - F_N$$

（5）芳烃选择性（S_A）定义为芳烃增加幅度与烯烃转化能力之比，该参数表示汽油原料中的烯烃参与氢转移反应生成芳烃的能力，简单表达式为：

$$S_A = \Delta_A / C_O$$

（6）异构烷烃选择性（S_{IP}）定义为异构烷烃增加幅度与烯烃转化能力之比，该参数表示汽油原料中的烯烃因参与氢转移反应生成异构烷烃的能力，简单表达式为：

$$S_{IP} = \Delta_{IP} / C_O$$

（7）环烷烃选择性（S_N）定义为环烷烃增加幅度与烯烃转化能力之比，该参数表示汽油原料中的烯烃参与氢转移反应生成环烷烃的能力，简单表达式为：

$$S_N = \Delta_N / C_O$$

（8）总烃选择性定义（S_T）为芳烃选择性、异构烷烃选择性和环烷烃选择性之和，该参数表示汽油原料中的烯烃参与氢转移反应生成汽油的芳烃、异构烷烃和环烷烃的能力，简单表达式为：

$$S_T = S_A + S_{IP} + S_N$$

（9）液化气选择性（S_{LPG}）定义为液化气产率（Y_{LPG}）与烯烃转化能力之比，该参数表示汽油原料中的烯烃参与裂化反应生成液化气的能力，简单表达式为：

$$S_{LPG} = Y_{LPG} / C_O$$

(10) 裂化反应与氢转移反应之比($R_{LPG/T}$)定义为液化气选择性与总烃选择性之比，该参数越大，表示汽油原料中的烯烃参与裂化反应几率越大；反之，该参数越小，表示汽油原料中的烯烃参与氢转移反应几率越大，简单表达式为：

$$R_{LPG/T}=S_{LPG}/S_T$$

以汽油 A 为原料，分别采用不同分子筛类型的催化剂 CIP-1、RAG-1、ZCM-7 和 CRC-1，在反应温度 300℃、重时空速 $4h^{-1}$、剂油质量比为 5 的条件下进行试验研究，试验结果列于表 5-6。

表 5-6 汽油 A 在不同类型催化剂上的试验结果

项目	CRC-1	ZCM-7	RAG-1	CIP-1
分子筛类型	REY	USY	REY+USY+ZRP	REUSY+ZRP
$n(Si)/n(Al)$	2.0	6.5	8.0	12.0
产物分布/%				
干气	0.46	0.39	0.33	0.56
液化气	1.88	2.59	0.97	1.30
汽油	88.45	88.45	91.70	92.65
轻循环油	3.85	3.87	4.18	3.19
重油	0.05	0.80	0.30	0
焦炭	5.26	3.83	2.45	2.25
损失	0.05	0.07	0.07	0.05
合计	100	100	100	100
汽油组成/%				
正构烷烃	9.37	7.00	9.20	8.88
异构烷烃	42.85	38.54	33.89	30.91
烯烃	8.10	16.68	16.72	19.76
环烷烃	11.92	9.83	11.42	11.22
芳烃	27.76	27.95	28.77	29.23
表征参数				
C_O	30.64	23.05	22.47	19.49
Δ_A	0.25	0.42	2.08	2.78
Δ_{IP}	13.60	9.79	6.78	4.34
Δ_N	2.24	0.39	2.17	2.10
S_A	0.83	1.83	9.27	14.27

续表

项　　目	CRC-1	ZCM-7	RAG-1	CIP-1
S_{IP}	44.40	42.47	30.16	22.26
S_N	7.32	1.71	9.67	10.75
S_T	52.55	46.02	49.10	47.28
S_{LPG}	6.13	11.24	4.32	6.67
$R_{LPG/T}$	0.12	0.24	0.09	0.14

从表 5-6 可以看出，总烃选择性 S_T从大到小的顺序为 CRC-1>RAG-1>CIP-1>ZCM-7，异构烷烃选择性 S_{IP}从大到小的顺序为 CRC-1>ZCM-7>RAG-1>CIP-1，而芳烃选择性 S_A从大到小的顺序为 CIP-1>RAG-1>ZCM-7>CRC-1，考虑到焦炭产率从大到小的顺序，可以推导出发生氢转移反应类型Ⅰ的从大到小的顺序为 CIP-1>RAG-1>ZCM-7>CRC-1；而发生氢转移反应类型Ⅱ的从大到小的顺序正好相反，也就是说在低硅铝比的催化剂上易发生氢转移反应类型Ⅱ，在高硅铝比的催化剂上易发生氢转移反应类型Ⅰ。

在液化气选择性从大到小的顺序为 ZCM-7>CIP-1>CRC-1>RAG-1，而液化气选择性与总烃选择性之比从大到小的顺序为 ZCM-7>CIP-1>CRC-1>RAG-1，这表明 ZCM-7 催化剂对降低汽油烯烃含量、增加液化气产率的效果最好；CRC-1 催化剂对降低汽油烯烃含量、增加汽油收率的效果最好。

以汽油 B 为原料，分别采用 LV-23 再生催化剂和 LV-23 待生催化剂，在重时空速 $10h^{-1}$、剂油质量比为 4 的条件下进行试验，试验结果列于表 5-7。

表 5-7　汽油 B 在 LV-23 再生催化剂和待生催化剂上的反应结果

项　　目	LV-23 再生剂(REUSY)	LV-23 待生剂(REUSY)	
	400℃	450℃	400℃
产物分布/%			
干气	0.35	0.45	0.15
液化气	5.07	6.36	1.88
汽油	87.65	87.43	92.08
轻循环油	3.56	3.82	3.93
重油	0.77	0.21	0
焦炭	2.50	1.50	1.75
损失	0.10	0.23	0.21
合计	100	100	100

续表

项目	LV-23 再生剂(REUSY)	LV-23 待生剂(REUSY)	
	400℃	450℃	400℃
汽油组成/%			
正构烷烃	5.39	5.59	5.14
异构烷烃	37.25	33.10	32.51
烯烃	26.60	26.46	33.96
环烷烃	10.48	8.10	8.04
芳烃	20.28	26.75	20.35
表征参数			
C_O	27.39	27.57	19.43
Δ_A	-0.92	4.69	0.04
Δ_{IP}	14.55	10.84	11.84
Δ_N	1.69	-0.42	-0.10
S_A	-3.38	17.00	0.20
S_{IP}	53.13	39.32	60.91
S_N	6.16	-1.52	-0.50
S_T	55.91	54.81	60.61
S_{LPG}	18.51	23.07	9.68
$R_{LPG/T}$	0.33	0.42	0.16

从表5-7可以看出，在相同的反应条件下，再生催化剂的总烃选择性S_T小于待生催化剂，其中再生催化剂的S_A和S_{IP}均小于待生催化剂，考虑到焦炭产率的大小。由此可以推导出：在再生催化剂上易发生氢转移反应类型Ⅱ，而在待生催化剂上易发生氢转移反应类型Ⅰ。

从表5-7还可以看出，对于相同的待生催化剂，高反应温度的总烃选择性S_T小于低反应温度，但高反应温度的S_A高于低反应温度，而高反应温度的S_{IP}远低于低反应温度，由此可以推导出：较高的反应温度有利于发生氢转移反应类型Ⅰ，而较低的反应温度有利于发生氢转移反应类型Ⅱ。

在汽油收率相当的情况下，再生催化剂的总烃选择性大于待生催化剂，而再生催化剂的液化气选择性小于待生催化剂，再生催化剂的总烃选择性和液化气选择性之和仍小于待生催化剂，而再生催化剂的液化气选择性与总烃选择性之比小于待生催化剂。这些数据表明，待生催化剂的氢转移反应和裂化反应协同作用好于再生催化剂，尤其对增加液化气产率更为有利。

在相同的操作条件下，再生催化剂的总烃选择性小于待生催化剂，而再生催化剂的液化气选择性大于待生催化剂，再生催化剂的总烃选择性与液化气选择性之和大于待生催化剂，再生催化剂的液化气选择性与总烃选择性之比大于待生催化剂。这些数据表明，再生催化剂的氢转移反应和裂化反应协同作用好于待生催化剂。

由此可以看出，烯烃在硅铝比较高的分子筛催化剂上或在较高的反应温度下或在较低的空速下进行类型Ⅰ的氢转移反应，可以生成较多的芳烃；烯烃在硅铝比较低的分子筛催化剂上或在较低的反应温度下或在较高的空速下进行类型Ⅱ的氢转移反应，可以生成较多的异构烷烃。不同类型的氢转移反应对催化裂化的产物分布，尤其是产品组成的影响起着重要的作用。总之，通过选择适宜工艺参数和催化剂类型可以实现汽油烯烃分子进行不同类型的氢转移反应，从而饱和烯烃分子，同时焦炭的产率不大幅度增加或尽可能地将烯烃转化为异构烷烃[6]。

5.1.2　MIP 工艺探索试验研究

5.1.2.1　不同类型流化床试验结果及其分析

在小型固定流化床反应器装置上，重质烃类催化裂化反应是在较稳定的反应温度和较长的停留时间下进行的，存在着重质烃类催化裂解生成烯烃，而烯烃进一步发生氢转移反应。以重质烃类为原料油在此装置上进行催化裂化反应可模拟第一反应区和第二反应区，而汽油原料在待生催化剂上催化转化反应可模拟第二反应区。

试验首先使用表 5-8 所列的催化剂 D 和表 5-9 所列的原料油 C，在小型固定流化床反应器上进行试验，试验条件和结果列于表 5-10，同时列出在中型等直径提升管催化裂化装置上的试验数据和在工业催化裂化装置上标定数据。工业催化裂化装置所加工的原料油 D(见表 5-9)，其性质与原料油 C 基本相当。

从表 5-10 可以看出，小型固定流化床反应器在合适的反应条件下基本上能够模拟烃类催化裂化生成异构烷烃反应的特点。相对于中型提升管和工业提升管反应器，在转化率相近的情况下，原料油 C 在小型固定流化床反应器上催化裂化所生成的产物中富含异构烷烃，液化气中异丁烷相对含量高出中型装置 37%，高出工业装置 82%；汽油组成中的烯烃含量从中型装置的 49.2%和工业装置的 43.65%降到小型固定流化床反应器的 25.55%；而烷烃含量从中型装置的 24.81%和工业装置的 38.1%增加到小型固定流化床反应器的 44.41%。

表 5-8　催化剂性质

催化剂名称	A	B1	B2	C	D	E	F
分子筛类型	REY	REHY		USY	REY+USY+ZRP	REY+USY	待生催化剂
化学组成/%							
氧化铝	26.5	33.0	48.7	46.4	44.6	47.0	51.2
氧化钠	0.19	0.29	—	0.22	0.13	0.20	0.32
氧化铁	0.09	1.1	—	0.32	—	0.50	
物理性质							
表观密度/(kg/m^3)	—	560	860	690	620	660	—
孔体积/(mL/g)	0.41	0.45	0.55	0.38	0.36	0.37	—
比表面积/(m^2/g)	400	270	—	—	232	167	—
磨损指数/(%/h)	4.2	3.2	2.8	—	2.5	2.9	—
筛分组成/%							
0~40μm	12.0	15.2	21.7	4.8	13.1	6.9	—
40~80μm	43.7	55.1	39.1	47.9	54.9	65.4	—
>80μm	44.3	29.7	39.2	47.3	32.0	27.7	—
微反活性(790℃，17h老化处理)	66	66	67	65	68	65	51(碳含量为1.2%)

表 5-9　原料油性质

原料油名称	石蜡基蜡油 A	焦化蜡油 B	常压渣油 C	常压渣油 D	常压渣油 E
密度(20℃)/(kg/m^3)	873.0	869.6	897.4	868.7	897
运动黏度/(mm^2/s)					
80℃	13.01	6.66	54.20		
100℃	8.04	4.54	30.02	11.15	12.79
残炭/%	0.15	0.84	4.5	5.0	3.58
凝点/℃	50	33	47	50	42
碱性氮/(μg/g)	340	1920			
总氮/%	0.10	0.29	0.27	0.12	0.23
硫/%	0.073	0.13	0.14	0.18	0.41
碳/%	86.5	86.55	86.26	86.43	86.30
氢/%	13.24	13.03	12.91	12.92	12.70
重金属含量/(μg/g)					
镍	<0.1	0.70	5.2	12.4	
钒	<0.1	<0.1	<0.1	0.2	
铁	54	0.80	4.2	6.5	
铜	<0.1	<0.1	<0.1	<0.1	
钠	—		5.5	1.8	

续表

原料油名称	石蜡基蜡油 A	焦化蜡油 B	常压渣油 C	常压渣油 D	常压渣油 E
馏程/℃					
初馏点	346	238	324	258	230
10%	411	328	408	365	373
30%	437	363	486	417	427
50%	462	382	—	469	470
70%	489	409	—		550
90%	523	429	—		—
终馏点	546	—	—		

表 5-10 原料油在不同类型反应器装置上的反应结果

装置类型	小型固定流化床	中型等直径提升管	工业等直径提升管
催化剂	D	D	D(Ni=8000μg/g)
原料油	C	C	D
操作条件			
反应温度/℃	500	530	530
重量空速/h^{-1}	10	78	
剂油比	6.0	7.7	6.7
注入蒸汽/%	10.0	10.0	10.0
产率分布/%			
干气	3.58	2.95	4.74
液化气	22.59	28.08	24.37
汽油	47.82	40.63	48.21
轻循环油	11.99	11.69	14.35
重油	6.02	8.58	-
焦炭	8.00	7.64	7.86
损失	—	0.43	0.47
气体产品产率/%			
氢气	0.10	0.12	0.45
丙烯	8.21	9.08	8.51
异丁烷	6.44	4.69	3.53
异丁烯	1.53	4.18	2.90
汽油性质			
芳烃/%	30.04	25.99	18.25
烯烃/%	25.55	49.20	43.65
烷烃/%	44.41	24.81	38.1

5.1.2.2 催化剂类型对汽油组成的影响

在小型固定流化床装置上，考察催化剂类型对产物分布、气体组成和汽油性质与组成的影响，试验结果列于表5-11。

表5-11 不同类型催化剂对产物分布、气体组成和汽油性质与组成的影响

试验序号	1	2	3	4	5	6
催化剂名称	A	B1	B2	C	D	E
原料油	80%A+20%B	80%A+20%B	E	C	C	E
操作条件						
反应温度/℃	490	490	500	495	500	500
重量空速/h^{-1}	12	12	10	15	10	10
剂油比	3	3	5	4	6.0	5
注入蒸汽/%	5	5	7.7	10.0	10.0	7.7
产品分布/%						
干气	0.82	0.73	2.50	3.35	3.58	2.16
液化气	9.39	11.60	23.92	19.76	22.59	21.25
汽油	45.62	49.34	46.95	43.92	47.82	48.77
轻循环油	19.68	18.87	10.99	12.18	11.99	12.64
重油	21.86	17.00	6.61	11.28	6.02	7.84
焦炭	2.63	2.46	9.03	9.31	8.00	7.35
转化率/%	58.46	64.13	82.4	76.54	81.99	79.52
气体产率/%						
氢气	0.02	0.026	0.10	0.08	0.10	—
丙烯	2.64	3.32	6.27	5.93	8.21	—
异丁烷	2.94	3.63	7.87	6.43	6.44	—
异丁烯	0.69	0.64	1.43	1.00	1.53	—
汽油性质						
RON	87.4	87.3	90.8	88.2	90.2	90.6
MON	78.1	77.7	79.8	78.0	79.3	79.7
芳烃/%	23.06	22.34	32.56	23.60	30.04	31.26
其中苯/%			0.41	0.60	0.75	0.15
烯烃/%	23.93	22.60	16.14	25.17	25.55	18.47

续表

试验序号	1	2	3	4	5	6
烷烃/%	44.01	46.03	41.99	42.97	37.67	39.43
正构烷烃			4.02	7.12	5.88	4.48
异构烷烃			37.97	35.85	31.79	34.95
环烷烃/%	9.0	9.03	9.31	8.26	6.74	10.84

从表5-11可以看出，异丁烷产率明显增加，高达7.87%；汽油中的异构烷烃含量也在增加，高达37.97%，只是不同的催化剂和原料油增加幅度不同而已；而烯烃含量为26%以下，最低为16.14%。偏向于低反应苛刻度的试验点是试验编号1和2，偏向于高反应苛刻度的试验点是试验编号3、5和6，试验编号4反应是介于中等苛刻度。从试验3、5和6数据可以看出，在高反应苛刻度下，汽油辛烷值RON达到90，MON达到80，汽油中的正构烷烃含量较低，但芳烃含量在30%以上，造成芳烃过高的原因在于反应温度高，有利于芳构化反应。从试验编号1和2数据可以看出：在低反应苛刻度下，汽油辛烷值RON只有87~88，MON只有78左右，汽油中的芳烃含量相对于高反应苛刻度要低，在25%左右。由此可以看出，无论使用何种类型催化剂，重质烃类在合适的反应器及相应的工艺条件下进行催化裂化，都可以生成较多的异构烷烃和芳烃。当然，对于不同的生产方案，需要开发相应的催化剂，以达到较佳的产率分布和产品性质。

5.1.2.3 第二反应区模拟

以烯烃含量高的催化裂化汽油为原料，选用待生催化剂，在小型固定流化床装置上进行试验，以近似模拟第二反应区的反应环境。操作条件、产率分布和汽油组成的变化列于表5-12。

表5-12 催化裂化汽油在待生催化剂上反应条件及反应结果

催化剂名称	待生催化剂F
反应条件	
反应温度/℃	450
重量空速/h^{-1}	—
剂油比	—
注入蒸汽/%	—
产品分布/%	
干气	0.45
液化气	6.36

续表

催化剂名称	待生催化剂 F	
汽油	87. 43	
轻循环油	3. 82	
重油	0. 21	
焦炭	1. 50	
损失	0. 23	
汽油组成	产品	原料
芳烃/%	26. 75	18. 67
烯烃/%	26. 46	50. 71
烷烃/%	38. 69	23. 09
正构烷烃	5. 59	4. 99
异构烷烃	33. 10	18. 10
环烷烃/%	8. 10	7. 53

从表 5-12 可以看出，富含烯烃的催化裂化汽油只有 2%转化为干气和焦炭，98%为液相产品，其中汽油产率为 87. 43%，汽油异构烷烃含量为 33. 10%，芳烃含量为 26. 75%，烯烃含量为 26. 46%。相对于原料汽油，异构烷烃含量增加了 15. 0 个百分点，芳烃含量增加了 8. 08 个百分点，烯烃含量减少 24. 25 个百分点。由此可以看出，第二反应区对液相产品产率影响较小，而使汽油组成发生较大的变化。

5. 1. 3 变径流化床反应器试验及分析

MIP 工艺是将催化裂化化学反应分为两类，一类是裂化反应，另一类是氢转移反应、异构化反应和烷基化反应，在变径流化床反应器技术平台上实施。为了验证反应器变径效果，在实验室里专门设计了一个以变径流化床为反应器的连续流化催化裂化装置，其装置简要流程图见图 5-4。图 5-4 中的变径流化床也可更换为等直径提升管，以增加试验装置的灵活性。该装置处理量为 2kg/h，系统中催化剂在反应器、分离器、汽提器、待输线、再生器和再输线内连续循环，来自再生器的再生催化剂经再输线到达反应器底部，和预热的原料油及雾化蒸汽混合进入反应器，与催化剂接触并发生裂化反应，油气和催化剂一起提升到分离器，油气经沉降和过滤后从沉降器顶部进入后部分馏系统。油气进入分馏塔，经分馏冷冻分离出裂化气和液体组分。裂化气经气表计量，取样由气相色谱分析其组成，C_5以上组分计入汽油馏分中。液体产物由模拟蒸馏测定其汽油、柴油、重油含量。积炭催化剂落入汽提器经水蒸气汽提后进入再生器。在再生器中积炭催化剂被空气烧焦再生。从再生器出来的烟气经气表计量，并从取样口取样分析 CO_2、CO 含量。根据裂化气、液体、烟气的组成和重量计算出物料平衡。

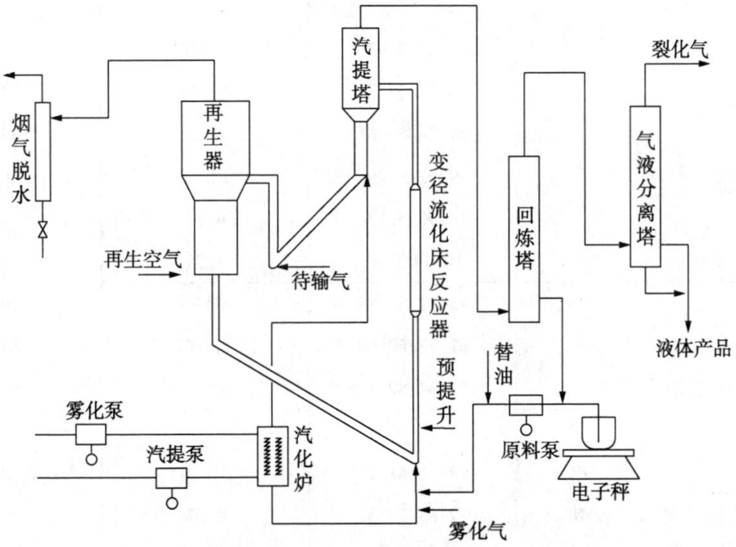

图5-4　中型变径流化床反应器装置原则流程

以大庆蜡油掺30%减压渣油为原料，选用MLC-500催化剂，在中型变径流化床反应器装置上进行试验，试验结果列于表5-13。表5-13同时列出了小型固定流化床反应器和中型提升管加流化床反应器的试验结果，以便考察变径流化床反应器反应效果。

表5-13　不同类型的反应器对产率分布和汽油性质的影响

反应器类型	固定流化床	变径流化床	提升管加流化床
原料油	大庆常渣	大庆VGO+30%VR	
密度(20℃)/(g/cm³)	0.8974	0.8881	
残炭/%	4.5	2.70	
氢/%	12.91	13.01	
催化剂	LV-23/MLC-500	MLC-500	LV-23
操作条件			
反应器出口温度/℃		500	500
反应器反应时间/s		1.0	1.46
床层温度/℃	500	480	499
床层空速/h^{-1}	10	15	18.10

续表

反应器类型		固定流化床	变径流化床	提升管加流化床
产品分布/%				
干气		3.32/2.93	1.60	2.57
液化气		19.87/21.53	19.25	22.64
汽油		51.84/50.61	56.16	47.72
轻循环油		9.93/9.99	12.11	16.62
重油		4.90/5.13	6.13	3.85
焦炭		10.14/9.81	4.75	6.60
转化率/%		85.17/84.88	81.76	79.55
汽油+轻循环油/%		61.77/60.60	68.27	64.34
液化气+汽油+轻循环油/%		81.64/82.13	87.52	86.98
汽油色谱法组成/%	*n*P	6.77/6.36	4.14	5.04
	*i*P	42.16/41.71	31.10	30.95
	N	7.83/7.13	9.07	6.94
	O	15.89/20.66	31.22	31.66
	A	27.35/24.13	24.48	25.35
荧光法组成/%(v)	P+N			46.2
	O			32.6
	A			21.2

从表5-13可以看出，采用固定流化床反应器、变径流化床反应器和中型提升管加流化床反应器以及相应的工艺条件都可以实现MIP工艺目标，即汽油中的烯烃含量大幅下降，而异构烷烃含量明显增加。色谱法分析固定流化床反应器、变径流化床反应器和中型提升管加流化床反应器所生产的汽油烯烃含量分别为15.89%、31.22%和31.66%，异构烷烃含量分别为42.16%、31.10%和30.95%。

采用固定流化床反应器，产品分布不够理想，对于大庆常压渣油，MLC-500和LV-23催化剂所得到的干气产率为3.0%左右，液化气产率为20.0%左右，汽油产率为51.0%左右，轻循环油产率为10.0%左右，焦炭产率为10.0%左右，色谱法分析汽油烯烃含量都低于21%。从这组数据可以看出，无论从产物分布还是汽油组成，两种催化剂的结果基本相当，两种催化剂都产生较高的干气和焦炭，特别是焦炭产率高达10.00%左右，这是因为在固定流化床反应器内，油气的裂化反应和二次反应是重叠的，造成油气中的难裂化的大分子裂化不够充分，同时又产生反应过度，即干气和焦炭产率都过高，尤其对于加工较重的原料油。因此，密相流化床反应器不适合加工重质原料油。

相对于固定流化床反应器，提升管加流化床反应器所得到的产品分布有所改善。大庆蜡油掺30%减压渣油在该反应器内反应所得到的干气产率为2.57%，液化气产率为22.64%，汽油产率为47.72%，轻循环油产率为16.62%，焦炭产率为6.60%，尤其焦炭产率有所改善，这是因为油气的裂化反应主要在提升管反应器内进行，油气中的难裂化的大分子能够充分裂化。但流化床反应器催化剂藏量调节范围较窄，难以在较大的范围内调节反应深度及产品分布。

变径流化床反应器所得到的产品分布较理想。大庆蜡油掺30%减压渣油在变径流化床反应器装置上进行反应，在转化率高达81.76%情况下，所得到的干气产率为1.60%，液化气产率为19.25%，汽油产率为56.16%，轻循环油产率为12.11%，焦炭产率为4.75%。干气和焦炭产率都较低，这是因为油气在变径流化床反应器的第二反应区停留时间较短和反应温度较低所造成的。从这组数据可以看出，变径流化床反应器明显好于提升管加流化床反应器。因此，变径流化床反应器是实现MIP工艺目标最佳反应器。

5.1.4　MIP工艺与FCC工艺中试结果对比及讨论

MIP工艺中型试验是在中型变径流化床反应器装置上进行的，如图5-4所示。FCC工艺中试是在中型等直径提升管反应器装置上进行的。两种工艺中型试验操作条件和产率分布列于表5-14，裂化气组成列于表5-15，汽油性质列于表5-16。

表5-14　MIP和FCC中型试验操作条件和产率分布

工艺类型	MIP	FCC
催化剂	LV-23	
原料油性质		
密度(20℃)/(kg/m^3)	909.6	
残炭/%	1.67	
氢/%	12.5	
硫/%	0.60	
操作条件		
反应器出口温度/℃	500	501
反应器反应时间/s	1.34	1.78
第二反应区温度/℃	495	—
第二反应区空速/h^{-1}	17.18	—
剂油比	4.84	4.81

续表

工艺类型	MIP	FCC
注水量/%	6.76	7.15
再生温度/℃	660	658
预热温度/℃	299	299
反应压力/MPa(表压)	0.15	0.15
产品分布/%		
干气	3.08	2.97
液化气	16.92	15.33
汽油	45.07	43.70
轻循环油	22.02	21.69
重油	6.44	10.14
焦炭	6.47	6.17
转化率/%	71.54	68.17
汽油+轻循环油/%	67.09	65.39
液化气+汽油+轻循环油/%	84.01	80.72
选择性(产品/转化率)/%		
干气	4.31	4.36
液化气	23.65	22.49
汽油	63.00	64.10
焦炭	9.04	9.05
丙烯/%	4.24	4.35
丁烯/%	5.29	6.08
异丁烷/%	4.58	3.46
异丁烷/异丁烯(质量比)	2.86	1.60

表 5-15 MIP 和 FCC 中型试验裂化气组成

工艺类型	MIP		FCC	
	体积分数/%	质量分数/%	体积分数/%	质量分数/%
氢气	12.24	0.64	10.60	0.55
硫化氢	2.17	1.94	2.26	1.99
甲烷	12.66	5.32	13.15	5.45
乙烷	5.69	4.48	5.11	3.97
乙烯	4.11	3.02	4.77	3.46

续表

工艺类型	MIP		FCC	
	体积分数/%	质量分数/%	体积分数/%	质量分数/%
丙烷	6.91	7.98	3.88	4.42
丙烯	19.24	21.22	21.88	23.77
异丁烷	15.05	22.92	12.60	18.91
正丁烷	3.96	6.04	2.83	4.25
1-丁烯	3.53	5.19	4.15	6.02
异丁烯	5.45	8.02	8.16	11.83
反-2-丁烯	5.17	7.61	6.11	8.85
顺-2-丁烯	3.82	5.62	4.50	6.53
合计	100.00	100.00	100.00	100.00

表5-16　MIP和FCC中型试验汽油性质

工艺类型	MIP	FCC
密度(20℃)/(g/cm^3)	0.7614	0.7597
折射率(n_D^{20})	1.4334	1.4321
酸度/(mgKOH/100mL)	0.86	1.2
溴价/(gBr/100g)	48.8	59
硫/(μg/g)	1129	1329
氮/(μg/g)	42	16
硫醇硫/(μg/g)	120	120
碳/%	86.96	86.52
氢/%	12.92	12.95
二烯值/(gI/100g)	1.1	1.8
诱导期/min	>1000	572
辛烷值		
MON	79.8	78.5
RON	91.7	91.7
色谱法组成/%		
P	28.94	25.43
N	8.42	9.5
O	24.5	32.78
A	37.56	31.52

续表

工 艺 类 型	MIP	FCC
荧光法组成/%(v)		
P+N	41.6	35.2
O	27.2	39.6
A	31.2	25.2

从表5-14可以看出，变径流化床反应器转化率为71.54%，明显高于等径提升管反应器转化率(68.17%)。此时，变径流化床反应器和等径提升管反应器的干气和焦炭产率分别为3.08%、2.97%和6.47%、6.17%；轻循环油产率分别为22.02%和21.69%，前者高于后者；液化气产率分别为16.92%和15.33%，汽油产率分别为45.07%和43.70%，前者高于后者；而重油产率分别为6.44%和10.14%，前者显著低于后者；轻质油(汽油+轻循环油)收率分别为67.09%和65.39%，轻烃液收(液化气+汽油+轻循环油)分别为84.01%和80.72%，前者好于后者。从产品选择性上看，两种反应器型式的干气、焦炭选择性基本相当。由此可以看出，变径流化床反应器的产率分布好于等径提升管反应器。

从表5-15可以看出，变径流化床反应器和等径提升管反应器的裂化气中丙烯含量分别为21.22%和23.77%，前者的丙烯含量有所减少，丁烯含量分别为26.44%和33.23%，异丁烷含量分别为22.92%和18.91%，前者丁烯含量减少较多而异丁烷含量增加较多。但由于变径流化床反应器的裂化气产率较高，故丙烯产率为4.24%，与等径提升管反应器的丙烯产率4.35%相近；异丁烷产率相对于等径提升管反应器增加了32.36%。

从表5-16可以看出，变径流化床反应器的汽油烯烃含量，荧光法分析为27.2%(v)，相对于等径提升管反应器的汽油烯烃含量39.6%(v)，降低12.4个百分点，而烷烃(主要是异构烷)含量增加6.4个百分点，芳烃含量增加6个百分点；色谱法分析为24.5%，相对于等径提升管反应器的汽油烯烃含量32.78%，降低8.28个百分点。汽油的硫含量相对下降了15.0%，诱导期增加，辛烷值MON提高1.3个单位，RON相当。总之，变径流化床反应器所生产的汽油质量明显好于等径提升管反应器。

第二反应区对重油转化作用的试验研究结果列于表5-17。从表5-17可以看出，第一反应区的重油产率11.54%，变径流化床反应器因设置第二反应区使重油产率只有6.44%，减少了5.10个百分点；而等径提升管反应器因延长反应时间使重油产率为10.14%，减少了1.40个百分点。与此同时，变径流化床反应器的干气增加0.79个百分点，焦炭产率增加1.04个百分点，而等径提升管反应器的干气增加0.68个百分点，焦炭产率增加0.74个百分点。因此，第二反应区的存在明显改善重油转化能力，生成更多的轻烃液相产品。

表 5-17 第二反应区对重油转化能力的影响

工 艺 类 型	MIP	FCC	第一反应区
试 验 编 号	9905-4	9905-6	9905-5
操作条件			
反应器出口温度/℃	500	501	500
反应器反应时间/s	1.34	1.78	1.32
第二反应区温度/℃	495	—	—
第二反应区空速/h^{-1}	17.18	—	—
剂油比	4.84	4.81	4.82
产品分布/%			
干气	3.08	2.97	2.29
液化气	16.92	15.33	12.86
汽油	45.07	43.70	44.05
轻循环油	22.02	21.69	23.83
重油	6.44	10.14	11.54
焦炭	6.47	6.17	5.43
转化率/%	71.54	68.17	64.63
汽油+轻循环油/%	67.09	65.39	67.88
液化气+汽油+轻循环油/%	84.01	80.72	80.74

5.1.5 MIP 工艺反应再生系统设计

MIP 工艺是基于裂化和转化(异构化和氢转移)两个反应区概念，在变径流化床反应器技术平台上实施。第一反应区操作方式类似常规等径提升管，油气和催化剂混合后，在该区以一次裂解反应为主，采用较高的反应强度，即较高的反应温度和剂油比，这样可以在短时间内将较重的原料油裂化生成烯烃。第一反应区出口的反应油气中富含低碳(C_5~C_7)烯烃，经专用的分布板进入扩径的第二反应区下部，第二反应区通过扩径、补充催化剂等措施，降低油气和催化剂的流速以满足重时空速要求。必要时注入冷激介质和采用其他措施，降低该区反应温度，以进一步增加氢转移和异构化反应，使汽油中的烯烃含量大幅度下降，同时抑制二次裂化反应。通常第二反应区操作方式采用较低的反应温度和较长的反应时间。反应物流在第二反应区内经较长的停留时间后，进入径向收缩的出口区，该区也类似传统的提升管反应器顶部出口部分，物流在该区停留时间较短，也是为了抑制过裂化反应，然后物流进入分离系统进行气固分离，分离出的气相由旋风分离器出口引出，催化剂颗粒经汽提进入再生器。

此外，可以采用高温热再生催化剂强制冷却并补充到第二反应区的工程技术。冷却的再生催化剂补充到第二反应区不仅降低第二反应区温度，而且增加第二反应区的催化剂活性，两者都有利于氢转移反应和异构化反应。在 MIP 工艺系列专用催化剂方面，开发出新型基质，改善催化剂孔分布以提高容炭性能，复配多活性组元以协调双分子裂化和氢转移反应。

MIP 工艺在操作参数设置上明显不同于常规 FCC 工艺，两种工艺操作参数差异见图 5-5。通常，MIP 工艺第一反应区出口温度控制在 500~530℃，油气停留时间一般为 1.2~1.4s；第二反应区温度控制在 490~520℃，重时空速(WHSV)一般为 15~40h^{-1}(油气停留时间 5~6s)。因此，尽管 MIP 工艺反应时间较长，但其热裂化反应程度大幅度地降低，从而有利于干气产率降低。

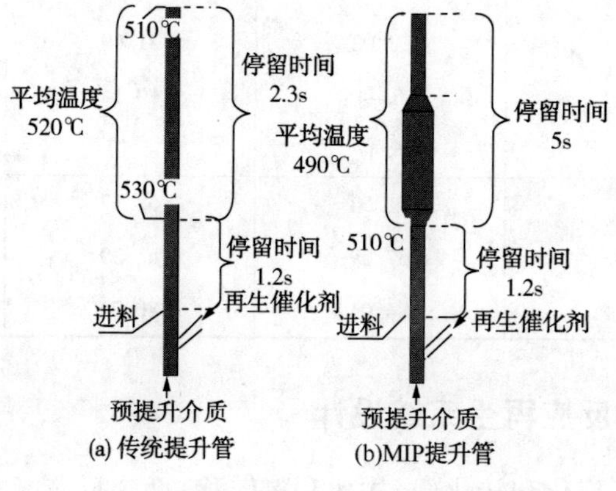

图 5-5 MIP 反应器与 FCC 反应器操作参数对比

为了达到 MIP 工艺重时空速的要求，可通过第二反应区扩径提高其催化剂密度，并适量补充催化剂以提高第二反应区的催化剂藏量。外补催化剂控制是通过新增的待生单动滑阀调节。当需要强化氢转移反应时，尽可能通过提高催化剂循环量或置换率以维持其活性，不宜过度外补催化剂。原提升管出口温度控制改为第一反应区出口温度控制。第二反应区反应温度由粗汽油或水等作为急冷介质回炼量控制。

相对常规 FCC 工艺，MIP 工艺因第二反应区发生氢转移反应放出较多的反应热，使剂油比变小，而剂油比变小可能对反应产生不利的影响。因此，对于再生温度的控制显得更加重要。同时，由于反应热降低、反应深度增大、反应温度降低等原因而造成热量转移，使取热器负荷大幅增加，取热能力要给予足够的关注。

由于产品分布的变化，分馏塔中下部热量相对减少，在该部分热能利用中要充分注意；反应深度增加使油浆密度增加，油浆固含量会略有上升，但并未危及生产，油浆系统设计应有相应的考虑，并引起足够的重视；反应后部系统结焦倾向下降，不必采用过多的防结焦措施。

5.1.6 MIP 工艺试验与应用

中国石化 GQ 分公司 1.40Mt/a 催化裂化装置于 2001 年 12 月 15 日停工，按 MIP 工艺要求对装置进行改造。主要设备改动部分有提升管和沉降器，其中沉降器整体抬高 2m，在沉降器汽提段上锥段设置溢流斗。提升管整体更换，提升管下部作为第一反应区，在提升管中部增加了一个扩径段作为第二反应区。沉降器内新增的溢流斗在沉降器壁上有抽出口，通过循环待生催化剂管线和第二反应区底部连通，此管线内的催化剂流量由单动滑阀控制。反应与再生系统变更前后原则流程见图 5-6[7,8]。

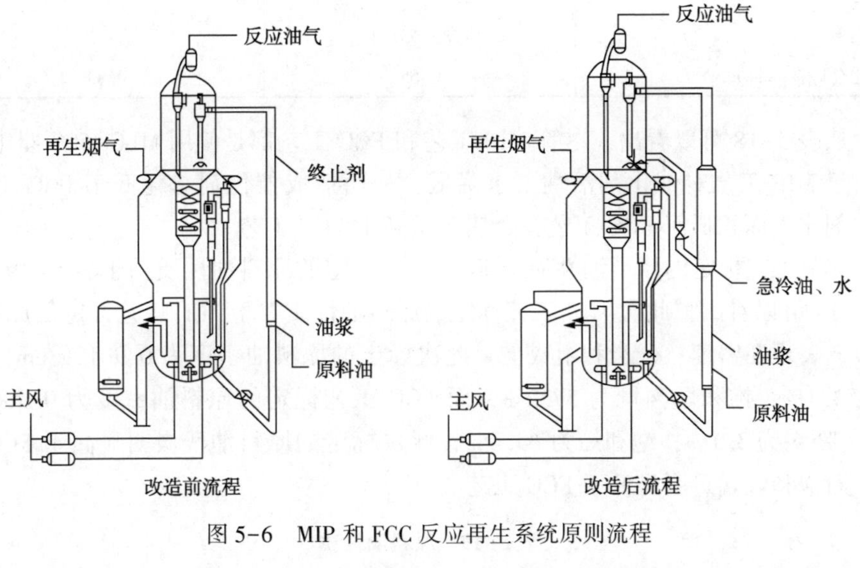

图 5-6 MIP 和 FCC 反应再生系统原则流程

改造后 1.4Mt/a MIP 装置自 2002 年 2 月 4 日开始运转以来，一直保持平稳运转，操作难度与 FCC 工艺相当。在 MIP 装置运转期间，对 MIP 装置进行了多次考核与标定。在 MIP 装置初始运转期间，MIP 工艺使用的催化剂与 FCC 工艺使用的催化剂相同，都是 MLC-500，其性质列于表 5-18。

表 5-18 MLC-500 催化剂性质

工艺	MIP	FCC
日期	2002-4-28	2001-2-20
催化剂	再生催化剂	再生催化剂
化学组成/%(XRF)		
Al_2O_3	48	43.6
Na_2O	0.42	0.62
RE_2O_3	1.8	
物化性质		
比表面积/(m^2/g)	106	~130
孔体积/(cm^3/g)	0.126(BET)	0.31
晶胞常数/nm	2.428	—
表观密度/(g/mL)	0.81	0.83
金属含量/(μg/g)		
Ni	~9500	~8452
V	~1650	~759
Fe	6224(XRF)	—
Sb	2590(XRF)	—
Ca	1785(XRF)	—
单耗/(kg/t 原料)	0.65	0.89

从表 5-18 可以看出，尽管 MIP 工艺和 FCC 工艺都是使用 MLC-500 催化剂，但由于 MIP 工艺对催化剂活性要求降低，从而造成催化剂单耗低于 FCC 工艺，催化剂比表面积低于 FCC 工艺，金属含量高于 FCC 工艺。

MIP 工艺标定的原料油性质与 FCC 工艺标定的原料油性质列于表 5-19。从表 5-19 可以看出，此次 MIP 工艺标定的原料油性质劣于 FCC 工艺标定的原料油性质，表现在密度、残炭和组成上。此次标定的原料油密度为 0.9019g/cm^3，残炭为 4.1%，饱和烃含量为 57.2%，而 FCC 工艺标定的原料油密度为 0.9003g/cm^3，残炭为 3.1%，饱和烃为 64.4%，此次标定的原料油残炭明显高于 FCC 工艺，而饱和烃含量明显低于 FCC 工艺。

表 5-19 原料油性质

工艺	MIP	FCC
日期	2002-4-28	2001-2-20
密度(20℃)/(g/cm^3)	0.9019	0.9003
折射率(20℃)	1.4896	—

续表

工　艺	MIP	FCC
黏度(80℃/100℃)/(mm^2/s)	34.01/20.35	—/13.86
残炭/%	4.10	3.10
碱性氮/(μg/g)	—	879.6
凝点/℃	42	39
重金属分析/(μg/g)		
Fe		2.78
Na		<1.0
Ni		4.11
Cu		<1.0
V		0.44
馏程/℃		
初馏点	274	192
10%	379	350
30%	445	417
50%	530	478
70%	—	586
元素分析/%		
C	87.06	—
H	12.87	—
S	0.22	0.22
N	0.23	0.23
族组成/%		
饱和烃	57.2	64.4
芳烃	28.9	27.0
胶质	13.8	8.4
沥青质	0.1	0.2

MIP 工艺考核标定时主要操作条件与产物分布列于表5-20，同时列出 FCC 工艺考核标定时操作条件与产物分布以便于比较。

从表5-20可以看出，相对于 FCC 工艺，MIP 工艺提升管出口温度只有499℃，反应温度下降15℃，但回炼油和回炼油浆量分别为6.5t/h 和1.2t/h，明显低于 FCC 工艺的回炼油量8.9t/h 和回炼油浆量7.9t/h；产品分布与 FCC 工艺标定相比，汽油产率为45.45%，增加了2.12个百分点，液化气产率为13.41%，增加了0.28个百分点，焦炭产率为8.75%，增加了0.15个百分点，轻循环油产率为25.66%，减少了1.23个百分点，干气产率为3.21%，减少了0.41个百分点，油浆产率为3.02%，下降了0.99个百分点，总液收为84.52%，增加了1.17个百分点。

表5-20　MIP和FCC工艺考核标定时主要操作条件和产率分布

工　艺	MIP	FCC
日　期	2002-4-28	2001-2-20
操作条件		
反应总进料温度/℃	170	166
反应器出口温度/℃	499	514
再生器温度/℃	690	687
回炼油量/(t/h)	6.5	8.9
回炼油浆量/(t/h)	1.2	7.9
剂油比	6.4	6.8
产率分布/%		
干气	3.21	3.62
液化气	13.41	13.13
汽油	45.45	43.31
轻循环油	25.66	26.89
油浆	3.02	4.01
焦炭	8.75	8.60
损失	0.50	0.44
合计	100.0	100.0
转化率/%	71.32	69.1
总液收/%	84.52	83.35

MIP工艺汽油性质与FCC工艺汽油性质列于表5-21。从表5-21可以看出，相对于FCC工艺，MIP汽油烯烃含量(荧光法)为33.6%(v)，比FCC工艺标定值47.7%(v)降低了14.1个百分点，比FCC工艺统计值48.8%(v)降低了15.2个百分点；汽油芳烃含量为14.0%(v)，比FCC工艺标定值12.8%(v)增加了1.2个百分点，比FCC工艺统计值12.3%(v)增加了1.7个百分点。MIP汽油的RON为89.1，比FCC工艺标定值90.1降低了1个单位，比FCC工艺统计值89.6降低了0.5个单位，而MON为80.0，比FCC工艺标定值79.8增加了0.2个单位，比FCC工艺统计值79.5增加了0.5个单位。总的抗爆指数相对于FCC工艺标定值略有下降，相对于FCC工艺统计值基本相当。汽油诱导期为781min，

相对于FCC工艺标定值609min，大幅度地增加。在MIP和FCC工艺所加工的原料油硫含量相同的情况下，MIP汽油硫含量为95.6μg/g，相对于FCC工艺标定值130μg/g，下降了26%。

表5-21　MIP和FCC工艺的汽油和LCO性质

工　艺	MIP	FCC	工　艺	MIP	FCC
日　期	2002-4-28	2001-2-20	日　期	2002-4-28	2002-2-20
汽油			LCO		
密度(20℃)/(g/cm^3)	0.7115	0.7190	密度(20℃)/(g/cm^3)	0.9016	0.862
碱性氮/(μg/g)	25	—	折射率(20℃)	1.5211	—
胶质/(mg/100mL)	2	1.6	黏度(20℃)/(mm^2/s)	4.284	—
碘值/(g/100g)	—	9.9	碱性氮/(μg/g)	72	—
辛烷值　RON	89.1/89.1①	90.1/89.6②	实际胶质/(mg/100mL)	340	—
MON	80/79.9①	79.8/79.5②	凝点/℃	-5	-1
诱导期/min	781	609	十六烷值③	30.8①	36.7
蒸气压/kPa	60	62	闪点/℃	73	
硫醇性硫/(μg/g)	<3	5.3	苯胺点/℃	—	—
酸度/(mgKOH/100mL)	0.2	—	10%残炭/%	0.10	—
馏程/℃			馏程/℃		
初馏点	34	40	初馏点	179	178
10%	48	52	10%	206	210
50%	86	92	50%	262	271
90%	153	157	90%	362	347
干点	180	182	350℃馏出/%	89	91
元素分析			元素分析/%		
C/%	86.17	—	C	88.76	—
H/%	14.33	—	H	10.96	—
S/(μg/g)	95.6	130	S	0.27	0.22
N/(μg/g)	33.7	40	N	0.07	0.18
荧光法/%(v)					

续表

工　艺	MIP	FCC	工　艺	MIP	FCC
O	33.6/ 34.9①	47.7/ 48.8②			
A	14.0/ 13.0①	12.8/ 12.3②			
色谱法/%					
*n*P	5.17	4.85			
*i*P	34.94	29.89			
O	33.24	41.73			
N	7.29	7.04			
A	17.55	15.15			

① MIP 工艺精制汽油生产统计数据。

② FCC 工艺精制汽油生产统计数据。

③ 4 月 5 日轻循环油十六烷值，汽油烯烃为 35.8%(v)。

MIP 轻循环油性质和 FCC 轻循环油性质列于表 5-21。从表 5-21 可以看出，MIP 的轻循环油性质劣于 FCC 工艺轻循环油性质，表现在轻循环油密度和十六烷值上。MIP 的轻循环油密度为 0.9016g/cm^3，而 FCC 轻循环油密度为 0.8620g/cm^3；MIP 的轻循环油十六烷值约为 30.8，而 FCC 工艺轻循环油十六烷值为 36.7，下降了约 5.9 个单位，造成 MIP 轻循环油十六烷值下降原因有二，一是 MIP 工艺所加工的原料油性质劣于 FCC 工艺所加工的原料油性质，二是 MIP 工艺反应深度较大，估算 MIP 工艺造成轻循环油十六烷值下降约 4 个单位。

5.1.7 MIP 工艺技术特征

MIP 工艺除汽油质量改善外，轻循环油产率明显降低，同时其密度明显增加，十六烷值降低，降低幅度至少超过 2 个单位，完全取决于反应深度；油浆产率下降幅度至少在 1 个百分点以上，且油浆产率下降幅度大于焦炭产率的上升幅度，从而总液体收率增加，一般大于 1 个百分点。油浆密度一般大于 1.1g/cm^3，最高接近 1.2g/cm^3。由于油浆产率降低，其固含量会有小幅度的上升。分馏塔底温度需控制在 330℃以下，油浆不宜回炼。回炼油密度有所增加，回炼比应该小于 10%。由于 MIP 工艺第二反应区采用较低的反应温度，强化了氢转移、异构化和烷基化等放热反应，因此，MIP 工艺的反应热比常规 FCC 工艺小，一般减少 20%~40%左右，在同样焦炭产率的情况下，一般主要表现为再生器取热量的大幅度增加，表 5-22 为几套装置 MIP 工艺改造前后再生器取热量的比较。

表 5-22　装置改造前后再生器取热量对比

装置代码	A	B	C
改造前再生取热/MW	15.7	19.5	20.8
改造前取热发汽量/(t/h)	28	34	37
改造后再生取热/MW	23.9	25.6	32.8
改造后取热发汽量/(t/h)	42	45	59

典型的 MIP 装置的能耗取自中国石化 A 公司 1.20Mt/a 装置的能耗数据，典型的 CGP 装置的能耗取自中国石油 B 公司 240Mt/a 装置的能耗数据。两套装置改造前后的能耗数据列于表 5-23。

从表 5-23 可以看出，A 公司 MIP 装置能耗比改造前 FCC 装置能耗降低了 425.90MJ/t，主要原因是 MIP 装置自产蒸汽大幅度增加，单蒸汽一项，约降低能耗为 530MJ/t。尽管 MIP 装置自产蒸汽增多的部分原因是因为 MIP 装置热进料增多，但扣除原料油多带热量 113.05MJ/t 和装置向外少供热量 80.81MJ/t，仍然由 MIP 工艺所带来蒸汽增加而降低的能耗为 336.14MJ/t。主要原因是因为 MIP 工艺反应热减少所造成的。此外，焦炭产率降低也对装置的能耗降低贡献 79.55MJ/t。B 公司 CGP 装置的能耗比改造前 FCC 装置的能耗降低了 260.56MJ/t，主要原因是 CGP 装置由于反应所需热量的减少和回炼比的降低，导致装置多产中压蒸汽和外输热量增加，从而降低装置能耗约为 143.03MJ/t，此外，焦炭产率降低也对装置的能耗降低贡献 79.55MJ/t。在标定期间，烟机没有投入使用，造成了 1768kW 电能未实现利用，从而增加装置的能耗为 72.44MJ/t。实际上，B 公司 CGP 装置能耗比改造前 FCC 装置能耗应降低了 333MJ/t。

由此可以看出，相对于常规的 FCC 工艺，MIP 系列工艺的装置能耗降低约在 330~425MJ/t 之间，而由 MIP 工艺反应部分的原料油升温热和反应热减少所造成的装置能耗降低约在 215.47~336.14MJ/t 之间。

表 5-23　装置改造前后各能耗项变化

公司代号	A 公司		B 公司	
工艺类型	FCC	MIP	FCC	CGP
操作条件				
加工量/(t/h)	132.6	136	274	289
反应温度/℃	518	505	530	513
回炼比	0.30	0.15	0.18	0.11
原料油性质				

续表

公司代号	A 公司		B 公司	
工艺类型	FCC	MIP	FCC	CGP
密度(20℃)/(g/cm^3)	0.9188	0.9130	0.8992	0.9014
残炭/%	3.77	3.04	4.1	4.2
生产方案	汽油+LCO		液化气+汽油	
液化气/%	12.47	15.44	26.60	25.17
汽油/%	38.85	43.35	36.74	41.28
轻循环油/%	30.33	24.97	19.98	17.92
装置能耗/(MJ/t)	增加/降低		增加/降低	
新鲜水	3.77	基准	0.04	基准
循环水	23.86	基准	24.66	基准
脱盐水	-18.84	基准	-5.78	基准
1.3MPa 蒸汽	423.22	基准	6.36	基准
3.8MPa 蒸汽	106.78	基准	47.89	基准
电	1.42	基准	19.06	基准
焦炭	79.55	基准	79.55	基准
装置向外供热	-80.81	基准	88.76	基准
原料油带入热	-113.05	基准		
合计单位能耗	425.90	基准	260.55	基准

因此，在相同焦炭产率下，MIP 技术的能耗与 FCC 相比一般不增加(或有所降低)。表 5-24 是以重油催化裂化装置为例，参考 FCC、MIP、MGD、ARGG 等工艺技术资料及标定报告，估算的装置能耗。

表 5-24 催化裂化装置能耗估算比较

项　目	FCC	MIP	CGP	MGD	ARGG
LPG 产率增加/百分点	基准	-1~1.5	5~15	2~6	~15
焦炭产率增加/百分点	基准	0~0.2	0.2~0.4	0.3~0.6	~0.6
能耗增加/(kg 标油/t 原料)	基准	-2.0~0	3~5	5~8	20~30

5.2 生产清洁汽油组分并增产丙烯的催化裂化工艺

随着炼油和石油化学工业的不断发展，对乙烯和丙烯的需求也不断增加，因为这些烯烃是有机化工的基础原料，目前乙烯主要来自蒸汽裂解装置。丙烯来自蒸汽裂解、催化裂解或催化裂化装置，但由于蒸汽裂解产品中丙烯与乙烯比为 0.43，市场要求丙烯与乙烯比为 0.70，蒸汽裂解所生产的丙烯量不能满足市场的需求量，需要依靠催化裂解或催化裂化装置所生产的丙烯来填补市场的需求缺口。尤其我国国民经济快速发展，市场对丙烯需求量与日俱增，部分丙烯需求量可以依靠现有的催化裂化装置来提供，再加上催化裂化装置担负着生产低烯烃汽油任务，因此，多产丙烯和高品质的汽油已成为当前催化裂化工艺的一大课题。为此，在变径流化床反应器技术平台上，开发出生产清洁汽油组分并增产丙烯的催化裂化工艺（A MIP Process for Clean Gasoline and Propylene，简称为 MIP-CGP 或 CGP）。该工艺技术是以重质油为原料，以变径流化床为反应器，在变径流化床不同的反应区内设计与烃类反应相适应的工艺条件并充分利用专用催化剂结构和活性组元，将烃类选择性地转化为富含异构烷烃的汽油和丙烯，在生产清洁汽油组分同时，为石油化工提供宝贵的丙烯原料[9,10]。

5.2.1　CGP 反应机理分析及工艺特点

5.2.1.1　裂化反应的可控性及其实现方法

CGP 工艺不仅要生产清洁汽油组分，而且还要生产重要的化工原料——丙烯。由于 CGP 工艺存在着生产目标多重性，这就要求不仅要研究裂化反应深度的控制，而且还研究裂化反应类型的控制，以达到工艺开发目标。

在固体酸催化剂作用下，经典的正碳离子 R_2^+ 会从原料烷烃分子中抽取负氢离子发生负氢离子转移反应，自身转化成产物烷烃（R_2H）的同时，使原料烷烃分子形成一个新的 R_1^+，从而使整个催化裂化反应不断进行，其反应式如下：

$$R_1H+R_2^+Z^- \longrightarrow R_1^+Z^-+R_2H$$

在负氢离子转移反应中，反应方向取决于 R_1^+ 和 R_2^+ 的稳定性，反应向正碳离子较稳定的一方进行，R_1^+ 和 R_2^+ 的生成热之差是负氢离子转移反应的推动力。在分子筛催化剂上，负氢离子转移反应的活性中间体非常类似于吸附的非经典五配位正碳离子，它同催化剂之间的作用力是库仑力。负氢离子转移反应的活化能很低，一般只有 C—H 键键能的十分之一左右，低于质子化裂化的活化能。不同碳数正碳离子从烷烃抽取负氢离子所需能量的分子模拟计算结果列于表 5-25。

表 5-25　不同碳数烷烃负氢离子转移反应特性

烷　烃	C_6			C_{16}			C_{32}		
正碳离子	C_4	C_6	C_{12}	C_4	C_6	C_{12}	C_4	C_6	C_{12}
能垒/（kJ/mol）	78.7	103.3	112.8	42.2	67.2	76.4	24.9	49.9	59.1

从表 5-25 可以看出，不管正碳离子碳数如何变化，同碳数正碳离子从 C_6、C_{16}和 C_{32}烷烃中抽取负氢离子所需要的能量均依次降低，如 C_4正碳离子从三种烷烃抽取负氢离子所需要的能量依次为 78.7kJ/mol、42.4kJ/mol 和 24.9kJ/mol。这说明当反应体系中已存在相同的三配位正碳离子时，原料中烷烃相对分子质量越大，将越容易被抽取负氢离子发生双分子裂化反应。从表 5-25 还可以看出，碳数越大的正碳离子抽取负氢离子所需要的能量也越高，这表明碳数越大的正碳离子易于发生 β 键断裂反应，难以与其他烷烃分子发生负氢离子转移反应；反之，碳数越小的正碳离子易于发生氢转移反应，其反应式如下：

$$R_1^+ \longrightarrow R_2^+ + R_3—CH=CH_2 \quad \beta\text{ 键断裂}$$

$$R_1^+ \longrightarrow R_1—CH=CH_2 \quad \text{失质子}$$

负氢离子转移既是双分子裂化的基元反应，也是氢转移的基元反应，促进负氢离子转移反应，同时促进裂化反应和氢转移反应。正碳离子与烷烃分子之间的负氢离子转移反应对双分子裂化反应的传递至关重要，通过进行负氢离子转移反应使反应物中大分子烃类不断消耗，从而使反应深度不断增加。同时，降低了烷烃生成非经典正碳离子的几率，从而减少干气生成[11]。

催化裂化反应由引发阶段进入到反应传递阶段，反应过渡态以经典的正碳离子为主，其中正碳离子和烷烃分子之间发生了负氢离子转移，传递了裂化反应，负氢离子转移起到了双分子裂化反应的二传手作用。同时氢转移反应也按负氢离子转移和失质子两个步骤进行着，也就是说，负氢离子转移在氢转移反应中也是起到二传手作用。因此，负氢离子转移将氢转移反应和双分子裂化反应联系在一起。随着裂化反应进行，烃类分子链的长度缩短，活化能增加，裂化反应难度也相应地增加。此时，碳数小的正碳离子就易于发生失质子反应，从而氢转移反应速率增加，负氢离子转移将氢转移反应和双分子裂化反应联系在一起。因此，通过有目的地设计工艺条件和选择催化剂活性组元，促进或抑制氢转移反应和双分子裂化反应发生的几率，调控裂化反应深度。为此，提出了对烃类裂化反应进行选择性地控制概念，即裂化反应的可控性[10]。氢转移反应在裂化反应深度和方向上起着重要作用，一方面饱和产品中烯烃，使产品质量得到改善；另一方面终止裂化反应，从而保留较多的大分子的产物，即增加汽油和轻循环油的产率，降低气体产率。利用氢转移反应中止裂化反应特性来实现控制烃类裂化反应深度。通常将烃类裂化反应深度控制在三个层次，即轻质油馏分、汽油馏分或汽油和液化气馏分。

5.2.1.2 单分子反应和双分子反应协同与调变

当单分子裂化反应占优时，干气产率较高，液化气产率较高和丙烯产率较高，液化气中的丙烯含量较高；当双分子裂化反应占优时，干气产率较低，液化气产率较低和丙烯产率较低，且液化气中的丙烯含量较低，而异丁烷含量较高。在第一反应区内强化单分子裂化反应既可以多产丙烯，又可以增加汽油中的烯烃含量。在第二反应区内强化双分子反应既可以将汽油中的烯烃含量转化为异构烷烃、芳烃和丙烯，又可以减少干气的生成，从而达到CGP工艺开发目标。

由于CGP工艺强化了第一反应区内的单分子裂化反应，造成进入第二反应区的油气含有较高含量的烯烃分子，将烯烃分子在第二反应区内充分转化是该工艺开发成功的关键。烯烃分子在第二反应区内转化存在两种途径，一是烯烃分子通过双分子氢转移反应，转化为异构烷烃或异构烷烃和芳烃；二是烯烃分子通过双分子裂化反应，转化为液化气(丙烯)。从汽油烯烃降低的角度来看，双分子氢转移反应和双分子裂化反应作用是相同的；从汽油烯烃转化为异构烷烃和芳烃或转化为液化气及丙烯的角度来看，可以在第二反应区内强化双分子氢转移反应或者双分子裂化反应。当双分子氢转移反应占优时，汽油中的异构烷烃含量高，液化气中的丙烯含量低，从而影响丙烯产量；当双分子裂化反应占优时，汽油中的异构烷烃含量低，液化气中的丙烯含量高，从而可以提高丙烯产量。由于双分子裂化反应和双分子氢转移反应可以进行调变，从而增加生产方案的灵活性。

5.2.1.3 CGP工艺特点

CGP工艺从反应深度控制层面上就是以多产液化气和汽油馏分为目标。同样，可以有目的地在第二反应区内设计工艺条件和选择催化剂活性组元，调控氢转移反应，利用氢转移反应终止裂化反应特性来实现控制烃类裂化反应程度，从而实现烃类裂化反应深度的可控性。针对多产低烯烃汽油和液化气，CGP工艺在工艺条件和催化剂活性组元和结构上具有以下特点：

(1) 基于变径流化床反应器技术平台，优化催化裂化的一次反应和二次反应，从而减少干气和焦炭产率，有利于产物分布的改善。

(2) 设计第一反应区以裂化反应为主，第二反应区以氢转移反应和异构化反应为主，辅助适度烯烃裂化反应。

(3) 相对于MIP工艺，CGP工艺第一反应区反应温度更高，高出10℃以上，反应时间略长；第二反应区重时空速更低，主要以增加反应时间来促进二次反应。在二次裂化反应和氢转移反应双重作用下，汽油中的烯烃转化为丙烯和异构烷烃，汽油中的烯烃含量大幅度下降，同时汽油的辛烷值保持不变或略有增加。

(4) 催化剂具有强化不同反应区的功能，更好地满足工艺生产方案的要求。

(5) 调变催化剂的裂化反应活性和氢转移反应活性，增加液化气的产率和液化气中的丙烯含量，从而提高丙烯产率和降低汽油烯烃。

专用催化剂是配合 CGP 工艺开发的，在不同的反应区内起着不同的作用，目的在于既要能够处理劣质的催化裂化原料油，又要提高液化气中的丙烯浓度和丙烯产率，还能保证汽油中含有较高的异构烷烃和较低的烯烃，该催化剂具备以下主要特征：

(1) 较强的单分子裂化反应能力；

(2) 适当的双分子裂化反应能力；

(3) 适中的氢转移活性；

(4) 较高的水热稳定性。

依据催化剂不同的孔结构和活性组元，第一反应区的作用主要是将原料油中的大分子在催化剂的大孔和中孔载体、Y 型分子筛上裂解为汽油馏分(含有较多的烯烃)和液化气(含有较多的丙烯)，第二反应区作用主要是将汽油中烯烃和部分碳四烯烃在含碳的活性组元上转化为异构烷烃和芳烃或裂解为丙烯，同时，将汽油中的部分烯烃在催化剂的高硅小孔沸石如 MFI 型沸石上裂解为小分子烯烃，从而增加丙烯产率。在双分子裂化反应和双分子氢转移反应协同作用下，汽油中的烯烃含量大幅度下降。

正是上述的特点，原料油在第一反应区内一次裂化反应深度增加，从而生成更多的富含烯烃汽油和富含丙烯的液化气；在第二反应区，汽油烯烃发生氢转移反应、异构化反应和适度的烯烃裂化反应，从而降低汽油烯烃含量和增加液化气产率和丙烯产率。

5.2.2 CGP 工艺中型试验研究

5.2.2.1 中型试验研究

中型试验是在连续流化催化裂化装置上进行的，如图 5-4 所示，该装置可以分别选用等直径提升管反应器和变径流化床反应器。连续流化催化裂化装置用来验证小型试验装置探索结果，确定该工艺的最佳工艺条件，为工业试验装置提供设计基础数据。试验所用的原料油分别是石蜡基和中间基的原料油，其性质见表 5-26。

表 5-26　原料油性质

原料油类型	石蜡基	中间基
密度(20℃)/(g/cm^3)	0.8905	0.9201
运动黏度/(mm^2/s)		
80℃	39.83	12.13
100℃	22.13	7.10
残炭/%	2.94	1.54
凝点/℃	49	30
元素组成/%		
总氮	0.19	0.23
硫	0.15	0.95
碳	86.48	86.53
氢	13.18	12.29
族组成/%		
饱和烃	64.5	61.0
芳烃	24.2	30.1
胶质	11.1	8.5
沥青质	0.2	0.4
重金属含量/(μg/g)		
镍	2.9	3.2
钒	<0.1	3.4
铁	3.2	16.1
铜	<0.1	0.1
钠	—	—
馏程/℃		
初馏点	261	218
10%	439	348
30%	501	403
50%	550	433
70%	565(63.4%)	468
90%		554

除 CGP 工艺专用催化剂 CGP-1 外，还选用了常规催化裂化催化剂 MLC-500 作为对比催化剂。两种催化剂性质见表 5-27。CGP-1 和 MLC-500 催化剂经

800℃和8.5h老化后微反活性分别为69和65。

表5-27 催化剂性质

催化剂名称	MLC-500	CGP-1
化学性质/%		
Al_2O_3	51.2	56.3
Na_2O	0.32	0.19
RE_2O_3	2	3.2
物理性质		
孔体积/(mL/g)	0.183	0.151
比表面积/(m^2/g)	147	145
晶胞常数/nm	2.4289	2.4362
堆积密度/(g/cm^3)	0.7	0.62
磨损指数/(%/h)		1.5
粒度分布/%(v)		
0~40μm	22.4	13.1
0~80μm	46.1	54.9
0~110μm	77.6	86.9
0~149μm	—	92.5
老化条件	800℃/8.5h	800℃/8.5h
微反活性(MA)	65	69

石蜡基原料油在中型催化裂化装置上进行试验，CGP工艺试验选用的催化剂分别是MLC-500和CGP-1，FCC工艺试验选用的催化剂是MLC-500，试验操作条件和试验结果列于表5-28。

表5-28 CGP工艺和FCC工艺的中型试验条件和试验结果

工艺类型	CGP	FCC	CGP	FCC
试验编号	RU-3-21-5	RU-4-21-3	RU-3-5-2	RU-5-24-1
催化剂	CGP-1		MLC-500	
操作条件				
出口温度/℃		500		500
一反温度/℃	510		510	
二反温度/℃	490		490	
反应时间/s	—	2.1		2.0

续表

工 艺 类 型	CGP	FCC	CGP	FCC
产品分布/%				
干气	1.72	1.21	1.47	1.01
液化气	25.85	22.19	19.43	17.15
汽油	51.06	51.56	57.93	58.61
轻循环油	10.05	11.20	10.36	11.15
重油	5.04	7.51	3.83	6.19
焦炭	6.28	6.33	6.98	5.89
合计	100.00	100.00	100.00	100.00
转化率/%	84.91	81.39	85.81	82.66
汽油+轻循环油/%	61.11	62.76	68.29	69.76
总液收/%	86.96	84.95	87.72	86.91
气体产率/%				
丙烯	9.20	7.89	7.11	5.82
异丁烷	5.88	3.72	3.88	2.98
异丁烯	2.71	3.65	2.35	2.63
丙烯选择性/%	35.59	35.54	36.59	33.93
汽油色谱法组成/%				
正构烷烃	5.11	4.54	4.92	4.70
异构烷烃	34.43	31.42	34.26	28.44
环烷烃	8.15	8.47	7.54	7.53
烯烃	24.44	35.42	27.86	40.18
芳烃	27.87	20.15	25.42	19.15

从表5-28可以看出，CGP的反应温度低于FCC工艺，但第一反应区出口温度要高于FCC工艺的提升管出口温度，并且第一反应区与第二反应区的反应时间之和远大于FCC工艺的反应时间。当CGP工艺使用专用催化剂CGP-1，而FCC工艺使用常规催化剂MLC-500时，CGP工艺和FCC工艺的总液体收率(液化气+汽油+轻循环油)分别为86.96%和86.91%，两者基本相同。在相同的总液体收率情况下，CGP工艺的液化气产率为25.85%，而FCC工艺的液化气产率为17.15%，前者高于后者约8.7个百分点，其中73.10%是增产丙烯、异丁烷和异丁烯高价值产品；CGP工艺的干气和焦炭产率分别为1.72%和6.28%，FCC工艺的干气和焦炭产率分别为1.01%和5.89%，前者的干气和焦炭之和高于后者，原因是前者的转化率高于后者。

从表5-28还可以看出，CGP工艺和FCC工艺的液化气中丙烯含量分别为

35.59%和33.93%，前者高于后者，因此CGP工艺的丙烯产率为9.20%，而FCC工艺的丙烯产率5.82%，相对于FCC工艺，CGP工艺的丙烯产率增加了58.08%；CGP的异丁烯产率较低而异丁烷产率较高，即CGP的异丁烯产率为2.71%，而异丁烷产率为5.88%，而FCC工艺的异丁烯产率为2.63%，而异丁烷产率增加为2.98%。CGP工艺因异丁烷产率高，有利于为烷基化装置提供原料。

从表5-28可以看出，在CGP工艺的总液体收率与FCC工艺的总液体收率基本相当的情况下，色谱法分析CGP工艺的汽油烯烃含量为24.44%，相对于FCC工艺的汽油烯烃含量40.18%，降低了15.74个百分点，减少的烯烃主要转化为异构烷烃和芳烃，异构烷烃和芳烃分别增加了5.99个百分点和8.72个百分点。

CGP工艺无论是采用专用催化剂CGP-1，还是采用常规的FCC工艺催化剂MLC-500，都可以大幅度地降低汽油烯烃含量，同时丙烯产率增加。采用专用催化剂后，强化了CGP工艺的第一和第二反应区的作用，造成相应的反应结果更加明显。

5.2.2.2 反应类型的试验结果及讨论

从表5-28可以看出，当CGP工艺和FCC工艺都使用专用催化剂CGP-1时，CGP工艺和FCC工艺的总液体收率(液化气+汽油+轻循环油)分别为86.96%和84.95%。在相近的总液体收率情况下，CGP工艺的液化气产率为25.85%，而FCC工艺的液化气产率为22.19%，前者高于后者约为3.66个百分点；CGP工艺的干气和焦炭产率分别为1.72%和6.28%，FCC工艺的干气和焦炭产率分别为1.21%和6.33%，前者的干气和焦炭之和略高于后者，原因是前者的转化率高于后者。

从表5-28还可以看出，CGP工艺和FCC工艺的液化气中丙烯含量分别为35.59%和35.54%，两者基本相当，因此CGP工艺的丙烯产率为9.20%，而FCC工艺的丙烯产率7.89%，相对于FCC工艺，CGP工艺的丙烯产率增加了16.60%；CGP的异丁烯产率为2.71%，异丁烷产率为5.88%，而FCC工艺的异丁烯产率为3.65%，异丁烷产率为3.72%，说明CGP工艺能够增产异丁烷。

从表5-28可以看出，在CGP工艺的总液体收率与FCC工艺的总液体收率相差不大的情况下，色谱法分析CGP工艺的汽油烯烃含量为24.44%，相对于FCC工艺的汽油烯烃含量35.42%，降低了10.98个百分点，减少的烯烃主要转化为异构烷烃和芳烃，异构烷烃和芳烃含量分别增加了3.01个百分点和7.72个百分点。说明CGP工艺能够降低汽油烯烃，增加汽油异构烷烃和芳烃。

CGP工艺和FCC工艺的液化气产率和丙烯产率相差不大，说明CGP工艺的液化气或丙烯主要是在第一反应区内形成的。

5.2.2.3　控制反应深度试验结果及讨论

从表 5-28 可以看出，当 CGP 工艺分别使用专用催化剂 CGP-1 和 MLC-500 时，专用催化剂 CGP-1 和 MLC-500 的转化率分别为 84.91%和 85.81%，前者的总液体收率为 86.96%，而后者的总液体收率为 87.72%，后者高于前者约为 0.76 个百分点；前者的干气产率为 1.72%，后者的干气产率为 1.47%，前者的液化气产率为 25.85%，而后者的液化气产率为 19.43%，显然，前者的液化气产率远高于后者，即前者的裂化反应深度超过后者，这说明了裂化反应深度的控制不仅需要从工艺条件和反应器类型上改变，还需要相适宜催化剂活性组元配合。专用催化剂 CGP-1 和 MLC-500 的丙烯选择性分别为 35.59%和 36.59%，后者高于前者约为 1 个百分点，这说明在双分子裂化反应占优的情况下，液化气中的丙烯含量得到提高。

CGP 工艺无论是采用专用催化剂 CGP-1，还是采用常规的 FCC 工艺催化剂 MLC-500，采用变径流化床反应器，都可以大幅度地降低汽油烯烃，同时丙烯产率增加。采用专用催化剂后，强化了 CGP 工艺的第一和第二反应区的裂化反应，造成液化气产率大幅度增加，从而能够实现 CGP 工艺目标之一，即丙烯产率大幅度增加；同时强化了第二反应区的双分子反应，造成汽油烯烃含量大幅度下降和液化气中的丙烯选择性提高，能够实现 CGP 工艺目标之二，即汽油烯烃含量大幅度下降。

5.2.2.4　CGP 工艺对不同的原料油适应性

石蜡基和中间基原料油分别在中型变径流化床反应器的催化裂化装置上进行试验，使用 CGP 工艺的专用催化剂 CGP-1。操作条件和试验结果列于表 5-29。

表 5-29　CGP 工艺加工不同类型原料油的产物分布

原料油类型	石蜡基	中间基	
试验编号	RU-3-20-6	RU-3-22-2	RU-3-22-5
催化剂	CGP-1		
一反温度/℃	510	510	530
二反温度/℃	490	490	510
物料平衡/%			
干气	1.72	2.25	3.04
液化气	25.85	18.59	19.66
汽油	51.06	46.48	45.62
轻循环油	10.05	15.71	14.86

续表

原料油类型	石蜡基	中间基	
重油	5.04	11.09	10.58
焦炭	6.28	5.88	6.24
合计	100.00	100.00	100.00
转化率/%	84.91	73.21	74.56
汽油+轻循环油/%	61.11	62.19	60.48
总液收/%	86.96	80.78	80.14
气体产率/%			
丙烯	9.20	6.99	7.60
异丁烷	5.87	4.15	4.10
异丁烯	2.71	1.83	1.91
异丁烷/异丁烯(质量比)	2.17	2.27	2.15
丙烯选择性/%	35.59	37.60	38.66
汽油色谱法组成/%			
正构烷烃	5.11	4.18	3.96
异构烷烃	34.43	26.93	24.25
烯烃	24.44	22.50	26.85
环烷烃	8.15	9.60	10.36
芳烃	27.87	36.79	34.58

从表5-29可以看出，在相同的工艺条件下，石蜡基和中间基原料油的转化率分别为84.91%和73.21%，前者明显高于后者，因此，前者的液化气产率和汽油产率明显高于后者，而轻循环油和重油产率明显低于后者，前者的液化气产率和汽油产率分别为25.85%和51.06%，而后者的液化气产率和汽油产率分别为18.59%和46.48%；前者的轻循环油产率和重油产率分别为10.05%和5.04%，而后者的轻循环油产率和重油产率分别为15.71%和11.09%。上述的产物分布不同是由于不同类型的原料油裂化性能存在差异而导致。

从表5-29还可以看出，在相同的工艺条件下，石蜡基和中间基原料油所得到的液化气中的丙烯含量基本相当，前者的丙烯为35.59%，后者的丙烯为37.60%；但由于液化气产率不同，两者的丙烯、异丁烯和异丁烷产率也不同，前者的丙烯、异丁烯和异丁烷产率分别为9.20%、2.71%和5.87%，而后者的丙烯、异丁烯和异丁烷产率分别为6.99%、1.83%和4.15%。但从表5-29也可以看出，对于沧州FCC原料油，通过提高反应温度，液化气中的丙烯含量增加，由510℃的37.60%增加到530℃的38.66%，丙烯产率由510℃的6.90%增加到

530℃的7.60%。提高反应温度，仍有提高丙烯产率空间。

从表5-29可以看出，在相同的工艺条件下，色谱法分析石蜡基和中间基原料油所得到的汽油烯烃含量分别为24.44%和22.50%，异构烷烃含量分别为34.43%和26.93%和芳烃含量分别为27.87%和36.79%，两者在异构烷烃和芳烃含量的差异主要是与各自的原料油组成有关。总之，CGP工艺不仅提供较多的丙烯产率，而且还能提供低烯烃汽油。

5.2.3 CGP工艺与其他生产清洁汽油组分装置耦合

CGP工艺的气体可以作为烷基化装置、MTBE醚化装置和叠合装置的原料。CGP装置与这些装置耦合可以生产更多高辛烷值和低烯烃汽油，以满足未来汽车对高品质汽油的需求。CGP工艺与这些装置耦合所生产的汽油产率与质量列于表5-30，同时，表5-30也列出FCC工艺与这些装置耦合所生产的汽油产率与质量，以便于比较。

表5-30 CGP和FCC的汽油与其液化气所生成汽油调和后的汽油产率和性质

工艺类型	CGP			FCC		
试验编号	RU-3-20-6			RU-5-24-1		
催化剂	CGP-1			MLC-500		
原料油	大庆VGO+30%VR					
	产率/%	RON/MON	烯烃/%	产率/%	RON/MON	烯烃/%
丙烯	9.20			5.82		
异丁烷	5.88			2.98		
异丁烯	2.71			2.63		
总丁烯	8.14			7.14		
汽油	51.06	90/80.1	24.44	58.61	89.2/79	40.2
烷基化油	11.56	96/93		5.86	96/93	
MTBE	3.84	121/102		3.73	121/102	
合计	66.46	92.8/83.6	18.77	68.2	91.5/81.5	34.55

从表5-30可以看出，CGP工艺的汽油与烷基化汽油和MTBE调和后，汽油产率为66.46%，辛烷值RON为92.8，MON为83.6，汽油烯烃为18.77%；而FCC工艺的汽油与烷基化汽油和MTBE调和后，汽油产率为68.2%，辛烷值RON为91.5，MON为81.5，汽油烯烃为34.55%。尽管CGP工艺的汽油与烷基化汽油和MTBE调和后的汽油产率略低于FCC工艺的汽油与烷基化汽油和MTBE调和后的汽油产率，但前者汽油的辛烷值和烯烃含量明显好于后者，前者可以提

供满足欧Ⅲ排放标准的汽油，甚至可以满足欧Ⅳ排放标准的汽油。

5.2.4 反应与再生系统工程设计原则

基于变径流化床反应器技术平台，针对 CGP 工艺特点，CGP 装置反应与再生系统在工程设计上应符合如下原则：

第一反应区与常规提升管反应器相似，但设计反应时间较短，小于 1.5s；第二反应区所要求的重时空速在 $10\sim50h^{-1}$ 之间。常规的提升管为稀相垂直输送，管内表观密度一般低于 $100kg/m^3$，提升管入口处催化剂的表观密度为 $60\sim80kg/m^3$，而出口处的表观密度为 $20\sim40kg/m^3$，总藏量不到 2t。

由于稀相提升管的输送方式不适合第二反应区的工艺要求，快速流化床是比较好的型式。快速流化床床内气速在 1~3m/s 之间，选取合适的气速即可使第二反应区的平均表观密度在 $100kg/m^3$ 左右，保证其有合适的藏量分布满足重时空速的要求。因此，第二反应区需要适当地扩径。但是仅仅简单地扩径只能使转化反应局限于某个相对固定的反应条件（第二反应区尺寸确定后，重时空速相对固定），CGP 工艺的最佳效果可能无法达到。工程上为了使第二反应区的重时空速能在合理的范围内适当调节，对于快速流化床催化剂藏量的维持应采取必要的控制手段。

控制手段采用强制平衡调节的方式。为了能够维持和调节第二反应区的床层密度，采取在第二反应区外补循环催化剂的方式，使其能适应 CGP 工艺对重时空速范围的要求。设计通过单动滑阀或塞阀来控制补充催化剂循环量。

由于第一反应区是高速流化床，而第二反应区是快速流化床，为了能够维持和调节第二反应区床层密度，减少第一反应区的高速流化床对第二反应区的快速流化床床层密度冲击，尽可能地减少第一反应区油气和催化剂的动能，需要设计特殊的分布板。

第二反应区不仅要有调节重时空速的手段，反应温度的控制也应该比较方便灵活。CGP 工艺要求第二反应区反应温度较第一反应区有 10~20℃ 的温降，可以在第一反应区后注入急冷介质（如粗汽油或蒸汽等），也可以通过外补冷却的催化剂来实现。

CGP 工艺包括反应再生系统、分馏系统和稳定与吸收系统，其技术创新在于独特的反应系统以及与工艺参数相适应的专用催化剂。CGP 工艺反应再生原则流程如图 5-7 所示，热原料油与热再生催化剂在提升管底部接触，然后进入第一反应区，经高温和短时间油剂接触后，进入第二反应区，在较低的温度和较长的油气停留时间下油气继续反应，反应后的物流进入粗旋，分离油气和催化剂，油气进入后部分离系统。待生催化剂经汽提、再生后，返回变径流化床反应器底部，再与热原料接触与反应。

5.2.5　CGP 工艺工业试验

5.2.5.1　装置运行情况和工业试验目标

JJ 分公司 CGP 工业装置于 2004 年 7 月 23 日开工，同年 8 月 7 日，CGP 专用催化剂进入反应再生系统，处理量达到 2800~3000t/d，基本达到满负荷生产[12]。ZH 炼化公司 CGP 装置于 2004 年 4 月 26 日正式进入开工阶段，随后使用专用催化剂。装置投入正常生产后，按照 CGP 工艺技术要求，通过摸索原料油性质、反应温度、待生循环塞阀开度、剂油比、催化剂品种与活性等操作参数的影响，定量关联操作参数与汽油烯烃含量之间的关系，使催化裂化汽油烯烃含量下降幅度可控，根据生产的需要，烯烃含量可以保持在 30%(v) 以下，汽油辛烷值增加，丙烯产率达到了 7.0%以上，产品分布良好，装置总液收达到了 80%以上。装置生产平稳、安全，装置能耗有所下降，取得了明显的效果[13]。

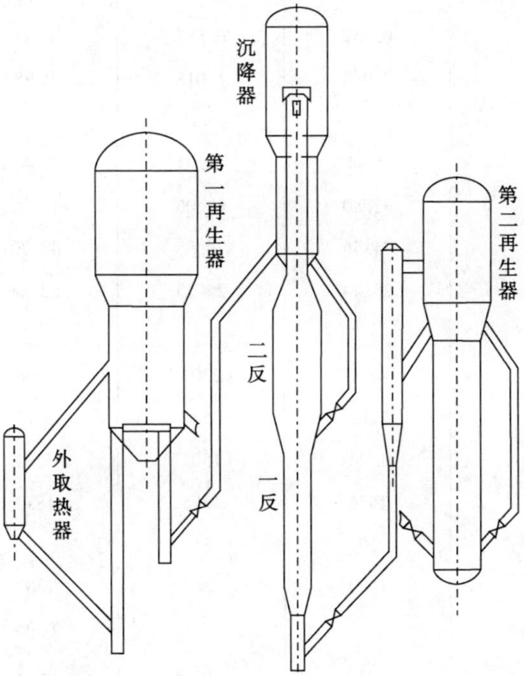

图 5-7　CGP 工艺反应再生系统流程

JJ 分公司和 ZH 炼化公司的 CGP 装置标定分成工况一和工况二，工况一标定是 CGP 装置日常生产情况的考核，而工况二标定是考核 CGP 装置工业试验目标。

5.2.5.2 标定结果与讨论

(1) 催化剂和原料油性质

JJ 分公司的 CGP 装置所使用的催化剂为 CGP-1J，标定时专用平衡催化剂 CGP-1J 性质列于表 5-31。ZH 炼化公司的 CGP 装置所使用的催化剂为 CGP-1Z，标定时专用平衡催化剂 CGP-1Z 的性质列同于表 5-31。

表 5-31 JJ 分公司和 ZH 炼化公司 CGP 装置平衡催化剂性质

企业代号	JJ		ZH	
标定工况	工况一	工况二	工况一	工况二
标定时间	2005-05-31	2005-04-19	2005-05-08	2005-05-12
比表面积/(m^2/g)		114	124	127
孔体积/(mL/g)	0.217	0.203	0.22	0.22
堆积密度/(g/cm^3)				
充气	0.818	0.826	0.81	0.81
沉降	0.859	0.887	0.83	0.83
密实	0.968	1.018	0.95	0.95
筛分组成/%				
0~20μm	8.34	10.31	1.40	2.74
0~40μm	31.80	33.06	13.02	21.18
0~80μm	74.56	74.65	47.72	70.46
>80μm	25.44	25.35	52.28	29.54
重金属含量/(μg/g)				
Fe	4877	2307	3794	3435
Ni	3202	3535	5673	6196
V	1724	1501	2694	2570
Na	1576	1375	1850	1746
Cu	20	31		
Sb	1979	2367	1402	1249
新鲜剂单耗/(kg/t 原料)			0.94	1.14
微反活性	63	65	64.4	67.5

从表 5-31 可以看出，JJ 分公司的 CGP 装置工况一催化剂上的铁含量为 4877μg/g，镍含量为 3202μg/g，钒含量为 1724μg/g，钠含量为 1576μg/g，锑含量为 1979μg/g；工况二催化剂上的铁含量为 2307μg/g，镍含量为 3535μg/g，钒

含量为1501μg/g，钠含量为1375μg/g，锑含量为2367μg/g。为使汽油的烯烃含量由30%(v)左右降低到18%(v)以下，催化剂活性相应地由63.0提高到65.0。ZH炼化公司的CGP装置工况二标定平衡催化剂的活性由工况一标定的平衡催化剂的活性64.4提高到67.5；比表面积由124m^2/g提高到127m^2/g；重金属中铁的含量由3794μg/g降低到3435μg/g、镍的含量由5673μg/g增加到6196μg/g、钒含量由2694μg/g减少到2570μg/g、钠含量由1850μg/g减少到1746μg/g、锑含量由1402μg/g减少到1249μg/g，两次标定催化剂上金属含量基本相当。两次标定时0~40μm的含量分别为13.02和21.18，表明CGP-1Z专用剂具有较好的水热稳定性。

JJ分公司和ZH炼化公司CGP装置两次标定的原料油性质实测数据列于表5-32。从表5-32可以看出，JJ分公司CGP装置工况一和工况二的原料油密度分别为0.9029g/cm^3和0.9097g/cm^3，残炭分别为3.31%和4.59%，氢含量分别为12.46%和12.58%，饱和烃含量分别为57.46%和57.26%。从以上数据可以看出，工况二标定的原料油性质劣于工况一。ZH炼化公司CGP装置工况一标定的原料油密度为0.9122g/cm^3，残炭为4.00%，硫含量为0.84%；工况二标定的原料油密度为0.9026g/cm^3，残炭为1.94%，硫含量为0.729%。

表5-32　JJ分公司和ZH炼化公司CGP装置的原料油性质

企业代号	JJ		ZH	
标定工况	工况一	工况二	工况一	工况二
标定时间	2005-05-31	2005-04-19	2005-05-08	2005-05-12
密度(20℃)/(g/cm^3)	0.9029	0.9097	0.9122	0.9026
黏度(80℃)/(mm^2/s)				9.620
黏度(100℃)/(mm^2/s)	10.76	14.33		6.183
残炭/%	3.31	4.59	4.00	1.94
四组分/%				
饱和烃	57.46	57.26		85.60
芳烃	28.65	30.02		9.95
胶质	13.89	12.72		3.38
沥青质	—	—		1.07
元素组成/%				
C	86.84	87.30	86.73	86.78
H	12.46	12.58	12.28	12.64
S	0.4	0.37	0.84	0.729
N	0.101	0.121		0.07

续表

企业代号	JJ		ZH	
重金属含量/(μg/g)				
Fe	11	11		8.10
Ni	5	11		6.48
Ca	<1			1.44
V	4	4		1.27
Na	1	1		1.58
馏程/℃				
初馏点	261	272		275
10%	350	350	327	296
30%			442	378
50%	441	444	491	416
70%				455

(2) 装置操作参数和产品分布

JJ 分公司和 ZH 炼化公司 CGP 装置两次标定的主要操作参数和产品分布列于表 5-33。从表 5-33 可以看出，JJ 分公司 CGP 装置工况一的一反出口温度为 511℃，工况二的一反出口温度为 524℃，后者高于前者为 13℃；工况一的二反重时空速为 28.9h^{-1}，工况二的二反重时空速为 20.7h^{-1}，工况二的二反重时空速基本上达到设计值。ZH 炼化公司 CGP 装置工况一的一反出口温度为 517℃，工况二的一反出口温度为 508℃，前者高于后者为 9℃；工况一的二反重时空速为 35.0h^{-1}，工况二的二反重时空速为 17.14h^{-1}，工况二的二反重时空速已达到设计值。

表 5-33 JJ 分公司和 ZH 炼化公司 CGP 装置标定时操作参数和产品分布

企业代号	JJ		ZH	
标定工况	工况一	工况二	工况一	工况二
标定时间	2005-05-31	2005-04-19	2005-05-08	2005-05-12
二反上部温度/℃	497	496	508	504
一反出口/℃	511	524	517	508
二反藏量/t	4.30	4.83	5.0	9.0
重时空速/h^{-1}	28.9	20.7	35.0	17.14
剂油比			5.6	5.7

续表

企业代号	JJ		ZH	
产率分布/%				
干气	2.69	3.45	2.51	2.65
液化气	23.11	27.37	22.12	24.45
汽油	39.54	38.19	36.91	42.08
轻循环油	21.53	16.30	25.61	18.12
油浆	4.12	5.12	5.19	4.77
焦炭	8.64	9.09	7.20	7.45
损失	0.37	0.48	0.46	0.48
合计	100.00	100.00	100.00	100.00
轻质油收率/%	61.07	54.49	62.52	60.20
总液收/%	84.18	81.86	84.64	84.65
转化率/%	74.35	78.58		
丙烯/%	7.61	8.96	8.03	8.16

从表5-33中的产品分布数据可以看出，JJ分公司CGP装置工况二的产品分布与工况一的产品分布相比，干气产率为3.45%，增加了0.76个百分点；液化气产率为27.37%，增加了4.26个百分点；丙烯对原料的产率为8.96%，增加了1.35个百分点；汽油产率为38.19%，减少了1.35个百分点；焦炭产率为9.09%，增加了0.45个百分点；轻循环油产率为16.30%，减少了5.23个百分点；油浆产率为5.12%，增加了1.0个百分点；总液体收率为81.86%，减少了2.32个百分点，总液体收率降低当然与原料油性质变差有关，除此之外，当汽油烯烃降低到18%(v)以下时，总液体收率将会有所降低。

从表5-33中的产品分布数据可知，ZH炼化公司CGP装置在满足日常生产的工况一标定时，干气的产率为2.51%，液化气的产率为22.12%，汽油的产率为36.91%，轻循环油的产率为25.61%，油浆的产率为5.19%，焦炭的产率为7.20%。与工况一标定相比，当生产汽油烯烃含量小于18%(v)时，干气产率为2.65%，增加了0.14个百分点；液化气产率为24.45%，增加了2.33个百分点。但此次标定的液化气与干气产率之比为9.23，高于工况一标定值，工况一标定值为8.81；汽油产率为42.08%，轻循环油产率为18.12%，油浆产率为4.77%，减少了0.42个百分点，焦炭产率为7.45%，增加了0.25个百分点。考虑原料油中的残炭减少了2.06个百分点，而油浆产率减少了0.42个百分点，由此可以推导，当原料油性质与工况一标定相当时，焦炭产率可能增加约0.5~1.0个百分点。工况一标定时的轻质油收率为62.52%，总液体收率为84.64%；工况二标定时的轻质油收率为60.20%，总液体收率为84.65%。可见两次标定的总液体收率都在84%以上。从表5-33中丙烯产率数据可以看出，工况一标定时丙烯产率为8.03%，而工况二标定时丙烯产率为8.16%，可见，CGP工艺技术能够明显提高丙烯产率。

JJ分公司CGP装置液化气组成列于表5-34。从表5-34可以看出，工况一的液化气中的丙烯含量达到了39.27%(v)，质量含量为32.93%，从而丙烯产率达到了7.61%；工况二的液化气中的丙烯含量达到了38.68%(v)，质量含量为32.72%，从而丙烯产率达到了8.96%。相对于工况一，丙烯产率有所增加。工况二的液化气中的异丁烷含量明显增加，异丁烷与异丁烯体积之比达到了3.71，这说明当汽油烯烃含量降低到18%(v)以下时，氢转移反应明显增加。

表5-34 JJ分公司CGP装置的液化气组成

标定工况	工况一		工况二	
标定时间	2005-05-31		2005-04-19	
组成	%(v)	%	%(v)	%
硫化氢	0.16	0.11	1.09	0.75
乙烯	0	0	0.04	0.02
丙烷	8.56	7.52	11.33	10.04
丙烯	39.27	32.93	38.68	32.72
异丁烷	18.78	21.75	24.06	28.11
正丁烷	3.64	4.22	4.45	5.20
异丁烯	15.5	17.3	6.49	7.32
正丁烯	0	0	4.23	4.77
反-2-丁烯	7.47	8.35	5.26	5.93
顺-2-丁烯	5.46	6.11	3.75	4.23
C_5^+	1.17	1.68	0.62	0.90
异丁烷/异丁烯	1.21	1.25	3.71	3.84

ZH炼化公司液化气组成列于表5-35。从表5-35可以看出，工况一的液化气中的丙烯含量达到了42.61%(v)，质量含量为36.28%，从而丙烯产率达到了8.03%；工况二的液化气中的丙烯含量达到了39.51%(v)，质量含量为33.36%，从而丙烯产率达到了8.16%。相对于工况一，丙烯产率有所增加。工况二的液化气中的异丁烷含量明显增加，异丁烷与正异丁烯体积之比达到了1.97，这说明当汽油烯烃降低到18%(v)以下时，氢转移反应明显增加。

表 4-35 ZH 炼化公司 CGP 装置的液化气组成

工艺类型	CGP		CGP	
标定时间	2005-05-08		2005-05-12	
组成	体积分数/%	质量分数/%	体积分数/%	质量分数/%
乙烯	0.02	0.01	0.02	0.01
丙烷	8.76	7.81	11.17	9.88
丙烯	42.61	36.28	39.51	33.36
异丁烷	16.45	19.34	22.91	26.71
正丁烷	3.53	4.15	4.38	5.11
正异丁烯	14.88	16.89	11.61	13.07
反-2-丁烯	7.82	8.88	5.92	6.67
顺-2-丁烯	5.49	6.23	4.03	4.54
C_5^+	0.12	0.18	0.45	0.65
硫化氢	0.31	0.21	0	0
异丁烷/正异丁烯	1.11	1.15	1.97	2.04

JJ 分公司和 ZH 炼化公司 CGP 装置的汽油性质数据列于表 5-36。从表 5-36 可以看出，JJ 分公司 CGP 装置工况二的汽油烯烃含量(荧光法)为 15.0%(v)，芳烃含量(荧光法)为 25.1%(v)。在汽油烯烃大幅地降低的情况下，汽油研究法辛烷值 RON 达到了 93.4，汽油马达法辛烷值 MON 达到了 83.8，此马达法辛烷值在常规催化裂化工艺中是很少出现的。

表 5-36 JJ 分公司和 ZH 炼化公司 CGP 装置的汽油性质

企业代号	JJ		ZH	
标定工况	工况一	工况二	工况一	工况二
标定时间	2005-05-31	2005-04-19	2005-05-08	2005-05-12
密度(20℃)/(g/cm^3)	0.7197	0.7225	0.7255	0.7317
酸度/(mgKOH/100mL)	0.22	0.46		0.62
诱导期/min	>1000	>1000		928
蒸气压/kPa	73.8	76	61	66
荧光法族组成/%(v)				
烯烃	27.6	13.4/15.0	32.8	17.8/17.6
芳烃	21.2	28.0/25.1	21.1	27.2/27.6
色谱法族组成/%				
正构烷烃	4.7	5.5	3.88	4.45

续表

企业代号	JJ		ZH	
标定工况	工况一	工况二	工况一	工况二
异构烷烃	35.2	44.4	32.12	36.60
烯烃	30.8	15.1	29.58	18.52
环烷烃	8.2	6.4	7.82	7.18
芳烃	21.1	28.6	25.90	32.71
元素组成				
C/%		86.73	86.53	86.81
H/%		13.14	13.58	13.55
S/(μg/g)	340	270	330	370
N/(μg/g)	36	49	—	—
馏程/℃				
初馏点	34	36	37	35
10%	46	45	51	48
30%	68	57		
50%	82	75	84	89
70%	137	116		
90%	175	170	163	176
终馏点	203	202	183	202
RON	93.2	93.5/93.4	94.2	93.8/93.6
MON	82.1	83.9/83.8	—	81.6/81.9

ZH 炼化公司 CGP 装置工况二的汽油烯烃含量(荧光法)为 17.6%(v)，芳烃含量(荧光法)为 27.6%(v)。在汽油烯烃大幅地降低的情况下，汽油研究法辛烷值 RON 达到了 93.6，汽油马达法辛烷值 MON 达到了 81.9。当汽油烯烃含量为 17.6%(v)时，汽油中的氢含量为 13.55%，相对于工况一的汽油的氢含量 13.58%，工况二的汽油的氢含量并没有增加，只是汽油烯烃含量下降了 15.2 个百分点，同时芳烃含量增加了 6.5 个百分点，汽油中的氢处于自身平衡，因而不需用其他组成来提供氢，从而有利于产物的分布。

(3) CGP 装置氢平衡

ZH 炼化公司 CGP 装置氢平衡及氢分布列于表 5-37。从表 5-37 可以看出，CGP 工艺工况一标定时各产物耗氢之和为 12.38%，与原料的氢含量 12.28%相比仅高出 0.10 个百分点，相对误差为 0.81%；工况二标定时各产物耗氢之和为 12.63%，较原料的氢含量低 0.01 个百分点，相对误差仅为 0.08%。氢平衡数据说明了两次标定的产品分布和性质分析是有效可靠的。

表 5-37 ZH 炼化公司 CGP 装置氢平衡及氢分布

工艺名称	CGP		CGP	
标定时间	2005-05-08		2005-05-12	
项　目	氢含量/%	氢分布/%	氢含量/%	氢分布/%
原料	12.28		12.64	
干气	23.26	0.5838	22.93	0.6076
液化气	15.27	3.378	15.63	3.8215
汽油	13.58	5.012	13.55	5.7018
轻循环油	9.88	2.53	9.08	1.6453
油浆	6.77	0.3514	6.55	0.3124
焦炭	6.5	0.468	6.5	0.4842
损失	12.28	0.05649	12.64	0.06067
合计		12.38		12.63
绝对误差/%		-0.1		0.01
相对误差/%		-0.81		0.08

（4）CGP 装置硫分布

ZH 炼化公司 CGP 装置硫平衡及硫分布列于表 5-38。从表 5-38 可以看出，CGP 装置产品硫分布向轻重两边集中，干气、液化气和污水中硫占原料硫为 39.11%，轻循环油和油浆中的硫占原料硫为 40.26%，而汽油中的硫占原料硫比例只是 2.14%，而改造前 FCC 工艺汽油中的硫占原料硫比例为 4.28%。相对于改造前的 FCC 工艺，CGP 工艺汽油中的硫相对下降约 50.0%，这表明 CGP 工艺具有较好的汽油脱硫能力。

表 5-38 ZH 炼化公司 CGP 装置硫平衡及硫分布

项　目	产品分布/%	硫含量/%	硫分布/%
原料		0.729	100.00
干气	2.65	5.45	19.81
液化气	24.45	0.274	9.18
汽油	42.08	0.037	2.14
轻循环油	18.12	1.180	29.33
油浆	4.77	1.670	10.93
损失	0.48	1.00	0.48
污水		0.280	10.12
烟气			17.72
合计			99.72
相对误差/%			0.28

5.2.6 CGP工艺技术分析

两套CGP工业装置运行结果表明，采用CGP工艺可以生产烯烃含量小于18.0%(v)的汽油；在汽油烯烃含量小于18.0%(v)时，丙烯产率可达到8.0%。CGP工艺还具有以下特点：

(1) 液化气产率明显增加，其中丙烯浓度提高明显，高达36%，从而丙烯产率大幅度增加，而更为重要的是干气产率仍有所下降，干气组成也有所变化。

(2) 异丁烷产率明显增加，从而可以生产更多的烷基化油。

(3) 由于强化了烯烃选择性氢转移反应，在汽油中的异构烷烃含量增加的同时，芳烃含量也明显增加，辛烷值RON及MON均有明显增加，RON和MON可提高2个单位左右。此外，汽油中的硫含量大幅度降低。

(4) 当汽油烯烃含量降低至18%(v)以下时，焦炭产率增加，轻循环油产率明显降低，但其质量明显下降，密度可能提高到0.96g/cm^{3}以上，十六烷值降低到20以下。在有些装置上还出现了受到主风机或取热器能力的限制，处理量较改造前有所降低的情况。

(5) 对于改造的装置，随着液化气产率增加，需要考虑气压机负荷以及分馏塔中下部热量相对减少对后续换热流程的影响。

(6) 对于CGP工艺，汽油烯烃含量应控制在25%(v)左右较佳，此时技术经济效益最佳。

5.2.6.1 干气产率

CGP工艺和FCC工艺的干气产率列于表5-39。从表5-39可以看出，CGP工艺干气产率明显低于FCC工艺，CGP工艺的干气产率为2.51%~3.45%，而FCC工艺的干气产率为3.46%~4.65%。从表5-39还可以看出，CGP工艺的液化气/干气质量之比为7.98~9.23，而FCC工艺的液化气/干气质量之比为2.65~5.14，由此可以看出，CGP工艺即使在液化气产率大幅度增加的基础上，仍然保持较低的干气产率，说明CGP工艺在裂化反应控制上更加精确。相对于FCC工艺，CGP工艺在较高的液化气产率的基础上，仍然保持较高的丙烯选择性，从而有利于丙烯产率的增加。

CGP工艺和生产低碳烯烃家族工艺的干气产率列于表5-40。从表5-40可以看出，CGP工艺干气产率明显低于生产低碳烯烃的家族工艺，CGP工艺的干气产率为2.51%~3.45%，而生产低碳烯烃家族工艺的干气产率为3.92%~7.80%；CGP工艺液化气/干气质量之比为7.98~9.23，而生产低碳烯烃家族工艺液化气/干气质量之比为4.31~6.86；CGP工艺的丙烯/干气质量之比为2.60~3.20，而

表 5-39　CGP装置和FCC装置干气产率比较

企业代号	ZH			JJ				CZ	
工艺名称	FCC	CGP	CGP	FCC	CGP	CGP	CGP	FCC	CGP
标定时间	2003-09-22	2005-05-08	2005-05-12	2003-11-15	2004-10-15	2005-04-19	2005-05-31	2002-10-09	2004-12-21
汽油烯烃/%(v)	39.9	32.8	17.6	41.1	27.7	15.0	27.6	46.8	31.9
加工量/(t/d)	4118.3	4197.8	3702.2	2972	2728.5	2404	2986	2918.6	3495.0
反应温度/℃	517	517/508	508/504	509	508/492	524/496	511/497	510	515/492
原料油性质									
密度(20℃)/(g/cm^3)	0.9109	0.9122	0.9026	0.8951	0.9070	0.9097	0.9029	0.9324	0.9327
残炭/%	4.98	4.0	1.94	3.86	5.48	4.59	3.31	3.52	2.06
氢含量/%	12.28	12.28	12.64	12.78	12.61	12.58	12.48	—	12.21
干气表流量/(Nm^3/h)	10309	9350	7915	7393	6693	5314	5524		
干气产率/%	3.46	2.51	2.65	3.72	3.16	3.45	2.69	4.65	3.09
液化气产率/%	16.13	22.12	24.45	19.11	27.01	27.39	23.11	12.30	22.06
液化气/干气(质量比)	4.66	8.81	9.23	5.14	8.55	7.98	8.59	2.65	7.14
丙烯产率/%	5.14	8.03	8.16	6.29	9.46	8.96	7.61	4.87	7.78
丙烯选择性/%	31.87	36.30	33.37	32.91	35.02	32.71	32.93	39.59	35.27

生产低碳烯烃家族工艺的丙烯/干气质量之比为1.77~2.76；CGP工艺液化气中的丙烯含量为32.71%~36.30%；而ARGG工艺液化气中的丙烯含量为34.15%~40.30%；DCC工艺液化气中的丙烯含量为40.95%~45.75%。由此可以看出，从丙烯选择性和丙烯产率上来看，DCC工艺仍是最优的工艺，但从干气产率和液化气产率及丙烯产率上综合效果来看，CGP工艺最优，这表明CGP工艺在裂化反应深度和方向控制上有很大的优势。

表 5-40　CGP装置和生产低碳烯烃装置干气产率比较

公司名称	ZH炼化		JJ分公司		岳化分公司		安庆分公司	
工艺名称	CGP	CGP	CGP	CGP	ARGG	ARGG	DCC	DCC
标定时间	2005-05-8	2005-05-12	2004-10-15	2005-04-19	2002-09	2004-02	2002-02-04	2003-04-17
汽油烯烃/%(v)	32.8	17.6	27.7	15.0	44.6	34.80	63.6	61.6
加工量/(t/d)	4197.8	3702.2	2728.5	2404	2904	3216	1779	1652
反应温度/℃	517/508	508/504	508/492	524/496	518	511	535	540

续表

公司名称	ZH炼化		JJ分公司		岳化分公司		安庆分公司	
工艺名称	CGP	CGP	CGP	CGP	ARGG	ARGG	DCC	DCC
原料油性质								
密度(20℃)/(g/cm³)	0.9122	0.9026	0.9070	0.9097	0.9042	0.9024	0.8820	0.8934
残炭/%	4.0	1.94	5.48	4.59	5.42	2.62	0.30	0.80
氢含量/%	12.28	12.64	12.61	12.58	12.81	12.84		
干气产率/%	2.51	2.65	3.16	3.45	3.92	3.98	7.76	7.80
液化气产率/%	22.12	24.45	27.01	27.39	26.03	27.32	33.61	33.64
液化气/干气(质量比)	8.81	9.23	8.55	7.98	6.64	6.86	4.33	4.31
丙烯产率/%	8.03	8.16	9.46	8.96	8.89	11.01	13.77	15.39
丙烯/干气(质量比)	3.20	3.08	2.99	2.60	2.27	2.76	1.77	1.97
丙烯选择性/%	36.30	33.37	35.02	32.71	34.15	40.30	40.96	45.75

5.2.6.2 丙烯选择性和汽油烯烃

CGP工艺所生产汽油的烯烃含量与液化气中的丙烯含量及液化气产率列于表5-41。从表5-41可以看出，对于ZH炼化公司CGP装置，随着汽油中的烯烃含量由32.8%(v)降低到17.6%(v)，虽然液化气产率由22.12%增加到24.45%，但液化气中的丙烯含量由36.30%降低到33.37%，造成丙烯产率只增加了0.13个百分点；对于JJ分公司CGP装置，随着汽油中的烯烃含量由27.7%(v)降低

表5-41 CGP装置汽油烯烃和丙烯产率

公司名称	ZH炼化		JJ分公司	
工艺名称	CGP	CGP	CGP	CGP
标定时间	2005-05-08	2005-05-12	2004-10-15	2005-04-19
汽油烯烃/%(v)	32.8	17.6	27.7	15.0
反应温/℃	517/508	508/504	508/492	524/496
原料油性质				
密度(20℃)/(g/cm³)	0.9122	0.9026	0.9070	0.9097
残炭/%	4.0	1.94	5.48	4.59
氢含量/%	12.28	12.64	12.61	12.58
液化气产率/%	22.12	24.45	27.01	27.39
丙烯产率/%	8.03	8.16	9.46	8.96
丙烯选择性/%	36.30	33.37	35.02	32.71

到15.0%(v)，虽然液化气产率由27.01%增加到27.39%，但液化气中的丙烯含量由35.02%降低到32.71%，造成丙烯产率减少了0.5个百分点。这说明在第二反应区内存在双分子氢转移反应和双分子裂化反应竞争，当双分子氢转移反应占优时，汽油烯烃含量降低幅度增大，液化气中的丙烯含量低，从而影响丙烯产量；当双分子裂化反应占优时，汽油烯烃含量降低幅度较少，液化气中的丙烯含量高，从而可以提高丙烯产量。通过双分子裂化反应和双分子氢转移反应调变，可以增加生产方案的灵活性。

5.2.6.3 重油转化能力、焦炭的选择性和总液体收率

CGP工艺和FCC工艺标定的油浆产率、焦炭产率和总液体收率列于表5-42。从表5-42可以看出，对于ZH炼化公司CGP装置与FCC装置，CGP装置标定的油浆产率为4.77%~5.19%，而FCC装置标定的油浆产率为5.29%~6.76%；CGP装置标定的焦炭产率为7.20%~7.45%，而FCC装置标定的焦炭产率为7.06%~7.07%；CGP装置标定的油浆加焦炭产率之和为12.21%~12.39%，而FCC装置标定的油浆加焦炭产率为12.35%~13.83%；CGP装置标定的总液体收率为84.64%~84.65%，而FCC装置标定的总液体收率为83.37%~83.71%。

表5-42 CGP装置和FCC装置油浆、焦炭和总液体收率

企业代号	ZH				JJ			GQ	
工艺名称	FCC	FCC	CGP	CGP	FCC	CGP	CGP	FCC	MIP
标定时间	2001-04-24	2003-09-22	2005-05-08	2005-05-12	2003-11-15	2005-05-31	2005-04-19	2001-02-20	2002-04-28
汽油烯烃含量/%(v)	35.0	39.9	32.8	17.6	41.1	27.6	15.0	47.7	33.6
加工量/(t/d)	4395	4118.3	4197.8	3702.2	2972	2986	2404	4233.6	4293.6
反应温度/℃	—	517	517/508	508/504	509	511/497	524/496	514	507/498
原料油性质									
密度(20℃)/(g/cm^3)	0.9150	0.9109	0.9122	0.9026	0.8951	0.9029	0.9097	0.9003	0.9019
残炭/%	4.52	4.98	4.0	1.94	3.86	3.31	4.59	3.10	4.10
氢含量/%	12.41	12.28	12.28	12.64	12.78	12.48	12.58	—	12.87
油浆产率/%	6.76	5.29	5.19	4.77	5.22	4.12	5.12	4.01	3.02
焦炭产率/%	7.07	7.06	7.20	7.45	8.90	8.64	9.09	8.60	8.75
油浆+焦炭产率/%	13.83	12.35	12.39	12.21	14.12	12.76	14.21	12.61	11.77
总液体收率/%	83.37	83.71	84.64	84.65	81.66	84.18	81.86	83.35	84.52

从表5-42可以看出，对于JJ分公司CGP装置与FCC装置，在CGP装置所加工的原料油性质与FCC装置基本相近的情况下，CGP装置标定的油浆产率为4.12%，而FCC装置标定的油浆产率为5.22%；CGP装置标定的焦炭产率为8.64%，而FCC装置标定的焦炭产率为8.90%；CGP装置标定的油浆加焦炭产率之和为12.76%，而FCC装置标定的油浆加焦炭产率为14.12%；CGP装置标定的总液体收率为84.18%，而FCC装置标定的总液体收率为81.66%，CGP装置的总液体收率明显好于FCC装置。在CGP装置所加工的原料油性质劣于FCC装置的情况下，CGP装置标定的油浆产率为5.12%，CGP装置标定的焦炭产率为9.09%，CGP装置标定的油浆加焦炭产率之和为14.21%，略高于FCC装置油浆加焦炭产率之和；但CGP装置标定的总液体收率为81.86%，仍然略高于FCC装置标定的总液体收率。

由此可以看出，CGP装置的油浆产率低于FCC装置，而焦炭产率略高于FCC装置，也就是说，CGP装置的油浆加焦炭产率之和低于FCC装置，这说明CGP工艺具有较好的重油转化能力和较好的焦炭选择性。CGP装置的总液体收率高于FCC装置，在1.0个百分点以上，从而具有较好的经济效益。

即使在汽油烯烃含量降低到18.0%(v)以下时，对于ZH炼化公司CGP装置，CGP装置的油浆加焦炭产率之和仍然低于FCC装置，考虑到原料油的因素，此时CGP装置的焦炭产率有所增加，但增加幅度有限；对于JJ分公司CGP装置，CGP装置的油浆加焦炭产率之和仍然略高于FCC装置，考虑到原料油的因素，此时CGP装置的焦炭产率仍好于FCC装置；权衡焦炭产率有所增加和原料油因素，此时CGP装置的总液体收率高于FCC装置在0.5个百分点以上。

从表5-42可以看出，对于GQ分公司MIP装置与FCC装置，在MIP装置所加工的原料油性质与FCC装置基本相当的情况下，MIP装置的油浆产率为3.02%，而FCC装置的油浆产率为4.01%；MIP装置的焦炭产率为8.75%，而FCC装置的焦炭产率为8.60%；MIP装置的油浆加焦炭产率之和为11.77%，而FCC装置的油浆加焦炭产率为12.61%；CGP装置的总液体收率为84.52%，而FCC装置的总液体收率为83.35%。由此可以看出，MIP装置的油浆产率低于FCC装置，而MIP装置的焦炭产率略高于FCC装置，也就是说，MIP装置的油浆加焦炭产率之和低于FCC装置，MIP装置的总液体收率高于FCC装置在1.0个百分点以上，说明GQ分公司MIP装置与ZH炼化公司和JJ分公司CGP装置在油浆产率、焦炭产率和总液体收率方面是相近的，表明CGP工艺在多产丙烯时并没有削弱重油转化能力，仍然维持较好的重油转化能力，这进一步表明CGP工艺在裂化反应类型控制上更加精确。

ZH炼化公司CGP装置和FCC装置的日常生产统计数据也清楚地表明，两者在油浆产率、焦炭产率和总液体收率差异与标定数据是一致的。ZH 炼化公司 CGP 装置和 FCC 装置的日常生产统计数据列于表 5-43。FCC 装置的日常生产统计数据分为高处理量和低处理量两个部分，而 CGP 装置的日常生产统计数据按调整方案分成 7 个阶段，各个阶段汽油烯烃含量是不同的。从表 5-43 可以看出，在 CGP 装置与 FCC 装置所加工的原料油性质相当的情况下(如工况 FCC-1 对 CGP-7)，即使汽油烯烃降低到 30.2%(v)，CGP 装置的油浆产率、焦炭产率均低于 FCC 装置，而 CGP 装置的总液体收率明显高于 FCC 装置。

表 5-43 ZH 炼化公司 CGP 装置和 FCC 装置日常生产统计数据

工艺类型	FCC		CGP						
工况	FCC-1	FCC-2	CGP-1	CGP-2	CGP-3	CGP-4	CGP-5	CGP-6	CGP-7
时间	2003		7/1~7/15	~8/7	~10/27	~12/5	~12/20	~12/31	~4/30
汽油烯烃/%(v)	42.3	42.5	26.3	30.2	34.9	39.9	31.0	33.0	30.2
反应温度/℃	515		510	510	513	517	516	517	515
催化剂活性	63.8		66.7	66.0	63.6	62.4	63.5	64.8	63.3
原料油性质									
密度/(g/cm^3)	0.9064	0.9126	0.9062	0.9082	0.9097	0.9138	0.9140	0.9124	0.9065
残炭/%	4.68	6.02	3.82	4.24	4.14	4.64	4.10	4.55	4.22
氢含量/%	12.52	12.22	12.39	12.13	12.29	12.35	12.41	12.34	12.25
处理量/(t/d)	4088	3230	4468	4389	4453	4260	4308	4356	4340
残炭/(t/d)	191.3	182.4	170.7	186.1	183.9	197.7	176.6	198.2	183.1
油浆/%	5.21	5.69	3.98	4.14	4.13	4.25	4.24	4.88	4.08
焦炭产率/%	7.00	8.09	6.69	6.66	6.52	6.74	6.66	6.39	6.65
油浆+焦炭产率/%	12.21	13.78	10.67	10.80	10.65	10.99	10.90	11.27	10.73
总液体收率/%	82.76	81.10	84.63	84.63	84.76	84.63	84.47	84.15	84.67

5.2.6.4 汽油的辛烷值和硫含量

CGP 工艺和 FCC 工艺标定时汽油性质列于表 5-44。从表 5-44 可以看出，除 CGP 汽油烯烃含量大幅度下降外，CGP 汽油芳烃含量明显增加，一般都在 20.0%(v)以上。CGP 汽油的硫含量只占原料油中的硫含量的 3.93%~7.30%，而 FCC 汽油的硫含量占原料油中的硫含量的 9.52%~11.69%，相对于 FCC 汽油，CGP 汽油的硫含量降低幅度在 20%~50%。另外，CGP 汽油辛烷值 RON 比 FCC 汽油高出 1.8~2.1 个单位，MON 比 FCC 汽油高出 2 个单位以上。

表 5-44 CGP 装置和 FCC 装置汽油性质

企业代号	ZH					JJ		CZ	
工艺名称	FCC	FCC	CGP	CGP	CGP	FCC	CGP	FCC	CGP
标定时间	2001-04-24	2003-09-22	2005-01-07	2005-05-08	2005-05-12	2003-11-15	2005-04-19	2002-10-09	2004-12-21
反应温度/℃	—	517	515/504	517/508	508/504	509	524/496	510	515/492
原料油性质									
密度(20℃)/(g/cm^3)	0.9150	0.9109	0.9084	0.9122	0.9026	0.8951	0.9097	0.9324	0.9327
残炭/%	4.52	4.98	4.29	4.0	1.94	3.86	4.59	3.52	2.06
硫含量/%	0.451	0.423	0.250	0.84	0.729	0.42	0.37	0.727	0.960
汽油性质									
烯烃含量/%(v)	35.0	39.9	28.9	32.8	17.6	41.1	15.0	46.8	31.9
芳烃含量/%(v)		21.2	25.6	21.1	27.6	15.0	25.1	—	23.0
汽油中硫/(μg/g)	470	420	140	330	370	400	270	850	643
$\frac{\text{汽油中硫}}{\text{原料中硫}}$/%	10.42	9.93	5.60	3.93	5.07	9.52	7.30	11.69	6.70
干点/℃	194	203	199	183	202	203	202	166	184
RON	92.1	92.6	94.2	94.2	93.6	91.6	93.4	92.9	94.8
MON			81.8		81.9		83.8	80.6	82.6

5.2.7 小结

CGP 工艺技术从 1999 年开始研究与开发，经中小型探索试验到 1.00Mt/a 和 1.80Mt/a 两套工业装置运转，形成下列结论：

(1) 中小型试验结果和工业装置运转结果表明，通过调整第一反应区和第二反应区反应工艺条件以及使用专用催化剂，可以达到控制裂化反应程度和方向，同时提供适宜的氢转移反应环境，从而在提供较多的丙烯和异丁烷的基础上，还能提供更低烯烃含量的汽油。

(2) 中小型试验结果是可靠的，可以作为工业装置设计基础；工业装置标定结果验证了中型研究结果，产品分布和性质重复了中型试验结果。

(3) 工业装置标定结果表明：处理量达到设计要求，掺渣比与改造前 FCC 工艺相当水平，产物分布好于 FCC 工艺，汽油性质得到改善。

(4) 汽油烯烃可以降低到 18.0%(v)以下，汽油辛烷值 RON 增加 1.8~2.1 个单位，MON 高出 2 个单位以上，汽油中的硫含量下降了 20%~50%。

(5) 液化气产率大幅度地增加，丙烯产率可以达到 8.0%以上，同时干气产率有所下降，总液体收率有所增加。

5.3　生产高辛烷值汽油的催化裂化工艺

对催化裂化轻循环油不同馏分的烃类组成进行分析，发现其轻馏分中富含较多的单环芳烃，其中长侧链的单环芳烃可以经催化裂化转化为短侧链的单环芳烃，这样不仅增加汽油产率，而且还提高汽油辛烷值；其重馏分中含有较多的双环芳烃，需加氢处理后方可裂化，从而提出了催化裂化轻循环油组分选择性催化裂化工艺(LCO to Gasoline，简称 LTG)以生产高辛烷值汽油[14,15]。LTG 工艺是将 LCO 全馏分进入加氢处理装置，加氢后 LCO 与加氢重油不分离，直接作为催化裂化装置进料，在变径流化床反应器技术平台上，将加氢 LCO 转化为汽油和液化气。基于 LCO 组成分布在轻、重馏分段的差异，对 LCO 进行切割分为轻馏分与重馏分，又开发出 LTG-Ⅰ和 LTG-Ⅱ两个子工艺。

5.3.1　LTG 反应机理和工艺特点

5.3.1.1　反应机理

催化裂化轻循环油的轻馏分段富含较多的长侧链的单环芳烃，而重馏分段含有较多的双环芳烃。将裂化性能良好的单环芳烃富集起来，直接作为原料注入反应器进行催化裂化反应；裂化性能较差但易于饱和的多环芳烃(双环及双环以上芳烃)先进行加氢处理，然后再进行催化裂化反应。轻循环油中不同类型芳烃选择性催化转化反应模式见图 5-8。

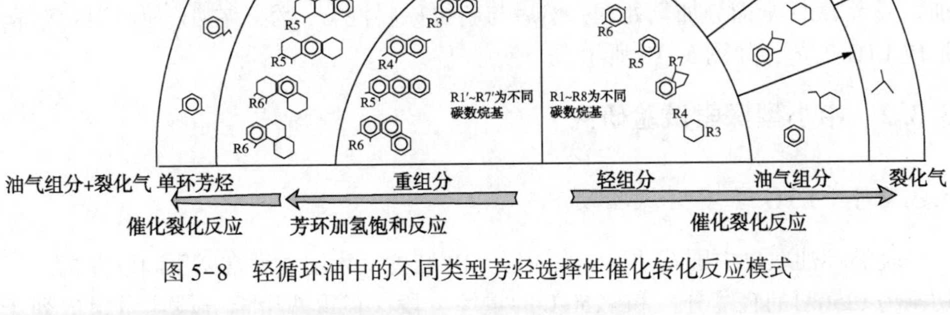

图 5-8　轻循环油中的不同类型芳烃选择性催化转化反应模式

由于烷基苯脱烷基反应和烷基化反应具有可逆性，通过设计或调控变径流化床第二反应区的反应环境来实现对汽油苯含量的控制。以烷基苯为例，其裂化性能随着取代基碳数的增加而增加。当烷基苯的取代基在三个碳以上时，在较高的反应温度下，生成苯的摩尔数占转化的烷基苯约在90%以上，这表明烷基苯的主要反应为烷基从苯环连接处断裂。因此，如果对轻循环油中的轻馏分富集出来的单环芳烃催化裂化反应不加以控制，势必造成汽油中的苯含量过多。从化学反应角度来说，烷基化反应是烷基苯脱烷基反应的逆反应，如图5-9所示，且在较低的反应温度和较高的剂油比条件下更有利于发生反应，而第二反应区恰好可以提供有利于烷基化反应环境，在实现多产高辛烷值汽油的同时，汽油中的苯含量不会明显增加[16]。

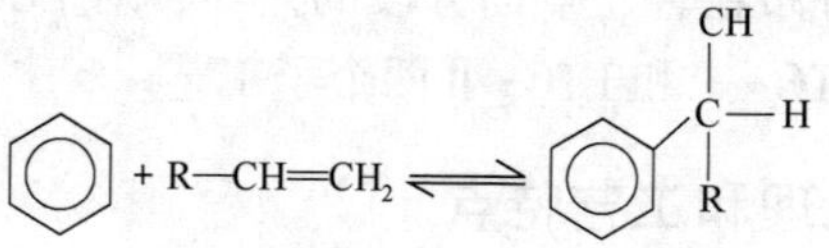

图5-9 烷基芳烃可逆裂化反应

5.3.1.2 工艺特点

催化裂化轻循环油的轻馏分段馏程范围约为200~250℃，重馏分段馏程范围约为250~350℃。简单的分离方法是在主分馏塔适宜的位置上增设轻馏分段和重馏分段抽出口，实现轻循环油中的单环芳烃与多环芳烃分离。

在工艺技术方面，基于变径流化床反应器平台技术，富含单环芳烃的轻馏分段注入第一反应区中后部，与带有一定炭的催化剂接触，抑制芳烃缩合反应，强化单环芳烃上的侧链断裂反应，使得大分子轻循环油馏分经裂化后进入汽油馏分，形成LTG-Ⅰ工艺，如图5-10所示[14]。富含多环芳烃的重馏分段首先经加氢处理，然后与新鲜原料混合，注入在第一反应区底部，形成LTG-Ⅱ工艺，如图5-10所示[17,18]。同时适当降低第二反应区温度，增加催化剂藏量，营造有利于苯与小分子烯烃发生烷基化反应的环境，从而实现汽油中的苯含量不明显增加。或者LCO全馏分加氢处理，然后与新鲜原料混合，注入在第一反应区底部，形成LTG工艺，如图5-10所示。

5.3.2 中小型探索试验研究

5.3.2.1 LTG-I 中型试验研究

轻循环油取自中国石油QG炼油厂MIP装置，采用中型常减压间歇蒸馏装置切割为<250℃的轻馏分段和>250℃的重馏分段，轻重两个馏分段质量组成列于

表 5-45，同时列出轻循环油全馏分组成。试验是在以变径流化床为反应器的连续流化催化裂化装置上进行的，如图 5-4 所示。试验所使用的催化剂为 CGP-HN，性质见表 5-46。

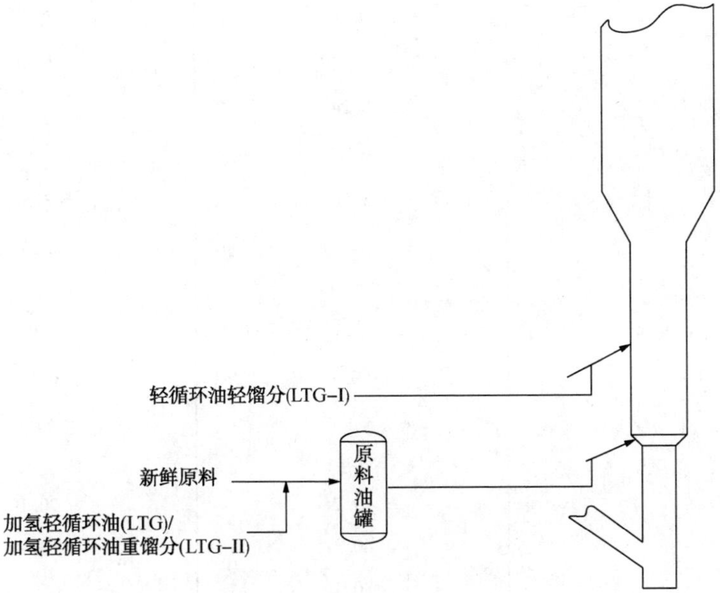

图 5-10　LTG 工艺原则流程

表 5-45　轻循环油各馏分段组成

项　目	轻馏分段	全馏分段	重馏分段
质谱质量组成/%			
链烷烃	28.3	26.9	23.2
总环烷烃	8.2	7.9	7.8
总芳烃	63.5	65.2	69.0
单环芳烃	40.3	22.9	14.8
双环芳烃	23.2	42.3	54.2
总质量	100.0	100.0	100.0

从表 5-45 可以看出，轻循环油全馏分和重馏分段中的烃类含量从高到低的顺序为双环芳烃>单环芳烃>链烷烃>总环烷烃，而轻馏分段中的烃类含量从高到低的顺序为单环芳烃>双环芳烃>链烷烃>总环烷烃。从表 5-45 还可以看出，<250℃轻馏分段中的单环芳烃质量分数为 40.3%，接近全馏分的单环芳烃质量分数一倍，是重馏分段中的单环芳烃质量分数近三倍；>250℃重馏分段中的双环芳烃质量分数占 54.2%，远远高于轻馏分段中的双环芳烃质量分数。

表 5-46 催化剂性质

催化剂类型	CGP-HN	MLC-500
质量组成/%		
Al_2O_3	51.50	56.3
SiO_2		37.5
Fe_2O_3	0.24	
Na_2O	0.20	
Re_2O_3	3.50	3.5
P_2O_5		0.361
物理性质		
比表面积/(m^2/g)	140	147
孔体积/(mL/g)	0.179	0.38
粒度分布/%		
0~20μm	4.2	
0~40μm	19.7	20.1
0~80μm	60.3	63.9
0~105μm	80.1	
0~149μm	94.6	95.9
平均粒径/μm		67.4
微反活性/%	69.7	65

试验以轻循环油不同馏分段为原料，剂油质量比为 5，一反出口温度 510℃，二反出口 490℃，分别考察了不同馏分段在催化剂 CGP-HN 上的裂化反应性能，反应后的产物分布和汽油性质见表 5-47。

表 5-47 不同馏分段在催化剂 **CGP-HN** 上的产物分布

试 验 编 号	RU-3-5-2	RU-3-6-4	RU-3-6-2
馏分段类型	轻馏分段	全馏分段	重馏分段
产物分布/%			
干气	1.66	3.01	3.17
液化气	13.76	17.10	18.00
汽油	47.39	30.07	22.78
轻循环油	30.65	34.13	35.65
重油	2.63	9.09	12.90
焦炭	3.91	6.60	7.50

续表

试 验 编 号	RU-3-5-2	RU-3-6-4	RU-3-6-2
馏分段类型	轻馏分段	全馏分段	重馏分段
共计	100.00	100.00	100.00
总液收	91.79	81.30	76.43
汽油组成/%			
烯烃	11.77		
芳烃	60.15		
苯	0.80		

从表5-47可以看出，轻馏分段、全馏分段、重馏分段在催化剂CGP-HN上的反应后所得到的干气产率分别为1.66%、3.01%、3.17%；液化气产率分别为13.76%、17.10%、18.00%；汽油产率分别为47.39%、30.07%、22.78%；重油产率分别为2.63%、9.09%、12.90%；焦炭产率分别为3.91%、6.60%、7.50%；总液体收率分别为91.79%、81.30%、76.43%。这表明轻馏分段具有更好的产物分布，同时汽油中的苯质量分数小于1%。

5.3.2.2　LTG-Ⅱ中型试验研究

试验是在以变径流化床为反应器的连续流化催化裂化装置上进行的，如图5-4所示。试验所使用的催化剂为MLC-500，其性质列于表5-46。试验所用的轻循环油取自中国石化TJ分公司MIP装置，在中型常减压间歇蒸馏装置蒸馏上，切割分离为轻馏分段和重馏分段，切割温度为250℃。重馏分段在中型加氢处理装置上进行芳烃饱和，获得加氢深度中等的加氢重馏分油(代号为MH)和加氢深度较高的加氢重馏分油(代号HH)，MH和HH原料性质和组成列于表5-48。

表5-48　原料油性质

原 料 类 型	加氢重馏分油	加氢重馏分油	加氢蜡油
原料代号	MH	HH	HVGO
密度/(kg/m^3)	903.7	854.6	891.1
C/%	88.18	86.70	87.08
H/%	11.78	13.27	12.92
质谱质量组成/%			
链烷烃	12.7	16.8	21.7
总环烷烃	29.7	68.1	36.0
总芳烃	57.6	15.1	40.9
单环芳烃	48.1	13.8	27.0
双环芳烃	8.8	1.2	7.8

从表5-48可以看出，MH中的饱和烃质量分数为42.4%，芳烃质量分数为57.6%，其中单环芳烃质量分数达到48.1%，双环芳烃质量分数仅为8.8%，氢含量为11.78%；HH中的饱和烃质量分数为84.9%，芳烃质量分数为15.1%，其中单环芳烃质量分数为13.8%，双环芳烃质量分数仅为1.2%，氢含量为13.27%。

试验操作条件：剂油质量比为6，一反出口温度510℃，二反出口490℃，分别考察了MH和HH加氢重馏分油在催化剂MLC-500上的反应性能，反应后的产物分布和汽油性质列于表5-49。

表5-49 不同加氢深度对产物分布和汽油性质的影响

加氢重馏分代号	MH	HH
产物分布/%		
干气	2.55	2.21
液化气	18.77	25.41
C_5^+汽油	45.92	58.88
轻循环油	27.51	11.51
重油	2.00	0
焦炭	3.25	1.99
总液收	92.20	95.80
汽油产品中芳烃质量组成/%		
C_6	2.04	1.22
C_7	12.05	9.66
C_8	20.86	18.90
C_9	15.76	13.49
C_{10}	10.95	6.42
C_{11}	1.79	1.27
C_{12}	0	0
总计	63.45	50.96
汽油产品辛烷值		
RON	98.2	94.8
MON	85.5	82.8

从表5-49可以看出，加氢重馏分MH、HH经反应后所得到的干气产率分别为2.55%、2.21%；液化气产率分别为18.77%、25.41%；汽油产率分别为

45.92%、58.88%；焦炭产率分别为3.25%、1.99%；总液体收率分别为92.20%、95.80%。这表明加氢深度越大，其产物分布越好，尤其液化气+汽油产率越高。

从表5-49还可以看出，不同的加氢深度对应的汽油产品组成差别很大，MH对应的汽油芳烃质量分数为63.45%，相应的RON为98.2，MON为85.5，而HH对应的汽油芳烃含量低，质量分数为50.96%，相应地辛烷值也有所降低。值得注意的是：加氢深度高，汽油中的苯含量明显降低。

5.3.2.3　加氢轻循环油与加氢蜡油混合原料油试验研究

（1）原料混兑方式及试验研究

加氢轻循环油与加氢蜡油混合原料油试验研究是在小型固定流化床装置上进行的，如图5-3所示。所使用的催化剂为MLC-500，其性质列于表5-46。试验所用的混合原料是MH与HVGO、HH与HVGO按不同比例进行混兑的，MH与HVGO按不同比例混兑的原料编号为MV，HH与HVGO按不同比例混兑的原料编号为HV，混兑的混合原料编号及比例列于表5-50，其中MH、HH和HVGO性质列于表5-48。试验操作条件：反应温度为510℃，剂油质量比为6。

表5-50　混合原料编号及混兑比例

混合原料编号	MH/%	HH/%	HVGO/%
MV100	100	—	0
MV90	90	—	10
MV50	50	—	50
MV10	10	—	90
MV0	0	—	100
HV100	—	100	0
HV90	—	90	10
HV50	—	50	50
HV10	—	10	90
HV0	—	0	100

（2）MH与HVGO混兑及试验结果

不同混兑比例的MV原料在小型固定流化床反应器装置上试验结果列于表5-51。计算方法是基于MV100和MV0原料试验时所得到的产物分布，按比例线性加和计算出MV90-C、MV50-C和MV10-C的产物分布，见表5-51。假设MV90-C、MV50-C和MV10-C计算结果只是原料油性质差异造成的，不考虑两种原料混兑后其他性质的变化，如黏度的变化。这样通过试验结果与计算结果的差异，来表明原料混兑还带来其他效果。按 MH 与 HVGO 不同混兑比例来线性加和计算出的产物分布称为“纯反应结果”(以下简称为纯反应结果)。

表 5-51 不同混兑比例的 MV 原料试验结果及计算结果

项 目	干气	液化气	汽油	轻循环油	重油	焦炭
MV100	0.66	11.82	47.32	37.27	1.69	1.24
MV90	0.56	11.92	49.21	35.45	1.70	1.16
MV50	0.86	16.97	49.03	27.98	3.11	2.05
MV10	1.22	20.30	50.11	18.77	6.50	3.10
MV0	1.33	21.77	50.83	15.80	6.25	4.02
MV90-C	0.72	12.81	47.68	35.12	2.15	1.52
MV50-C	0.99	16.79	49.09	26.53	3.97	2.63
MV10-C	1.26	20.77	50.49	17.95	5.79	3.74

从表 5-51 可以看出，随着原料中 MH 含量比例增加，干气产率逐渐降低，液化气产率逐渐降低，汽油产率明显增加，轻循环油产率增加更多，重油产率逐渐降低，焦炭产率逐渐降低。由此可以看出：MH 裂化反应能力明显低于 HVGO。

从表 5-51 还可以看出，与纯反应结果相比，原料中 MH 质量分数为 90%、50%和 10%时，试验与计算结果之间的液化气产率变化分别为-0.89 个百分点、+0.18 个百分点和-0.47 个百分点；汽油产率变化分别为+1.53 个百分点、-0.06 个百分点和-0.38 个百分点；而干气与焦炭产率降低幅度更大，干气与焦炭产率降低幅度见图 5-11。

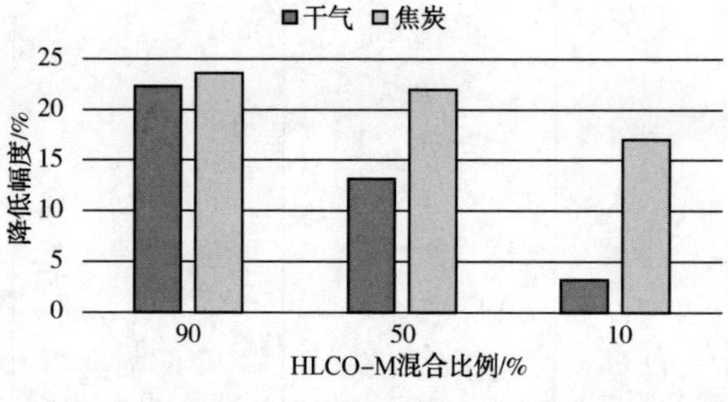

图 5-11 不同混兑原料相应的干气与焦炭产率降低幅度

从图 5-11 可以看出，与纯反应结果相比，混合原料中 MH 质量分数为 90%、50%和 10%时，相对应的干气产率降低幅度分别为 22.22%、13.13%和 3.17%；焦炭产率降低幅度分别为 23.21%、22.05%和 17.11%；而液化气和汽油产率变化幅度不大。

总体来说，当 HVGO 与 MH 混兑时，在目标产品液化气和汽油产率变化幅度不大的情况下，干气和焦炭产率降低幅度较大，说明原料混合后出现了“1+1>2”

的效果。

(3) HH 与 HVGO 混兑及试验结果

不同混兑比例的 HV 原料在小型固定流化床反应器装置上试验结果列于表 5-52。计算方法是基于 HV100 和 HV0 原料试验时所得到的产物分布，按比例线性加和计算出 HV90-C、HV50-C 和 HV10-C 的产物分布，见表 5-52。假设 HV90-C、HV50-C 和 HV10-C 计算结果只是原料油性质差异造成的，不考虑两种原料混兑后其他性质的变化，如黏度的变化。这样通过试验结果与计算结果的差异，来表明原料混兑还带来其他效果。按 HH 与 HVGO 不同混兑比例来线性加和计算出的产物分布称为“纯反应结果”(以下简称为纯反应结果)。

表 5-52 不同混兑比例的 HV 原料试验结果及计算结果

项　目	干气	液化气	汽油	轻循环油	重油	焦炭
HV100	0. 62	15. 74	66. 41	16. 20	0. 00	1. 03
HV90	0. 66	16. 09	64. 54	17. 52	0. 00	1. 19
HV50	0. 81	18. 51	60. 13	17. 64	1. 15	1. 76
HV10	1. 14	19. 17	53. 72	18. 52	4. 82	2. 63
HV0	1. 33	21. 77	50. 83	15. 80	6. 25	4. 02
HV90-C	0. 69	16. 34	64. 86	16. 16	0. 62	1. 33
HV50-C	0. 97	18. 75	58. 64	16. 00	3. 12	2. 52
HV10-C	1. 26	21. 17	52. 39	15. 84	5. 62	3. 72

从表 5-52 可以看出，随着原料中 HH 含量比例增加，干气产率逐渐降低，液化气产率逐渐降低，汽油产率明显增加，轻循环油产率先增加后降低，重油产率逐渐降低，轻循环油和重油之和是降低，也就是转化率增加，焦炭产率逐渐降低。由此可以看出，HH 裂化反应能力明显高于 HVGO。

从表 5-52 还可以看出，与纯反应结果相比，原料中 HH 质量分数为 90%、50%和 10%时，试验与计算结果之间的液化气产率变化分别为-0. 25 个百分点、-0. 24 个百分点和-2. 0 个百分点；汽油产率变化分别为-0. 32 个百分点、+1. 49 个百分点和+1. 33 个百分点；而干气与焦炭产率降低幅度更大，尤其是焦炭产率，干气与焦炭产率降低幅度见图 5-12。

从图 5-12 可以看出，与纯反应结果相比，混合原料中 MH 质量分数为 90%、50%和 10%时，相对应的干气产率降低幅度分别为 4. 35%、16. 49%和 9. 52%；焦炭产率降低幅度分别为 10. 53%、30. 16%和 29. 30%。

总体来说，当 HVGO 与 HH 混兑时，在目标产品液化气和汽油产率之和变化幅度不大的情况下，干气和焦炭产率降低幅度较大，说明原料混合后出现了“1+1>2”的效果。这是因为采用加氢轻循环油与重质原料混合后，可以大幅度降低

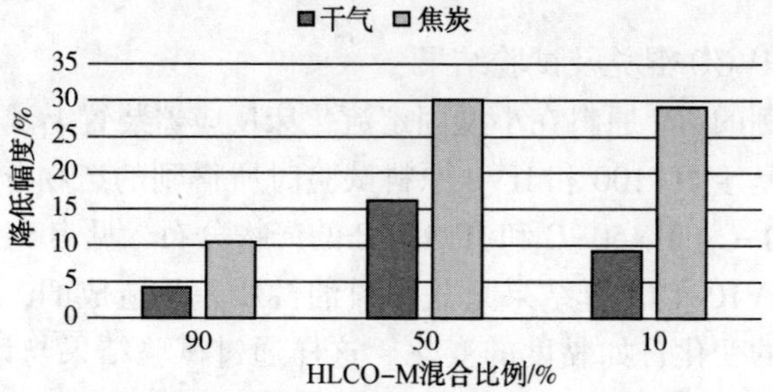

图 5-12　不同混兑原料相应的干气与焦炭产率降低幅度

重质混合原料的运动黏度、50%点和70%点的馏出温度。例如，当掺入10%左右的加氢轻循环油后，重质原料的200℃运动黏度由3.8mm²/s左右降低至1.8mm²/s，如图5-13所示。同时，加氢轻循环油混兑比例对混合原料50%点、70%点馏出温度的影响，如图5-14所示。正是混合原料的运动黏度、50%点和70%点的馏出温度降低，从而非常有利于重质原料的雾化，进一步提高原料油的选择性转化，达到降低干气和焦炭产率的效果。

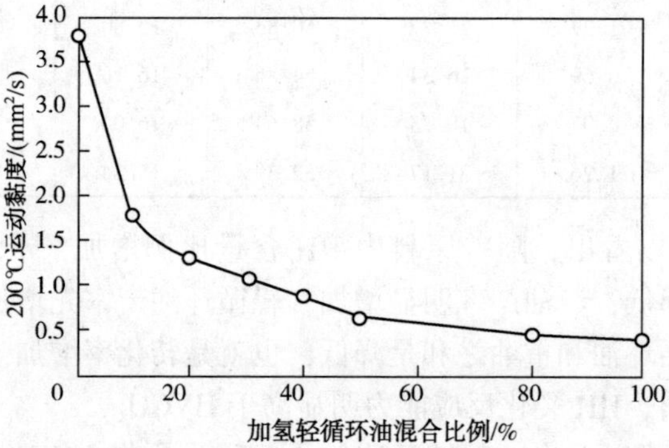

图 5-13　加氢轻循环油混兑比例对混合原料200℃运动黏度的影响

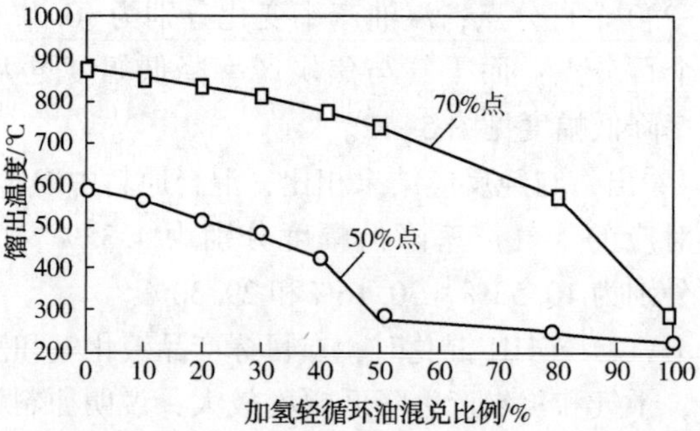

图 5-14　加氢轻循环油混兑比例对混合原料50%/70%蒸馏温度的影响

5.3.2.4 LTG-I 工业试验

LTG-I 工业试验是在中国石化 BL 分公司 1.05Mt/aCGP 装置上实施的。基于变径流化床反应器平台技术和 LTG-I 工艺构思，装置改造内容如下：

(1) 在新鲜原料油喷嘴与第一反应区出口之间合适的位置，增设了轻循环油轻馏分进料喷嘴；

(2) 在主分馏塔上的顶循抽出口与轻循环油抽出口之间设置液体分布器，抽出轻循环油轻馏分，再经泵加压送至轻馏分进料喷嘴。

2009 年 7 月 16 日，改造后装置投入生产。随后对 LTG-I 工艺技术效果进行了考核标定，主要考察轻循环油中的轻馏分回炼后的产物分布和产品性质变化情况。第一次标定是在 2009 年 10 月进行的；第二次标定是在 2010 年 3 月进行的。标定方案分为轻循环油轻馏分进入轻馏分喷嘴回炼再裂化与不回炼(空白)两种工况[19]。

该装置的轻循环油及其轻馏分经质谱分析得到的质量组成列于表 5-53[20]。从表 5-53 可以看出，轻循环油中链烷烃含量仅 10.64%左右，而芳烃总含量超过 80%，这些芳烃对其十六烷值贡献很小；而轻循环油经轻重切割后，轻馏分段富集了单环芳烃，烷基苯质量分数为 30.82%，茚满和萘满类质量分数达到 14.71%，这部分单环芳烃是汽油潜在的高辛烷值组分。如能将轻馏分中的单环芳烃转化为汽油组分，就可以减少品质较差的轻循环油产量，同时提高汽油辛烷值及产量。

表 5-53 轻循环油及其轻馏分质量组成 %

项目	轻循环油	轻循环油轻馏分
链烷烃	10.64	6.26
环烷烃	1.65	1.50
总芳烃	87.71	92.24
烷基苯	14.27	30.82
茚满和萘满类	10.49	14.71

考核标定时装置所加工的新鲜原料油(混合常压渣油)性质列于表 5-54，主要操作条件和产物分布列于表 5-55，汽油和轻循环油性质列于表 5-56。

表 5-54 新鲜原料油性质

项目	第一次标定		第二次标定	
工况	空白	LTG-I	空白	LTG-I
密度/(kg/m^3)	901.5	901.5	895.3	899.0
残炭值/%	5.2	5.2	4.8	4.5

续表

项　目	第一次标定		第二次标定	
工　况	空白	LTG-I	空白	LTG-I
总硫/(μg/g)	0.20	0.20	0.13	0.14
馏程/℃				
初馏点	250.0	250.0	223	240
5%	319.0	319.0	299	310
10%	352.0	352.0	339	338

表 5-55　标定时装置主要操作条件和产物分布

项　目	第一次标定		第二次标定	
工　况	空白	LTG-I	空白	LTG-I
操作条件				
一反温度/℃	518	518	513	512
二反温度/℃	493	490	494	493
二反藏量/t	2.59	3.33	3.19	3.21
沉降器压力/kPa	122	122	125	123
原料预热温度/℃	183	180	186	186
再生温度/℃	687	694	686	688
轻馏分油回炼量/(t/h)	0	5.0	0	4.5
产物分布/%				
干气	3.06	3.35	3.18	3.24
液化气	28.75	29.13	28.89	28.42
汽油	39.95	40.84	42.52	44.03
轻循环油	12.22	10.74	12.39	11.05
重循环油	2.50	2.23	0.28	0.69
油浆	3.58	3.58	3.26	3.64
焦炭+损失	9.94	10.13	9.48	8.93

从表 5-54 可以看出，标定的两种工况的原料油密度、残炭值和硫含量基本相当。从表 5-55 可以看出，两次标定期间装置的反应温度、再生温度、反应压力、原料预热温度、催化剂微反活性和第二反应区藏量均基本相同，且装置加工量均在 3100t/d 左右，回炼轻馏分油量约 5t/h，约占轻循环油产量的 30%。与空白标定相比，第一次标定时，轻循环油产率减少了 1.48 个百分点，而汽油产率和液化气产率之和增加了 1.27 个百分点，其中汽油产率增加了 0.89 个百分点，液化气产率增加了 0.38 个百分点；第二次标定时，轻循环油产率减少了 1.34 个百分点，而汽油产率和液化气产率之和增加了 1.04 个百分点，其中汽油产率增

加了 1.51 个百分点，液化气产率减少了 0.47 个百分点。

表 5-56　汽油和轻循环油性质

项　目	第一次标定		第二次标定	
工　况	空白	LTG-I	空白	LTG-I
汽油性质				
汽油组成/%(v)				
烯烃	29.38	28.06	29.70	29.90
芳烃	20.21	22.60	19.50	20.00
苯	0.50	0.54	0.38	0.45
硫含量/(μg/g)	120	140	110	140
RON	94.3	94.4	94.2	94.5
MON	81.7	82.3	82.3	82.8
轻循环油性质				
密度/(kg/m^3)	916.8	923.6	924.5	935.9
凝点/℃	-10.0	<-10	-18	-14
闪点/℃	75.5	73.5	63	75
硫含量/%	0.12	0.12	0.17	0.19
十六烷指数	26	24	24	
馏程/℃				
50%	257.5	264	262.0	271.5
90%	307.0	315	327.0	334.0
95%	321.0	329	344.5	350.0

从表 5-56 可以看出，与空白标定相比，第一次标定时，汽油辛烷值 RON 增加了 0.1 个单位，MON 增加了 0.6 个单位；第二次标定时，汽油 RON 增加了 0.3 个单位，MON 增加了 0.5 个单位，原因在于汽油中的芳烃含量有所增加；轻循环油密度有所增加，十六烷指数有所下降，原因在于轻循环油中的单环芳烃侧链断裂生成了汽油馏分，相应浓缩了轻循环油中的多环芳烃。

LTG-I 工艺工业试验结果表明，在变径流化床反应器适当的位置注入轻循环油轻馏分进行回炼，可使其侧链断裂生成汽油和液化气，实现汽油产率增加，辛烷值略有提高以及降低低价值轻循环油产率的多重目标。

5.3.2.5　LTG 或 LTG-II 工艺工业应用

由于轻循环油中的双环芳烃和三环芳烃难以发生裂化反应，若要其发生断裂反应，必须先将其进行加氢处理，使其中的双环芳烃和三环芳烃饱和。当然，双环芳烃和三环芳烃饱和程度越高，其饱和后的断裂能力也越高。为使 LIG 工艺快速实施，轻循环油中的重馏分段或者就是轻循环油全馏分段输送到加氢处理装置进行加氢饱和，分为下列三种加氢处理方式：

（1）轻循环油或其重馏分段在独自加氢处理装置上加氢饱和，饱和后与FCC装置新鲜原料油混合进入反应器。

（2）轻循环油或其重馏分段送至渣油加氢装置，与渣油混合加氢处理，处理后加氢渣油和加氢柴油不作分离，直接作为原料送到FCC装置。

（3）轻循环油或其重馏分段输送到馏分油加氢装置，与馏分油混合加氢处理，处理后加氢馏分油和加氢柴油不作分离，直接作为原料送到FCC装置。

LTG或LTG-Ⅱ工艺在多套渣油/馏分油加氢处理与催化裂化联合装置上实现了工业应用[21,22]。中国石化MM分公司1.8Mt/a馏分油加氢装置，加氢原料为减压馏分油、焦化馏分油和催化裂化轻循环油混合原料，加氢后的馏分油和加氢轻循环油不分离，作为催化裂化装置原料油[21]。催化裂化轻循环油输送到馏分油加氢处理装置的流量分别为0t/h、10t/h、20t/h、30t/h，用工况-1、工况-2、工况-3、工况-4表示，四种工况所得到的加氢混合油性质列于表5-57。

表5-57 不同工况下加氢混合油性质

工　况	工况-1	工况-2	工况-3	工况-4
密度/(kg/m^3)	898.8	895.6	904.9	899.5
残炭值/%	0.03	0.03	0.02	0.02
S/%	0.064	0.054	0.08	0.086
N/(μg/g)	495	413	590	529
四组分/%				
饱和烃	67.81	66.54	63.32	62.30
芳烃	31.81	33.13	35.84	36.42
沥青质	0	0	0	0
胶质	0.38	0.33	0.84	1.28

从表5-57可以看出，随着加氢处理装置原料中的轻循环油质量分数增加，虽然密度、残炭值和硫含量基本相当，但饱和烃含量降低，芳烃含量增加。

不同工况下的催化裂化装置所加工的原料油性质和产物分布列于5-58。从表5-58可以看出，当轻循环油作为馏分油加氢处理装置原料时，随着轻循环油掺入量增加，相应地馏分油加工量就减少，这样会导致催化裂化装置掺渣比例增加，从而使催化裂化装置所加工的原料油密度、残炭值有所上升；与工况-1无加氢轻循环油回炼相比，随着轻循环油加氢后再回炼，相对于FCC装置总进料量，液化气产率降低，汽油产率增加，轻循环油产率增加，油浆产率降低，焦炭产率降低，总液体收率增加。

表 5-58 不同工况下的催化裂化装置所加工的原料油性质及产物分布

工　况	工况-1	工况-2	工况-3	工况-4
原料油性质				
密度/(kg/m^3)	913	921	925	921
残炭值/%	2.14	4.06	4.39	4.13
硫含量/%	0.16	0.26	0.30	0.32
四组分/%				
饱和烃	61.97	61.09	58.48	68.39
芳烃	34.07	33.42	32.83	23.84
沥青质	0.28	0.62	0.76	0.72
胶质	3.68	4.87	7.93	7.05
产物分布/%				
干气	2.33	2.26	2.53	2.40
酸性气	0.4	0.39	0.41	0.39
液化气	15.44	15.35	14.97	14.83
汽油	43.89	44.01	44.63	44.24
轻循环油	23.68	24.43	24.86	24.96
油浆	5.30	4.64	4.58	4.46
焦炭	8.86	8.82	7.92	8.62
损失	0.1	0.1	0.1	0.1
合计	100	100	100	100
总液收	83.01	83.79	84.46	84.03

基于表5-58中的工况-1无加氢轻循环油回炼、工况-2至工况-4混入不同比例加氢轻循环油所对应的产物分布，可以计算出在工况-2至工况-4情况下，加氢轻循环油转化情况，计算结果列于表5-59。从表5-59可以看出，三种工况平均的干气产率为2.82%，液化气产率为6.21%，汽油产率为54.14%，轻循环油产率为56.18%，油浆产率为-19.11%，焦炭产率为-0.53%，油浆+焦炭产率为-19.64%，液化气+汽油产率为60.34%。这表明催化裂化原料掺入加氢轻循环油后，油浆产率和焦炭产率有所降低，而液化气和汽油产率有所增加，基本与小型试验研究结果相似。

表 5-59 加氢轻循环油在催化裂化装置上的转化情况

工　况	工况-2	工况-3	工况-4	工况均值
轻循环油占馏分油加氢进料比例/%	4.90	10.31	16.30	
加氢混合油占催化裂化进料比例/%	32.7	43.1	32.5	
加氢轻循环油占催化裂化进料比例/%	1.60	4.44	5.30	3.78

续表

工　况	工况-2	工况-3	工况-4	工况均值
产物分布/%				
干气	-2.04	6.83	3.65	2.82
酸性气	-0.22	0.63	0.21	0.20
液化气	9.83	4.86	3.93	6.21
汽油	51.38	60.54	50.50	54.14
轻循环油	70.47	50.24	47.84	56.18
油浆	-35.87	-10.90	-10.55	-19.11
焦炭	6.36	-12.30	4.33	-0.53
油浆+焦炭产率	-29.51	-23.20	-6.22	-19.64
液化气+汽油产率	61.20	65.41	54.42	60.34

由于 LTG 工艺不仅将加氢 LCO 或性质较好的柴油转化为汽油和液化气，更重要的是催化裂化装置所加工的新鲜原料油与加氢 LCO 或性质较好的柴油混兑后，混合原料油的黏度和 50%点馏出温度明显降低，从而使原料油雾化效果得到改善，尤其对于加工高黏度的重质和劣质原料油，进而使干气和焦炭产率降低。因此，中国石化大部分变径流化床反应器催化裂化装置采用 LTG 工艺。在常规等直径提升管反应器上，部分装置也采用 LTG 工艺理念。采用 LTG 工艺的催化裂化装置名称与加工能力列于表 5-60。表 5-60 所列的数据来自 2018 年 10 月中国石化各炼油企业催化裂化装置上报的生产运行数据。从表 5-60 可以看出，采用 LTG 工艺的催化裂化装置，所加工的原料油 10%点馏出温度均低于 350℃，这意味着原料初始馏分段是加氢 LCO 或性质较好的柴油。

表 5-60　中国石化催化裂化装置应用 LTG 技术情况汇总

项　目	加工能力/(Mt/a)	密度/(kg/m^3)	残炭/%	馏程/℃			
				10%	30%	50%	90%
应用 LTG 工艺装置(MIP—变径流化床反应器)							
燕山石化(Ⅲ)	2.00	911.4	3.19	317	404	484	512
天津石化	1.30	902.1	0.11	344	378	412	484
石家庄炼化(Ⅲ)	2.20	911.5	3.03	347	405	444	596
齐鲁石化(Ⅲ)	2.60	921.5	1.21	310	409	459	538
安庆石化(Ⅲ)	2.00	930.3	3.88	348	426	494	691
九江石化(Ⅰ)	1.00	937.6	3.38	312	354	385	514
九江石化(Ⅱ)	1.00	929.1	3.6	338	358	408	527
金陵石化(Ⅰ)	1.30	926.2	2.95	328	400	445	—

续表

项　目	加工能力/(Mt/a)	密度/(kg/m^3)	残炭/%	馏程/℃			
				10%	30%	50%	90%
金陵石化(Ⅲ)	3.50	926.5	3.71	327	409	464	—
扬子石化(Ⅱ)	2.00	922.4	4.32	332	421	496	668
高桥石化(Ⅲ)	1.40	906.0	2.02	338	402	443	570
上海石化(Ⅱ)	3.50	935.8	5.92	228	389	512	558
镇海炼化(Ⅰ)	1.60	916.8	3	340	—	431	—
北海炼化	2.10	933.1	0.86	322	381	424	530
清江石化(Ⅱ)	0.50	899.8	6.44	341	0	402	440
青岛炼化	2.90	906.1	0.28	331	383	423	506
青岛石化	1.40	915.0	1.13	342	400	448	562
巴陵石化	1.20	883.4	3.99	344	428	—	—
应用 LTG 工艺装置(FCC—等直径提升管反应器)							
燕山石化(Ⅱ)	0.80	907.3	3.14	326	407	474	505
洛阳石化(Ⅰ)	1.40	918.8	2.71	250	352	455	657
济南石化(Ⅱ)	1.40	927.9	4.26	352	—	445	—
安庆石化(Ⅱ)	0.65	901.6	0.04	281	353	424	518
武汉石化(Ⅰ)	1.00	916.9	1.02	298	405	454	541
武汉石化(Ⅱ)	1.00	924.0	1.55	313	421	472	560
长岭石化(Ⅰ)	1.45	917.5	2.68	327	400	455	0
荆门石化(Ⅰ)	0.80	922.5	3.12	319	393	436	0
荆门石化(Ⅱ)	1.20	926.3	3.52	317	387	424	0
高桥石化(Ⅱ)	0.60	907.6	2.32	325	389	420	566
广州石化(Ⅱ)	1.00	917.0	1.93	345	425	475	633
福建石化	2.30	913.4	1.47	287	422	491	647
未应用 LTG 工艺的装置							
沧州石化	1.20	917.2	1.39	369	419	452	—
齐鲁石化(Ⅱ)	0.80	928.6	1.78	360	418	465	538
长岭石化(Ⅱ)	2.80	920.7	1.96	373	427	466	—
金陵石化(Ⅱ)	1.00	922.0	2.26	384	412	455	—
镇海炼化(Ⅱ)	3.00	912.3	1.36	381	—	458	—
广州石化(Ⅰ)	2.00	911.0	1.17	380	429	461	538
茂名石化(Ⅱ)	1.00	909.5	3.46	458	492	526	638

续表

项　目	加工能力/(Mt/a)	密度/(kg/m^3)	残炭/%	馏程/℃			
				10%	30%	50%	90%
茂名石化(Ⅲ)	1.40	927.4	4.7	490	528	571	672
茂名石化(Ⅳ)	2.20	913.1	3.39	470	504	542	655
海南炼化	2.80	932.5	5.82	379	461	535	—
江苏油田化工厂	0.25	895.0	5.8	360	375	—	—
湛江石化(Ⅰ)	0.50	907.2	4.28	374	433	491	—
湛江石化(Ⅱ)	1.50	913.2	4.29	376	438	501	—
应用双提升管或其他技术的装置							
石家庄炼化(Ⅰ)	0.90	915.6	3.6	350	407	450	604
齐鲁石化(Ⅲ)	2.60	921.5	1.21	310	409	459	538
济南石化(Ⅰ)	1.20/双	944.3	6	380	—	468	—
安庆石化(Ⅰ)	1.20	930.5	2.13	382	485	474	518
长岭石化(Ⅰ)	1.45/双	917.5	2.68	327	400	455	—
洛阳石化(Ⅱ)	1.40/双	917.8	3.64	341	405	456	655
荆门石化(Ⅰ)	0.80	922.5	3.12	319	393	436	—
荆门石化(Ⅱ)	1.20/双	926.3	3.52	317	387	424	—
青岛石化	1.40	915.0	1.13	342	400	448	562
清江石化(Ⅰ)	0.12/单独	861.0	1.14	340	—	401	440

LTG 工艺在催化裂化装置上应用后产物分布列于表 5-61，同时列出未应用 LTG 工艺的催化裂化装置。从表 5-61 可以看出，相对于未应用 LTG 工艺的催化裂化装置，LTG 工艺在变径流化床反应器的催化裂化装置上表现为：转化率高出 1.40 个百分点，达到 75.33%；液化气和汽油产率之和高出 0.75 个百分点，达到 64.35%；轻循环油产率降低 1.52 个百分点，只有 19.48%。从表 5-61 还可以看出，相对于 LTG 工艺在等直径提升管反应器催化裂化装置上的应用，LTG 工艺在变径流化床反应器催化裂化装置上表现为：转化率高出 2.53 个百分点；液化气和汽油产率之和高出 1.86 个百分点；轻循环油产率降低 1.87 个百分点。总之，应用 LTG 工艺的催化裂化装置汽油产率较高，汽油辛烷值桶较高，尤其在变径流化床反应器的催化裂化装置上，效果更加明显。

LTG 工艺在中国石化催化裂化装置上得到了广泛应用，以催化裂化装置原料油 10%点馏出温度 350℃为基准，2015 年至 2018 年 LTG 工艺在工业催化裂化装置应用概况列于表 5-62。从表 5-62 可以看出，2015 年至 2018 年装置数量分别为 17 套、22 套、23 套、26 套，加工量分别为 27.16Mt/a、35.65Mt/a、33.36Mt/a、

40.06Mt/a，加工量占比(占催化装置总加工量)分别为37.0%、48.5%、45.4%、54.5%，这表明LTG工艺在轻循环油转化中起着重要作用，已逐渐成为较为普遍采用的工艺。

表5-61　应用/未应用LTG工艺的催化裂化装置产物分布

LTG应用情况/反应器类型	应用LTG工艺		未应用LTG工艺
	变径流化床	等径提升管	
产物分布/%			
干气	3.74	3.62	3.47
液化气	19.17	17.27	19.74
汽油	45.18	45.22	43.87
轻循环油	19.48	21.35	21.00
油浆	5.19	5.88	5.07
焦炭	7.07	6.51	6.69
损失	0.16	0.16	0.15
合计	100.00	100.00	100.00
转化率/%	75.30	72.77	73.92
干气+焦炭选择性/%	14.30	13.84	13.75
液化气+汽油/%	64.35	62.49	63.61
汽油辛烷值桶	41.62	41.49	40.71

表5-62　LTG技术工业催化裂化装置应用概况

年　份	2015年	2016年	2017年	2018年
装置数量/套	17	22	23	26
加工量/(Mt/a)	27.16	35.65	33.36	40.06
加工量占比/%	37.0	48.5	45.4	54.5

5.4　降低干气和焦炭的催化裂化工艺技术

干气和焦炭是催化裂化工艺的副产品，当干气和焦炭产率降低时，相应地有价值的产品产率就会增加。基于此，在变径流化床反应器平台技术上，开发降低干气和焦炭的催化裂化工艺技术(Dry gas and Coke Reduction，简称DCR)，以进一步改善目标产品分布，提高石油资源有效利用率[23]。

DCR工艺技术是在变径流化床反应器平台技术上，进一步优化第一反应区温度分布，通过降低再生催化剂和原料油的接触温度差，即尽可能提高原料油预热温度，降低原料油黏度，同时降低与原料油接触前的再生催化剂温度，从而实现一方面增加原料油和催化剂的雾化接触面积，另一方面减少催化裂化反应过程中的热裂化反应，从而实现在相同的反应深度下，通过干气和焦炭产率的降低来提高液化气和汽油产品收率。

5.4.1　DCR 工艺技术特征

DCR 工艺是将变径流化床反应器底部的预提升段改造为预提升混合器，从再生器引高温热再生催化剂和从外取热器引一股温度相对较低的冷再生催化剂在预提升混合器内充分混合，以得到温度较低的混合再生催化剂，从而使原料油与温度较低的催化剂接触，降低热裂化反应。DCR 工艺反应再生系统流程见图 5-15。

从图 5-15 可以看出，在变径流化床反应器底部设置有预提升混合器，进入预提升混合器的催化剂包括从外取热器底部来的冷再生催化剂和从再生器二密相来的热再生催化剂，两股再生催化剂在预提升混合器内混合均匀后，由提升介质提升入反应器进行催化裂化反应。外取热器底部引出两股温度降低的再生催化剂，一股如正常外取热器操作返回再生器烧焦罐，另一股进入预提升混合器[24]。

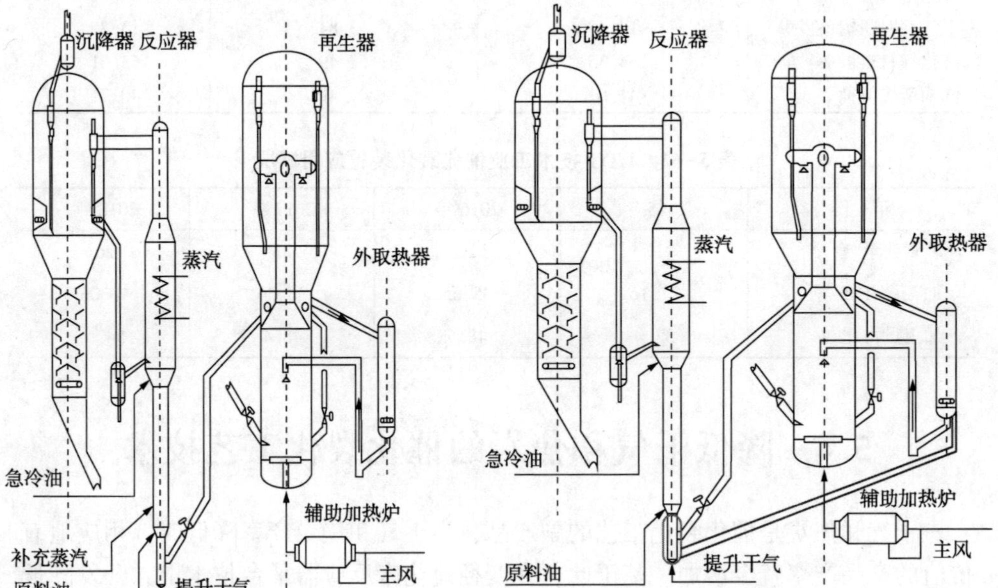

图 5-15　改造前后装置反应再生系统流程对比

DCR 工艺技术特征如下：

（1）与原料油接触时的再生催化剂温度明显降低，从常规的 680~720℃降低至 640~680℃；与此相对应，需要同时提高原料油预热温度，从常规的 170~

240℃提高至240~360℃。原料油预热温度的提高可以提高催化剂和原料的雾化接触面积。数学模拟计算表明，对于常压渣油，预热温度从240℃增加至360℃将增加催化剂和原料的雾化接触面积30%以上。同时，由于再生催化剂的温度降低，导致原料油和催化剂接触时的温度差大幅度降低，可以避免原料油的局部过热。上述两种效果共同作用，使热裂化反应程度明显降低，从而实现干气和焦炭产率的降低。

(2) 从外取热器引一股温度较低的冷再生催化剂进入预提升混合器和热再生催化剂混合，可以打破热平衡的限制，实现反应温度、再生温度、原料预热温度的独立控制，从而使剂油比成为独立变量。

(3) 预提升混合器的设置有利于冷再生催化剂和热再生催化剂的混合均匀，保证混合再生催化剂与原料油接触前温度均一。

(4) 扩大了操作模式的选择范围。剂油比成为独立变量后，可以探索更多的操作模式，如在相同反应温度下，可以选择高活性、低剂油比或者低活性、高剂油比等模式。

5.4.2 试验研究

中型试验是在以变径流化床为反应器的连续流化催化裂化装置上进行的，如图5-4所示。试验所用的原料为大庆VGO掺入30%大庆减压渣油为原料油(以下简称大庆VGO+30%VR)。原料油密度为0.8905g/cm^3、残炭为2.94%、氢含量为13.18%、饱和烃含量为64.5%、芳烃含量为24.2%、胶质含量为11.1%、沥青质含量为0.2%。试验所用的CGP-1催化剂是工业装置平衡催化剂，微反活性为67。试验研究内容是考察不同再生催化剂温度、不同剂油比对转化率及干气和焦炭产率的影响[23]。

5.4.2.1 再生催化剂温度的影响

在第一反应区出口温度和剂油比相同的情况下，不同再生催化剂温度对转化率及干气产率和焦炭产率的影响试验结果列于表5-63。

表5-63　再生催化剂温度对转化率及干气产率和焦炭产率的影响

再生催化剂温度增量	转化率增量	干气		焦炭		干气与焦炭选择性之和/%
基准/℃	基准(83.10%)/百分点	产率增量/百分点	选择性/%	产率增量/百分点	选择性/%	
+30	0.32	0.05	15.6	0.29	90.6	106.2
+60	1.05	0.22	21.0	0.91	85.7	106.7
+140	1.06	0.38	35.8	1.82	171.7	207.5

从表5-63可以看出，随着再生催化剂温度的升高，转化率增大，随之干气和焦炭产率也相应增大。当再生催化剂温度增加幅度由30℃到140℃时，转化率增加幅度由0.32个百分点到1.06个百分点，而干气选择性由15.6%增加到35.8%，焦炭选择性由90.6%增加到171.7%，两者之和由106.2%增加到207.5%，说明部分高附加值的液体产品转化为干气和焦炭，尤其当再生催化剂温度增加140℃时，转化率增加1.06个百分点，干气选择性为35.8%，焦炭选择性为171.7%，两者之和为207.5%，这说明高达1个百分点以上高附加值的液体产品转化为干气和焦炭。当再生催化剂温度增加幅度超过60℃时，转化率几乎不增加，而干气和焦炭选择性仍然大幅度增大，尤其是干气。由此可以看出，再生催化剂温度一定要控制在合适的范围内。

5.4.2.2 剂油比的影响

在第一反应区出口温度相同的情况下，不同剂油比对转化率及干气产率和焦炭产率的影响试验结果列于表5-64。

表5-64 剂油比对转化率及干气产率和焦炭产率的影响

剂油比	转化率增量	干气		焦炭		干气与焦炭选择性之和/%
基准(5)	基准（83.10%）/百分点	产率增量/百分点	选择性/%	产率增量/百分点	选择性/%	
+0.5	+0.91	+0.06	6.66	+0.41	45.05	51.71
+1.0	+1.64	+0.11	6.70	+0.59	36.0	42.70
+2	+3.02	+0.24	7.95	+1.51	50.0	57.95

从表5-64可以看出，随着剂油比的增大，转化率相应地增加，干气和焦炭产率也相应增大。当剂油比增加由0.5增大到2.0时，转化率增加幅度由0.91个百分点增加到3.02个百分点，干气选择性由6.66%增加到7.95%，焦炭选择性由45.05%增加到50.0%，两者之和由51.71%增加到57.95%。这说明剂油比增大，转化率增加，部分重组分转化为高附加值的液体产品。剂油比增加对干气选择性影响较小，而对焦炭选择性影响较大。

5.4.2.3 两种操作方式对比

从上面的试验数据可以看出，随着再生催化剂的温度升高或剂油比增大，转化率相应地增大。因此，可以通过调节再生催化剂的温度和剂油比来控制转化率，也就是说，在相同的转化率的情况下，操作方式可以是较低的再生催化剂的温度和较高的剂油比(简称方式一)，也可以是较高的再生催化剂的温度和较低的剂油比(简称方式二)。以大庆 VGO+30%VR 为原料，两种操作方式的试验条件和试验结果列于表5-65。

表5-65　不同的操作方式对产物分布和汽油性质的影响

操作方式	方式一	方式二
剂油比	5.5	5
再生剂温度/℃	610	720
产物分布/%		
H_2+C_2	1.79	2.08
液化气	25.39	27.11
C_5^+汽油	49.82	46.77
轻循环油	11.20	11.09
重油	4.78	4.75
焦炭	7.02	8.20
转化率/%	84.02	84.16
汽油组成/%		
正构烷烃	5.42	5.41
异构烷烃	29.79	29.29
烯烃	30.89	29.35
环烷烃	7.3	7.94
芳烃	26.6	28.01

从表5-65可以看出，在转化率基本相当的情况下，操作方式一与操作方式二的干气和焦炭产率差异很大。当再生催化剂温度由610℃升高到720℃，而剂油比由5.5降低到5时，转化率分别为84.02%和84.16%，基本相同；而干气产率由1.79%升高到2.08%，增加了0.29个百分点，干气上升幅度达16.20%；焦炭产率由7.02%升高到8.20%，增加了1.18个百分点，焦炭上升幅度达16.81%；液化气产率增加了1.72个百分点；汽油产率降低了3.05个百分点；轻循环油产率和重油产率基本相当，总液体收率由86.41%减少到84.97%，降低了1.44个百分点。操作方式一的汽油中的烯烃含量略高，而芳烃含量略低，操作方式二的汽油中的芳烃含量略高，而烯烃含量略低。

从上面的试验数据可以看出，可以通过降低再生催化剂的温度、增加剂油比来提高重油转化能力，实现最小限度地增加非理想产物干气和焦炭的产率，而最大限度地增加高附加值的液体产品。

5.4.3　DCR 工艺工程设计

为了保证冷、热再生催化剂快速有效地混合均匀，保证温度均一，需要将第一反应区下部的预提升段改造成为预提升混合器。热再生催化剂无疑直接来自高温再生器，如何获得冷再生催化剂，有以下几种方案。

（1）对于仅允许装置一个外取热器的装置，可以从外取热器的催化剂出口引一部分冷催化剂进入预提升混合器。冷催化剂的温度可以通过整个外取热器的循环量来控制，见图 5-16(a)。本方案的优点在于改造简单，投资少，操作相对容易；缺点在于冷催化剂的温度不能过低。

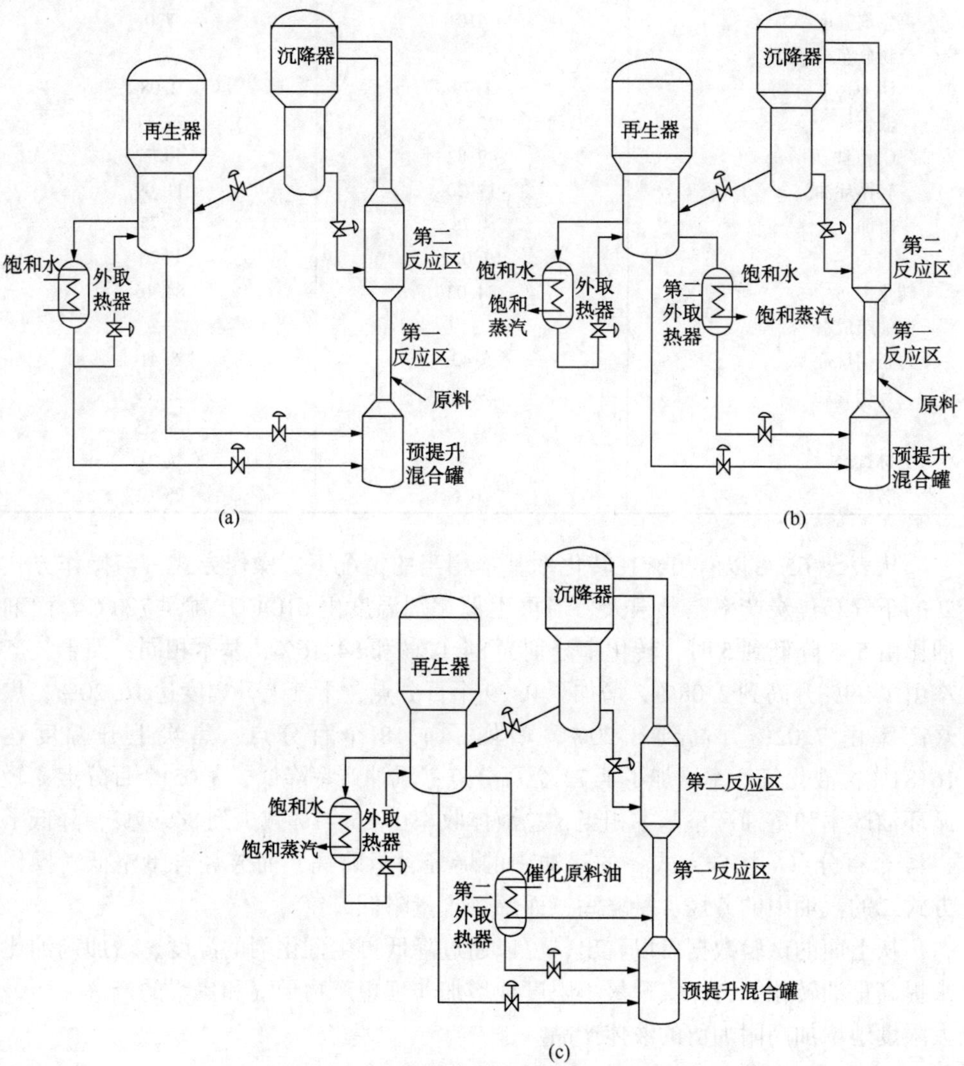

图 5-16 DCR 工艺可能实施的几种设计方案

（2）如果允许在现有外取热器的基础上增加一个外取热器(第二个外取热器)，则可以引第二个外取热器出口冷催化剂进入预提升混合器，冷催化剂的温度可以通过第二个外取热器的循环量来控制，见图5-16(b)。本方案的优点在于拥有独立的外取热器控制冷催化剂的温度，冷催化剂的温度可以根据工艺需要大幅度变化，方便灵活；缺点在于投资相对较高。

(3) 考虑到不仅要降低再生催化剂温度，同时还要尽可能提高原料油预热温度。如果允许设置第二个外取热器，可以在第二个外取热器用高温再生催化剂加热全部或部分原料油，这样既可冷却催化剂，又预热了原料油。冷催化剂的温度可以通过第二个外取热器的循环量来控制。这种情况下，需要同时考虑被加热原料油的温度上限，见图5-16(c)。这种方案的优点在于既拥有独立的外取热器控制冷催化剂的温度，方便灵活，又可以在省去加热炉的前提下，追求较高的原料油预热温度(如360℃)；缺点是冷催化剂的温度变化范围受加工量、原料油预热温度上限的约束而相对要窄一些，投资相对较高。

综合考虑各方面因素，采用图5-14(a)的方案。将变径流化床反应器底部的预提升段更换为预提升混合器，增强冷、热再生催化剂混合，确保混合再生催化剂温度均一；外取热器整体更换为分体式，增加外取热器至预提升混合器的冷再生催化剂斜管，同时增加预提升混合器出口温度与冷再生催化剂滑阀开度的控制回路。

5.4.4 DCR工艺工业试验

5.4.4.1 装置运行情况及考核标定

中国石化JJ分公司CGP装置采用DCR技术改造后，按照DCR工艺技术要求，改变冷再生催化剂循环回路的滑阀开度，摸索预提升混合器内再生催化剂温度随冷阀开度的变化规律，同时观察再生器床层温度、发汽量、产物分布和产物性质的变化；并确定原料预热温度在现有工艺流程下可达到的最高值。装置在正常运转过程中，控制冷阀开度30%时，预提升混合器内温度约在670℃。

考核标定分为空白工况和DCR工况。空白工况是冷再生催化剂滑阀关闭，同时控制原料油预热温度为205℃左右；DCR工况控制原料油预热温度为245℃，预提升混合器内温度(以下简称混合温度)在670~675℃[24]。

5.4.4.2 考核标定结果

(1) 原料油和催化剂性质

空白工况和DCR工况标定期间原料油性质列于表5-66。从表5-66可以看出：空白工况和DCR工况的原料油密度分别为0.9326g/cm^{3}和0.940g/cm^3；残炭分别为1.33%、1.83%；氢含量分别为12.11%、12.04%；饱和烃含量分别为

61.6%和57.6%；芳烃含量分别为27.6%和30.1%，DCR工况原料中的金属含量和硫含量略高些。总之，DCR工况的原料油性质差于空白工况。

表5-66 空白工况和DCR工况标定期间原料油性质

工艺类型	空白工况	DCR工况
标定时间	2011-04-12	2011-04-15
密度(20℃)/(g/cm³)	0.9326	0.940
折光率(70℃)	1.5021	1.5091
黏度(80℃)/(mm²/s)	23.71	26.04
残炭/%	1.33	1.83
四组分分析/%		
饱和烃	61.6	57.6
芳烃	27.6	30.1
胶质	10.6	11.9
沥青质	0.2	0.4
元素组成/%		
C	86.7	86.8
H	12.11	12.04
S	0.69	0.71
N	0.22	0.23
重金属含量/(μg/g)		
Fe	3.3	4.4
Ni	4	5.1
Ca	6	8.8
V	1.5	2
Na	2.4	2
馏程/℃		
初馏点	332	329
10%	396	396
50%	460	461
86.3%	540	
85.8%		540

空白工况和DCR工况标定期间催化剂性质列于表5-67。从表5-67可以看出，两次工况标定时，平衡催化剂性质基本相当。由于DCR工况采用较大的剂油比操作，从而待生催化剂上的碳含量要低于空白工况。

表5-67 空白工况和DCR工况标定期间催化剂性质

工艺类型	空白工况	DCR工况
标定时间	2011-04-12	2011-04-15
再生催化剂性质		

续表

工艺类型	空白工况	DCR 工况
Al_2O_3/%	51.6	51.5
比表面积/(m^2/g)	116	114
孔体积/(mL/g)	0.154(BET)	0.149(BET)
堆积密度/(g/cm^3)	0.87	0.88
再生催化剂碳含量/%	0.06	0.08
筛分组成/%		
0~20μm	0	0
0~40μm	5.1	7.5
0~80μm	51.5	49.1
0~149μm	95	91.8
重金属含量/(μg/g)		
Fe	3700	3800
Ni	4700	4700
V	1300	1300
Na	1261	1187
Sb	1100	1000
微反活性/%	63	65
待生催化剂上碳含量/%	1.345	1.281

(2) 装置主要操作参数和产物分布

空白工况和DCR工况标定期间装置主要操作参数列于表5-68。为了使空白工况和DCR工况尽可能在转化率相近的条件下进行比较，首先保证反应温度相同，均为510℃；然后基于空白工况和DCR工况的原料油预热温度(分别为205℃和245℃)以及空白工况时(冷阀关闭)预提升混合器温度(687℃)，确定DCR工况时预提升混合器温度控制在675℃左右。其他各主要操作参数在两次工况标定期间保持不变。

表5-68　空白工况和DCR工况标定期间装置主要操作参数

工艺类型	空白工况	DCR 工况
标定时间	2011-04-12	2011-04-15
加工量/(t/h)	124	124
一反出口温度/℃	510	510
二反温度/℃	485	485
反应器出口温度/℃	484	484
再生温度/℃	701	690

续表

工艺类型	空白工况	DCR 工况
预提升混合器温度/℃	687	674
原料进料温度/℃	205	245
反应压力/MPa (g)	0.186	0.186
汽提蒸汽流量/(t/h)	4	4
原料雾化蒸汽流量/(t/h)	6.1	6.1
预提升蒸汽流量/(t/h)	2.41	2.41
急冷油/(t/h)	21	21
主风机出口流量/(Nm^3/min)	1594	1501
外取热器流化风/(Nm^3/min)	86	85
外取热器输送风/(Nm^3/min)	48	47
外取热器产汽量/(t/h)	~35	~32
干气流量/(Nm^3/h)	~4879	~4640
回炼比	~0.15	~0.15
剂油比(热平衡)	5.97	5.96

从表5-68可以看出，相对于空白工况，在加工量相同的前提下，DCR工况时主风量减少，再生器密相床温度明显降低，干气平均流量下降，这表明DCR工况所对应的焦炭产率和干气产率均有所下降。

空白工况和DCR工况标定时产物分布列于表5-69。校正后的产物分布是对汽油和轻循环油馏程重叠部分进行理论切割后所得到的。

从表5-69可以看出，空白工况和DCR工况标定时，装置加工量基本相同。相对于空白工况，DCR工况时干气产率为2.30%，减少了0.28个百分点，干气产率下降幅度为10.85%；相对于空白工况，DCR工况时焦炭产率为7.0%，减少了0.40个百分点，焦炭产率下降幅度达5.40%。从表5-66所列的原料油性质可以看出，DCR工况的原料残炭为1.83%，比空白工况的原料残炭1.33%，高出0.5个百分点。按照1个百分点的残炭至少0.85个百分点生焦来计算[9]，原料残炭高出0.5个百分点会使DCR工况的焦炭产率增加0.43个百分点。如扣除此部分由于原料残炭增加导致的生焦增加，则DCR工况时真实焦炭产率应该为6.57%，那么相比空白工况的焦炭产率7.40%，DCR工况的焦炭产率真实下降幅度应该为11.22%。干气和焦炭产率的下降直接导致液体收率增加，DCR工况的液体收率为85.48%，相对于空白工况的85.03%，增加了0.45个百分点。如果考虑原料因素，液体收率增加幅度将会更多。

表 5-69 空白工况和 DCR 工况标定时产物分布

工艺类型	空白工况		DCR 工况		
时　间	2011-04-12		2011-04-15		
加工量/t	5959.8		5960		
产率分布/%	校正前	校正后	校正前	校正后	Δ[①]
干气	2.58	2.58	2.30	2.30	-10.85
液化气	16.19	16.19	15.82	15.82	
汽油	37.70	41.06	37.60	41.32	
轻循环油	31.14	27.78	32.06	28.34	
油浆	4.43	4.43	4.66	4.66	
焦炭	7.40	7.40	7.00	7.00	-5.40/-11.22
酸性气	0.30	0.30	0.30	0.30	
损失	0.26	0.26	0.26	0.26	
合计	100.00		100.00		
轻油收率/%	68.84		69.66		
液体收率/%	85.03		85.48		
表观转化率/%	64.43	67.79[②]	63.28	67.00[②]	

① Δ=(DCR 工况的值-空白工况的值)×100/空白工况的值。

② 实际转化率。

(3) 气体组成

空白工况和 DCR 工况标定期间干气和液态烃组成分别列于表 5-70 和表5-71。

表 5-70 空白工况和 DCR 工况标定期间干气组成

工艺类型	空白工况		DCR 工况	
标定时间	2011-04-12		2011-04-15	
干气组成	体积分数/%	质量分数/%	体积分数/%	质量分数/%
硫化氢	2.31	4.67	2.86	5.92
氢气	30.86	3.66	33.24	4.06
甲烷	32.27	30.64	30.55	29.82
乙烷	14.85	26.43	14.67	26.85
乙烯	18.31	30.43	17.47	29.84
丙烷	0.11	0.28	0.11	0.31
丙烯	0.67	1.66	0.71	1.82
异丁烷	0.25	0.86	0.24	0.85

续表

工艺类型	空白工况		DCR 工况	
标定时间	2011-04-12		2011-04-15	
干气组成	体积分数/%	质量分数/%	体积分数/%	质量分数/%
正丁烷	0.02	0.07	0.02	0.07
正丁烯	0.06	0.19	0.03	0.09
异丁烯	0.03	0.11	0.03	0.10
反-2-丁烯	0.05	0.16	0.03	0.09
顺-2-丁烯	0.04	0.13	0.01	0.04
C_5^+	0.17	0.71	0.04	0.16
合计	100.00	100.00	100.00	100.00
氢气/甲烷	0.956		1.09	

注：干气为脱前干气，为确保数据的合理性，每个工况均采用多次分析的平均值。

表 5-71 空白工况和 DCR 工况标定期间液化气组成

工艺类型	空白工况		DCR 工况	
标定时间	2011-04-12		2011-04-15	
液化气组成	体积分数/%	质量分数/%	体积分数/%	质量分数/%
乙烯	2.22	1.29	0.00	0.00
丙烷	12.96	11.87	8.16	7.30
丙烯	45.22	39.54	44.69	38.17
异丁烷	12.15	14.67	17.19	20.28
正丁烷	4.52	5.46	2.86	3.37
异丁烯	7.23	8.43	10.10	11.50
正丁烯	7.03	8.20	5.37	6.12
反-2-丁烯	3.74	4.36	7.05	8.03
顺-2-丁烯	3.65	4.26	4.53	5.16
C_5^+	1.28	1.92	0.05	0.07
异丁烷/异丁烯	1.68		1.70	

催化裂化反应过程所产生的干气是由单分子裂化反应和热裂化反应共同作用下造成的。通常采用"$(C_1+\Sigma C_2)/i\text{-}C_4$"比值作为热裂化程度的判据。而"裂化机理比例"(Cracking Mechanism Ratio，CMR)定义也是采用$(C_1+\Sigma C_2)/i-C_4$比值[25~28]。根据产物分布和干气、液态烃组成，通过计算可以得到：

对于空白工况，$(C_1+\Sigma C_2)/i\text{-}C_4=2.42$；

对于 DCR 工况，$(C_1+\Sigma C_2)/i\text{-}C_4=1.58$。

计算结果表明，相对于空白工况，DCR 工况中发生单分子裂化反应和热裂化反应程度明显减少。

5.4.5　小结

DCR 工艺技术由于打破热平衡限制，使剂油比成为独立变量，从而使装置操作带来极大的灵活性，允许选择更多的操作模式，且更有利于加工劣重质原料。工业应用结果表明：相对于空白工况，在原料性质变差且汽油、轻循环油性质不变的前提下，DCR 工艺技术可使干气产率下降 10.85%，焦炭产率下降 5.4%（考虑原料残炭对生焦的影响，焦炭产率实际下降 11.22%），液体收率增加 0.45 个百分点。此外 DCR 工艺技术还使装置能耗降低。

当加工劣质原料时，为了提高重油转化能力，若同时假定不改变平衡催化剂活性，那么唯一的操作手段是提高反应温度，从而相应提高剂油比，但装置受再生负荷限制，剂油比提高受限；同时，反应温度提高将带来干气选择性明显增加，导致产物分布变差。而采用 DCR 工艺技术，装置可以在不提高反应温度的前提下，甚至还可以在适当降低反应温度的前提下，通过改变预热温度和油剂接触温度来较大幅度地提高剂油比，从而不仅可以提高劣质原料的重油转化能力，同时由于反应温度和油剂接触温度降低，减少热裂化反应，改善产物分布。

5.5　精细催化裂化工艺

催化裂化工艺加工原料从早期的轻循环油扩展到减压蜡油、常压渣油，甚至减压渣油以及二次加工重油，原料馏程范围越来越宽，伴随着烃类种类繁多，组成更加复杂且带有金属或/和非金属杂环化合物，而产品包括干气、液化气、汽油、轻循环油和焦炭，每个产品分布集中度不高，从而导致生产过程异常复杂，难以实现烃类碳氢原子最佳分配。未来的催化裂化技术也应该向精细化方向转变和发展，与石油化工技术相似，加工特定的原料，生产特殊的产品，满足市场对石油资源利用高效化、对石油产品优质化要求。

烷基化油由于不含烯烃、辛烷值高（RON 可达 92.9~95.0，MON 可达 91.5~93.0），蒸气压相对较低（40~61kPa），是优质的汽油调和组分。为了满足我国 2019 年开始实施的国Ⅵ车用汽油质量标准，车用汽油将需调入更多的烷基化油，使得烷基化油的需求持续增加。烷基化装置的原料 C_4 组分主要来源于催化裂化装置所产的液化气。未来烷基化装置面临的首要问题就是原料来源不足[29~31]。2016 年国内液化气产量超过 35 Mt/a，预计 2020 年液化气产量将超过 46 Mt/a，新增液化气产量约11 Mt/a，即使这样也仅能满足新增4.0~6.0 Mt/a烷基化装置的原料需求。因此，需要催化裂化工艺多产液化气，尤其是多产异丁烷，以解决烷基化装置原料不足问题。

从实现石油资源高效利用的角度出发，针对劣质催化裂化原料，提出了多产轻质油的选择性加氢处理与选择性催化裂化集成技术(IHCC)[32]。工业试验结果表明，加氢重油的IHCC液体产品产率可增加10个百分点以上。IHCC技术特点之一是生产催化裂化馏分油(简称FGO)，FGO经加氢处理后成为富含多环环烷烃的馏分油。此外，催化裂化轻循环油(简称LCO)中双环芳烃的体积分数约为70%，通过加氢处理也可以转化为富含双环环烷烃的原料。因此，富含多环环烷烃的原料来源广泛，为FCC技术向精细化方向发展提供了难得的机会。

基于十氢萘在催化剂上反应途径和特征产物研究，对不同加氢深度的加氢LCO和加氢催化裂化馏分油的催化裂化反应特征产物进行剖析，提出了多产异丁烷、异戊烷和二甲苯的FFCC工艺[33]。

5.5.1 十氢萘反应途径及特征产物分析

富含环烷烃的馏分油最理想组分就是多环环烷烃含量为100%，最差组分就是多环环烷烃含量为0%。在反应机理探索和分析中，选用四氢萘和十氢萘，分别作为最差组分和最理想组分的探针分子，基于已有的文献研究结果，对四氢萘和十氢萘在酸性催化剂上反应机理及途径进行系统的分析，再分别对四氢萘和十氢萘在酸性催化剂上反应进行实验研究，确定其反应的特征产物，为富含环烷烃原料多产异丁烷、异戊烷和二甲苯提供理论依据。

5.5.1.1 四氢萘在酸性催化剂上的反应途径分析

四氢萘分子不存在常规定义的叔碳，苯环与环烷环共用的两个碳为类似季碳，不含氢原子。分子模拟计算得到的四氢萘不同C—H和C—C的键能数据见图5-17和图5-18。

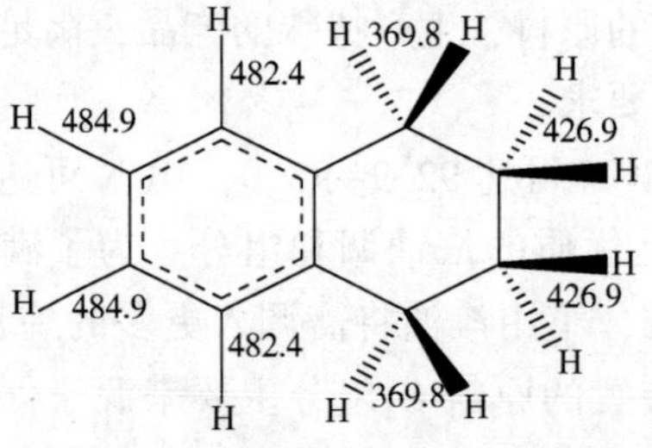

图5-17 四氢萘不同C—H的键能
(单位：kJ/mol)

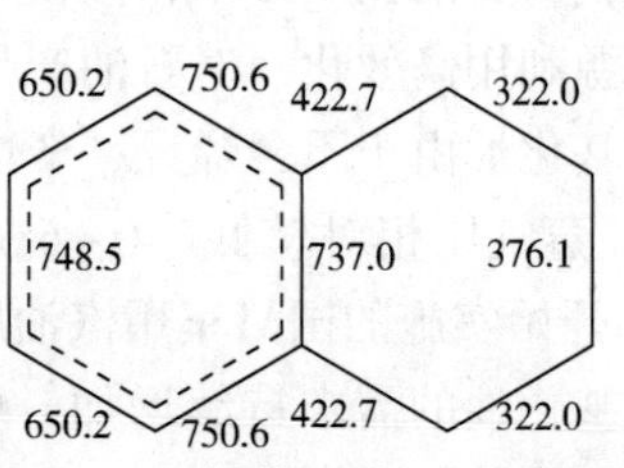

图5-18 四氢萘不同C—C的键能
(单位：kJ/mol)

从图 5-17 可以看出，四氢萘环烷环 C—H 键键能均小于苯环 C—H 键键能，与苯环相邻的 C—H 键的键能最低，可能成为质子 H^+ 优先进攻的对象[式(5-1)]。从图 5-18 可以看出，四氢萘苯环 C—C 键键能远高于环烷环 C—C 键键能，环烷环上位于苯环 β 位的 C—C 键键能最低，也可能优先与质子 H^+ 发生反应[式(5-2)]。四氢萘催化裂化反应途径概括如下：

(1) H^+ 攻击四氢萘 C—Hσ 键形成五配位正碳离子及生成 H_2 分子。

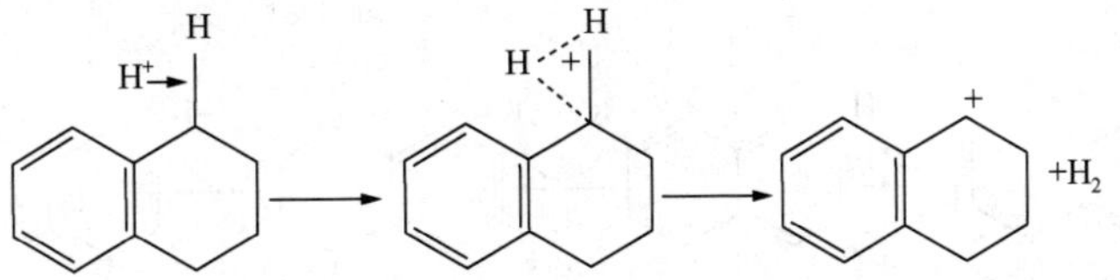

(5 - 1)

(2) H^+ 攻击四氢萘 C—C σ 键(苯环 β 位)。

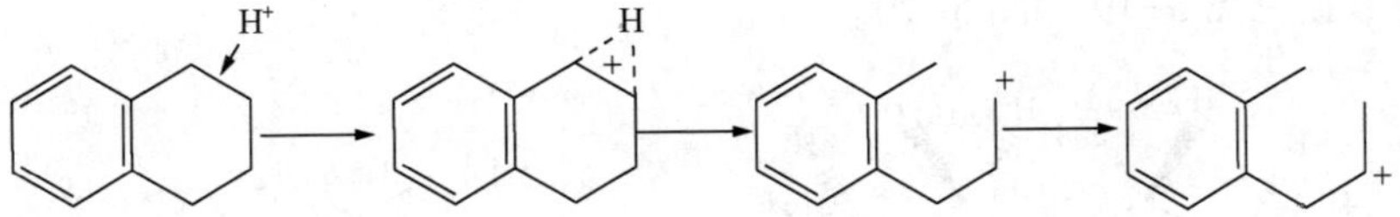

(5 - 2)

从上面两种反应途径得到的碳正离子可以进一步发生 β 断裂反应，生成烷基苯和低碳烃。

(3) 四氢萘环烷环的异构化、负氢离子转移及 β 断裂反应。六元环烷环容易异构化为甲基环戊烷环，随后开环。

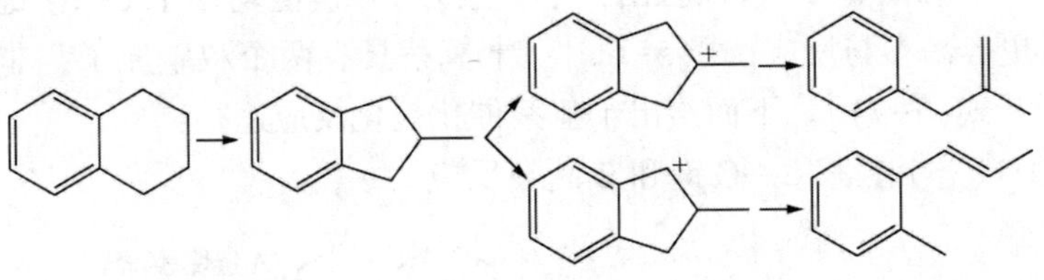

(5 - 3)

(4) 四氢萘负氢离子转移及开环反应与四氢萘环烷环的氢转移反应。随着反应深度的进行，产物中烯烃和正碳离子浓度增加，四氢萘作为供氢体快速发生反应，生成的正碳离子随后开环[式(5-4)]，或者氢转移生成萘类[式(5-5)]。

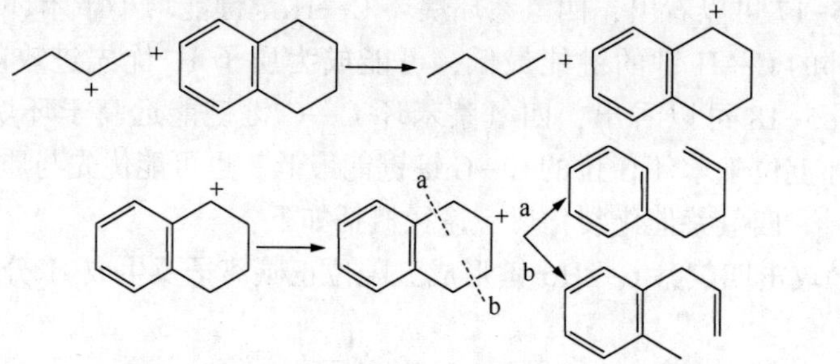

(5-4)

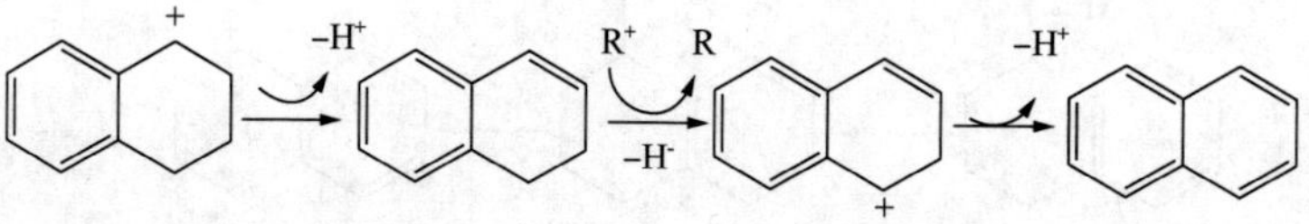

(5-5)

5.5.1.2 十氢萘在酸性催化剂上的反应途径分析

与四氢萘分子结构截然不同，分子模拟计算得到的十氢萘不同 C—H 和C—C 的键能数据见图 5-19 和图 5-20。

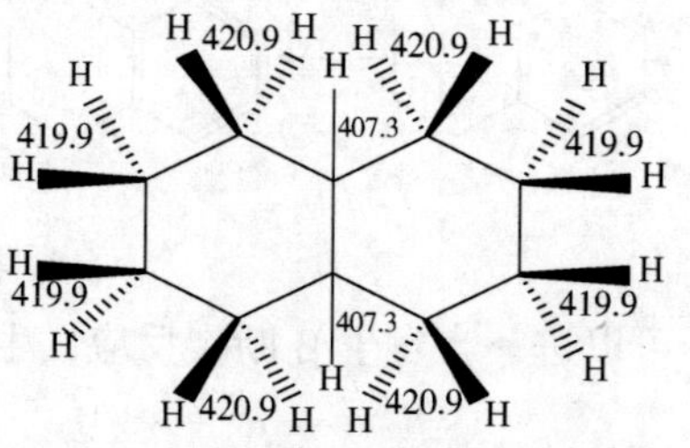

图 5-19　十氢萘不同 C—H 的键能（单位：kJ/mol）

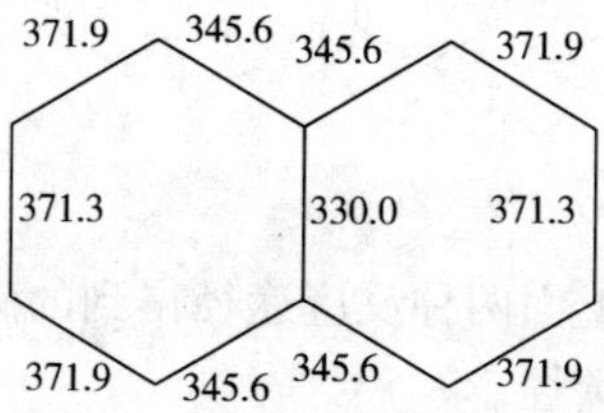

图 5-20　十氢萘不同 C—C 的键能（单位：kJ/mol）

从图 5-19 和图 5-20 可以看出，十氢萘 C—C 键能均小于 C—H 键能，表明 C—C 相对更容易参与反应[式(5-6)]；十氢萘具有两个叔碳原子，非常容易形成叔碳离子[式(5-7)]。下面给出十氢萘催化裂化反应途径：

(1) H^+攻击十氢萘 C—C 键和 β 断裂反应。

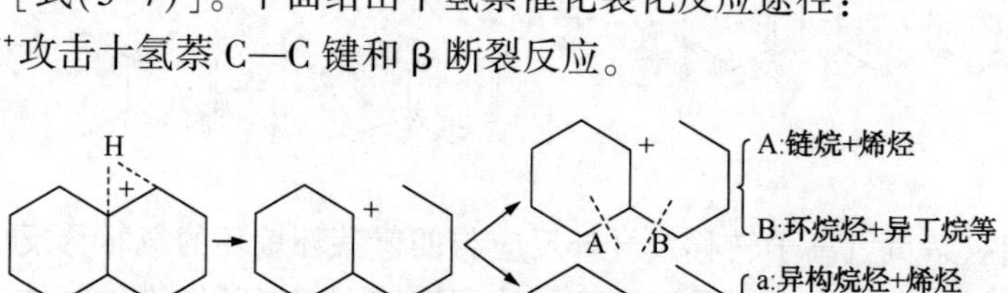

(5-6)

(2) H^+/R^+(小分子正碳离子)攻击十氢萘叔碳 C—H 键。

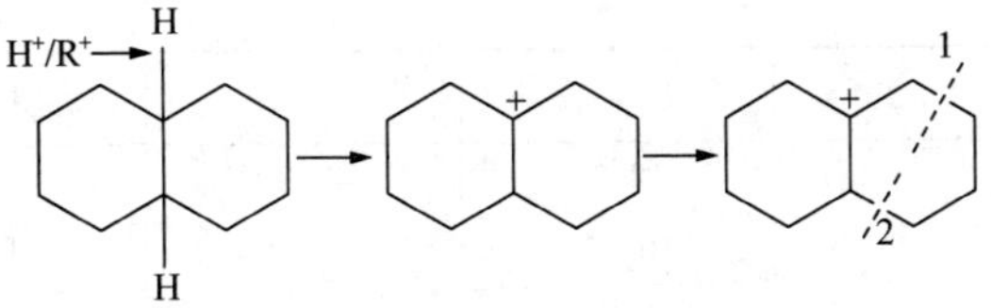

(5－7)

(3) 随着反应深度的进行，产物中烯烃和正碳离子浓度增加，十氢萘裂化产生的单环环烷烃发生氢转移反应，生成单环芳烃[式(5-8)]，该过程的好处是可以降低汽油烯烃含量。甲苯可进一步与小分子正碳离子发生烷基化反应及裂化反应，生成二甲苯等[式(5-9)]。

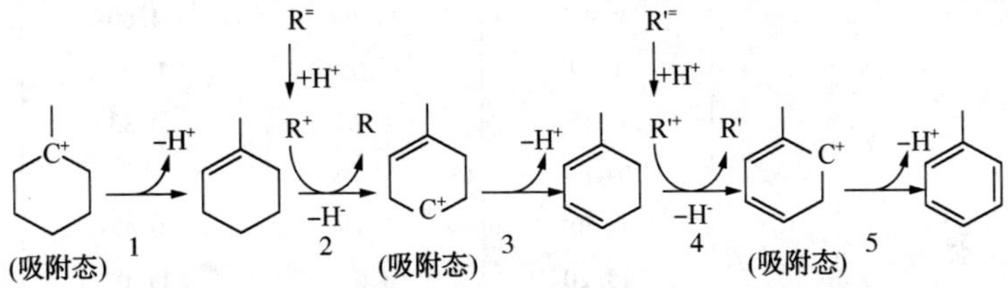

(5－8)

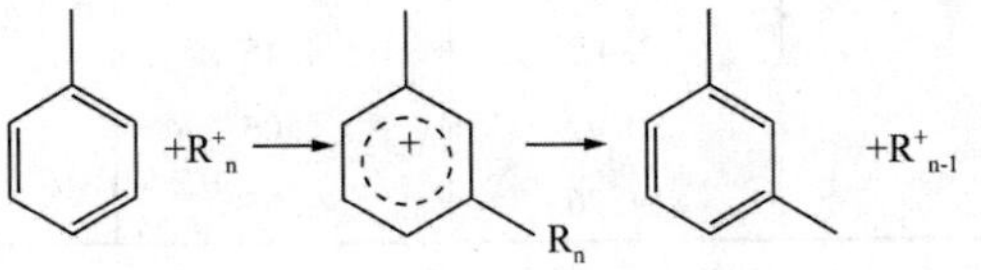

(5－9)

5.5.1.3　十氢萘与四氢萘在酸性催化剂上反应特征产物对比

四氢萘在酸性催化剂上主要反应途径向轻、重产物方向转化，从而氢的利用率降低；而十氢萘在酸性催化剂上主要反应途径向中间产物方向转化，从而氢的利用率更加有效。两者在酸性催化剂上反应的特征产物产率列于表5-72。

表5-72　四氢萘和十氢萘的催化裂化产物组成

项　目	四氢萘	十氢萘	四氢萘	十氢萘
产物分布/%	质量分数		摩尔分数	
干气	1.24	1.53		
氢气	0.34	0.17	16.08	6.69
乙烯	0.40	0.83	1.35	2.39
液化气	8.01	19.30		
丙烷	2.42	4.66	5.25	8.52
丙烯	1.65	2.23	3.76	4.27
异丁烷	2.14	8.92	3.53	12.39
正丁烷	1.13	2.54	1.87	3.53

续表

项　目	四氢萘	十氢萘	四氢萘	十氢萘
汽油	18.24	49.80		
n-C_5~C_{10}	0.14	1.34	0.18	1.50
i-C_5~C_{10}	0.96	10.24	1.28	11.45
甲基环戊烷	0.24	5.75	0.27	5.51
C_7环烷烃	0.14	2.88	0.14	2.37
苯	3.42	1.52	4.20	1.57
二甲苯	1.13	4.16	1.02	3.16
C_9~C_{11}芳烃	6.44	11.99	4.60	7.21
茚满	1.19	1.05	0.97	0.71
甲基茚满	0.45	4.20	0.33	2.56
重油	64.94	27.38		
十氢萘	0.60	5.16	0.42	3.01
四氢萘	15.20	5.05	11.02	3.08
带甲基四氢萘	3.47	4.45	2.27	2.45
萘	30.92	4.06	23.12	2.56
其他萘类	14.76	8.65	9.94	4.91

从表5-72可以看出，四氢萘在酸性催化剂上反应时，特征产物以C_{10}烃(主要是四氢萘和萘)为主，还有苯和氢气。C_{10}烃质量分数最高达63%以上，苯的质量分数为3.42%，同时反应产生的H_2的摩尔分数高达16%以上。

从表5-72可以看出，十氢萘在催化剂上反应时，C_{10}烃不再是最主要产物，特征产物为异丁烷、i-C_5~C_{10}、甲基环戊烷以及二甲苯。令人意料不到的是，十氢萘反应得到的BTX产率之和超过了四氢萘的BTX产率之和，尤其是前者的二甲苯产率约为后者的2.8~4.3倍。

由此可以看出，原料油中的多环环烷烃含量越高，借助变径流化床反应器技术平台，强化裂化和氢转移反应，可以多产异丁烷、异戊烷和二甲苯。

5.5.2 试验研究

5.5.2.1 原料及其制备和催化剂

基于四氢萘和十氢萘在酸性催化剂上的反应特征产物的差异，在中型加氢处理装置上，对催化裂化轻循环油(简称LCO)和催化裂化馏分油(简称FGO)分别进行加氢处理，得到多环环烷烃含量不同的加氢LCO或FGO。LCO及不同加氢深度的加氢LCO性质列于表5-73。FGO及加氢FGO性质列于表5-74。

表5-73　LCO原料和不同加氢深度LCO性质

原料油名称	LCO	加氢LCO-6	加氢LCO-5	加氢LCO-1
密度(20℃)/(g/cm^3)	0.9471	0.9051	0.8826	0.8627
碳/%	90.36	88.17	87.72	86.77
氢/%	9.64	11.83	12.28	13.23
烃类/%				
链烷烃	14.5	17.4	18.1	18.6
环烷烃	6.6	17.5	40.5	68.6
总芳烃	78.9	65.1	41.4	12.8
单环芳烃	23.1	53.8	35.5	11.9
双环芳烃	49.4	10.4	5.6	0.9
三环芳烃	6.4	0.9	0.3	0
合计	100	100	100	100

从表5-73可以看出，LCO原料的密度和氢质量分数分别为0.9471g/cm^3和9.64%，经不同深度加氢后，其性质存在差异，浅度加氢LCO-6的密度和氢质量分数分别为0.9051 g/cm^3和11.83%，中度加氢LCO-5的密度和氢质量分数分别为0.8826g/cm^3和12.28%，深度加氢LCO-1的密度和氢质量分数分别为0.8627g/cm^3和13.23%。由上述数据可以计算，LCO原料经加氢生成浅度加氢LCO-6，密度每降低0.01g/cm^3，需要补加0.52个百分点氢气；LCO原料经加氢生成中度加氢LCO-5，密度每降低0.01g/cm^3，需要补加0.41个百分点氢气；LCO原料经加氢生成深度加氢LCO-1，密度每降低0.01g/cm^3，需要补加0.42个百分点氢气。

从表5-73还可以看出，LCO原料经加氢至加氢LCO-6时，总双环芳烃由49.4%减少至10.4%，降低39.0个百分点，单环芳烃由23.1%增加至53.8%，增加30.7个百分点，主要是萘类加氢生成茚满或四氢萘；随着加氢深度的增加，双环芳烃继续饱和为单环芳烃，且大量单环芳烃还可以进一步饱和为环烷烃。深度加氢LCO-1的环烷烃含量达到68.6%，其中双环烷烃含量达到37.9%。

表5-74　FGO和不同加氢深度的加氢FGO性质

原料与产品	FGO	加氢FGO-1	加氢FGO-2
密度(20℃)/(g/cm^3)	1.027	0.9831	0.9309
元素质量分数/%			
硫	0.499	0.153	0.0036
氮	0.12	0.0441	0.0007
碳	91.33	89.52	87.91
氢	8.66	10.2	12.08

续表

原料与产品	FGO	加氢 FGO-1	加氢 FGO-2
烃类/%			
链烷烃	6.3	9.7	9.4
环烷烃	9.9	11.1	55.0
总芳烃	83.8	79.2	35.6
单环芳烃	6.1	37.0	19.6
双环芳烃	25.5	24.8	9.6
三环芳烃	25.4	11.1	2.3
四环芳烃	18.1	2.5	1.4
五环芳烃	1.1	0.2	0.1
噻吩	5.6	3.2	1.9
未鉴定芳烃	2.0	0.4	0.7
合计	100.0	100.0	100.0
多环(三、四和五环)芳烃/%	44.6	13.8	3.8
氢质量分数增加/%		1.54	3.42
多环芳烃饱和率/%		69.0	91.5

从表 5-74 可以看出，FGO 的密度和氢质量分数分别为 1.027g/cm^3 和 8.66%，经过加氢处理后，得到加氢 FGO 的密度和氢质量分数分别为 0.9309g/cm^{3}和 12.08%。经计算可以得到，FGO 原料经加氢处理生成加氢 FGO，密度每降低 0.01，需要补加 0.35 个百分点氢气。从烃类组成来看，加氢 FGO-1 的多环芳烃(三、四和五环)含量由加氢前 FGO 原料多环芳烃的 44.6%降低至 13.8%，降低了 30.8 个百分点，而单环芳烃由加氢前的 6.1%增加至 37.0%，增加了 30.9 个百分点，双环芳烃和其他烃类含量变化略小，即两者的总芳烃含量基本相当。进一步地提高加氢深度后，得到加氢 FGO-2 的多环芳烃和双环芳烃相比 FGO 原料降低了 56.7 个百分点，而环烷烃增加了 45.1 个百分点。

试验所用的催化剂为 CGP 装置的平衡催化剂，牌号为 CGP-YJ，催化裂解催化剂，牌号为 MMC-2，HSCC 装置的平衡催化剂，牌号为 ASC，催化剂性质列于表 5-75。

表 5-75 试验使用的催化剂性质

平衡剂名称	ASC	CGP-YJ	MMC-2
微反活性/%	49	65	71①
比表面积/(m^2/g)	106	88	126
总孔体积/(cm^3/g)	0.148	0.147	0.26
金属和化学组成/%			

续表

平衡剂名称	ASC	CGP-YJ	MMC-2
Fe	0.57	0.66	—
Ni	1.37	0.99	—
V	0.32	0.69	—
Na_2O	0.122	0.31	—
Re_2O_3	3.15	4.7	—

①520℃测定。

5.5.2.2　实验装置和试验方法

试验是在小型固定流化床反应器装置上进行，如图5-3所示。除对不同加氢深度的加氢LCO和加氢FGO进行试验研究外，还进行了多产汽油、多产丙烯、异丁烷和BTX等技术路线的试验研究，探索如何实现高效利用富含多环环烷烃的原料。

5.5.3　加氢LCO和FGO试验结果及其分析

5.5.3.1　不同加氢深度LCO试验结果及其分析

(1) 产物分布

三种不同加氢深度LCO(加氢深度由浅至深，即LCO-6、LCO-5和LCO-1)在CGP-YJ催化剂上的FFB催化裂化实验结果列于表5-76。

表5-76　不同加氢深度LCO催化裂化实验结果

项　目	LCO-1	LCO-5	LCO-6
原料性质			
氢含量/%	13.23	12.28	11.83
环烷烃含量/%	68.6	40.5	17.5
产物分布/%			
干气	1.91	2.25	2.80
液化气	16.31	12.21	9.30
丙烯	3.60	2.94	2.97
C_5^+汽油	66.16	53.82	48.74
轻循环油	13.05	26.10	33.74
重油	0.75	1.54	1.61
焦炭	1.82	4.08	3.81
合计	100.00	100.00	100.00

续表

项目	LCO-1	LCO-5	LCO-6
汽油 RON	95.5	95.9	97.1
异构烷烃产率/%			
异丁烷	8.37	5.08	3.34
异戊烷	9.87	6.55	4.64
异构己烷	5.75	3.59	3.16
合计	23.99	15.22	11.14
BTX 产率/%			
苯	0.59	0.79	0.85
甲苯	3.92	3.99	3.97
二甲苯	6.97	6.37	5.89
合计	11.48	11.14	10.72

从表 5-76 可以看出，LCO-6、LCO-5 和 LCO-1 的转化率分别为 64.65%、72.36%和 86.20%，相应的液化气和汽油产率之和分别为 58.04%、66.03%和 82.47%。也就是说，深度加氢 LCO-1 催化裂化产生的液化气和汽油产率之和，比浅度加氢 LCO-6 催化裂化产生的液化气和汽油产率之和高约 24 个百分点。

从表 5-76 中异构烷烃和 BTX 产率可以看出，在相同的反应条件下，深度加氢 LCO-1 裂化得到的异丁烷、异戊烷和二甲苯产率，分别为 8.37%、9.87%和 6.97%，而浅度加氢 LCO-6 裂化得到的异丁烷、异戊烷和二甲苯产率分别只有 3.34%、4.64%和 5.89%，也就是说，对于加氢轻循环油，富含环烷烃的加氢轻循环油生产的异丁烷、异戊烷、二甲苯产率，分别是富含环烷芳烃的加氢轻循环油生产的异丁烷、异戊烷和二甲苯的 2.5 倍、2.1 倍和 1.2 倍。从异丁烷、异戊烷和异己烷的产率之和可以算出，深度加氢 LCO-1 可以得到 23.99%以上的异丁烷、异戊烷和异己烷产率，而浅度加氢 LCO-6 仅得到 11.14%的异丁烷、异戊烷和异己烷产率；从 BTX 产率之和可以算出，深度加氢 LCO-1 裂化得到的 BTX 产率比浅度加氢 LCO-6 裂化得到的 BTX 产率还高，尤其是二甲苯产率，说明富含环烷烃的加氢轻循环油具有很好的增产 BTX 的潜力。

（2）加氢方式优劣

LCO 加氢方式可以分深度和浅度。深度加氢处理是采用高压或/和低空速，单程加氢处理，使 LCO 氢含量大幅提高，然后进行催化裂化以提高单程转化率，如表 5-77 所列的方案 1；浅度加氢处理就是采用低压或/和高空速，每次加氢处理后，使 LCO 氢含量有所提高，加氢后的 LCO 进行催化裂化，单程转化率较低，过多的 LCO 再去加氢处理，然后再催化裂化，以提高 LCO 转化率，如表 5-77 所列方案 2 和方案 3。方案 2 是以 LCO-5 为基础数据，转换到方案 1 的转化率，即方案 2 的轻循环油+重油产率与方案 1 相同，多余的部分（27.64% - 13.80% = 13.84%）去加氢处理。假设此时轻循环油和重油混合物氢含量为 8.5%，加氢后加氢 LCO 氢含量为 12.28%，再进行催化裂化，13.84%按 LCO-5 试验所得的产物分布来计算各产物的增量，反复多次，形成方案 2 的计算值。方案 3 也是如此，差别只是轻循环油和重油混合物氢含量为 8.5%，加氢后加氢 LCO-6 氢含量为 11.83%，再进行催化裂化，21.55%按 LCO-6 试验所得到的产物分布来计算各产物的增量，反复多次，形成方案 3 的计算值。

表 5-77 不同加氢深度 LCO 催化裂化实验结果

试验方案编号	方案 1	方案 2		方案 3	
原料油名称	LCO-1	LCO-5	—	LCO-6	—
数据来源方式	试验	试验	计算	试验	计算
原料氢含量/%	13.23	12.28	13.00	11.83	12.94
氢含量差值/%	基准	-0.95	-0.23	-1.40	-0.29
产物分布/%					
干气	1.91	2.25	2.68	2.80	3.68
液化气	16.31	12.21	14.54	9.30	12.40
C_5^+汽油	66.16	53.82	64.12	48.74	64.99
LCO+重油	13.80	27.64	13.80	35.35	13.80
焦炭	1.82	4.08	4.86	3.81	5.08
合计	100.00	100.00	100.00	100.00	100.00
LCO+重油去加氢处理增量/%	基准		+19.10（1.38 倍）		+33.27（2.41 倍）
氢有效利用率/%	95.85		92.85		90.89

从表 5-77 可以看出，当控制不同加氢深度 LCO 在催化裂化装置上转化时，保持相同的转化率下，LCO 深度加氢所消耗的氢气只是略高于浅度加氢所消耗的氢气。考虑到 LCO 的氢含量越低，所产生的重油氢含量也越低。也就是说重油氢含量可能低于计算假设的重油氢含量 8.5%。如果按工业装置所得到的重油氢含量 8.1%计算，不同加氢深度消耗的氢气基本相当。但单程加氢深度越大，目标产物收率越高，氢有效利用率也越高，装置能耗却大幅度地降低。由此可以看出，需要开发出深度加氢技术来处理富含多环芳烃的原料。

（3）汽油组成及其高效利用

不同加氢深度 LCO 经催化裂化反应后所产汽油的烃类组成列于表 5-78。从表 5-78 可以看出，不同 LCO 加氢深度下催化裂化所得汽油馏分均主要是由异构烷烃和芳烃构成，其中芳烃质量分数达 40%以上，烯烃含量超低，质量分数小于 10%；随着原料中的多环环烷烃含量增加，汽油中的异构烷烃和环烷烃含量增加，芳烃含量降低。环烷烃含量增加幅度较大，需要从催化剂和工艺上采取措施以充分利用这部分低辛烷值组分。

针对这种类型的汽油组成，可考虑将汽油切割为轻、重两部分或者轻、中和重三部分。轻馏分段含有较多的异构烷烃，适合直接作为车用汽油的调和组分，重馏分段含有很少的烯烃和较多的芳烃，适合进行芳烃抽提处理，得到 BTX 作为化工原料。

表 5-78 不同加氢深度 LCO 裂化汽油烃类组成

原料油名称	LCO-1	LCO-5	LCO-6
催化剂名称	CGP-YJ	CGP-YJ	CGP-YJ
烃类组成/%			
正构烷烃	3.60	2.90	3.11
异构烷烃	29.56	23.36	22.57
烯烃	6.95	5.64	5.43
环烷烃	16.19	11.22	8.1
芳烃	42.70	55.78	59.63
合计	99.00	98.89	98.84
≤C_6(沸点低于 80℃)	31.52	22.62	22.75
其中，异构烷烃+环烷烃	25.73	17.82	17.03
异戊烷	9.87	6.55	4.64
C_6^+(沸点高于 80℃)	67.48	76.27	76.09
其中，芳烃	42.7	55.78	59.63
烯烃	3.94	2.90	2.00

5.5.3.2 不同生产方案试验结果及其分析

在小型固定流化床(FFB)催化裂化装置上，分别采用催化剂 CGP-YJ 和催化剂 MMC-2，对富含多环环烷烃的加氢 LCO-1 进行多产液化气以及丙烯、异丁烷和 BTX 的试验研究。3 种不同生产方案的试验结果列于表 5-79。

表 5-79 相同的加氢 LCO 在不同的催化裂化工艺上试验结果

原料名称	LCO-1	LCO-1	LCO-1
催化剂	CGP-YJ	MMC-2(低苛刻度)	MMC-2(高苛刻度)
产物分布/%			
干气	1.91	3.81	6.05
液化气	16.31	27.52	34.51
丙烷	2.46	4.03	4.47
丙烯	3.60	7.17	11.39
C_5^+汽油	66.16	51.62	43.51
LCO	13.05	14.31	11.46
重油	0.75	0.60	1.43
焦炭	1.82	2.14	3.04

续表

原料名称	LCO-1	LCO-1	LCO-1
总计	100.00	100.00	100.00
汽油 RON	95.5	97.2	101.5
异构烷烃产率/%			
异丁烷	8.37	13.21	12.14
异戊烷	9.87	9.13	7.20
异构己烷	5.75	3.1	1.79
合计	23.99	25.44	21.13
BTX 产率/%			
苯	0.59	1.02	1.40
甲苯	3.92	4.59	6.03
二甲苯	6.97	6.58	8.30
合计	11.48	12.19	15.73

从表5-79还可以看出，对于多产异丁烷和丙烯技术方案，采用催化剂MMC-2,加氢LCO-1经催化裂化转化可以得到34.51%的液化气产率，其中异丁烷产率高达12.14%，丙烯产率11.39%，二甲苯产率8.30%。当然，增加反应苛刻度，可以生产更多的异丁烷和丙烯，但汽油产率降低。对于多产异丁烷和汽油技术方案，采用催化剂CGP-YJ，加氢LCO-1经催化裂化转化可以得到8.37%的异丁烷，汽油产率高达66.16%，其中异戊烷产率为9.87%。

5.5.3.3　不同加氢深度FGO试验结果及其分析

以表5-74所列的两种不同加氢深度的FGO为原料，在小型固定流化床(FFB)催化裂化装置上进行试验研究，试验结果列于表5-80。

表5-80　不同加氢深度的FGO裂化实验结果

FGO类型	加氢 FGO-1	加氢 FGO-2
加氢 FGO 性质		
密度(20℃)/(kg/m³)	983.1	930.9
氢含量/%	10.2	12.08
产物分布/%		
干气	2.58	1.98
液化气	5.51	7.03
汽油	18.87	40.21
轻循环油	36.53	34.05
重油	28.34	11.34
焦炭	8.16	5.39
合计	100	100

续表

FGO 类型	加氢 FGO-1	加氢 FGO-2
汽油 RON	94.4	92.4
异构烷烃产率/%		
异丁烷	1.76	2.64
异戊烷	2.17	3.30
BTX 产率/%		
苯	0.26	0.34
甲苯	1.22	2.02
二甲苯	1.82	3.62
乙苯	0.37	0.66

从表 5-80 可以看出，从产物分布来看，加氢 FGO-2 的未转化重油产率比加氢 FGO-1 的未转化重油产率约少 17 个百分点，且前者的汽油产率比后者多约 22 个百分点，同时，前者的干气和焦炭选择性明显优于后者；从异丁烷、异戊烷和二甲苯等产率来看，前者均多于后者，尤其是二甲苯产率，前者约为后者的两倍。但是，加氢 FGO-2 作为催化裂化原料，仍产生较多的轻循环油和重油，说明加氢 FGO 加氢深度不足，需要开发深度加氢处理技术以实现对 FGO 高效利用。

综上分析，催化裂化轻循环油和催化馏分油可以经过高压加氢装置深度加氢产出富含环烷烃的加氢馏分油，然后返回单独的催化裂化单元或原催化裂化单元进行催化裂化反应，大量生成异丁烷、异戊烷等异构烷烃和二甲苯等轻质芳烃。因此，FFCC 工艺提供了一种生产异丁烷、异戊烷等异构烷烃和二甲苯等轻质芳烃的新方法；具有灵活多样的操作模式；现有的 FCC 装置可以较容易地改造为 FFCC 装置；FFCC 工艺可以和其他工艺耦合，为其他装置提供优质原料。

5.5.4 小结

基于 FFCC 工艺的技术思路，对不同含量的多环环烷烃原料进行催化裂化反应试验研究，主要得到如下结论：

（1）从反应途径和特征产物来看，四氢萘向轻、重产物方向转化，尤其干气消耗氢较多，造成氢利用率低，而十氢萘向中间产物方向转化，氢利用率高；原料油中的环烷烃含量越高，其转化可以生产更多的异丁烷、异戊烷和二甲苯。

（2）针对富含环烷烃原料，可以开发出多种不同的工艺技术，实现目标产品产率最大化，以满足市场需求。

（3）从高价值目标产物收率、馏分油循环加氢处理增量即装置能耗、氢有效利用率等方面的数据均可以看出，单程加氢深度越大，其效果越好。

（4）富含环烷烃的原料油所得到的特殊组成汽油，其轻馏分段含有较多的异构烷烃，适合直接作为车用汽油调和组分，重馏分段适合进行芳烃抽提处理，得到 BTX 作为化工原料。

参 考 文 献

[1] 陈俊武，许友好．催化裂化工艺与工程[M]. 3版．北京：中国石化出版社，2015.
[2] 曹湘洪．面向未来我国汽油生产技术路线的选择[J]. 石油炼制与化工，2012，43(8)：1-6.
[3] Scherzer J. Ocatne-enhancing，zeolitic FCC catalysts：scientific and technical aspects[J]. Catal Rev Sci Eng，1989，31(3)：215-354.
[4] 许友好，张久顺，龙军．生产清洁汽油组分的催化裂化新工艺 MIP[J]. 石油炼制与化工，2001，32(8)：1-5.
[5] Xu Youhao，Cui Shouye. A novel fluid catalytic cracking process for maximizing isoparaffins：from fundamentals to commercialization[J]. Frontiers of Chemical science and Engineering，2018，12(1)：9-23.
[6] 许友好．氢转移反应在烯烃转化中的作用探讨[J]. 石油炼制与化工，2002，33(1)：38-41.
[7] 许友好，张久顺，徐惠，等．多产异构烷烃的催化裂化工艺的工业应用[J]. 石油炼制与化工，2003，34(11)：1-6.
[8] 许友好，张久顺，龙军，等．多产异构烷烃的催化裂化工艺技术开发与工业应用[J]. 中国工程科学，2003，5(5)：55-58.
[9] 许友好，张久顺，马建国，等．生产清洁汽油组分并增产丙烯的催化裂化工艺[J]. 石油炼制与化工，2004，35(9)：1-4.
[10] 许友好，张久顺，马建国，等．MIP 工艺反应过程中裂化反应的可控性[J]. 石油学报：石油加工，2004，20(3)：1-6.
[11] 许友好．催化裂化化学与工艺[M]. 北京：科学出版社，2013.
[12] 杨健，谢晓东，蔡智，等．MIP-CGP 技术的工业试验[J]. 石油炼制与化工，2006，37(8)：54-59.
[13] 戴宝华，施俊林，许友好．增产丙烯和生产清洁汽油组分技术的工业试验[J]. 石油化工，2006，35(7)：665-669.
[14] 崔守业，许友好．柴油轻馏分选择性催化转化反应实验研究[J]. 石油炼制与化工，2009，40 (12)：1-7
[15] 姜楠，许友好，崔守业．多产汽油的 MIP-LTG 工艺条件研究[J]. 石油炼制与化工，2014，45(3)：35-39.
[16] 崔守业，许友好，刘宪龙，等．一种降低汽油苯含量的催化转化方法：中国，200710120108.4[P]. 2007-08-08.
[17] 崔守业，许友好．加氢循环油与加氢蜡油混合作为催化裂化进料试验研究[J]. 石油炼制与化工，2018，49(9)：1-5.
[18] 崔守业，许友好，刘宪龙，等．一种生产高辛烷值汽油的催化转化方法：中国，

200710120107. X[P]. 2007-08-09.
[19] 潘罗其，颜刚，聂白球，等. MIP装置柴油轻馏分回炼增产高辛烷值汽油的工业实践[J]. 石油炼制与化工，2011，42(1)：33-36.
[20] 祝馨怡，刘泽龙，徐延勤，等. 气相色谱-场电离高分辨飞行时间质谱在柴油详细组成分析中的应用[J]. 石油学报：石油加工，2010，26(2)：277-282.
[21] 宋翠银. 茂名石化劣质催化裂化柴油转化技术探讨[J]. 炼油技术与工程，2016，46(10)：7-12.
[22] 沈兴，夏建平，刘建明，等. 催化裂化装置掺炼加氢改质柴油增产汽油的工业实践[J]. 炼油技术与工程，2017，47(2)：35-38.
[23] 许友好，龚剑洪，张久顺，等. 降低干气和焦炭产率的MIP工艺研究[J]. 石油炼制与化工，2007，38(10)：7-11.
[24] 龚剑洪，许友好，蔡智，等. MIP-DCR工艺技术的开发与工业应用[J]. 石油炼制与化工，2013，44(3)：6-11.
[25] Haag W O, Dessau R M. Duality of Mechanism for Acid-Catalyzed Cracking. In: Basel V C, eds. Proceedings of the 8th International Congress on Catalysis Vol. 2. Frankfurt am Main: Dechema, 1984: 305-316
[26] Lercher J A, Van Santen R A, Vinek H. Carbonium ion formation in zeolite catalysis. Catalysis Letters, 1994, 27(1): 91-96
[27] Corma A, Orchille's A V. Current views on the mechanism of catalytic cracking[J]. Microporous and Mesoporous Materials, 2000, 35-36, 221-30.
[28] Wielers A F H, Vaarkamp M, Post F M. Relation between properties and performance of zeolites in paraffin cracking[J]. Journal of Catalysis, 1991, 127(1): 51-66.
[29] 曹湘洪. 建设绿色低碳、布局合理的交通运输燃料生产体系[J]. 当代石油石化，2016，24(4)：1-9.
[30] 李振宇，黄格省，任文坡，等. 对“十三五”中国炼油化工结构优化调整及发展方向的思考[J]. 国际石油经济，2016，24(9)：88-96.
[31] 李永林. 增产汽油技术和措施[J]. 石油炼制与化工，2017，48(5)：60-69.
[32] 许友好，戴立顺，龙军，等. 多产轻质油的FGO选择性加氢工艺与选择性催化裂化工艺集成技术(IHCC)的研究[J]. 石油炼制与化工，2011，42(3)：7-12.
[33] 许友好，王新，张毓莹，等. 精细催化裂化工艺研究与开发[J]. 石油炼制与化工，2018，49(10)：1-8.

第 6 章　重油高效加工技术

6.1　重油加工技术概述

当今世界范围内原油资源正在逐步趋于重质化，预计 2020 年后重质原油储量占全球原油可采储量的 50%左右。因此，全球炼油企业在面临着产品质量绿色化和生产过程清洁化挑战的同时，又面临着原料重质化和劣质化压力。重油加工过程就碳和氢两元素的变化而言，不外乎是脱碳和加氢 2 种情况，相应的技术路线则或为脱碳技术路线，或为加氢技术路线。脱碳技术分为减黏裂化、溶剂脱沥青、延迟焦化、渣油催化裂化，而加氢技术分为固定床加氢处理、沸腾床加氢裂化和浆态床加氢裂化。延迟焦化和催化裂化是渣油加工的主要技术手段之一，但延迟焦化技术经济性较差，而催化裂化生产过程对环境有污染，两者的应用前景将有所限制，因而重油加氢技术在未来渣油加工技术中将承担越来越重要的角色。

表 6-1 为 2013 年和 2006 年全球渣油加工技术市场份额。从表 6-1 可知，延迟焦化技术依然是炼油厂大量应用的渣油转化技术，延迟焦化技术所占市场份额最多，且呈增加趋势，其次是催化裂化技术，其市场份额也呈增加趋势，而渣油加氢技术在 2013 年所占的市场份额约为 16%，略有增加，预计未来重油加氢技术的市场份额将呈增加趋势。

表 6-1　2013 年和 2006 年全球渣油加工技术市场份额对比

年　份	加工份额/%				
	溶剂脱沥青	延迟焦化	减黏裂化、热裂化	催化裂化	渣油加氢
2013 年	3	36	22	23	16
2006 年	4	32	30	19	15

重油加工无论采用重油脱碳技术还是加氢处理技术，石油烃分子 C—C 键断裂是其主要反应，以 C—C 键断裂为基础制取运输燃料的重油加工技术从碳原子经济性的优化并实现增效减排角度来看，还远不是低碳的过程，从反应化学、产品方案、生产过程到工程技术均存在诸多问题[1]。为了比较和判断重油加工过程

中的石油烃碳、氢有效利用程度，引用石油烃中的碳和氢有效利用率两项指标，其数值反映了目的产品占原料中的碳、氢元素的比例，从一定程度上说明重油加工过程对原料碳、氢元素利用的有效程度[2]。

碳有效利用率(E_C)定义为目的产品中液化气、汽油、柴油或重油中的碳占原料中碳的质量分数，即液化气、汽油、柴油和重油中的碳质量分数之和：

$$E_C = \sum_{i=2}^{4} f_{C-i} \tag{6-1}$$

氢有效利用率(E_H)定义为目的产品中液化气、汽油、柴油和重油中的氢占原料中氢的质量分数，即液化气、汽油、柴油或重油中的氢质量分数之和：

$$E_H = \sum_{i=2}^{4} f_{H-i} \tag{6-2}$$

6.2　重质石油烃中的碳和氢有效利用

6.2.1　重油加工技术对重质石油烃中的碳和氢有效利用率的影响

在研究重油加工技术对重质石油烃中的碳和氢有效利用率的影响时，选择较为典型的中东原油为对象。中东原油的常压渣油性质列于表6-2，其中将常压渣油经减压蒸馏后，所得到60%馏分油和40%减压渣油，两者性质也列于表6-2。

表6-2　中东原油的常压和减压渣油性质

项　目	相对于AR/%	ρ(20℃)/(g/cm^3)	元素组成/%				残炭/%	Ni+V/(μg/g)	C_7不溶物/%
			S	N	H	C			
常压渣油(AR)	100.0	0.9632	3.68	0.16	11.10	85.06	9.4	48	2.8
减压蜡油	60.0	0.9228	3.29	0.067	11.77	84.87	0.3	—	—
减压渣油(VR)	40.0	1.0307	4.27	0.30	10.1	85.33	23.0	118	6.9

以表6-2所列的常压渣油为原料，进行渣油固定床加氢处理，其产物分布列于表6-3，以表6-2所列的减压渣油为原料，进行溶剂脱沥青、延迟焦化、溶剂脱沥青+延迟焦化、浆态床加氢裂化加工处理，处理后360℃$^+$液体产率再加60%馏分油，得到的产物分布列于表6-3[3]。

从表6-3可以看出，采用溶剂脱沥青、延迟焦化以及两者联合工艺加工减压渣油时，两者联合工艺的360℃⁺产品的产率约提高25%，焦炭产率约减少30%。相对于延迟焦化工艺，浆态床加氢裂化工艺可多产出10%的液体产品，并且对柴油产品选择性明显高于其他工艺，柴油产率相当于进料减压渣油的45%，比延迟焦化工艺的柴油产率高出60%。相对其他重油加工工艺，常压渣油固定床加氢处理工艺液体收率最高，且360℃⁺产品中的硫含量最低，最适合与重油催化裂化技术组合多产汽油产品。

表6-3 不同重油加工工艺产物分布和馏分油性质对比

项目	装置处理量(对常压渣油)/%	总产率①/%				
		C_5～149℃	149～360℃	360℃⁺	总液体收率	沥青或焦炭
固定床加氢	100	1.0	6.6	89.7	97.3	—
SDA(溶剂脱沥青)	40	—	—	86.8	86.8	13.2
DC(延迟焦化)	40	5.2	11.4	68.1	84.7	11.9
SDA+DC	40(SDA)/20(DC)	2.6	2.7	84.3	89.6	8.4
浆态床加氢	40	7.6	18.1	66.7	92.4	4.2

项目	360℃⁺馏分油性质						
	ρ(20℃)/(g/cm³)	S/%	CCR/%	Ni+V/(μg/g)	终馏点/℃	多环芳烃含量	相对加氢苛刻度
固定床加氢	0.9272	0.5	5.0	<10			
SDA(溶剂脱沥青)	0.9422	3.38	3.8	6	>566	高	高
DC(延迟焦化)	0.9241	3.26	0.3	<1	<566	中	中
SDA+DC	0.9333	3.25	2.68	4	>566	中-高	中-高
浆态床加氢	0.9259	3.24	0.3	<0.5	<566	低	中-低

① 直馏蜡油和其他蜡油总和(馏程在360℃以上)。

按照石油烃中的碳和氢有效利用率定义和几种重油加工技术所生产的目的产品的产率及其碳和氢分布，计算出重油在不同重油加工技术中的碳和氢有效利用率，如表6-4所示。由表6-4可知，采用加氢技术处理重油，其碳有效利用率明显高于脱碳技术，而其氢有效利用率与脱碳技术相当，低于组合脱碳技术。这是由于脱碳技术实际上是碳捕集过程，从而造成重油中的碳元素流失。在加氢技术处理中，重油采用固定床加氢处理时，其碳和氢有效利用率均高于浆态床加氢裂化技术。在脱碳技术处理中，重油采用SDA+DC组合技术时，其碳和氢有效利用率均高于各自的脱碳技术[2,3]。

表 6-4 重油在不同重油加工工艺中的碳和氢有效利用率

项　　目	固定床加氢			SDA			DC			SDA+DC			浆态床加氢		
	产率/%	C/%	H/%	产率/%	C/%	H/%	产率/%	C/%	H/%	产率/%	C/%	H/%	产率/%	C/%	H/%
原料油	100	85.06	11.10+2.0	100	85.06	11.10	100	85.06	11.10	100	85.06	11.10	100	85.06	11.10+1.2
C_5～149℃	1.0	86.2	13.8	—	0	0	5.2	86.5	13.5	2.6	86.5	13.5	7.6	86.4	13.6
149～360℃	6.6	88.6	11.4	—	0	0	11.4	88.7	11.3	2.7	88.7	11.3	18.1	88.3	11.7
360℃$^+$	89.7	87.2	12.2	86.8	85.2	11.3	68.1	85.1	11.5	84.3	85.2	11.4	66.7	85.2	11.6
E_C		99.84			86.94			85.31			89.90			93.32	
E_H			90.03			88.36			88.48			92.49			88.52

6.2.2　重质石油烃在3种重油加工技术中的碳和氢有效利用率

以中东常压渣油为原料，其性质列于表6-2，采用3种典型的重油加工流程来评估常压渣油中碳、氢有效利用率。流程一为中东常压渣油经减压蒸馏后，得到60%直馏馏分油和40%减压渣油，减压渣油性质列于表6-5；减压渣油经延迟焦化处理，其产物分布列于表6-6；焦化馏分油与减压馏分油混合，混合原料性质列于表6-5；混合原料经加氢处理，其产物分布列于表6-6；加氢馏分油性质列于表6-5；加氢馏分油经催化裂化处理，其产物分布列于表6-6；将延迟焦化、馏分油加氢处理和催化裂化产品产率进行加和处理，得到流程一的产物分布，见表6-7。流程二为中东常压渣油直接经重油加氢处理，其产物分布列于表6-6；所得加氢重油性质列于表6-5；而加氢重油经催化裂化处理，其产物分布列于表6-6；将重油加氢处理和加氢重油催化裂化产品产率进行加和处理，得到流程二的产物分布，见表6-7；流程三为中东常压渣油经减压蒸馏后，得到60%直馏馏分油和40%减压渣油，减压渣油性质列于表6-5；减压渣油经延迟焦化处理，其产物分布列于表6-6；焦化馏分油与减压馏分油混合，混合原料性质列于表6-5；混合原料经加氢裂化，其产物分布列于表6-6；将延迟焦化和加氢裂化产品产率进行加和处理，得到流程三的产物分布列于表6-7[2]。

表6-5　3种重油加工技术各自工艺所加工的原料油性质

加工方案	原料类型	原料油性质	ρ(20℃)/(g/cm^3)	硫氮含量/%		康氏残炭/%
				S	N	
DC+FCC方案	焦化原料	40%减渣	1.0307	4.27	0.30	23.0
	原料	60%VGO+8.1%CGO	0.9237	4.20	—	0.80
	加氢馏分油		0.8946	0.20	—	0.03
RDS+FCC方案	RDS原料		0.9632	3.68	0.16	9.4
	加氢重油		0.9272	0.50	—	5.0
DC+HC方案	DC	40%减渣	1.0307	4.27	0.30	23.0
	加氢裂化	60%VGO+8.1%CGO	0.9230	3.28	—	0.30

表6-6　3种重油加工技术各自工艺的产物分布　%

加工方案	工艺类型	H_2S	干气	液化气	汽油	柴油	重油	焦炭	合计
DC+FCC方案	DC(40%减渣)	1.1	4.1	3.3	13.0	28.5	20.3(CGO)	29.7	100.0
	HT（60% VGO + 8.1%CGO)	4.2	0.21	0.27	0.42	5.98	89.87		100.95
	MIP(加氢馏分油)	0.08	2.3	15.4	55.32	21.30		5.6	100.0

续表

加工方案	工艺类型	H_2S	干气	液化气	汽油	柴油	重油	焦炭	合计
RDS+FCC 方案	RDS 原料	4.00	0.25	0.45	1.00	6.60	89.70（加氢重油）		102.00
	MIP（加氢重油）	0.20	3.12	13.12	48.11	22.61	5.23	7.61	100.00
DC+HC 方案	DC（40%减渣）	1.1	4.1	3.3	13.0	28.5	20.3（CGO）	29.7	100.0
	加氢裂化（60%VGO + 8.1%CGO）	3.6	0.4	5.2	28.5	65.1	0.0	—	102.8

表 6-7 3 种渣油加工流程产物分布比较

加工流程	产物分布/%							合计/%	汽油+柴油/%	总液收/%	柴/汽比值	RON	柴油十六烷值
	H_2S	干气	液化气	汽油	柴油	重油	焦炭						
渣油焦化/CGO 加氢/加氢 CGO 催化裂化	3.35	3.19	10.93	39.34	28.51	0.0	15.31	100.63	67.85	78.78	0.72	~82	~33
渣油加氢/加氢重油催化裂化	4.18	3.05	12.22	44.15	26.88	4.69	6.83	102.00	71.03	83.25	0.61	91	23
减压蒸馏/延迟焦化/加氢裂化	2.89	1.91	4.86	24.61	55.74	0.0	11.88	101.90	80.35	85.21	2.26	58	65

从表 6-7 可以看出，相对于流程一，流程二的总液体收率为 83.25%，增加了 4.47 个百分点，柴/汽比值为 0.61，汽油产率为 44.15%，增加了 4.81 个百分点；相对于流程二，流程三的总液体收率为 85.21%，增加了 1.96 个百分点，柴/汽比值为 2.26，柴油产率为 55.74%，增加了 28.86 个百分点，汽油产率为 24.61%，下降了 19.54 个百分点。也就是说，流程二是多产汽油的技术路线，而流程三是多产柴油的技术路线。

按照石油烃中的碳和氢有效利用率定义和三种流程所生产的目的产品的产率及其碳和氢分布，计算出重油在不同流程加工过程中的碳和氢有效利用率，如表 6-8 所列。从表 6-8 可以看出，流程二碳有效利用率（E_C）最高，而氢有效利用率（E_H）最低；流程三碳有效利用率次之，而氢有效利用率最高；而流程一碳有效利用率最低。因此，流程二需要提高氢有效利用率，而流程一和三均需要提高碳有效利用率。

表 6-8　重质石油烃在两种重油加工流程中的碳和氢有效利用率

加工流程	渣油焦化/CGO 加氢/加氢 CGO 催化裂化			渣油加氢/加氢重油催化裂化			减压蒸馏/延迟焦化/加氢裂化		
	产率/%	C/%	H/%	产率/%	C/%	H/%	产率/%	C/%	H/%
原料油原料	100.0	85.05	11.10+0.63	100.0	85.05	11.10+2.0	100.00	85.06	11.10+1.9
液化气	10.93	84.4	15.6	12.22	84.5	15.5	4.86	83.0	17.0
汽油	39.34	86.1	13.8	44.15	86.5	13.4	24.61	85.3	14.5
柴油	28.51	88.7	10.5	26.88	90.0	9.8	55.74	84.3	13.7
E_C		80.41			85.49			84.67	
E_H			86.34			79.73			92.54

衡量汽油质量重要指标是汽油 RON 值和 MON 值，而汽油 RON 值和 MON 值与其 H/C 摩尔比之间关系如图 6-1 和图 6-2 所示。从汽油质量指标要求来看，汽油的 H/C 摩尔比越低，其质量指标越好。

轻循环油最重要质量指标是十六烷值，轻循环油十六烷值与其 H/C 摩尔比比之间关系如图 6-3 所示。从柴油质量指标要求来看，轻循环油的 H/C 摩尔比越高，其质量指标越好。

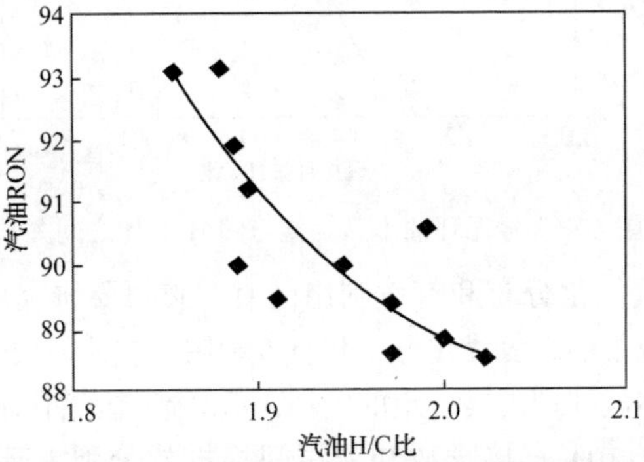

图 6-1　汽油 RON 与其 H/C 比的关系

汽油的重要性质为辛烷值，辛烷值随 H/C 摩尔比增加而降低；而轻循环油的重要性质为十六烷值，十六烷值随 H/C 摩尔比增加而增加。这就是说，从氢利用率角度来看，分配到汽油中的氢越少越好，分配到柴油中的氢越多越好。而上述的 3 种流程所生产的汽油和柴油中的氢质量分数均不是理想分布，要么就是汽油和柴油氢质量分数均高，要么就是汽油和柴油氢质量分数均低，只能权衡选择。当市场以汽油消费为主时，渣油固定床加氢处理与催化裂化组合工艺较优；当市场以柴油消费为主时，延迟焦化或悬浮床重油加氢裂化与馏分油加氢裂化组合工艺较优。

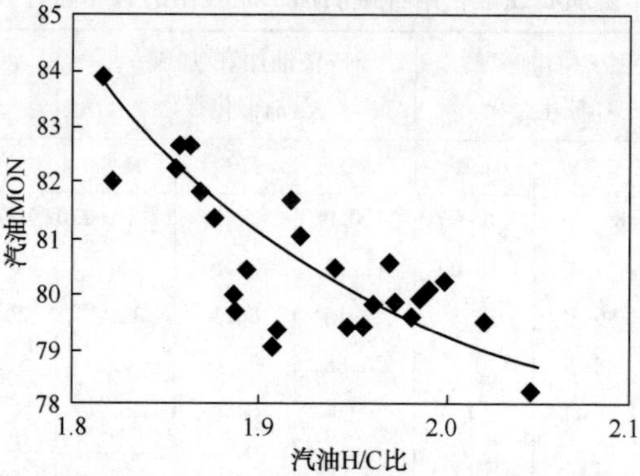

图 6-2 汽油 MON 与其 H/C 比的关系

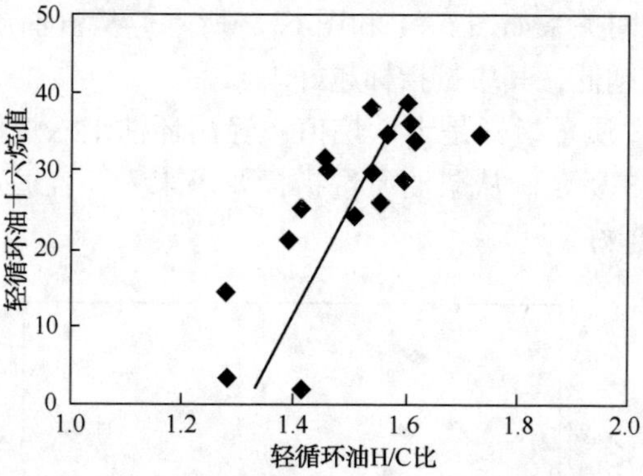

图 6-3 轻循环油十六烷值与其 H/C 比之间关系

在研究重油碳氢优化分布和有效利用同时，必须要研究炼油厂的 CO_2 排放问题。因为，为了实现重油碳氢优化分布和有效利用，往往需要采用较为复杂的重油加工流程以及重油加氢处理需要一定的氢耗，势必造成炼油厂的 CO_2 排放量增加。

典型的炼油厂的 CO_2 直接排放和能源间接排放分别占碳排放总量的 85%和 15%左右。直接排放中，燃烧排放与工艺排放所占的比重分别为 60%和 40%左右；工艺排放以催化剂烧焦排放为主，占总工艺排放的 78%，制氢装置工艺排放占 22%左右。典型炼油厂包括能源间接排放在内的总的 CO_2 排放系数为 0.30tCO_2/t 原油。随着炼油厂规模的增加，CO_2 排放系数呈现递减趋势。而炼油厂加工的原油硫质量分数与 API 变化对炼油厂 CO_2 排放的影响不是很显著。对于千万吨级炼油厂，若采用延迟焦化加工方案，由于焦化装置的碳捕集作用以及加工过程中的耗氢较少，加工 1t 原油总的排放系数为 0.25tCO_2/t 原油；若采用重油加氢路线，一般需要配置同等规模的催化裂化装置，催化裂化装置烧焦数量较大，氢气消耗量也较大，制氢装置的排放量也大，加工 1t 原油总的排放系数为

0.32tCO_2/t 原油，比采用焦化工艺的加工方案高出 28%。

重油轻质化是炼油厂加工流程优化的重点，也是炼油厂清洁化生产的关键和产生效益的最主要来源之一。劣质渣油的加工要依据原料性质、市场对产品的需求、经济效益以及环保要求等因素统筹考虑，其中市场对产品的需求尤为重要。我国是以汽油消费为主，因此应该大力发展渣油固定床加氢处理与催化裂化集成工艺。但渣油固定床加氢处理与催化裂化集成工艺在氢有效利用率上处于较低的水平，分析其原因在于催化裂化过程产生较多的干气、油浆，造成原料中的氢分配到非目的产品，液体产品产率偏低，原料氢利用率大幅度下降，同时催化裂化工艺也是炼油工业中 CO_2的排放主要来源之一，约占炼油厂排放总量的 20%。重油催化裂化工艺还远不是低碳高效炼油过程。催化裂化工艺从科学到技术都存在着研究与开发的新空间，其中最基础和最关键问题就是催化裂化过程反应中的石油烃分子碳碳键断裂如何实现最佳分布，具体地说，干气和焦炭产率进一步降低，而液体产品产率尽可能地提高。

6.3 选择性催化裂化与选择性加氢处理集成工艺研究与开发

重质石油烃组成特点是芳烃含量、胶质含量和沥青质含量较高，大部分饱和烃位于芳烃、胶质和沥青质侧链上。当重质石油烃与催化剂接触反应时，其中的胶质和沥青质首先被催化剂吸附，堵塞了催化剂孔道，使大分子反应物扩散到分子筛超笼内的传递阻力进一步增加，反应与扩散速度之间难以协调，形成反应物转化率与目的产物的选择性之间不一致。单纯采用高活性催化剂或高苛刻度反应强度虽然能使其中多环芳烃上的侧链裂解，同时多环芳烃芳核也被吸附发生缩合反应而生焦。变径流化床反应器技术平台可提供适宜的反应环境，降低催化剂表面吸附能力，让大分子反复多次与催化剂表面接触，裂解侧链，同时多环芳烃芳核能够脱附，从而降低了多环芳烃芳核的生焦趋势，并保留这部分多环芳烃。

针对劣质原料油的特点，对催化裂化过程反应化学进行了总结和分析，同时对重质原料油转化过程进行了系统的、大量的试验研究。试验研究发现，重质石油烃在催化裂化转化过程中所生成的干气和焦炭产率开始随转化率增加而缓慢地增加，当转化率达到一定值后，干气和焦炭产率急剧增加。因此，当转化率和选择性两者处于最优时，存在着一个最佳转化率区间。有鉴于此，提出了多产轻质油的催化裂化馏分油(简称 FGO，FCC Gas Oil)加氢处理工艺与选择性催化裂化(或称为缓和催化裂化)工艺集成技术(简称为 IHCC，Integration of FCC Gas Oil Hydrotreating and Highly Selective Catalytic Cracking for Maximizing Liquid Yield)的构思。IHCC 工艺的核心技术包括两个子工艺，一是选择性催化裂化工艺或称为缓和催化裂化工艺(HSCC，Highly Selective Catalytic Cracking)；二是 HSCC 工艺所生产的 FGO 中的芳烃和胶质经加氢处理工艺进行芳烃饱和，FGO 加氢处理工艺简称为 HAR 工艺(HAR, Hydrogenation of Aromatic and Resin of FCC Gas Oil)[4]。IHCC 工艺实现了从追求高转化率向追求高选择性转变，提出了利用多环芳烃反应的时空约束，而不是消除其时空约束以保留多环芳烃，以及多环芳烃定向加氢以提高氢利用率技术理念，从原料油分子结构上强化加氢处理和催化裂化工艺流程集成，而不是用馏程范围来划分加氢和催化裂化原料。由此开发出 HSCC 工艺、HAR 工艺及两者集成，以及相应的专用催化剂，FGO 中固含量分析方法，汽油后处理技术等一系列技术和新鲜催化剂老化装置和 FGO 过滤系统等关键设备。选择性催化裂化工艺与催化裂化馏分油加氢处理的集成工艺(简称 IHCC)原则流程见图 6-4[5]。

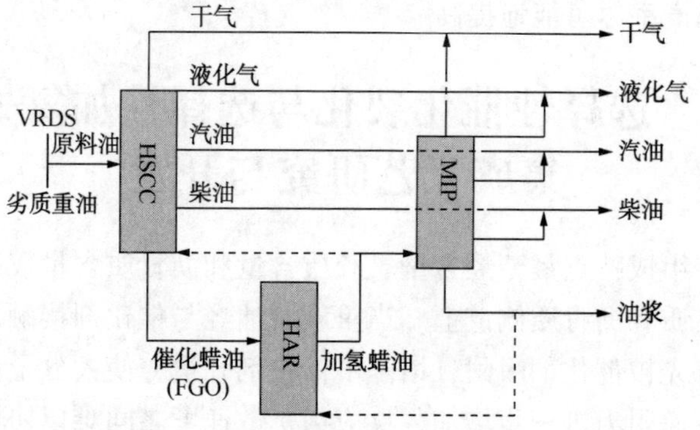

图 6-4 IHCC 工艺原则流程

IHCC 工艺技术开发历时 9 年，已获授权发明专利 115 件，其中国外发明专利 35 件，先后完成了多种不同类型原料油的中小型试验研究、工艺过程开发和 100kt/aIHCC 装置建设及工业试验，取得了满意的工业试验结果。石蜡基常压渣油的 IHCC 工艺液体产品产率增加 6 个百分点以上，加氢重油的 IHCC 工艺液体产品产率增加 10 个百分点以上，且焦炭产率降低 20%以上。同行专家认为 IHCC 技术是国际首创的炼油技术，建议尽快推广应用。

6.3.1 试验现象及最佳转化率区间

以茂名加氢重油和大庆蜡油为原料，在实验装置上进行不同转化深度下的干气和焦炭产率及其选择性变化趋势的研究，得到两种不同原料的转化率与干气产率(或选择性)、焦炭产率(或选择性)之间关系。转化率与焦炭产率之间关系如图 6-5 所示[4]。

从图 6-5 可以看出，两种原料油的焦炭产率均随转化率增加，一开始缓慢地增加，当转化率达到一定值(称为临界值)后，焦炭产率急剧增加。茂名加氢重油焦炭所对应的临界转化率值均小于大庆蜡油，这表明原料油越重，其临界转化率值越低。

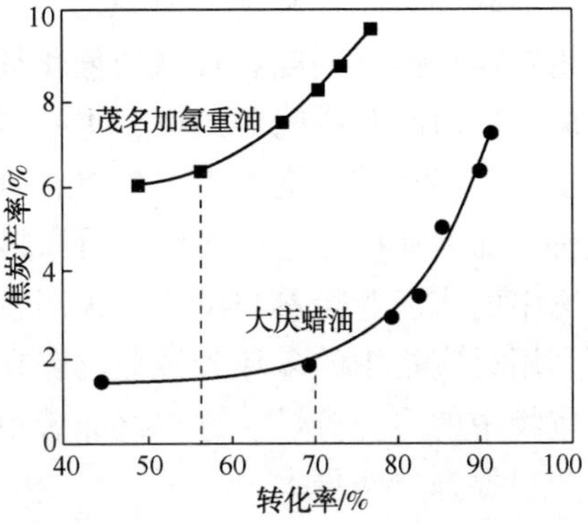

图 6-5　焦炭产率与转化率之间关系

将图 6-5 的焦炭产率与转化率之间关系转化为相应的选择性与转化率之间的关系，如图 6-6 所示。

从图 6-6 可以看出，茂名加氢重油的焦炭选择性最低值对应的转化率为 55%左右，而大庆蜡油的焦炭选择性最低值对应的转化率为 70%左右，两者相差约 15 个百分点。大致推算茂名加氢重油的最佳转化率区间为 55%～65%；而大庆蜡油的最佳转化率区间为 70%～80%。实际上茂名加氢重油采用 FCC 工艺加工时，为了提高重油转化能力，其转化率一般控制在 70%左右，偏离最佳转化率区间约 5～15 个百分点，从而不可避免地造成干气和焦炭产率增加；而大庆蜡油采用 FCC 工艺加工，其转化率正好落在其最佳转化率区间。相对于大庆蜡油，茂名加氢重油的最佳转化率区间提前了 15 个百分点，由此可以看出，原料性质越劣质，其最佳转化率区间越低。这是 IHCC 工艺研究与开发的试验基础。

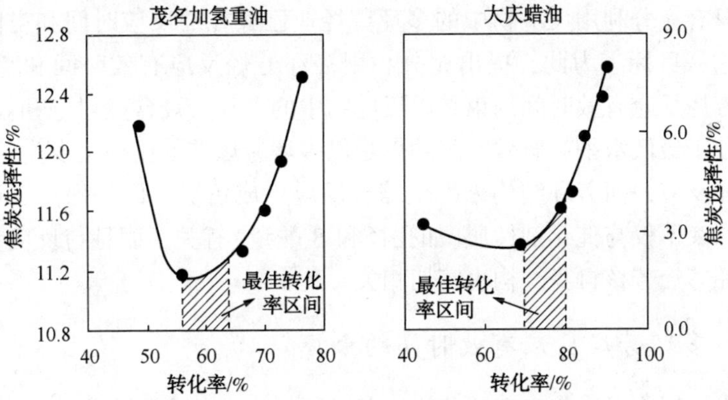

图 6-6　焦炭选择性与转化率之间关系

原料性质越劣质，也就意味着原料中的多环芳烃含量高。随着催化裂化反应的进行，反应物中的大分子饱和烃(含烷基侧链)经裂化生成小分子烃类，从而造成反应物中短侧链多环芳烃含量越来越高。由于多环芳烃极性强，吸附在催化剂活性位上难以脱附，生成焦炭前身物，从而阻碍饱和烃在催化剂活性位上吸附和裂化。常规渣油 FCC 工艺在处理劣质原料油时为了降低油浆产率，采用较高反应苛刻度和较高的催化剂活性，以消除反应物中的多环芳烃业已存在的反应时间和空间的约束，进一步裂化油浆中的大分子饱和烃，从而造成部分多环芳烃在催化剂上缩合生焦，这是渣油 FCC 工艺追求高转化率必须付出的代价，而 HSCC 工艺在处理劣质原料油时为了追求目的产品高选择性，避免反应物中的多环芳烃参与反应，采用较低反应苛刻度和较低的催化剂活性，以充分利用反应物中的多环芳烃业已存在的反应时间和空间的约束，尽可能地保留反应物中的多环芳烃。这也意味着 IHCC 工艺加工更劣质的原料油，其液体产品产率提升空间更大。

6.3.2 IHCC 工艺理论基础

IHCC 工艺核心就是涉及到多环芳烃如何保留在反应物中以及生成的短侧链多环芳烃如何实现定向加氢，提高氢气的利用率。在 FCC 过程中，当多环芳烃与饱和烃共存时，多环芳烃会对饱和烃的裂化反应产生阻碍作用[6~8]。多环芳烃阻碍作用程度不仅与多环芳烃含量有关，而且还涉及到多环芳烃组成，贫氢芳烃随芳环数的增加对正构烷烃裂化速率的影响逐渐变大，三环芳烃含量很小就可导致烷烃裂化速度的明显下降。

为了追求 HSCC 工艺过程中焦炭产率最低，尽可能地使反应物中的多环芳烃不参与反应，也就是说使反应物中的多环芳烃对饱和烃裂化反应阻碍作用处于最低水平。只有充分利用反应物中的多环芳烃业已存在的反应时间和空间的约束，才能实现这一目标。为此，提出充分利用多环芳烃反应有效时间和空间约束概念。多环芳烃反应有效时间约束是以反应物中的多环芳烃含量对饱和烃裂化反应阻碍作用处于最低水平；有效空间约束是以多环芳烃在催化剂上发生侧链断裂和环烷环开环反应，而芳环结构未发生缩合反应生成焦炭，而是保留在反应物中。有效空间约束不仅与催化剂性质(如孔径和 B 酸量)有关，而且与反应参数有关，甚至与多环芳烃芳核自身结构也密切相关。

6.3.2.1 多环芳烃反应有效时间约束

以萘为模型化合物代表多环芳烃，考察原料中的萘含量对十六烷、十氢萘裂化反应的影响。基于试验结果，确定原料中的最佳萘含量，再推算到反应物中的最合适的多环芳烃含量，以评估多环芳烃反应有效时间约束。

将萘与十六烷、十氢萘进行混合，制备不同比例的萘混合烃的原料，然后在催化裂化实验装置上进行试验。十六烷、十氢萘转化率随萘含量的变化见图 6-7。混合烃裂化产物中的多环芳烃选择性随萘含量的变化见图 6-8。

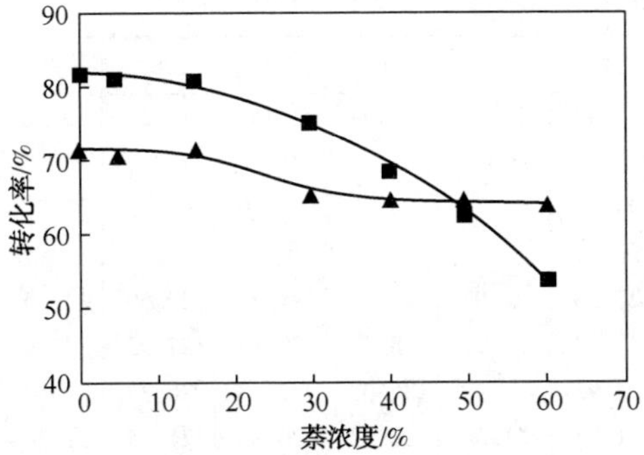

图 6-7 十六烷(■)和十氢萘(▲)转化率随原料中萘含量的变化

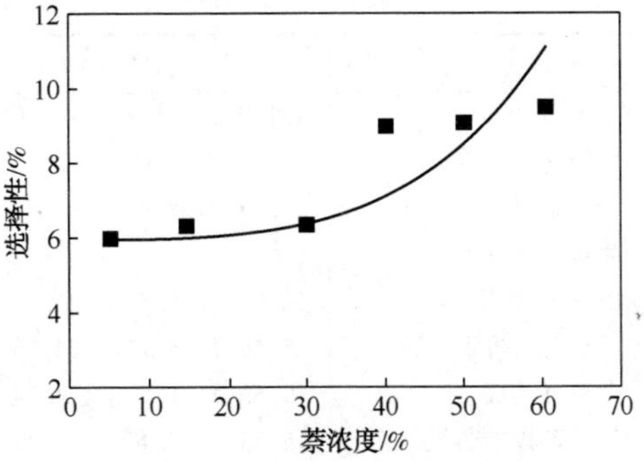

图 6-8 多环芳烃选择性随原料中萘含量变化

从图 6-7 可以看出，随着反应物中的萘含量增大，十六烷、十氢萘转化率均逐渐减小，只是十氢萘转化率下降幅度较小。当萘含量大于 30%时，萘对十六烷裂化影响加大，十六烷转化率显著下降而十氢萘转化率仍然受到较小的影响。这是因为随着萘含量提高，萘在催化剂表面和孔道内的含量逐渐提高，导致十六烷、十氢萘进入催化剂表面和孔道内的比例下降，且萘易缩合脱氢生成稠环芳烃甚至焦炭，从而抑制十六烷、十氢萘的裂化，但十氢萘作为供氢剂，可能存在与萘之间仍然发生负氢离子转移反应，而十氢萘脱氢转化为芳环化合物，因此十氢萘转化率下降幅度较小。从图 6-8 可以看出，随着萘含量提高，产物中多环芳烃选择性逐渐提高，当萘含量小于 30%时，多环芳烃选择性处于缓和提高；当萘含量高于 30%后，多环芳烃选择性明显提高。由此可以看出，反应物中的萘含量最好不超过 30%，当萘含量高于 30%时，十六烷转化率显著下降，且多环芳烃选择性提高。

在随后的 IHCC 工艺开发中，也证实了 FGO 中的多环芳烃含量在 30%时，转化率处于最佳转化率区间。因此，多环芳烃反应有效时间约束体现在反应深度的控制，即控制合理的转化率。

6.3.2.2 多环芳烃反应有效空间约束

采用有效空间约束指数(ESCI)来表征多环芳烃反应有效空间约束程度，按照多环芳烃反应有效空间约束的定义，有效空间约束指数(ESCI)等于 100-焦炭产率。以模型化合物八氢菲(简称 OHF)来代表多环芳烃，将八氢菲分别在不同性质的 Y 分子筛催化剂上进行试验，基于试验结果，计算出 ESCI 值。试验及计算结果列于表 6-9，其中中值孔径是在累计孔体积—孔径曲线中，50%总孔体积所对应的孔径，其值能够反映催化剂孔径的平均大小[9]。

表 6-9 八氢菲在不同性质的催化剂上产物分布及 ESCI 值

催化剂代号	1	2	3	4	5	6	7	8	9
中值孔径/nm	1.110	1.123	1.130	1.142	1.146	1.149	1.151	1.154	1.156
B 酸/(μmol/g)	3.91	3.35	2.42	1.34	1.07	0.97	0.79	0.74	0.72
OHF 转化率/%	98.65	98.88	94.97	94.42	94.36	94.30	91.70	92.93	92.91
生成物选择性/%									
非芳烃	26.08	25.58	23.32	23.33	22.97	23.76	21.38	22.59	22.35
单环芳烃	28.46	28.12	28.33	28.39	28.16	28.73	29.15	27.92	28.54
双环芳烃	19.60	21.42	24.34	24.95	25.42	25.07	27.18	26.37	26.32
三环以上芳烃	15.53	17.40	21.32	21.08	21.66	20.52	20.86	21.54	21.26
焦炭	10.34	7.48	2.70	2.25	1.79	1.92	1.43	1.59	1.54
ESCI	89.66	92.52	97.30	97.75	98.21	98.08	98.57	98.41	98.46

从表 6-9 可以看出，八氢菲转化率随着中值孔径增大、B 酸量降低而降低，裂化产物中的非芳烃选择性下降，单环芳烃选择性变化不大，双环芳烃、三环以上芳烃选择性均明显增加，焦炭选择性下降幅度呈负指数趋势下降，当催化剂中值孔径大于 1.13nm 后，焦炭选择性趋于缓慢地降低，因而 ESCI 值在催化剂中值孔径大于 1.13nm 后，趋于缓慢地增加。八氢菲有效空间约束指数均随着中值孔径增大和 B 酸量降低而增大，且当中值孔径在大于 1.146nm，而 B 酸量在小于 1.07μmol/g 时，有效空间约束指数存在极大值，均大于 98。

八氢菲分子的临界直径为 1.0nm，在平均孔径为 1.12～1.16nm 的催化剂孔道内的扩散仍然是构型扩散。作为环烷芳烃的八氢菲及其反应产物单环芳烃、双环芳烃以及三环以上芳烃，临界直径大，存在着空间阻碍，催化剂中值孔径越大，越有利于反应物扩散至反应活性中心以及产物及时扩散，从而其有效空间约束指数也越高。催化剂的 B 酸量越大且强 B 酸越多，对多环芳烃吸附力越强，多环芳烃也越容易吸附在催化剂上进行缩合反应，生成焦炭，从而其有效空间约束指数也越低。

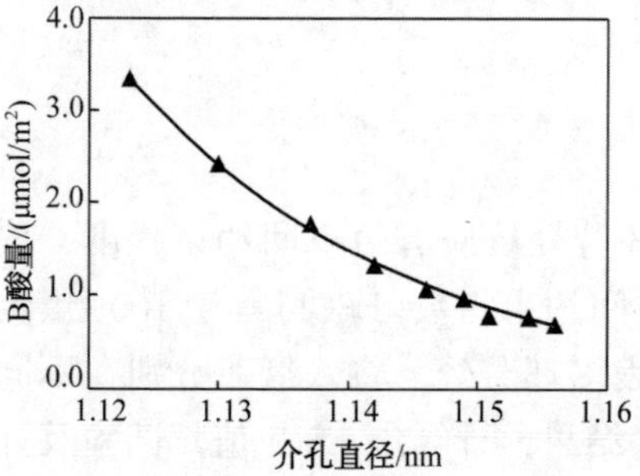

图 6-9 催化剂 B 酸量随中值孔径的变化

催化剂酸度与孔径分布密切相关，微孔的 B 酸强度高，中值孔的 B 酸强度低。在超稳处理过程中，Y 型分子筛 B 酸量减小的过程是中值孔径增大的过程。B 酸量随着中值孔径变化见图 6-9。从图 6-9 可以看出，随着催化剂中值孔径增大，B 酸量呈负指数趋势下降。

为此，采用扩孔技术，增加催化剂的中值孔径。不同中值孔径的催化剂孔径分布如

图 6-10 所示。从图 6-10 可以看出，随着催化剂中值孔径增加，大孔减少，介孔增多，孔径分布变窄，孔径变大，从而有利于反应物和产物的扩散，提高多环芳烃反应有效空间约束指数。

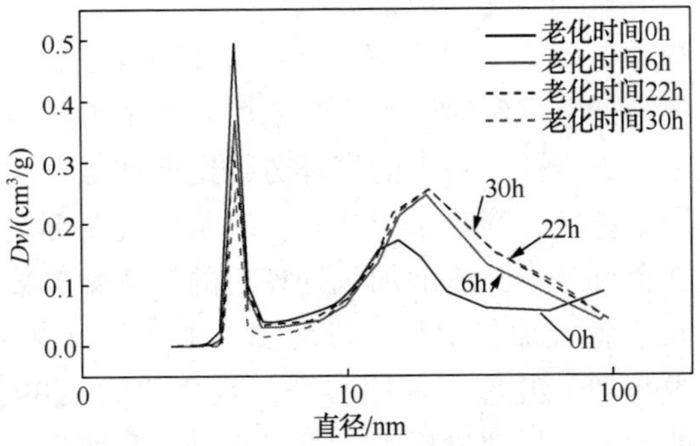

图 6-10　不同中值孔径的催化剂的孔径分布变化

考虑到催化剂 B 酸量与孔径对环烷芳烃裂化有协调作用，在催化剂设计上，应减少微孔，增加中值孔，尽可能地将大孔优化为介孔，并相应地减少强 B 酸，增加弱 B 酸。为此开发出含有更多的介孔专用催化剂以及催化剂活性处理技术，以提高环烷芳烃裂化开环反应的选择性，增加多环芳烃反应有效空间约束指数。

6.3.2.3　多环芳烃定向加氢处理

FGO 含有较多的短侧链多环芳烃、胶质和沥青质，而多环芳烃、胶质和沥青质结构复杂且芳环结构稳定，沥青质、胶质和多环芳烃是结焦前驱体。因此，FGO 加氢处理过程将多环芳烃、胶质和沥青质中的芳环加氢，使它们变为氢含量较高，易于裂化的组分。另外，FGO 中硫化物和氮化物的种类属于大分子稠环芳烃类物种，稳定性高，分子中的硫、氮不易接近催化剂活性中心，脱除难度很高，因空间位阻效应，直接脱除路径受到抑制，而先芳环加氢再脱除的路径可以减少空间位阻，是利用活性中心的主要途径，这也和催化剂所追求的主要功能相一致。有鉴于此，开发出专用催化剂 RDA-1，该专用催化剂具有较强的芳环加氢功能，能将氢加到多环芳烃、胶质和沥青质的芳环中，使多环芳烃有较高的转化率，胶质和沥青质全部转化；同时具有较强的抗积炭功能，使容易吸附在活性表面的积炭前驱体如碱性氮化合物、多环芳烃、胶质和沥青质能快速加氢脱附，保持较高的活性稳定性，以及具有较高的氢解活性，以保证较高的 HDN 和 HDS 活性，尤其是加氢脱碱氮的活性。与专用催化剂适应，开发特定的加氢处理工艺流程以吸收 FGO 加氢处理过程过高的放热量，并保持适宜的反应温度。

由于不同类型化学键在加氢过程中断裂难易程度由易到难顺序为：

金属配位键>S—S 键>C—S 键>C—C 键>噻吩硫化学键>芳氮化学键

因此，要实现对渣油和馏分油中的大分子深度脱硫，不可避免地导致某些C—C键断裂，生成小分子烯烃，随后小分子烯烃被加氢饱和生成小分子烷烃，造成氢气消耗在不必要之处，降低了氢气的利用率，同时导致大分子饱和烃的链长缩短，造成加氢后的重油裂化反应能力减弱[6,10,11]。

在加氢处理过程中，原料大分子发生C—C键断裂，使产物的摩尔数增加，但原料中的芳烃芳核被加氢饱和时，其产物的摩尔数未增加。因此，产物的摩尔数与原料的摩尔数之比是表征原料中的多环芳烃定向加氢程度的重要参数，其值越大，表示氢气利用率越低，当趋于1.0时，表示氢气全部饱和芳烃芳核。在原料中氢含量增加约2个百分点，渣油加氢处理后的产物摩尔数与加氢处理前的原料摩尔数之比为3.62，而在原料中氢含量增加约1个百分点时，VGO/CGO加氢处理后的产物摩尔数与加氢处理前的原料摩尔数之比为1.39，如图6-11所示。由此可以看出，在两种加氢处理过程中，原料大分子在加氢催化剂载体上的弱酸中心发生不同程度的饱和烃催化裂化反应，生成小分子烃类，其中烯烃在加氢处理条件下又被饱和。这些小分子烃类部分是低辛烷值汽油，大部分是十六烷值不高的柴油，利用价值较低。这是渣油或馏分油加氢处理工艺不足之处[5,9]。

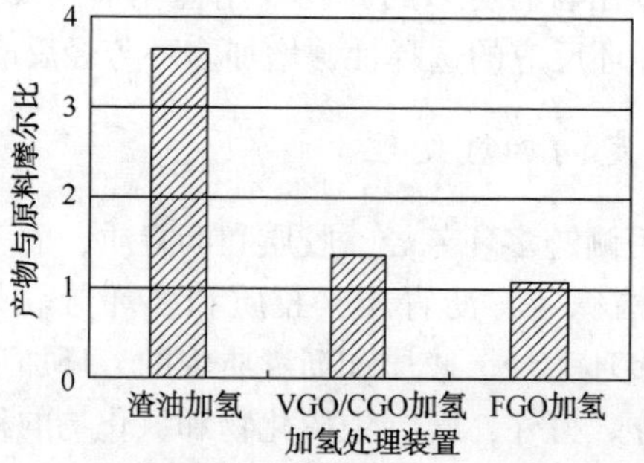

图6-11 几种加氢处理装置的产物与原料摩尔数之比

由于FGO中含有较多的短侧链多环芳烃和胶质，相对于劣质重油中的长侧链多环芳烃和胶质，其短侧链不易发生断裂，有利于选择专用催化剂和特定工艺流程对多环芳烃和胶质的芳环进行定向加氢，从而减少烃类碳碳键断裂后饱和所消耗的氢，这一点从FGO加氢处理后的产物摩尔数与加氢处理前的原料摩尔数之比只有1.09可以推导出，如图6-11所示，在FGO加氢处理中，原料中的氢含量增加约2个百分点。

6.3.3 不同类型反应器试验研究

由于IHCC技术加工更劣质的原料，而劣质原料含有更多的多环芳烃，为了保留原料中的多环芳烃不发生缩合反应，对催化剂活性和反应时间进行探索研究，以评估在何种情况下多环芳烃不易发生缩合反应。试验分别在以等直径提升管和变径流化床为反应器的连续催化裂化装置上进行，其原则流程见第 5 章图 5-4,试验结果列于表 6-10。

表 6-10　加氢重油在中型催化裂化装置上的试验结果

试验编号	HS0902-15	HS0902-18	差值
反应器型式	等直径提升管	变径流化床	
反应表压/MPa	0.13	0.13	
提升管出口温度/℃	510		
一反出口温度/℃		510	
二反温度/℃		490	
剂油比	5.5	5.0	
原料预热温度/℃	360	367	
提升管停留时间/s	1.5		
一反停留时间/s		1.4	
二反空速/(1/h)		60	
产品分布/%			
H_2S	0.28	0.28	
H_2+C_2	1.54	1.79	+0.25
C_3+C_4	9.10	10.19	+1.09
C_5^+汽油	25.72	32.70	+6.98
轻循环油	23.70	24.32	+0.62
FGO	31.60	22.80	-8.80
焦炭	7.53	7.55	+0.02
损失	0.53	0.37	
总计	100.00	100.00	
转化率/%	44.70	52.88	+8.18
(干气+焦炭)产率/%	9.07	9.34	+0.27
(干气+焦炭)选择性/%	20.29	17.66	-2.63
干气选择性/%	3.45	3.39	-0.06
焦炭选择性/%	16.85	14.28	-2.57

从表 6-10 可以看出，变径流化床反应器与常规等直径提升管反应器相比，(干气+焦炭)选择性明显更好。其原因在于第二反应区的存在大大有利于重油大分子在分子筛超笼内发生双分子裂化反应并抑制热裂化反应，使大分子饱和烃裂化为汽油小分子，同时减少原料中的多环芳烃发生缩合反应，从而提高目的产品的选择性。

6.4 工业试验

中国石化 QJ 石化 100kt/a 催化裂化装置和 30kt/a 加氢处理装置按 IHCC 工艺技术要求进行改造。改造后的 IHCC 工业试验装置包括 HSCC 装置、HAR 装置、催化剂预处理器和 FGO 过滤系统，其工艺原则流程见图 6-12。HSCC 装置包括反应再生部分和烟气能量回收系统、分馏部分和吸收稳定部分；HAR 装置包括原料油缓冲罐、混合原料换热器、反应进料加热炉、加氢反应器、加氢产物空冷器、加氢产物水冷器、冷高压分离器和循环氢压缩机；FGO 过滤系统采用重力沉降分离和过滤器过滤串联方式，重力沉降分离在先，过滤器过滤在后[5,12]。

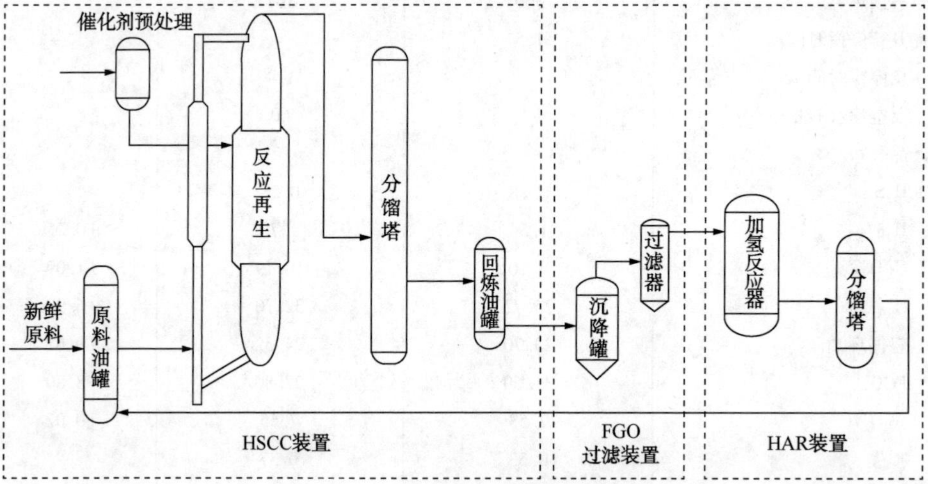

图 6-12 IHCC 工艺技术原则流程

2014 年 7 月 28 日 14 时 40 分，HAR 装置的加氢 FGO 进入 HSCC 装置原料罐，HSCC 和 HAR 两套装置流程贯通，工业试验正式开始。按照 IHCC 工艺要求，对 HSCC 装置和 HAR 装置操作参数进行调整，达到设计条件后运转近 60 天，于 9 月 26 日正式进行初步标定。初步标定结果表明，液体产品产率增加 6 个百分点以上。新鲜催化剂老化器是 HSCC 专用设备，对于控制专用催化剂初始活性，改善产品的选择性起到非常重要的作用。从工业试验结果看，新鲜催化剂经水热处理后，其活性可以降到 85 以下，处理后的催化剂按正常单耗补充，可满足 HSCC 工艺要求的催化剂活性。工业试验期间 FGO 过滤器运行效果很好，对于加工的常压渣油还是加氢重油，FGO 经过滤后的固含量均小于 4μg/g，过滤器对 FGO 中催化剂颗粒物含量具有很好的适应性并长期保持平稳运转，未出现任何故障，说明了过滤系统应用是非常成功的。

针对 IHCC 装置初步标定存在的问题，并考虑到现有装置的具体情况以及时间限制，只补加轻循环油进汽油提升管的管线，这样汽油提升管既可以进汽油，也可以进轻循环油。在最终考核标定中，汽油提升管只进轻循环油，以减少 IHCC 汽油产率损失。并于 2015 年 6 月，进行石蜡基常压渣油和加氢重油的 FCC 工艺空白标定。

2015 年 7 月，按 IHCC 工艺要求，首先将加氢处理装置调到 HAR 技术状态，7 月 21 日后，HSCC 装置和 HAR 装置互供原料，按闭路循环进行操作，同时 HSCC 装置和 HAR 装置操作参数达到设计值。8 月 8 日至 8 月 9 日，进行加氢重油多产汽油的 IHCC 工业试验标定。8 月 11 日至 8 月 12 日，进行加氢重油多产轻质油的 IHCC 工业试验标定。8 月 13 日将原料由加氢重油切换为石蜡基常压渣油。8 月 14 日至 8 月 15 日，进行石蜡基常压渣油多产汽油的 IHCC 工业试验标定。FCC 和 IHCC 装置标定时原料油主要性质、主要操作条件和产物分布见表 6-11。

表 6-11 IHCC 和 FCC 标定时原料油主要性质、主要操作条件和产物分布

工艺类型	FCC	IHCC	IHCC	FCC	IHCC
标定方案	多产轻质油	多产汽油	多产轻质油	多产汽油	多产汽油
标定日期	2015-06-30	2015-08-08	2015-08-11	2015-06-17	2015-08-14
原料油类型	加氢重油	加氢重油	加氢重油	石蜡基常压渣油	石蜡基常压渣油
原料油性质					
密度/(20℃)/(kg/m³)	928.6	930.6	930.6	899.0	907.3
残炭值/%	5.15	4.77	5.06	5.67	5.45
主要操作条件					
重油提升管出口温度/℃	509	495	493	508	512
再生密相温度/℃	699	698	696	703	696
反应表压/MPa	0.130	0.128	0.128	0.128	0.129
再生表压/MPa	0.177	0.173	0.175	0.178	0.177
产物分布/%					
干气	3.56	2.10	1.94	3.28	2.75
液化气	17.66	14.44	14.05	19.59	16.52
汽油	44.72	50.17	47.44	47.41	49.07
轻循环油	17.67	24.00	28.60	12.81	21.49

续表

工艺类型	FCC	IHCC	IHCC	FCC	IHCC
FGO		0.42	0.42		0.46
油浆	6.38	0.0	0.0	5.71	0.0
焦炭	9.74	8.98	7.69	10.34	9.25
损失	0.27	0.36	0.35	0.86	0.83
合计	100.00	100.47	100.49	100.00	100.37
轻质油产率/%	62.39	74.17	76.04	60.22	70.56
液体产品产率/%	80.05	88.61	90.09	79.81	87.08

从表6-11可以看出，对于性质相同的加氢重油，FCC装置的液体产品产率为80.05%，而IHCC装置以多产汽油和多产轻质油生产方案的液体产品产率分别为88.61%和90.09%，IHCC装置的液体产品产率高于FCC装置，约在8.56个百分点和10.04个百分点之间。从表6-11还可以看出，IHCC装置变径流化床出口温度低于FCC装置提升管出口温度约14~16℃。按催化裂化反应基本原理，高反应温度有利于焦炭选择性改善，汽油辛烷值提高，但干气选择性变差。这些现象可以从FCC和IHCC装置标定结果中得到验证。IHCC工艺干气产率下降幅度约在40%以上，超过中型装置干气产率降低幅度，原因是反应温度低所致，而IHCC工艺焦炭产率降低幅度只有21.05%，低于中型装置焦炭产率降低幅度(在30%以上)[4]。从表6-11还可以看出，对于性质相近的石蜡基常压渣油，IHCC装置的液体产品产率高于FCC装置7.27个百分点。

FCC和IHCC装置标定时汽油性质和轻循环油性质见表6-12。

表6-12 IHCC和FCC装置标定时汽油和轻循环油性质

工艺类型	FCC	IHCC	IHCC	FCC	IHCC
标定方案	多产轻质油	多产汽油	多产轻质油	多产汽油	多产汽油
标定日期	2015-06-30	2015-08-08	2015-08-11	2015-06-17	2015-08-14
汽油性质					
密度(20℃)/(kg/m^3)	739.3	740.7	739.4	724.8	737.3
诱导期/min	>1000	>1000	>1000	>1000	667
元素组成					
碳/%	86.46	86.37	86.29	86.36	86.08
氢/%	13.54	13.63	13.71	13.64	13.92
硫/(mg/kg)	228	186	174	571	561
氮/(mg/L)	26	35	30	60	52
体积族组成/%					
芳烃	23.8	20.2	18.3	16.5	15.4

续表

工艺类型	FCC	IHCC	IHCC	FCC	IHCC
烯烃	23.8	30.9	34.9	41.8	54.9
饱和烃	52.4	48.9	46.8	41.7	29.7
汽油辛烷值(实测)					
RON	90.3	89.0	89.6	90.9	90.9
MON	80.1	78.7	78.7	80.0	78.7
轻循环油性质					
密度(20℃)/(kg/m^3)	956.6	927.2	914.0	916.0	920.7
元素组成/%					
C	90.81	89.97	89.58	89.41	89.05
H	9.19	10.03	10.42	10.59	10.94
S	0.369	0.172	0.163	0.361	0.196
N	0.073	0.0427	0.0428	0.17	0.15
十六烷值	<15.0	19.6	20.3	28.6	32.2

从表6-12可以看出，对于加氢重油，IHCC汽油组成明显不同于FCC汽油，前者烯烃含量高，约在30%~35%之间，而后者烯烃含量只有23.8；IHCC装置的汽油辛烷值RON低于FCC装置的汽油约0.7~1.3个单位，这与反应器出口温度之差密切相关，即温度每提高10℃，辛烷值RON增加1个单位，按此原理推算，两者的RON应该基本相同。对于石蜡基常压渣油，采用IHCC技术后，IHCC汽油烯烃含量为54.9%，增加13.1个体积百分点，即使在液化气产率降低约4个百分点时，IHCC汽油RON与FCC汽油相同，而MON低于FCC汽油约1单位。

从表6-12还可以看出，无论是加氢重油，还是石蜡基常压渣油，采用IHCC技术后，轻循环油性质均得到改善，表现为十六烷值明显增加，氢质量分数增加，同时硫、氮质量分数降低。

为了比较和判断FCC和IHCC过程的碳、氢再分布程度，采用碳、氢有效利用率两项指标，反映目的产品对原料碳、氢元素利用的有效程度。

FCC和IHCC标定时原料中的碳和氢有效利用率列于表6-13。从表6-13可以看出，多产汽油的FCC标定、多产汽油的IHCC标定和多产轻质油的IHCC标定时碳利用率分别为79.83%、88.17%和89.64%，而氢利用率分别为85.26%、90.49%和91.70%。说明IHCC工艺可以明显提高原料中碳氢有效利用率。即使如此，IHCC工艺对原料碳氢有效利用率仍然低于20世纪70年代馏分油催化裂化，当时馏分油催化裂化对原料碳氢有效利用率约为94%[4]。因此，此次IHCC工艺产物分布仍有改善的空间。预测随着HAR装置达到设计要求，IHCC工艺对原料中的碳氢利用率将达到更高的水平。

表 6-13 加氢重油在 FCC 和 IHCC 装置标定时原料碳氢有效利用率

工艺类型	FCC			IHCC					
标定方案	多产汽油			多产汽油			多产轻质油		
	产率/%	C/%	H/%	产率/%	C/%	H/%	产率/%	C/%	H/%
原料	100.0	87.26	12.19	100.0	87.52	12.19+0.47	100.0	87.52	12.19+0.49
液化气	17.97	84.66	15.34	14.44	84.70	15.30	14.06	84.74	15.26
汽油	44.41	86.46	13.54	50.18	86.37	13.63	47.42	86.29	13.71
轻循环油	17.67	90.81	9.19	24.00	89.97	10.03	28.60	89.58	10.42
E_C		79.83			88.17			89.64	
E_H			85.26			90.49			91.70

对于加工性质如表 6-14 所列的加氢重油，IHCC 工艺和常规 FCC 工艺所得到产物分布均列于表 6-15。从表 6-15 可以看出，相对于 FCC 工艺，IHCC 工艺液体产率为 91.08%，增加了 10.15 个百分点，汽油产率为 58.36%，增加了 17.07 个百分点，焦炭产率为 7.08%，下降幅度为 19.91%。

表 6-14 IHCC 和 FCC 工艺所加工的原料油性质

加工流程	$\rho(20℃)/(g/cm^3)$	硫氮含量/%		镍钒含量/(μg/g)		康氏残炭/%
		S	N	Ni	V	
IHCC 工艺	0.9306	0.57	0.16	10.1	15.6	5.5
FCC 工艺	0.9306	0.57	0.16	10.1	15.6	5.5

表 6-15 IHCC 和 FCC 工艺产物分布

加工流程	产物分布/%							合计/%	汽油+轻循环油/%	总液收/%	轻循环油/汽油比值
	H_2S	干气	液化气	汽油	轻循环油	重油	焦炭				
IHCC 工艺	0.27	2.15	15.86	58.36	16.86	0.0	7.08	100.58	75.22	91.08	0.29
FCC 工艺	0.20	3.55	14.77	41.29	24.87	6.48	8.84	100.00	66.16	80.93	0.60

按照石油烃中的碳和氢有效利用率定义和 IHCC 和 FCC 的目的产品的产率及其碳和氢分布，计算出重油在 IHCC 和 FCC 过程中的碳和氢有效利用率，如表 6-16所列。从表 6-16 可以看出，重油在 IHCC 过程中的碳和氢有效利用率明显高于 FCC 工艺。

表 6-16　重质石油烃在 IHCC 和 FCC 工艺中的碳和氢有效利用率

加工流程	IHCC 工艺			FCC 工艺		
	产率/%	C/%	H/%	产率/%	C/%	H/%
原料油	100	87.52	12.19+0.72	100	87.52	12.19
液化气	15.86	84.4	15.6	14.77	84.5	15.5
汽油	58.36	86.3	13.6	41.29	86.4	13.6
轻循环油	16.86	89.9	10.1	24.87	90.4	9.6
E_C		90.16			80.71	
E_H			93.83			84.43

6.5　小结与展望

以中东常压渣油为原料，采用不同重油加工技术处理，得到相应的产物分布及产品的碳氢分布，按此可以计算出重油在不同重油加工过程中的碳、氢有效利用率。从多产汽油产品角度来看，选择渣油加氢处理和催化裂化组合较优；从多产柴油角度来看，延迟焦化和馏分油加氢裂化组合较优。

重油加工是炼油厂加工流程优化的重点，也是炼油厂清洁化生产的关键和产生效益的最主要来源之一。除传统的脱碳技术和加氢处理技术外，沸腾床加氢裂化和浆态床加氢裂化技术也已开发成功，从而重油加工路线的选择更加多样化，必须要依据原料性质、市场对产品的需求、经济效益以及环保要求等因素统筹考虑，其中市场对产品的需求尤为重要。从石油烃分子 C—C 键断裂的反应角度来看，C—C 键断裂需从碳原子经济性进行优化以实现石油烃中的碳氢有效利用。加氢技术路线的 CO_2 排放强度要高于脱碳技术约在 20%以上。采用深度加氢处理和催化裂化集成技术路线，既能提高石油烃的碳和氢有效利用率，又能降低炼油厂 CO_2 排放强度，从而实现石油资源高效利用。

IHCC 工艺技术开发历时 9 年，在工艺理念、反应化学、工艺流程、关键技术和关键设备上取得一系列创新成果，完成了工业试验，取得预期的效果，得到了如下主要结论：

（1）基于干气产率、焦炭产率与转化率之间关系，发现最佳转化率区间，提出多环芳烃反应有效时间和空间约束理念和多环芳烃定向加氢理念，开发出 IHCC 工艺。

（2）IHCC 工业应用结果表明：对于石蜡基常压渣油原料，IHCC 工艺与 FCC 工艺相比，液体产品产率增加 6 个百分点以上；对于加氢重油原料，IHCC 工艺与 FCC 工艺相比，液体产品产率增加 10 个百分点以上。

（3）IHCC 工艺适合处理劣质重油，增加了炼油厂处理劣质原料油的适应性；

同时具有多种不同的产品生产方案，且相互切换更加灵活。

(4) IHCC 工艺开发成功标志着炼油技术从追求高转化率向高选择性的转变，强化了脱碳工艺和加氢工艺等不同的炼油工艺之间的组合，从而提高石油资源利用效率，为炼油工艺技术集成提供了范例。

(5) IHCC 集成工艺技术对我国石油化工行业应对原油供应的重质化与劣质化、促进有限的重油资源深度和高效转化、增加轻质油品均具有重要意义，同时，还能部分解决我国石油化工能效倍增与二氧化碳排放问题。

参 考 文 献

[1] 何鸣元，孙予罕．绿色碳科学——化石能源增效减排的科学基础[J]．中国科学：化学，2011，41(5)：925-932.

[2] 许友好，何鸣元．重油在加工过程中的碳氢优化分布及有效利用的探索[J]．石油学报：石油加工，2017，33(1)：1-7.

[3] YOKOMIZO G. Residue conversion solutions to meet North American emissions control area and marpol annex VI Marine fuel regulations[C]//NPRA Annual Meeting，2010，AM-10-165.

[4] 许友好，戴立顺，龙军，等．多产轻质油的 FGO 选择性加氢工艺和选择性催化裂化工艺集成技术(IHCC)的研究[J]．石油炼制与化工，2011，42(3)：7-12.

[5] 许友好，刘涛，王毅，等．多产轻质油的催化裂化馏分油加氢处理与选择性催化裂化集成工艺(IHCC)研发和工业试验[J]．石油炼制与化工，2016，47(7)：1-8.

[6] 陈俊武，许友好．催化裂化工艺与工程[M].3 版．北京：中国石化出版社，2015.

[7] Watson B A，Klein M T，Harding R H. Mechanistic modeling of a 1-phenyloctane/*n*-hexadecane mixture on rear earth Y zeolite[J]. Ind Eng Chem Res，1997，36(8)：2954-2963.

[8] Martin A M，Chen J K，John V T，et al. Coreactant-induced modifications of catalytic behavior in zeolitic systems[J]．Ind Eng Chem Res，1989，28(11)：1613-1618.

[9] 许友好，汪燮卿．石油重质烃高效利用的 IHCC 工艺理论基础与工业实践[J]．石油学报：石油加工，2017，33(3)：395-402.

[10] 聂红，杨清河，戴立顺，等．重油高效转化关键技术的开发及应用[J]．石油炼制与化工，2012，43(1)：1-6.

[11] 李大东．加氢处理工艺与工程[M].2 版，北京：中国石化出版社，2016.

[12] 王毅，崔守业，许友好，等．石蜡基渣油 IHCC 工艺工业试验研究[J]．石油炼制与化工，2016，47(10)：78-82.

第 7 章　化工及其他领域的应用

低碳烯烃可由烃类催化裂解或甲醇转化得到。低碳烯烃属于中间产物，易发生氢转移、聚合等二次反应，导致目的产物选择性降低，在单一流态化反应区内制取低碳烯烃时，这一问题尤为突出，需要从动力学上精确控制反应进程。变径流化床反应器技术平台可以从动力学上为低碳烯烃产率最大化提供最佳的反应温度和反应时间，避免丙烯转化反应的发生，达到增产低碳烯烃的目的，同时减少热裂化反应。

7.1　高选择性催化裂解工艺

7.1.1　催化裂解工艺概述

从常规催化裂化工艺(FCC)发展到催化裂解工艺(DCC)，其操作模式和工艺设计模式的连续曲线分为最大量地生产高辛烷值汽油组分，最大量地生产高辛烷值汽油组分和丙烯或最大量地生产丙烯和芳烃，如图 7-1 所示[1]。

从图 7-1 可以看出，针对市场的需求，可对催化裂化装置设计或操作模式的经济性进行优化，使丙烯产率在曲线上灵活地上下移动。如考虑到环境对清洁汽油组成的要求，上述的催化裂化装置操作模式和工艺设计模式将失效。当操作模式和工艺设计模式为最大量地生产高辛烷值汽油组分时，传统催化裂化工艺所生产汽油含有较高的烯烃和硫，难以满足清洁汽油组分的要求，当操作模式和工艺设计模式为最大量地生产高辛烷值汽油组分和丙烯时，传统催化裂化工艺所生产汽油不仅含有较高的烯烃和硫，而且含有较多的芳烃，尤其是苯，难以满足清洁汽油组分的要求；当操作模式和工艺设计模式为最大量地生产丙烯和芳烃时，随着液化气产率的增加，

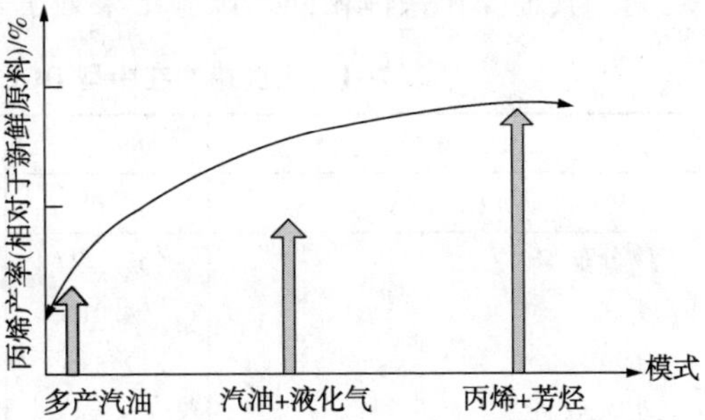

图 7-1　以丙烯为目标的流化催化裂化装置设计或操作模式

汽油产率减少，而汽油中的芳烃和苯含量大幅度增加，此模式下的高苯含量汽油如果不经抽提或加氢，通常不适合去调合汽油。除汽油中的芳烃和苯含量高的问题之外，此模式干气产率增长近5倍，从而造成重质油资源的浪费，石油资源未实现高效利用。

从工业DCC装置运行结果可以看出，如何改善DCC工艺的干气和焦炭的选择性是DCC工艺所面临的问题之一。为此，对DCC工艺中型试验数据再进行研究和分析，探索改善DCC工艺干气和焦炭选择性的途径，提出了高选择性催化裂解工艺。高选择性催化裂解工艺(Moderate Catalytic Cracking Process，简称MCC)。该工艺技术是基于烷烃结构基团选择性裂化反应这一概念而开发的，开发目标是烃类在最佳转化率区间内实现转化，此时干气和焦炭产率之和与转化率之比最小，难以转化的催化蜡油经重油加氢或芳烃抽提处理后，再进行催化裂化反应，或者难以转化的催化蜡油在常规的催化裂化装置上进行裂化反应，生产更多轻质油品或其他石油化工装置的原料，从而实现轻质油品收率和丙烯产率之和最高，有限重油资源利用率最大[2]。

7.1.2 MCC工艺过程反应化学

7.1.2.1 试验现象及分析

大庆蜡油在中型催化裂解装置上进行试验，采用催化裂解专用催化剂CHP-1，通过改变反应温度控制烃类的转化率大小，转化率的变化范围在75%~95%之间，其他操作条件相同。试验结果列于表7-1。

表7-1 大庆蜡油在中型DCC装置上产物分布及其分析

试验编号	893-1	892-3	892-4	892-6
反应温度/℃	基准	+10	+30	+50
产物分布/%				
干气	4.91	6.45	7.83	11.97
焦炭	2.58	2.77	3.67	5.35
转化率/%	75.86	81.42	84.88	90.06
干气和焦炭产率之和/转化率/%	9.87	11.32	13.55	19.23
丙烯产率/%	15.05	18.49	19.45	19.07
增量产率/%		(3-1)①	(4-3)①	(6-4)①
转化率		5.56	3.46	5.18
干气		1.54	1.38	4.14
焦炭		0.19	0.90	1.68

续表

试验编号	893-1	892-3	892-4	892-6
反应温度/℃	基准	+10	+30	+50
液化气		6.7	1.46	-1.88
丙烯		3.44	0.96	-0.38
干气和焦炭增量之和/转化率增量/%		31.12	65.90	112.36
丙烯/液化气/%	41.48	43.02	43.77	44.81
液化气/干气/%	7.39	6.66	5.67	3.55
丙烯/丙烷/%	6.60	6.28	6.02	5.71
丁烯/丁烷/%	2.65	2.56	3.07	3.77

①(3-1)表示试验点892-3数据减去相应的试验点893-1数据，其他以此类推。

从表7-1可以看出，当转化率大于75%以上时，转化率增加一个单位，干气和焦炭产率增量之和增加31%以上，当转化率大于80%时，转化率增加一个单位，干气和焦炭产率增量之和增加65%以上，此时重油的转化选择性随转化率增加急剧变差；当转化率大于85%时，转化率增加一个单位，干气和焦炭产率增量之和增加110%以上，此时部分液化气和汽油也转化为干气和焦炭。对于DCC装置加工大庆蜡油，较佳转化率应该在80%以下或者更低，此时干气产率和焦炭产率增加幅度随转化率增加在合理的范围内。实际上，对于大庆蜡油，DCC转化率一般控制在80%以上，由此造成干气以及焦炭产率上升。

7.1.2.2　反应温度的影响及技术开发思路

催化裂化反应过程所产生的H_2、C_1和C_2等小分子是热裂化反应造成的，还是催化裂化反应造成的，或者是热裂化反应和催化裂化反应共同造成的？如果是热裂化反应和催化裂化反应共同造成的，那么是否能区分热裂化反应和催化裂化反应各自的影响程度，从而有利于控制干气或干气某种组分的产生。以FCC汽油重馏分为原料，分别采用惰性石英砂及酸性催化剂，在反应温度为300~700℃范围内进行热裂化和催化裂化实验，得到热裂化反应和催化裂化反应所生成的干气产率随反应温度的变化，如图7-2所示。

从图7-2可以看出，当反应温度在300~500℃范围内，100%的干气是由催化裂化反应所产生的；当反应温度为525℃时，93%的干气是由催化裂化反应所产生的；当反应温度为550℃时，63%的干气是由催化裂化反应产生的；当反应温度大于600℃时，几乎100%干气是由热裂化反应所产生的。从图7-2还可以看出，对于热裂化反应，随着反应温度增加，干气产率急剧上升。由此可以看出，降低催化裂解工艺的干气产率，首先要考虑控制反应器内部温度不超过600℃，同时要求油剂初始接触混合后的温度也尽可能地低于600℃。

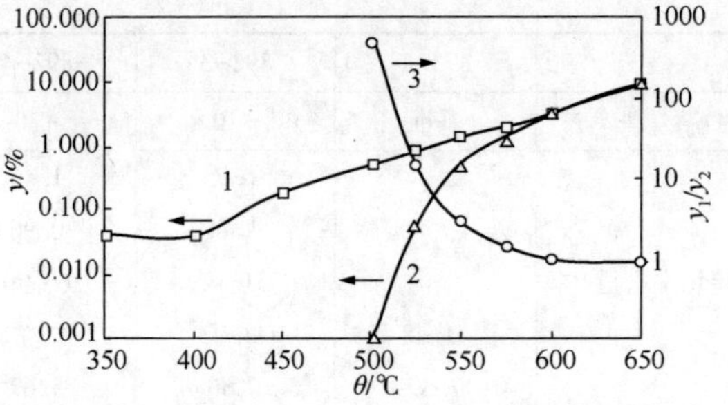

图 7-2　反应温度对催化裂化反应或热裂化反应所生成的干气产率的影响

1—催化剂；2—石英砂；3—催化裂化和热裂化干气产率之比

7.1.2.3　反应后油气停留时间的影响以及技术开发

反应后的油气在沉降器自由空间内发生热反应，热裂化产物产率是时间和温度的函数，其表达式如下：

$$热裂化产物产率 = t \cdot \exp^{-E/RT} \qquad (7-1)$$

基于式(7-1)，对工业装置运行数据进行关联，得到油气在沉降器内停留时间以及沉降器内温度对干气产率增加幅度的定量影响，见图 7-3[3]。

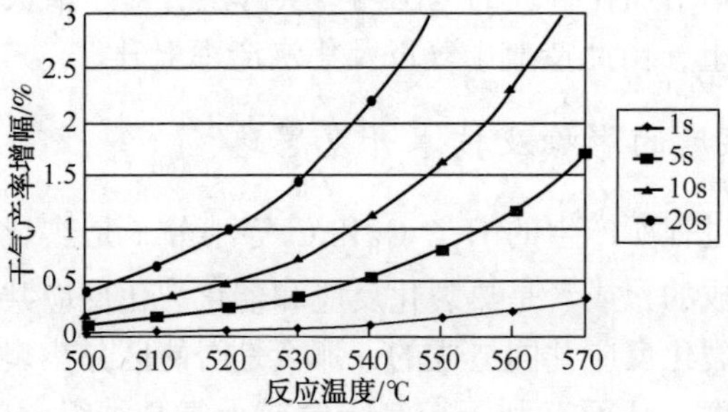

图 7-3　油气在沉降器内停留时间对干气产率的影响

从图 7-3 可以看出，当沉降器内部温度为 520℃时，若能将油气在沉降器内停留时间从 20s 降至 5s，干气产率可降低幅度超过 0.5 个百分点；当沉降器内部温度为 540℃时，若能将油气在沉降器内停留时间从 20s 降至 5s，干气产率可降低幅度超过 1.5 个百分点；当沉降器内部温度为 560℃时，若能将油气在沉降器内停留时间从 20s 降低到 5s 时，干气产率降低幅度至少在 2.5 个百分点以上。

催化裂解工艺技术采用提升管加密相流化床，油气经密相流化床催化裂解反应后，进入沉降器顶部进行沉降分离。DCC 工艺反应器及沉降空间如图 7-4 所示。密相流化床的温度通常控制在 580℃左右，因此，油气在沉降器顶部处温度应该在 560℃ 以上，且停留时间约为 15～40 s，由此造成干气产率大幅度增加，特别是甲烷产率。

变径流化床既体现了提升管加密相流化床反应器特点，又能充分利用已开发的新型密闭 RTD 技术。新型密闭 RTD 技术可使油气停留时间缩短到 5s 内。新型密闭 RTD 技术系统具有以下功能：

(1) 油剂间的快速高效分离，终止主反应及回收催化剂；

(2) 分离催化剂的快速预汽提、油气的快速引出，从而抑制二次裂化和结焦。

新型 RTD 技术是在保证高操作弹性下实现油-剂间的快速高效分离、分离催化剂快速预汽提、油气快速引出，使油气在沉降器内停留时间缩短到 5s 以下。

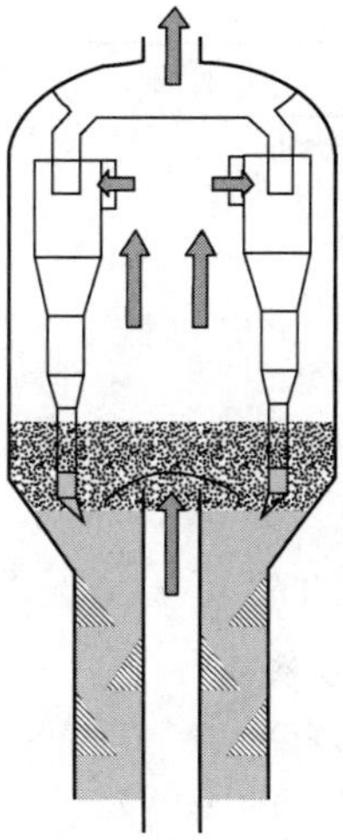

图 7-4　DCC 工艺反应器及沉降空间简图

7.1.3　中型试验方法及中型试验结果

中型试验是在以变径流化床为反应器的连续催化裂化装置上进行的，其流程见第 5 章图 5-4。试验所用的原料油是石蜡基的原料油，其组成为大庆蜡油加 30%减压渣油(以下简称大庆 VGO+30%VR)。其性质为原料油密度 0.8905g/cm^3、残炭 2.94 %、氢含量 13.18%、饱和烃 64.5%、芳烃 24.2%、胶质 11.1%、沥青质 0.2%。催化剂为专用催化剂，只具有较强的裂化能力、较低的干气选择性和较高的丙烯选择性，专用催化剂名称为 MDGP-1(Minimum Dry Gas and Maximum Propylene)，操作条件和产物分布列于表 7-2。

表 7-2　MCC 工艺中型试验操作条件和产物分布

试验编号	07-7-13-4	07-7-17-3	07-7-18-1
催化剂	MDGP-1	MDGP-1	MDGP-1
反应温度/℃	基准	+20	+40
物料平衡/%			
干气	2.12	2.71	3.63
液化气	32.10	34.01	36.26
C_5^+汽油	31.51	32.30	33.11
轻循环油	2.36	2.58	2.79

续表

试验编号	07-7-13-4	07-7-17-3	07-7-18-1
催化蜡油	27.96	24.28	19.30
焦炭	3.95	4.12	4.91
总计	100.00	100.00	100.00
转化率/%	69.68	73.14	77.91
干气和焦炭之和/转化率/%	8.71	9.33	10.96
丙烯产率/%	14.42	15.64	17.32
液化气/干气	15.14	12.55	9.99
转化率增量/%		3.48	4.76
干气产率增量/%		0.59	0.92
焦炭产率增量/%		0.17	0.79
干气和焦炭增量之和/转化率增量/%		21.84	35.92

从表7-2可以看出，MCC工艺在转化率为69.68%、73.14%和77.91%时所对应的液化气与干气比分别为15.14、12.55和9.99，干气和焦炭产率之和与转化率之比分别为8.71、9.33和10.96。这些数据表明，随着转化率增加，干气和焦炭的选择性增加，转化率越高，干气和焦炭的选择性也越高。当转化率由69.68%增加到73.14%时，转化率增加3.46个百分点，而干气和焦炭产率之和增加占3.46个百分点的21.84%；当转化率由73.14%增加到77.91%时，转化率增加4.77个百分点，而干气和焦炭产率之和增加占4.77个百分点的35.92%。由此可以看出，转化率增加到80%以上时，转化率的增量更多地转化为干气和焦炭，造成重油转化不合理，从而降低重油利用效益。从高效利用重油资源来看，对于大庆VGO+30%VR，转化率应该控制在75%以下或者更低，这样难以转化的重油可以作为其他油品或其他炼油装置的原料，如重油加氢装置或芳烃抽提装置。

MCC工艺在液化气产率大幅度增加的前提下，干气产率较低，液化气与干气之比在10以上，而FCC和DCC工艺液化气与干气之比一般在2.5~6之间。MCC工艺液化气中的丙烯含量为44.92%~47.76%，而FCC工艺液化气中的丙烯含量为32.0%~37.27%，DCC工艺液化气中的丙烯含量为40.0%~44.81%；MCC工艺液化气中的丙烯与丙烷比在9.78以上，而FCC工艺液化气中的丙烯与丙烷比为2.59~4.01，DCC工艺液化气中的丙烯与丙烷比为4.94~6.28；MCC工艺液化气中的丁烯与丁烷比在5.77以上，而DCC工艺液化气中的丁烯与丁烷比为1.99~3.07，因此，MCC工艺的液化气组成分布更加合理，在MCC工艺的液化气产率明显低于DCC工艺情况下，丙烯产率只是略低于DCC工艺。如果考虑到原料油性质的差异，两者丙烯产率应该相当。此外，MCC工艺产物分布特点是生成催化蜡油，其性质不同于一般的减压蜡油性质。催化蜡油产率较高，最高达27.96%以上，如何有效地加工这部分蜡油是MCC工艺能否有竞争力的关键，也是MCC工艺开发目标之一。

综上所述。针对烃类在现有的催化裂化或催化裂解工艺中转化深度过高，造成产物分布不合理，石油资源未充分利用，提出了转化率最佳转化区间的概念。基于此概念，设计了以变径流化床反应器为核心的新型反应系统及相应的工艺，开发了专用催化剂，从而开发了缓和催化裂化工艺(MCC)。在中型装置上进行了MCC工艺探索试验。中型试验结果表明，对于大庆重质原料油，丙烯产率达15%以上，而干气产率在3%以下，所生产的催化蜡油可以采用其他炼油技术来加工，将这部分催化蜡油高效转化和充分利用，生产出相适应的轻质油，从而实现石油资源高效利用[2]。

7.1.4 MCC工艺产品组成及其特点

7.1.4.1 MCC工艺产物分布

MCC工艺产物的划分可以与FCC、MIP和DCC工艺相同，也可以与FCC、MIP和DCC工艺不同。当与FCC、MIP和DCC工艺相同时，MCC工艺的产品分为干气、液化气、汽油、轻循环油和焦炭。当与FCC、MIP和DCC工艺不同时，MCC工艺的产品分为干气、液化气、小于65℃馏分、65~170℃馏分、170~245℃馏分、催化蜡油和焦炭。MCC工艺中型试验的操作条件和产物分布列于表7-3。

表7-3 MCC工艺中型试验的产物分布

试验编号	07-7-13-4	07-7-17-3	07-7-18-1
催化剂	MDMP-1	MDMP-1	MDMP-1
操作条件			
反应温度/℃	基准	+20	+40
剂油比	基准	+0	+0
物料平衡/%			
干气	2.12	2.71	3.63
液化气	32.10	34.01	36.26
丙烷	1.47	1.47	1.56

续表

试验编号	07-7-13-4	07-7-17-3	07-7-18-1
丙烯	14.42	15.64	17.32
丁烷	2.39	2.39	2.50
丁烯	13.82	14.51	14.88
小于65℃馏分	11.75	11.58	11.67
65~170℃馏分	14.76	15.37	15.70
170~245℃馏分	7.36	7.93	8.53
催化蜡油	27.96	24.28	19.30
焦炭	3.95	4.12	4.91
总计	100.00	100.00	100.00

从表7-3可以看出，小于65℃馏分和65~170℃馏分的产率随反应温度增加只是略有增加，而170~245℃馏分的产率随反应温度增加有所增加。

7.1.4.2 气体产品的组成及其特点

(1) 干气质量组成

MCC工艺的干气质量组成列于表7-4。从表7-4可以看出，干气中的主要组分为乙烯，占干气产率约为50%。随着反应温度的增加，干气组成中乙烯和氢气含量降低，而甲烷含量增加，乙烷含量略有增加。这些数据表明，反应温度增加，热裂化反应趋势增强，而单分子裂化反应趋势减弱。

表7-4 MCC工艺干气质量组成

试验编号	07-7-13-4	07-7-17-3	07-7-18-1
反应温度/℃	基准	+20	+40
质量组成/%			
氢气	7.87	7.86	7.25
甲烷	22.89	24.39	26.04
乙烷	16.82	17.07	17.25
乙烯	52.42	50.68	49.45
合计	100	100	100

(2) 干气体积组成特点

MCC、MIP和DCC干气体积组成如图7-5所示。从图7-5可以看出，相对于MIP和DCC工艺，MCC工艺干气中的氢气含量高，乙烯含量高，而甲烷和乙烷含量低，因此氢与甲烷之比较高。这表明 MCC 工艺的单分子裂化能力明显高于 MIP 和 DCC 工艺。

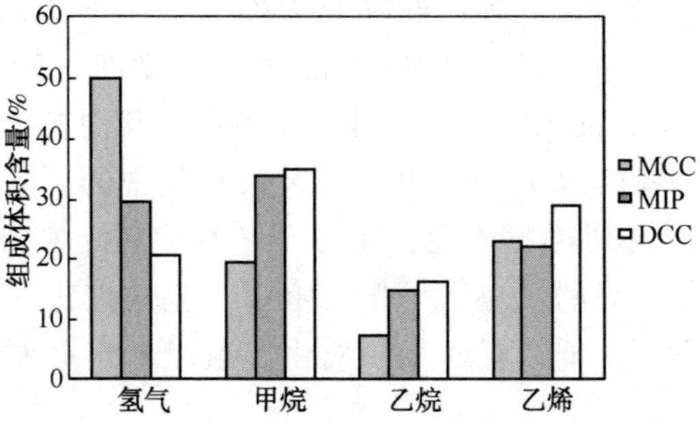

图 7-5　MCC、MIP 和 DCC 干气体积组成示意图

(3) 液化气组成

MCC 工艺的液化气质量组成列于表 7-5。从表 7-5 可以看出，丙烯含量随着反应温度的增加而明显增加，丙烯含量高达 47.75%。丙烷、正丁烷和异丁烷含量随着反应温度增加而降低，丁烯含量随着反应温度增加也有所降低。丙烯与丙烷比随着反应温度的增加而明显增加，高达 11.08，而丁烯与丁烷比随着反应温度增加而略有增加。因此，反应温度增加最有利于液化气中的丙烯含量的增加。

表 7-5　MCC 工艺中型试验液化气组成

试验编号	07-7-13-4	07-7-17-3	07-7-18-1
反应温度/℃	基准	+20	+40
质量组成/%			
丙烷	4.59	4.33	4.31
丙烯	44.91	45.98	47.75
正丁烷	2.30	2.06	1.93
异丁烷	5.15	4.96	4.96
1-丁烯	6.16	6.18	6.01
异丁烯	18.69	18.00	17.02
顺-2-丁烯	7.43	7.60	7.39
反-2-丁烯	10.77	10.89	10.63
合计	100	100	100
丙烯/丙烷	9.78	10.62	11.08
丁烯/丁烷	5.77	6.07	5.96

(4) 液化气组成特点

MCC 工艺、MIP 工艺和 DCC 工艺的液化气组成列于表 7-6。从表 7-6 可以看出，MCC 工艺液化气中的丙烯含量为 45.98%，而 MIP 工艺液化气中的丙烯含量为 35.58%，DCC 工艺液化气中的丙烯含量为 44.78%，MCC 工艺液化气中的丙烯与丙烷比为 10.62，而 MIP 工艺液化气中的丙烯与丙烷比为 5.72，DCC 工艺液化气中的丙烯与丙烷比为 5.70，MCC 工艺液化气中的丁烯与丁烷比也明显高于 MIP 和 DCC 工艺。这些数据表明，MCC 工艺在抑制丙烯和丁烯转化为丙烷和丁烷反应方面存在着明显的优势。因此，MCC 工艺的液化气组成特点为高烯烃含量，尤其是丙烯含量、低烷烃含量、液化气组成分布更加合理和更具有经济价值。

表 7-6 MCC、MIP 和 DCC 工艺液化气组成

工艺类型	MCC	MIP	DCC
质量组成/%			
丙烷	4.33	6.22	7.85
丙烯	45.98	35.58	44.78
正丁烷	2.06	3.98	2.51
异丁烷	4.96	22.72	7.41
1-丁烯	6.18	5.37	6.54
异丁烯	18.00	10.47	15.44
顺-2-丁烯	7.60	6.49	6.54
反-2-丁烯	10.89	9.17	8.93
总计	100	100	100.00
丙烯/丙烷	10.62	5.72	5.70
丁烯/丁烷	6.07	1.18	3.78
丙烯/(丙烯+丙烷)/%	91.39	85.12	85.08

7.1.4.3 液体组成及其特点

(1) 汽油组成及其特点

MCC 工艺的液相产品划分可以与 FCC、MIP 和 DCC 工艺相同，分为汽油、轻循环油和重油。MCC 工艺汽油组成列于表 7-7。从表 7-7 可以看出，随着反应温度的增加，汽油烯烃含量明显降低，而正构烷烃含量略有降低，环烷烃含量略有增加，芳烃含量明显增加，但仍然低于 30%。因此，MCC 工艺在大幅度增加丙烯产率时，汽油中的芳烃含量仍然在较低的水平。

表 7-7　MCC 工艺中型试验汽油组成

试验编号	07-7-13-4	07-7-17-3	07-7-18-1
反应温度/℃	基准	+20	+40
汽油组成/%			
正构烷烃	8.59	8.48	7.89
异构烷烃	8.31	8.18	8.33
烯烃	61.40	55.47	53.02
环烷烃	4.74	4.80	4.94
芳烃	16.60	22.54	25.31
合计	99.64	99.47	99.49

MCC 工艺、MIP 工艺和 DCC 工艺的汽油组成如图 7-6 所示。从图 7-6 可以看出，MCC 工艺的汽油烯烃含量明显高于 MIP 工艺和 DCC 工艺，正构烷烃含量也高于 MIP 工艺和 DCC 工艺，芳烃含量低于 MIP 工艺和 DCC 工艺，此外，苯含量介于 MIP 工艺和 DCC 工艺之间。由此可以看出，MCC 工艺汽油组成特点是高正构烷烃、高烯烃和低芳烃，不同于 DCC 汽油高烯烃和高芳烃，也不同于 MIP 汽油低烯烃和低芳烃。高正构烷烃、高烯烃和低芳烃的汽油既可以作为生产低烯烃和低芳烃(低苯含量)汽油的原料，也可以作为生产低碳烯烃尤其丙烯的原料。

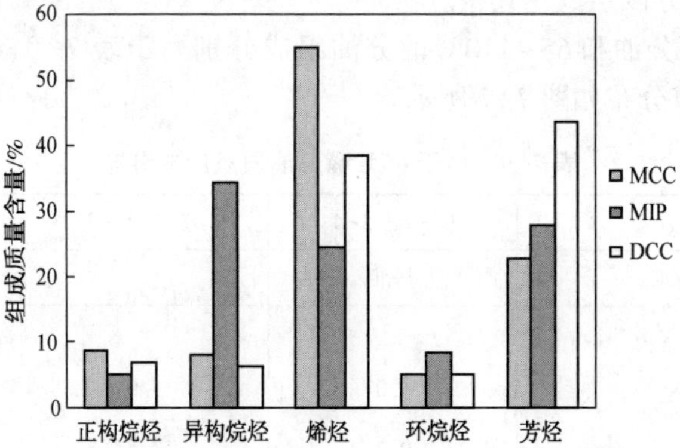

图 7-6　MCC 工艺、MIP 工艺和 DCC 工艺的汽油组成

(2) 催化蜡油性质与组成

当 MCC 工艺液相产品划分与 FCC、MIP 和 DCC 工艺不同时，MCC 工艺的液相产品分为五个不同的馏分段，分别为小于 65℃馏分油、65~170℃馏分油、170~245℃馏分油和催化蜡油。催化蜡油性质和组成列于表 7-8。从表 7-8 可以看出，随着反应温度的增加，环烷烃含量明显降低，而芳烃含量明显增加，氢含量

在11%左右，只能作为生产柴油和汽油的原料，不适合作为生产液化气(丙烯)原料。如作为多产丙烯的原料，该催化蜡油最好进行加氢处理，或者采用芳烃抽提技术，将馏分中的芳烃抽出，非芳烃作为多产丙烯的原料；如作为多产柴油的原料，可以直接进常规 FCC 装置。如何处理这部分催化蜡油在后面再详细地研究。

表 7-8　催化蜡油性质和质量组成

试验编号	07-7-13-4	07-7-17-3	07-7-18-1
重循环油编号	A	B	C
反应温度/℃	基准	+20	+40
氢含量/%	11.41	11.14	10.84
质量组成/%			
链烷烃	16.7	16.8	17.6
总环烷烃	34.7	30.8	27.2
总芳烃	45.6	48.3	50.6
胶质	3.0	4.1	4.6
合计	100.0	100.0	100.0

(3) 其他馏分段组成及其特点

小于65℃馏分油和65~170℃馏分油组成分别列于表 7-9、表 7-10。170~245℃馏分油组成分布如图 7-7 所示。

表 7-9　小于 65℃馏分油质量组成分布

试验编号	07-7-13-4	07-7-17-3	07-7-18-1
反应温度/℃	基准	+20	+40
组成/%			
正构烷烃	6.0	5.9	6.0
异构烷烃	6.5	7.9	6.6
正构烯烃	21.0	21.9	22.1
异构烯烃	61.0	58.8	57.8
环烷烃	2.9	3.0	3.5
芳烃	2.6	2.5	4.0
合计	100.0	100.0	100.0

表 7-10　65~170℃馏分油质量组成分布

试验编号	07-7-13-4	07-7-17-3	07-7-18-1
反应温度/℃	基准	+20	+40
组成/%			
正构烷烃	9.4	9.1	8.6
异构烷烃	9.3	9.1	7.5
正构烯烃	12.1	11.6	12.6
异构烯烃	42.8	41.9	43.5
环烷烃	9.9	9.6	8.9
芳烃	16.5	18.7	18.9
合计	100.0	100.0	100.0

从表 7-9 可以看出，小于 65℃馏分油的烯烃含量高达 80%以上，烷烃含量在 10%左右，这部分馏分油最适合作为多产丙烯的原料。从表 7-10 可以看出，65~170℃馏分油的烯烃含量为 50%以上，芳烃含量为 16%以上，烷烃含量也在 15%以上，这部分馏分油既适合作为多产丙烯和芳烃的原料，也适合作为生产低烯烃、低芳烃和高辛烷值汽油的原料。从图 7-7 可以看出，170~245℃馏分油的芳烃含量高达 60%以上，其中主要是单环芳烃；环烷烃含量约在 10%以上，这部分馏分油最适合作为多产芳烃的原料，也适合作为生产低烯烃和高辛烷值汽油的原料。

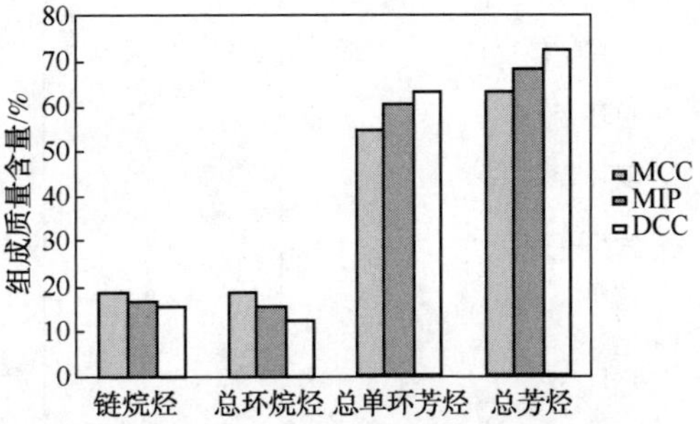

图 7-7　170~245℃馏分油组成

对照表 7-9 和表 7-10 可以看出，MCC 工艺液相产品中的碳七或碳七以下的组成主要是烯烃，碳八到碳十的组成主要是烯烃和芳烃，碳十以上的组成主要是芳烃和环烷烃。可以针对 MCC 工艺液相产品组成的特点，进行有目的地切割成不同的馏分段，作为其他炼油技术的原料油，以实现烃类高效利用。

7.1.4.4　MCC 工艺液相产品的组成变化

(1) MCC 工艺液相产品的组成变化

MCC 工艺液相产品中的链烷烃、环烷烃和芳烃含量随着反应深度的变化而不同，由于烷基和烷烃在催化剂上易裂化为小分子，所以在液相产品中难以确定烷基或烷烃链长的变化，只能定量地确定链烷烃的含量的变化，而芳烃在催化剂上难以裂化，大部分芳烃留在液相中，可以依据液相产品中单环芳烃、双环芳烃和多环芳烃含量变化来确定 MCC 工艺的合理转化水平。为了准确地算出液相产品中单环芳烃、双环芳烃和多环芳烃含量，对 170℃以上各馏分油中的链烷烃、环烷烃和芳烃含量进行加和计算，计算出在不同的反应深度下 170℃以上馏分油中的链烷烃、环烷烃和芳烃含量，其结果列于表 7-11。

表 7-11　大于 170℃馏分烃类组成及产率的变化与干气和焦炭产率变化的关系

试验编号	初始状态	07-7-13-4	07-7-17-3	07-7-18-1
反应温度/℃		基准	+20	+40
大于 170℃馏分油/%	100	35.32	32.21	27.83
转化率①增量/%	0	64.68	3.11	4.38
增量或减量/%				
链烷烃		-34.44	-20.20	-16.22
总环烷烃		-41.98	-75.80	-54.63
单环芳烃		-7.20	0.43	1.49
双环芳烃		-1.11	-5.38	1.86
多环芳烃		-0.80	-4.08	-30.03
胶质		-14.47	5.04	2.46
干气		3.28	18.97	21.00
焦炭		6.11	5.47	18.04

① 转化率定义为：100%-大于 170℃馏分油。

从表 7-11 可以看出，相对于原料油中的链烷烃、环烷烃和芳烃含量，当 170℃以上馏分油含量为 35.32%时，链烷烃、单环环烷烃大部分已发生了裂化反应，双环环烷烃和单环芳烃也发生了较充分的裂化反应，而双环芳烃和多环芳烃只有 2%参与反应；当 170℃以上馏分油含量从 35.32%降低到 32.21%时，双环芳烃和多环芳烃参与反应达到 9.46%，此时干气和焦炭的选择性变差；当 170℃以上馏分油含量从 32.21%降低到 27.83%时，双环芳烃和多环芳烃参与反应达到 28.17%，此时干气和焦炭的选择性之和也达到 39.04%。干气和焦炭的选择性变差与双环芳烃和多环芳烃参与反应密切相关。由此可以看出，MCC 工艺开发表面上是基于最佳转化率区间这一概念，实际上，MCC 工艺实现了原料油中不同类型烃类选择性的裂化反应，从而从分子水平上控制原料油中不同类型烃类的裂化反应。对于大庆重油，170℃以上馏分油产率在 35.32%左右，转化率处于最佳水平。

（2）多环芳烃化合物反应途径分析

从上述的试验结果可以看出，在较低的转化率下，烷烃结构基团的裂化反应占主导，随着转化率增加，多环芳烃参与反应的程度也越来越大，干气和焦炭产率的增加与双环芳烃和多环芳烃参与反应密切相关。由此可以推导，在不同的转化率下，双环芳烃和多环芳烃反应途径如图7-8所示。

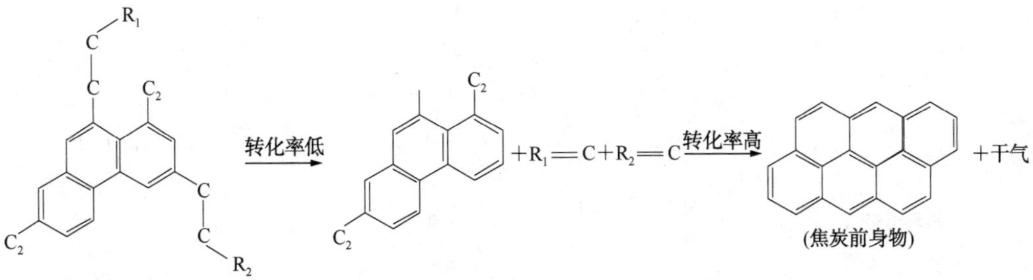

图7-8　多环芳烃在催化剂上反应途径

7.1.5　MCC与HVT集成工艺

MCC工艺产物分布显著的特点是催化蜡油产率较高，高达27.96%，如何有效加工这部分催化蜡油是MCC工艺能否有竞争力的关键。当采用催化蜡油加氢处理工艺(HVT)处理这部分催化蜡油时，可以更加高效利用这部分催化蜡油。重质或合成原油产量的增加，对重质燃料油的需求减少以及对清洁燃料的需求增长，迫使炼油企业开发更加有效的技术加工重质原油，生产清洁燃料油。加氢裂化和加氢处理技术在加工重质原油同时生产清洁燃料油方面所起的作用越来越重要。FCC原料油经加氢处理后，所生产的汽油产率增加，汽油烯烃和硫含量有所降低，FCC产率分布和产品性质得到了全面改善。

MCC工艺所提供的催化蜡油含有较多的短侧链双环芳烃和多环芳烃。这些短侧链双环芳烃和多环芳烃在加氢处理过程中容易生成环烷烃或单环芳烃，且难以发生裂化反应，从而由加氢处理过程所造成的轻质化程度有所减弱，产生的好处是耗氢量降低。

7.1.5.1　催化蜡油在中型加氢装置上试验研究

原料油为催化蜡油，所对应的原料油编号为C；原料C经加氢处理后，所对应的原料油编号为加氢C。两种原料油组成和性质列于表7-12。

表7-12　催化蜡油加氢前后烃类性质和组成分布

试验编号	07-7-18-1	07-7-18-1加氢
催化蜡油编号	C	加氢C
氢/%	10.84	13.26

续表

试验编号	07-7-18-1	07-7-18-1 加氢
质量组成/%		
链烷烃	17.6	26.6
总环烷烃	27.2	62.0
总芳烃	50.6	11.4
双环芳烃	20.1	1.9
三环芳烃	7.2	0.6
四环芳烃	4.9	0.6
胶质	4.6	0.0
合计	100.0	100.0

从表7-12可以看出，原料C经加氢处理后，其组成环烷烃含量由27.2%增加到62%，双环芳烃由20.1%降低到1.9%，多环芳烃由13.3%降低到1.3%，密度明显降低，而氢含量明显增加。

7.1.5.2 加氢催化蜡油在小型固定流化床装置上试验研究

原料C和加氢原料C分别在小型固定流化床反应器装置上进行试验，试验所使用的催化剂为FCC工艺催化剂MLC-500和DCC工艺专用催化剂MMC-2。催化蜡油和加氢催化蜡油的组成和性质见表7-12，所对应的重油编号分别为原料C和加氢原料C。原料C只进行常规的FCC工艺评价试验，而加氢原料C分别进行常规的FCC工艺和DCC工艺评价试验，试验条件与常规的FCC工艺和DCC工艺评价条件相同。操作条件和产物分布列于表7-13。

表7-13 催化蜡油在小型固定流化床装置上试验结果

试验编号	530-9-C	加氢C-FCC	加氢C-DCC
催化蜡油编号	C	加氢C	加氢C
催化蜡油产率/%	19.31	19.31	19.31
催化剂	MLC-500	MLC-500	MMC-2
操作条件			
反应温度/°C	500	500	530
剂油比	6	6	6
重时空速/h^{-1}	10	10	10
注水量/%	5	15	20
产品分布/%			

续表

试验编号	530-9-C	加氢 C-FCC	加氢 C-DCC
干气	1.18	0.79	1.75
液化气	8.68	12.16	19.92
汽油	30.67	64.38	43.79
轻循环油	35.23	16.40	25.64
重油	18.03	4.55	6.99
焦炭	6.21	1.72	1.91
合计	100.0	100.0	100.0
液化气产率/%	8.68	12.16	19.92
丙烷	1.02	2.04	2.06
丙烯	2.56	2.58	6.66
正丁烷	0.58	1.06	0.85
异丁烷	2.85	5.42	6.34
正丁烯	0.37	0.26	0.74
异丁烯	0.31	0.10	1.34
顺-2-丁烯	0.40	0.42	1.14
反-2-丁烯	0.58	0.27	0.78
合计	8.67	12.15	19.91

从表7-13可以看出，当采用FCC工艺评价时，原料C和加氢原料C在小型固定流化床装置上所产生的干气产率分别为1.18%和0.79%；液化气产率分别为8.68%和12.16%；汽油产率分别为30.67%和64.38%；轻循环油产率分别为35.23%和16.40%；重油产率分别为18.03%和4.55%；焦炭产率分别为6.21%和1.72%。由此可以看出，加氢原料C采用常规的FCC工艺加工时，可以生产较多的汽油，而干气、焦炭和重油产率明显降低，从而高效利用了这部分原料油。当采用DCC工艺评价时，加氢原料C在小型固定流化床装置上所产生的液化气产率为19.92%，汽油产率和轻循环油产率分别为43.78%和25.64%，而重油产率只有6.99%，焦炭产率只有1.91%。

7.1.5.3　MCC-HVT-DCC集成工艺和MCC-HVT-FCC集成工艺

MCC工艺与FCC工艺组合原则为MCC中型试验数据与该试验所产生的催化蜡油在小型固定流化床装置上的试验数据按产物分布进行加和，组合的试验编号为530-12-MC，其结果列于表7-14，该组数据作为参考数据[2]。

MCC-HVT-FCC工艺组合原则为MCC中型试验所产生的催化蜡油经HVT工

艺加氢处理，加氢处理后的原料在小型固定流化床装置上进行 FCC 工艺评价，所得到的产物分布与 MCC 中型试验产物分布进行加和，最终所得到的产物分布就是 MCC-HVT-FCC 工艺组合试验结果，其结果列于表 7-14。

MCC-HVT-DCC 工艺组合原则为 MCC 中型试验所产生的催化蜡油经 HVT 工艺加氢处理，加氢处理后的原料在小型固定流化床装置上进行 DCC 工艺评价，所得到的产物分布与 MCC 中型试验产物分布进行加和，最终所得到的产物分布就是 MCC-HVT-DCC 工艺组合试验结果，其结果列于表 7-14。

表 7-14 MCC-HVT-DCC、MCC-HVT-FCC 和 MCC-FCC 工艺试验结果

工艺类型	MCC-HVT-DCC	MCC-HVT-FCC	MCC-FCC[2]
试验编号	MR-DCC	MR-FCC	530-12-MC
物料平衡/%			
干气	3.97	3.78	3.86
液化气	40.11	38.60	37.93
丙烷	1.96	1.95	1.76
丙烯	18.61	17.82	17.81
丁烷	3.89	3.75	3.16
丁烯	15.65	15.08	15.20
C_5^+汽油	41.56	45.55	39.04
轻循环油	7.73	5.95	9.58
重油	1.35	0.88	3.48
焦炭	5.28	5.24	6.11
总计	100.0	100.0	100.0
转化率/%	90.92	93.17	86.94
总液收/%	89.41	90.10	86.55
丙烯含量/%	46.40	46.17	46.95
液化气/干气比	10.10	10.21	9.83

从表 7-14 可以看出，MCC-HVT-FCC 工艺的液化气产率为 38.60%，而 MCC-FCC 工艺的液化气产率为 37.93%；前者的汽油产率为 45.55%，而后者的汽油产率只有 39.04%；前者的干气产率、焦炭产率和重油产率分别为 3.78%、5.24%和 0.88%，而后者的干气产率、焦炭产率和重油产率分别为 3.86%、6.11%和 3.48%。因此，前者的液体收率高达 90.10%，明显高于后者，后者的总液体收率只有 86.55%。总之，相对于 MCC-FCC 工艺组合，MCC-HVT-FCC 工艺组合能够生产更多的液体产品，从而实现了石油资源高效利用。

从表7-14还可以看出，MCC-HVT-DCC工艺的液化气产率为40.11%，而MCC-FCC工艺的液化气产率为37.93%，前者的丙烯产率为18.61%，后者的丙烯产率为17.81%；前者的汽油产率为41.56%，后者的汽油产率只有39.04%；前者的干气产率、焦炭产率和重油产率分别为3.97%、5.28%和1.35%，后者的干气产率、焦炭产率和重油产率分别为3.86%、6.11%和3.48%。因此，前者的液体收率高达89.41%，明显高于后者，后者的总液体收率只有86.55%。总之，相对于MCC-FCC工艺组合，MCC-HVT-DCC工艺组合不仅能够生产更多的液体产品，而且生产更多的高价值产品丙烯，从而实现了石油资源高效利用。当采用HVT加氢处理技术处理催化蜡油时，具有以下特点：

(1) MCC工艺的催化蜡油经重油加氢处理后，加氢催化蜡油性质明显改善，芳烃含量大幅度降低，而环烷烃含量明显增加，氢含量达到13%以上。

(2) 加氢催化蜡油进行常规的FCC或DCC裂化反应所得到的产物分布特点为汽油产率高、液化气产率高，而重油和焦炭产率低。

(3) 当MCC-HVT-FCC/DCC工艺组合后，干气和焦炭产率进一步降低，重油产率明显减少。对于大庆重油，液体收率高达90%，并且丙烯产率大幅度增加，实现了石油资源的更加高效利用。

7.1.6 MCC与SED集成工艺

前面研究结果表明，当MCC-FCC工艺组合或MCC-HVT-FCC工艺组合时，在丙烯产率大幅度增加的同时，干气产率和焦炭产率仍在较低的水平，液体收率明显增加。当采用芳烃抽提工艺(SED)处理这部分催化蜡油，可以充分利用催化蜡油中的芳烃组分，从而为实现催化蜡油高效利用提供了新的技术途径。

前面研究已表明，MCC工艺的催化蜡油含有较多的多环芳烃，如果直接进催化裂化装置，将生成较多的焦炭、干气和重油，而催化蜡油中的多环芳烃可以作为化工原料，生产增塑剂、碳纤维、针状焦、表面活性剂及多环芳烃树脂。采用溶剂萃取方法可以将催化蜡油中的多环芳烃分离出来，作为其他化工装置的原料，而分离后的催化蜡油含有较多的烷烃，是优质的催化裂化的原料油。MCC工艺与SED工艺组合优势在于催化蜡油不同的烃类组成采用相适宜的工艺技术加工，从而干气产率和焦炭产率有所降低，并为其他的化工装置提供化工原料，实现了资源高效利用。与加氢处理工艺相比，仅涉及物理过程的溶剂芳烃抽提工艺具有装置建设费用较少和操作简便且操作成本低。

7.1.6.1 催化蜡油在芳烃抽提装置上试验研究

芳烃抽提试验是在中型芳烃抽提装置上进行的。原料油为催化蜡油，其组成和性质列于表7-15，所对应的原料油编号为原料A。原料A经抽提处理后分为抽出油和抽余油，其组成和性质也列于表7-15，所对应的原料油编号为抽余油A和抽出油A。

表7-15 催化蜡油抽提前后烃类质量组成分布

试验编号	07-7-13-4	07-7-13-4 抽余油	07-7-13-4 抽出油
馏分油编号	A	抽余油A	抽出油A
比例/%	100.0	59.41	40.59
原料油性质			
密度(20℃)/(g/cm^3)	0.9265	0.8638	1.0449
碳/%	87.80	86.02	89.49
氢/%	11.41	13.40	8.00
质量组成/%			
链烷烃	16.7	22.3	8.5
总环烷烃	34.7	55.6	4.1
总芳烃	45.6	22.1	80.0
双环芳烃	14.9	5.5	28.7
三环芳烃	6.2	0.7	14.3
四环芳烃	5.0	0.0	12.3
胶质	3.0	0.0	7.4
合计	100.0	100.0	100.0

从表7-15可以看出，原料A经抽提处理后，抽余油所占比例为59.41%，抽余油与催化蜡油相比，抽余油组成环烷烃含量由34.7%增加到55.6%，双环芳烃由14.9%降低到5.5%，胶质由3.0%降低到0%，芳烃主要是单环芳烃，单环芳烃是高辛烷值汽油的原料，密度明显降低，而氢含量明显增加，高达13.4%。抽出油中总芳烃含量高达80.0%，其中双环芳烃和三环芳烃及以上的芳烃为55%，这些芳烃可以作为化工原料，生产增塑剂、碳纤维、针状焦、表面活性剂及多环芳烃树脂。

7.1.6.2 催化蜡油抽余油在小型固定流化床装置上试验研究

原料A和抽余油A分别在小型固定流化床反应器装置上进行试验，试验所使用的催化剂为FCC工艺催化剂MLC-500和DCC工艺专用催化剂MMC-2。催化蜡油和催化蜡油抽余油的组成和性质见表7-15，所对应的重油编号分别为原料A和抽余油A。原料A只进行常规的FCC工艺评价试验，而抽余油A分别进行常规的 FCC 工艺和 DCC 工艺评价试验，试验条件与常规的 FCC 工艺和 DCC 工艺评价条件相同。操作条件和产物分布列于表 7-16。

表 7-16 催化蜡油和抽余油在小型固定流化床装置上试验结果

试验编号	490-10-A	抽余油 A-FCC	抽余油 A-DCC
馏分油编号	A	抽余油 A	抽余油 A
馏分油产率/%	27.96	16.61	16.61
操作条件			
反应温度/°C	500	500	530
剂油比	6	6	6
重时空速/h^{-1}	10	10	10
注水量/%	5	15	20
产品分布/%			
干气	1.4	1.25	2.47
液化气	10.79	18.73	27.42
汽油	35.73	58.36	41.53
轻循环油	31.90	13.91	16.28
重油	15.15	4.88	10.54
焦炭	5.03	2.87	1.76
合计	100.0	100.0	100.0
液化气产率/%	10.79	18.73	27.42
丙烷	1.40	2.19	2.32
丙烯	3.12	5.10	10.22
正丁烷	0.73	1.16	0.93
异丁烷	3.70	7.29	5.96
正丁烯	0.40	0.61	1.28
异丁烯	0.35	0.81	3.40
顺-2-丁烯	0.44	0.63	1.33
反-2-丁烯	0.65	0.94	1.98
合计	10.79	18.73	27.42

从表 7-16 可以看出，当采用 FCC 工艺评价时，原料 A 和抽余油 A 在小型固定流化床装置上所产生的干气产率分别为 1.40%、和 1.25%；液化气产率分别为 10.79%和 18.73%；汽油产率分别为 35.73%和 58.36%；轻循环油产率分别为 31.90%和 13.91%；重油产率分别为 15.15%和 4.88%；所产生的焦炭产率分别

为5.03%和2.87%。由此可以看出，抽余油采用常规的FCC工艺加工时，可以生产较多的汽油，而干气、焦炭和重油产率明显降低，从而高效利用了这部分原料油。当采用DCC工艺评价时，抽余油在小型固定流化床装置上所产生的液化气产率为27.42%，汽油产率和轻循环油产率分别为41.52%和16.28%，而重油产率为10.54%，焦炭产率只有1.76%。

7.1.6.3 MCC-SED-DCC工艺组合和MCC-SED-FCC工艺组合

MCC工艺与FCC工艺组合原则为MCC中型试验数据与该试验所产生的催化蜡油在小型固定流化床装置上的试验数据按产物分布进行加和，组合的试验编号为490-12-MA，其结果列于表7-17，以该组数据作为参考数据。

MCC-SED-FCC工艺组合原则为MCC中型试验所产生的催化蜡油经抽提工艺抽提处理，抽提处理后的抽余油作为原料在小型固定流化床装置上进行FCC工艺评价，所得到的产物分布与MCC中型试验产物分布进行加和，组合试验编号为MCC-SED-FCC工艺组合试验结果，其结果列于表7-17。

MCC-SED-DCC工艺组合原则为MCC中型试验所产生的催化蜡油经SED工艺抽提处理，抽提处理后的抽余油作为原料在小型固定流化床装置上进行DCC工艺评价，所得到的产物分布与MCC中型试验产物分布进行加和，组合试验编号为MCC-SED-DCC，其结果列于表7-17。

表7-17 MCC-SED-DCC、MCC-SED-FCC和MCC-FCC工艺中型试验结果

工艺类型	MCC-SED-DCC	MCC-SED-FCC	MCC-FCC
试验编号	MS-DCC	MS-FCC	490-12-MA[2]
物料平衡/%			
干气	2.53	2.33	2.51
液化气	36.65	35.21	35.11
丙烷	1.86	1.84	1.86
丙烯	16.12	15.27	15.29
丁烷	3.54	3.80	3.63
丁烯	15.15	14.32	14.33
C_5^+汽油	38.42	41.20	41.50
轻循环油	5.06	4.67	11.28
重油	1.75	0.81	4.24
抽出油	11.35	11.35	0

续表

工艺类型	MCC-SED-DCC	MCC-SED-FCC	MCC-FCC
焦炭	4.24	4.43	5.36
合计	100.0	100.0	100.0
转化率/%	81.84	83.17	84.48
总液收/%	80.13+11.35	81.08+11.35	87.89
丙烯含量/%	43.98	43.37	43.55
液化气/干气比	14.49	15.11	13.99

从表7-17可以看出，MCC-SED-FCC工艺的液化气产率为35.21%，而MCC-FCC工艺的液化气产率为35.11%；前者的汽油和轻循环油的产率分别为41.20%和4.67%，而后者的汽油和轻循环油产率分别为41.50%和11.28%；前者的干气产率、焦炭产率和重油产率分别为2.33%、4.43%和0.81%，而后者的干气产率、焦炭产率和重油产率分别为2.51%、5.36%和4.24%。因此，前者的液收为81.08%，后者的总液收为87.89%，前者虽然催化反应液收低于后者，但前者同时获得了富含芳烃的抽出油11.35%，而干气产率、焦炭产率和油浆产率明显低于后者。

总之，相对于MCC-FCC工艺组合，MCC-SED-FCC工艺组合不仅能够生产较多的液体产品，而且能获得价值较高的化工原料，从而实现了石油资源高效利用。

从表7-17还可以看出，MCC-SED-DCC工艺的液化气产率为36.65%，而MCC-FCC工艺的液化气产率为35.11%，前者的丙烯产率为16.12%，而后者的丙烯产率为15.29%；前者的汽油产率为38.42%，而后者的汽油产率为41.50%；前者的干气产率、焦炭产率和重油产率分别为2.53%、4.24%和1.75%，而后者的干气产率、焦炭产率和重油产率分别为2.51%、5.36%和4.24%。前者的液收为80.13%，后者的总液收为87.89%，前者虽然催化反应液收低于后者，但前者同时获得了富含芳烃的抽出油11.35%。

从表7-15可以看出，催化蜡油的抽出油含有高达80%的芳烃，主要为双环芳烃、三环芳烃和四环芳烃，因此，催化蜡油抽出油可以作为下游化工装置的化工原料。此外，与MCC-HVT-FCC组合工艺相比，仅涉及物理过程的溶剂芳烃抽提工艺具有装置建设费用较少和操作简便且操作成本低。

总之，相对于MCC-FCC工艺组合，MCC-SED-DCC工艺组合不仅能够生产较多的液体产品，后者同时获得了富含芳烃的抽出油，而且生产更多的高价值产品丙烯，从而实现了石油资源高效利用。与芳烃抽提技术组合时，具有以下优点：

(1)MCC 工艺的催化蜡油经芳烃抽提后，抽余油性质明显改善，芳烃含量明显降低，而环烷烃含量明显增加，抽余油氢含量达到 13%以上。

(2)抽余油进行常规的 FCC 或 DCC 裂化反应所得到的产物分布特点为汽油产率高、液化气产率高，而重油和焦炭产率低，抽出油中总芳烃高达 80%，也是较好的化工原料。

(3)当 MCC-SED-FCC/DCC 工艺组合后，干气和焦炭产率进一步降低，重油产率明显减少。对于大庆重油，液体收率高达 80%，获得高价值化工原料高达 11%，并且丙烯产率大幅度增加，实现了石油资源更加高效的利用。

7.2 碳四烯烃转化为丙烯的催化裂化工艺

随着炼油和石油化学工业的不断发展，对乙烯和丙烯的需求也不断增加，因为这些烯烃是重要的有机化工基础原料。催化裂解或催化裂化装置可以多产丙烯以填补市场需求量，多产丙烯一直是催化裂化工艺所追求的目标之一。

由于国内即将推广乙醇车用汽油，MTBE 不再作为车用汽油调合组分，碳四烯烃如何高效利用成为炼油企业面临的急需解决的问题。基于此，在变径流化床反应器技术平台上，开发出碳四烯烃转化为丙烯的催化裂化工艺(Butylene to Propylene，简称 BTP)。

7.2.1 BTP 工艺化学反应及技术特点

碳四烯烃自身难以断裂成丙烯，必须先通过碳四烯烃叠合，然后再进行断裂生成丙烯。碳四烯烃叠合反应和叠合后产物断裂反应途径如下[4]：

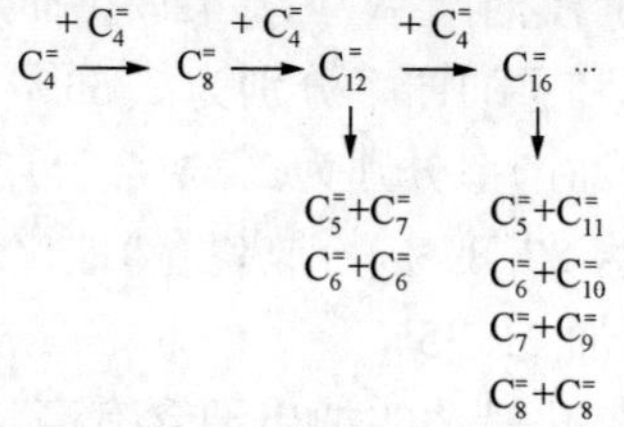

烯烃叠合反应需要较低的反应温度，而叠合后的产物作为催化裂化装置原料生产丙烯需要较高的反应温度，只能在烯烃叠合与叠合后的产物裂解之间寻求平衡点以多产丙烯。

BTP 工艺特点是将富含烯烃的碳四组分注入到变径流化床第二反应区底部或者第一反应区底部。

7.2.2　试验装置和试验方法

试验是在以变径流化床为反应器的连续催化裂化装置上进行的，其流程见第5章图5-4。试验所用的原料油是中东馏分油（以下简称VGO），而C_4取自工业装置（以下简称C_4），它们的组成列于表7-18。从表7-18可以看到，VGO原料油密度0.9154g/cm^3、残炭0.18%、硫含量2.0%、氢含量12.03%、饱和烃64.0%、芳烃32.0%、胶质4.0%；C_4原料中C_4和C_3组成分别为85.49%、14.51%，C_3组成中的丙烯1.40%、丙烷13.11%。CGP-2催化剂是新鲜催化剂在中型水热老化处理装置上进行老化处理，水蒸气温度为800°C，老化处理时间为10h。微反活性为69。

表7-18　VGO性质和C_4组分

原料油性质		VGO	C_4组成/%	
密度(20℃)/(g/cm^3)		0.9154	氢气	0.00
折光率(70℃)		1.4926	硫化氢	0.00
运动黏度/(mm^2/s)	50℃	34.14	甲烷	0.00
	100℃	6.962	乙烷	0.00
凝点/℃		35	乙烯	0.00
苯胺点/℃		82	丙烷	13.11
残炭/%		0.18	丙烯	1.40
四组分组成/%			异丁烷	14.35
饱和烃		64.0	正丁烷	7.64
芳烃		32.0	1-丁烯	11.91
胶质		4.0	异丁烯	26.88
沥青质		0	2-反丁烯	14.82
元素组成/%			2-顺丁烯	9.89
C		85.38	1,3-丁二烯	0.00
H		12.03	总计	100.00
S		2.0		
N		0.16		

试验操作条件：第一反应区出口温度为510℃，第二反应区温度为490℃，再生温度为680℃，雾化水为10%。试验内容为不同C_4进料量及C_4进料注入口位于反应器不同部位对丙烯产率的影响，为工业装置实施BTP工艺提供试验数据。C_4进料注入口分为下进料和上进料，下进料位于第一反应区底部，而上进料位于第二反应区底部。

7.2.3 试验结果及讨论

7.2.3.1 C_4下进料方式以及不同进料量

原料油 VGO 和 C_4均注入第一反应区底部，C_4下进料量占 VGO 进料量分别为 5%、7.5%和 10%，其他操作条件不变，试验结果列于表 7-19。

表 7-19 C_4不同进料量在下进料方式下的试验结果

试验编号	RU-9-13-2	RU-9-20-3	RU-9-22-5	RU-9-20-5
C_4/%(下进口)	0.0	5.0	7.5	10.0
反应时间/s	6.28	5.98	5.87	5.76
产物分布/%				
H_2+C_2	3.26	3.32	3.28	3.37
液化气	23.53	27.89	29.47	32.53
C_5^+汽油	43.52	40.82	41.48	41.03
轻循环油	13.53	14.64	14.94	14.84
重油	8.07	10.02	10.15	9.99
焦炭	8.09	8.31	8.18	8.24
合计	100.00	105.00	107.50	110.00
丙烯产率/%	8.36	9.20	9.40	9.89

从表 7-19 可以看出，随着 C_4下进料量的变化，产物分布相应地也发生变化。试验编号 RU-9-13-2 与 RU-9-20-3 相比，当 C_4进料量由 0%增大到 5%时，汽油产率下降了 2.70 个百分点，焦炭、重油、轻循环油和液化气产率分别增加 0.22、1.95、1.11 和 4.36 个百分点，液化气产率中丙烯产率增加 0.84 个百分点，干气产率相当。

试验编号 RU-9-13-2 与 RU-9-22-5 相比，当 C_4进料量由 0%增大到 7.5%时，汽油产率下降了 1.04 个百分点，重油、轻循环油和液化气产率分别增加 2.08、1.41 和 5.94 个百分点，液化气产率中丙烯产率增加 1.04 个百分点，干气产率相当，焦炭产率稍有增长。

试验编号 RU-9-13-2 与 RU-9-20-5 相比，当 C_4进料量由 0%增大到 10%时，汽油产率下降了 2.49 个百分点；重油、轻循环油和液化气产率分别增加 1.92、1.31 和 9.00 个百分点，液化气产率中丙烯产率增加 1.53 个百分点，干气产率相当，焦炭产率稍有增长。

对于C_4下进料方式，C_4进料量与丙烯产率之间关系见图7-9。从图7-9可以看出，随着C_4进料量增加，丙烯产率直线上升。相对于C_4上进料方式，采用下进料方式，C_4进料量应该在7.5%以上更为合适。

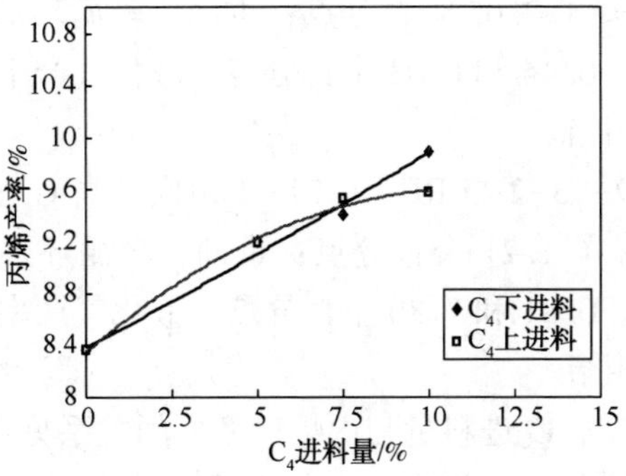

图7-9　C_4进料量与丙烯产率之间关系

7.2.3.2　C_4上进料方式以及不同进料量

VGO注入第一反应区底部，C_4注入第二反应区底部，C_4上进料量占VGO进料量分别为5%、7.5%和10%，其他操作条件不变，试验结果列于表7-20。

表7-20　C_4不同进料量在上进料方式下的试验结果

试验编号	RU-9-21-5	RU-9-22-3	RU-9-21-2	RU-9-21-7
C_4/%(上进口)	5.0	7.5	10.0	7.5
雾化水/%	10			20
反应时间/s	5.89	5.73	5.69	5.29
物料平衡/%				
H_2+C_2	3.34	3.25	3.27	3.10
液化气	27.48	29.56	31.33	29.70
C_5^+汽油	41.10	41.47	42.31	41.57
轻循环油	14.54	14.81	14.61	14.99
重油	10.00	9.88	9.98	10.95
焦炭	8.54	8.53	8.50	7.19
合计	105.00	107.50	110.00	107.50
丙烯产率/%	9.18	9.52	9.57	10.07

从表7-20可以看出，试验编号RU-9-13-2与RU-9-21-5相比，当C_4上进料量由0%增大到5%时，汽油产率下降了2.42个百分点；重油、轻循环油、焦

炭和液化气产率分别增加1.93、1.01、0.45和3.95个百分点，液化气产率中丙烯产率增加0.82个百分点，干气产率相当。

以试验编号RU-9-13-2与RU-9-22-3相比，当C_4上进料量由0%增大到7.5%时，汽油产率下降了2.05个百分点；重油、轻循环油、焦炭和液化气产率分别增加1.81、1.28、0.44和6.03个百分点，液化气产率中丙烯产率增加1.16个百分点，干气产率相当。

以试验编号RU-9-13-2与RU-9-21-2相比，当C_4上进料量由0%增大到10%时，汽油产率下降了1.21个百分点；重油、轻循环油、焦炭和液化气产率分别增加1.91、1.08、0.41和7.80个百分点，液化气产率中丙烯产率增加1.21个百分点，干气产率相当。

对于C_4上进料方式，C_4进料量与丙烯产率之间关系见图7-9。从图7-9可以看出，随着C_4进料量增加，丙烯产率开始上升较快，当C_4进料量超过7.5%后，丙烯产率增加幅度趋缓。相对于C_4下进料方式，采用上进料方式，C_4进料量应该在5.0%左右更为合适。

7.2.4 BTP工艺实施方案

当C_4进料量占新鲜原料进料量超过7.5%时，最好选择从反应器底部注入或者与新鲜原料同时注入。当C_4进料量占新鲜原料进料量小于7.5%时，最好选择从第二反应区底部注入。当然，更加优化的实施方案将烯烃叠合反应与叠合后的产物断裂反应分开，也就是说，将C_4烯烃送到单独的烯烃叠合装置进行叠合反应，叠合后的产物再返回到催化裂化装置进行催化裂化反应生产丙烯。

7.3 甲醇制取低碳烯烃工艺

低碳烯烃，尤其是乙烯和丙烯，作为基本有机化工原料，在现代石油和化学工业中具有举足轻重的地位。制取低碳烯烃的方法大致可以分为两大类，即传统石油路线和新兴非石油路线。传统的石油路线制取低碳烯烃的方法主要是通过蒸汽裂解和催化裂解工艺生产。自21世纪10年代以来，世界各国开始致力于研发非石油资源制取低碳烯烃的路线，取得了一些进展；煤或天然气生产合成气的工艺已经工业化，且已经实现大型化生产。从装置大型化的角度考虑，由合成气生产甲醇，然后再由甲醇制备低碳烯烃及其他油品，是最易实现大型化生产的路线。因此，该路线受到越来越多的重视[5]。

甲醇制取低碳烯烃最初使用的催化剂为硅铝酸盐或分子筛[6,7]，孔径在0.45nm左右的小孔分子筛，如菱分子筛、毛分子筛、T分子筛和ZK-5等。由于孔径的限制，甲醇在小孔分子筛上转化主要得到 $C_2 \sim C_4$烯烃。但小孔分子筛容易快速积炭，因而反应周期很短，需要频繁再生。孔径为 0.5~0.6nm 的中孔分子筛也是甲醇制取低碳烯烃反应较好的分子筛，如 HZSM-5 等。HZSM-5 酸性较强，反应活性高，但乙烯选择性较差而丙烯和 C_6^+芳烃的产率较高。另一类广泛使用的催化剂是磷酸盐分子筛(ELAPO 和 MeAPO)[8]。许多 SAPO 族分子筛可以用于甲醇转化为烯烃，优选孔径介于吸附氙(动力学直径为 0.4nm)和排斥异丁烷(动力学直径为 0.5nm)的分子筛，特别优选 SAPO-34 分子筛。

甲醇制烯烃主反应是体积增大反应，因此，现有反应系统根据传统思维采用低压反应，反应采用密相流化床反应器，如果要设计单套处理量更大的甲醇制取低碳烯烃装置，反应器直径、进料分配将面临挑战。如果提高反应压力的同时，低碳烯烃的选择性不降低，那么可以解决现有技术存在的一些问题。因此，在加压固定流化床试验装置上考察了甲醇制取低碳烯烃的主要影响因素。

7.3.1　试验装置和试验方法

试验是在加压固定流化床实验装置上进行的，其原则流程图如图 7-10 所示。先将催化剂装入反应器，原料气经管线进入预热器，预热后的原料气由反应器顶部进入反应器，经管线从反应器底部进入催化剂床层，与催化剂接触并进行反应，进料终止后注入氮气进行汽提，反应产物经反应器顶部过滤器过滤后，进入冷却系统，分离成气体产物和液体产物，经计量和色谱分析。带炭催化剂通入空气烧焦再生，再生空气流量为 150L/h，再生温度为 535℃，得到的烟气经计量并测定其组成。

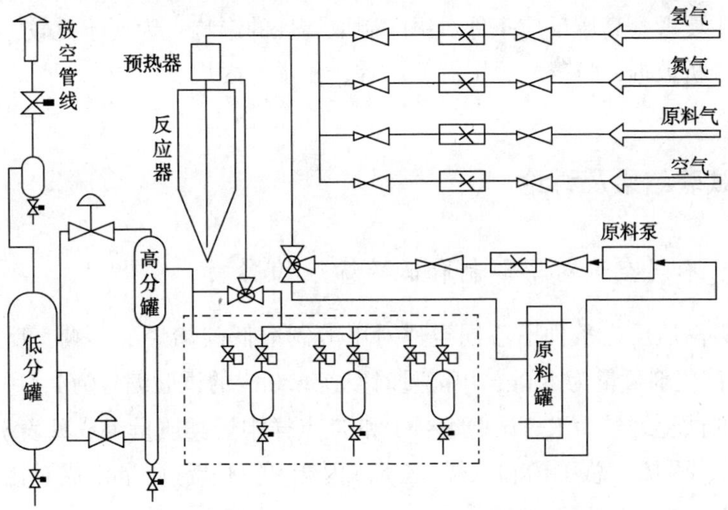

图 7-10　加压流化床实验装置原则流程图

试验采用甲醇作为反应原料，来自北京化工厂，分析纯，相对分子质量32.04。进料前甲醇试剂和蒸馏水进行混合配制甲醇质量分数为83.33%的含水甲醇原料。

催化剂采用实验室制备的含SAPO-34分子筛催化剂，催化剂编号MDC-中-30X，新鲜催化剂性质见表7-21。从表7-21可以看出，比表面积为300m^2/g，基质比表面积为107m^2/g，微孔比表面积为193m^2/g，总孔体积为0.241mL/g，微孔体积为0.089mL/g，Na_2O质量分数为0.21%，Al_2O_3质量分数为35.4%，SiO_2质量分数为43.9%，SO_3质量分数为0.38%。

表7-21 催化剂性质

编号	MDC-中-30X	编号	MDC-中-30X
比表面积/(m^2/g)	300	Na_2O质量分数/%	0.21
基质面积/(m^2/g)	107	Al_2O_3质量分数/%	35.4
微孔面积/(m^2/g)	193	SiO_2质量分数/%	43.9
总孔体积/(mL/g)	0.241	SO_3质量分数/%	0.38
微孔体积/(mL/g)	0.089		

采样以采集点样的方式进行。以试验编号A为例，样品编号规则为进料4min点样编号A-1，进料7min点样编号A-2，进料10min点样编号A-3，进料13min点样编号A-4，进料16min点样编号A-5，进料19min点样编号A-6，进料22min点样编号A-7。

试验主要考察高压反应条件对甲醇制取烯烃的影响。为便于比较，根据裂化气体色谱分析数据，将氢气、甲烷、乙烷、乙烯、丙烷、丙烯、丁烷、丁烯进行归一处理。

7.3.2 试验结果及讨论

7.3.2.1 不同空速对甲醇制取低碳烯烃的影响

为考察高压反应条件下不同空速对甲醇制取低碳烯烃的影响，反应压力为1.0MPa，催化剂藏量为150g，甲醇重时空速6.0h^{-1}的试验编号为I，甲醇重时空速7.0h^{-1}的试验编号为K。试验编号I和K点样中烃类质量组成见表7-22和表7-23，乙烯、丙烯、总丁烯和三烯(乙烯+丙烯+总丁烯)质量组成对比分别见图7-11至图7-14。

表 7-22　试验编号 I 不同点样烃类质量组成　%

样品编号	I-1	I-2	I-3	I-4	I-5	I-6	I-7
氢气	0. 30	0. 60	0. 78	0. 79	0. 99	0. 17	1. 10
甲烷	3. 58	2. 30	2. 75	3. 75	5. 07	1. 80	5. 47
乙烯	14. 20	22. 55	28. 80	31. 11	30. 79	32. 54	20. 94
乙烷	2. 45	5. 02	4. 57	3. 86	3. 50	1. 53	2. 65
丙烯	20. 77	39. 69	42. 13	42. 46	43. 95	45. 95	43. 16
丙烷	45. 12	18. 86	10. 57	5. 58	3. 37	3. 83	5. 56
1,3-丁二烯	0. 00	0. 04	0. 04	0. 07	0. 09	0. 30	0. 18
反-2-丁烯	2. 61	3. 25	3. 20	3. 86	3. 92	9. 40	6. 77
顺-2-丁烯	1. 86	2. 37	2. 38	2. 93	2. 93	9. 35	5. 46
正丁烯	2. 01	2. 58	2. 68	3. 59	3. 68	11. 40	5. 77
异丁烯	0. 84	0. 99	1. 12	1. 12	0. 96	2. 17	1. 41
异丁烷	0. 17	0. 21	0. 09	0. 20	0. 17	0. 35	0. 27
正丁烷	6. 10	1. 54	0. 90	0. 68	0. 59	1. 21	1. 25
乙烯+丙烯	34. 97	62. 25	70. 94	73. 57	74. 74	78. 49	64. 11
总丁烯	7. 31	9. 23	9. 43	11. 56	11. 57	12. 62	19. 60
三烯	42. 28	71. 47	80. 36	85. 14	86. 31	91. 10	83. 71

从表 7-22 可以看出，随着反应时间的延长，气体中乙烯质量分数大致呈先增加后降低的趋势，质量分数最高值是点样 I-4 的 31. 11%，总体来说反应时间在一定时间内气体中乙烯质量分数较高；丙烯质量分数在进料初始阶段相对较低，质量分数最高值是点样 I-6 的 45. 95%，总体来说反应时间在数分钟以后均处于较高水平；总丁烯质量分数总体呈逐渐增加趋势，质量分数最高值是点样 I-6的 32. 62%，总体来说反应时间在数分钟以后均处于较高水平；乙烯+丙烯质量分数总体呈逐渐增加趋势，质量分数最高值是点样 I-5 的 74. 74%，总体来说反应时间在一定时间内气体中乙烯+丙烯质量分数较高；三烯质量分数在初始反应阶段相对较低，质量分数最高值是点样 I-6 的 91. 10%，总体来说反应时间在数分钟以后均处于较高水平。

表 7-23　试验编号 K 不同点样烃类质量组成　%

样品编号	K-1	K-2	K-3	K-4	K-5	K-6	K-7
氢气	0. 29	0. 48	0. 70	0. 66	0. 67	0. 71	1. 19
甲烷	3. 19	2. 05	2. 80	3. 61	3. 78	4. 22	6. 01
乙烯	12. 06	23. 89	29. 03	31. 04	26. 20	20. 82	23. 90

续表

样品编号	K-1	K-2	K-3	K-4	K-5	K-6	K-7
乙烷	2.38	4.42	4.24	3.55	3.14	2.74	3.00
丙烯	19.69	42.50	43.54	44.73	44.97	43.39	43.56
丙烷	46.36	15.65	7.92	3.98	5.12	6.95	4.76
1,3-丁二烯	0.00	0.04	0.07	0.08	0.05	0.00	0.14
反-2-丁烯	3.12	3.35	3.67	3.91	5.21	6.74	5.76
顺-2-丁烯	2.25	2.48	2.82	3.02	4.01	5.58	4.55
正丁烯	2.19	2.75	3.17	3.80	4.78	6.03	4.89
异丁烯	0.97	0.90	1.11	0.99	1.14	1.40	1.14
异丁烷	0.20	0.05	0.09	0.13	0.18	0.26	0.23
正丁烷	7.31	1.43	0.85	0.50	0.76	1.17	0.87
乙烯+丙烯	31.75	66.39	72.57	75.77	71.16	64.21	67.46
总丁烯	8.52	9.52	10.84	11.80	15.18	19.75	16.48
三烯	40.27	75.91	83.41	87.57	86.35	83.96	83.94

从表 7-23 可以看出，随着反应时间的延长，气体中乙烯质量分数大致呈先增加后降低的趋势，质量分数最高值是点样 K-4 的 31.04%，总体来说反应时间在一定时间内气体中乙烯质量分数较高；丙烯质量分数在进料初始阶段相对较低，质量分数最高值是点样 K-5 的 44.97%，总体来说反应时间在数分钟以后均处于较高水平；总丁烯质量分数总体呈逐渐增加趋势，质量分数最高值是点样 K-6的 19.75%，总体来说反应时间在数分钟以后均处于较高水平；乙烯+丙烯质量分数总体呈逐渐增加趋势，质量分数最高值是点样 K-5 的 75.77%，总体来说反应时间在一定时间内气体中乙烯+丙烯质量分数较高；三烯质量分数在初始反应阶段相对较低，质量分数最高值是点样 K-4 的 87.57%，总体来说反应时间在数分钟以后均处于较高水平。

从图 7-11 可以看出，在反应时间从开始到数分钟内，试验 I 和试验 K 的气体中乙烯质量分数大致相当；随着反应时间的延长，试验 K 的气体中乙烯质量分数有所降低。从图 7-12 可以看出，试验 I 的气体中丙烯质量分数低于试验 K，说明高空速有利于多产丙烯。从图 7-13 可以看出，试验 I 的气体中总丁烯质量分数低于试验 K，说明高空速有利于多产丁烯。从图 7-14、表 7-22 和表 7-23 可以看出，与高空速反应条件相同时间点的气体中三烯质量分数相比，低空速反应条件在反应时间达到数分钟后，三烯质量分数降低了 4.44 个百分点，降低幅度为 5.85%；反应时间再增加几分钟后，三烯质量分数降低 3.05 个百分点，降低幅度 3.66%；反应时间再继续增加几分钟后，三烯质量分数降低 2.43 个百分点，降低幅度2.77%。总体来说，高空速有利于多产低碳烯烃。

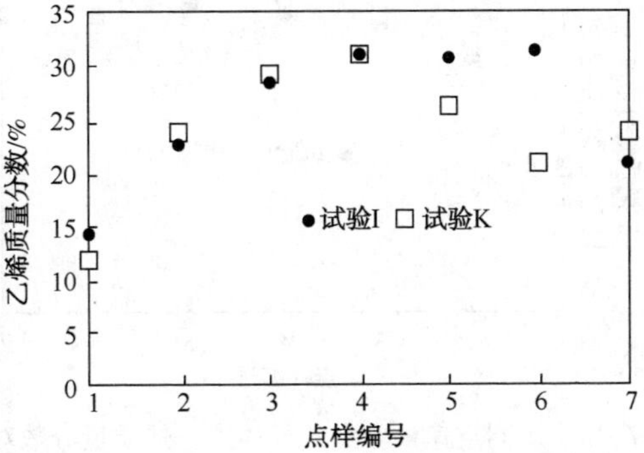

图7-11　不同空速试验点样气体中乙烯质量分数对比

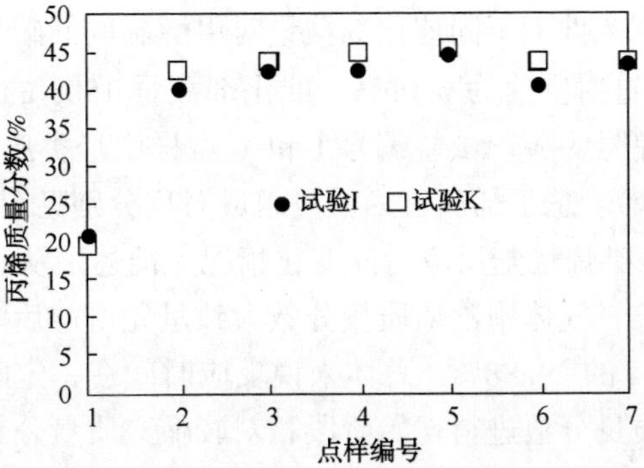

图7-12　不同空速试验点的气体中丙烯质量分数对比

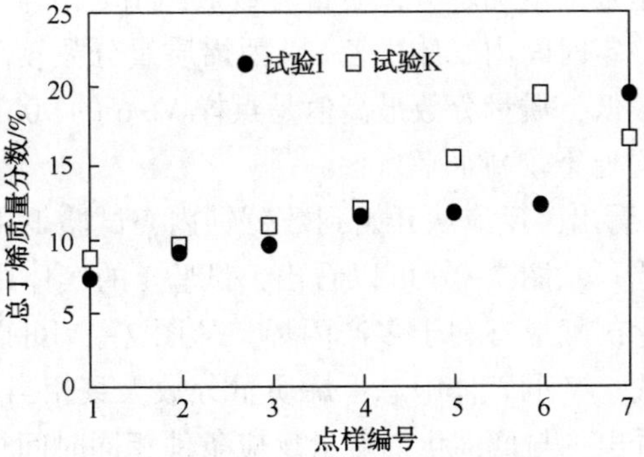

图7-13　不同空速试验点的气体中总丁烯质量分数对比

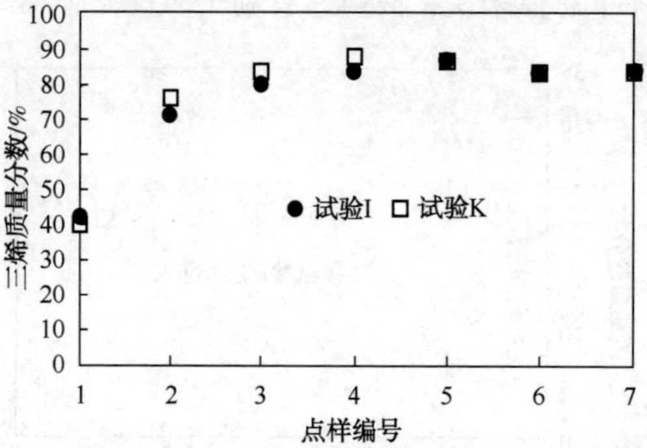

图 7-14 不同空速试验点的气体中三烯质量分数对比

7.3.2.2 不同催化剂藏量对甲醇制取低碳烯烃的影响

为考察高压反应条件下不同催化剂藏量对甲醇制取低碳烯烃的影响，反应压力为1.0MPa，甲醇重时空速为6.0h^{-1}，催化剂藏量150g的试验编号为I；催化剂藏量80g的试验编号为V。试验编号I和V点样中烃类质量组成见表7-22和表7-24，乙烯、丙烯、总丁烯和三烯质量组成对比分别见图7-15至图7-18。

试验I气体中各类烯烃随反应时间变化情况见前述。从表7-24中可以看出，随着反应时间的延长，气体中乙烯质量分数大致呈先增加后降低的趋势，质量分数最高值是点样V-4的29.88%，总体来说反应时间在一定时间内气体中乙烯质量分数较高；丙烯质量分数进料初始阶段相对较低，质量分数最高值是点样V-6的48.79%，总体来说反应时间在数分钟以后均处于较高水平；总丁烯质量分数总体呈逐渐增加趋势，总体来说反应时间在数分钟以后均处于较高水平；乙烯+丙烯质量分数总体呈逐渐增加趋势，质量分数最高值是点样V-5的77.23%，总体来说反应时间在一定时间内气体中乙烯+丙烯质量分数较高；三烯质量分数在初始反应阶段相对较低，质量分数最高值是点样V-6的90.31%，总体来说反应时间在数分钟以后均处于较高水平。

从图7-15可以看出，反应从开始到数分钟内，试验I和试验V的气体中乙烯质量分数大致相当。从图7-16可以看出，试验I的气体中丙烯质量分数低于试验V，说明低催化剂藏量有利于多产丙烯。从图7-17可以看出，反应在一定时间内，试验I和试验V的气体中总丁烯质量分数大致相当。从图7-18、表7-22和表7-24可以看出，与低催化剂藏量反应条件相同时间点的气体中三烯质量分数相比，高催化剂藏量反应条件反应时间在数分钟后，三烯质量分数降低7.79个百分点，降低幅度9.83%；反应时间再增加几分钟后，三烯质量分数降低2.81个百分点，降低幅度3.38%；反应时间再继续增加几分钟后，三烯质量分数降低 2.50 个百分点，降低幅度 2.85%。总体来说，较低催化剂藏量，相应地较高的重时空速有利于多产低碳烯烃。

表 7-24　试验编号 V 不同点样烃类质量组成　%

样品编号	V-1	V-2	V-3	V-4	V-5	V-6	V-7
氢气	0.26	0.16	0.42	0.41	0.64	0.73	0.60
甲烷	2.32	1.21	1.96	2.42	3.34	3.59	3.24
乙烯	14.96	25.41	28.57	29.88	29.24	28.37	26.35
乙烷	1.45	2.93	3.30	2.84	2.76	2.38	2.27
丙烯	24.24	44.26	44.83	46.17	47.99	48.79	48.08
丙烷	35.31	14.60	10.01	5.92	2.93	2.43	3.87
1,3-丁二烯	0.00	0.00	0.05	0.06	0.08	0.09	0.11
反-2-丁烯	5.00	3.70	3.39	4.07	4.22	4.53	5.34
顺-2-丁烯	3.54	2.60	2.53	3.01	3.25	3.43	3.96
正丁烯	3.05	2.63	3.04	3.61	4.16	4.25	4.40
异丁烯	1.12	0.66	0.76	0.83	0.84	0.84	0.91
异丁烷	0.41	0.08	0.14	0.08	0.12	0.13	0.19
正丁烷	8.34	1.76	1.01	0.69	0.45	0.42	0.70
乙烯+丙烯	39.20	69.67	73.40	76.05	77.23	77.16	74.42
总丁烯	12.72	9.60	9.77	11.59	12.55	13.15	14.71
三烯	51.92	79.26	83.17	87.64	89.77	90.31	89.14

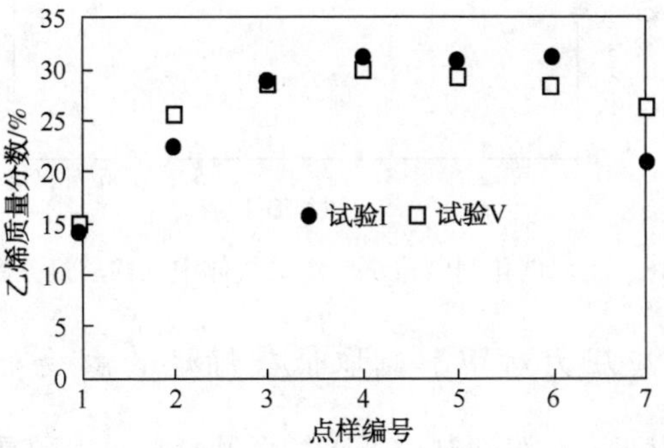

图 7-15　不同催化剂藏量试验点的气体中乙烯质量分数对比

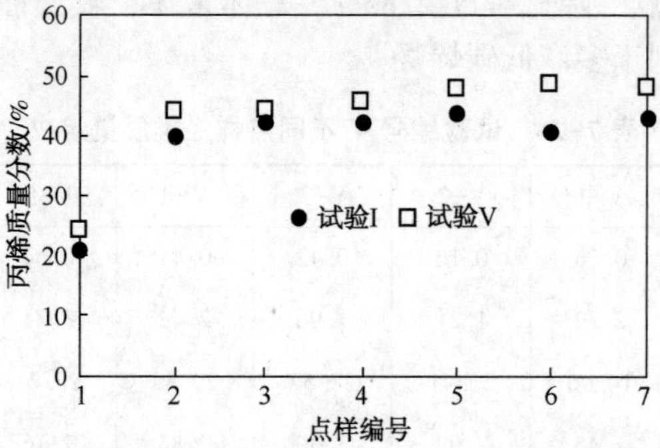

图 7-16　不同催化剂藏量试验点的气体中丙烯质量分数对比

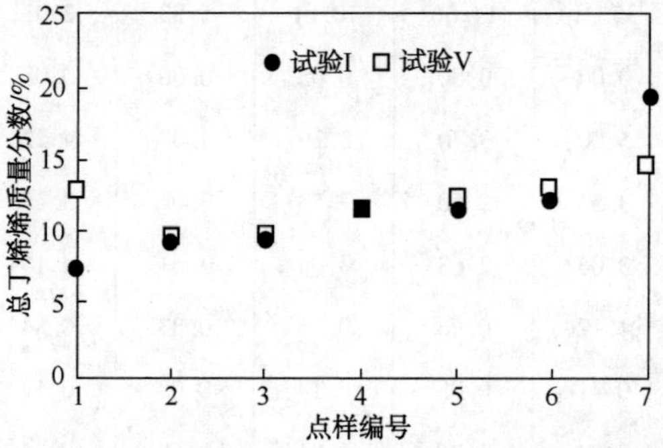

图 7-17　不同催化剂藏量试验点的气体中总丁烯质量分数对比

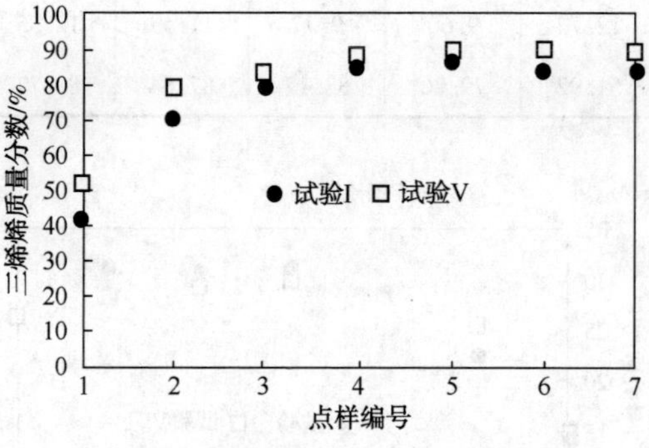

图 7-18　不同催化剂藏量试验点的气体中三烯质量分数对比

7.3.2.3　不同反应压力对甲醇制取低碳烯烃的影响

为考察不同反应压力对甲醇制取低碳烯烃的影响，甲醇重时空速 6.0h^{-1}，催化剂藏量 80g，反应压力为 0.2MPa 的试验编号为 S；反应压力为 1.0MPa 的试验编号为 V。试验编号 S 和 V 点样中烃类质量组成见表 7-25 和表 7-24，乙烯、丙烯、总丁烯和三烯质量组成对比分别见图 7-19 至图 7-22。

试验 V 气体中各类烯烃随反应时间变化情况见前述。从表 7-25 可以看出，随着反应时间的延长，气体中乙烯质量分数大致呈先增加后降低的趋势，质量分数最高值是点样 S-4 的 34. 18%，总体来说反应在一定时间内，气体中乙烯质量分数较高；丙烯质量分数进料初始阶段相对较低，质量分数最高值是点样 S-5 的 44. 72%，总体来说反应时间在数分钟以后均处于较高水平，总丁烯质量分数总体呈逐渐增加趋势，乙烯+丙烯质量分数总体呈先增加后降低趋势，质量分数最高值是点样 S-4 的 77. 44%，三烯质量分数大致呈先增加后降低趋势，质量分数最高值是点样 S-5 的 90. 97%。

表 7-25　试验编号 S 不同点样烃类质量组成　%

样品编号	S-1	S-2	S-3	S-4	S-5	S-6	S-7
氢气	0. 22	0. 44	0. 50	0. 56	0. 79	1. 27	1. 64
甲烷	2. 25	1. 50	1. 75	2. 48	3. 37	4. 60	5. 46
乙烯	18. 80	28. 36	32. 93	34. 18	31. 02	30. 30	28. 13
乙烷	1. 22	2. 67	2. 23	2. 08	2. 15	2. 25	2. 38
丙烯	30. 95	41. 94	43. 82	43. 26	44. 72	43. 98	43. 15
丙烷	25. 66	11. 79	6. 15	3. 57	2. 26	2. 02	2. 02
1,3-丁二烯	0. 05	0. 00	0. 14	0. 19	0. 26	0. 27	0. 31
反-2-丁烯	5. 68	4. 32	4. 23	4. 70	5. 12	5. 22	6. 05
顺-2-丁烯	3. 92	3. 37	3. 30	3. 70	4. 17	4. 07	4. 56
正丁烯	4. 40	3. 62	3. 57	4. 16	4. 98	4. 75	4. 87
异丁烯	1. 08	0. 65	0. 56	0. 61	0. 71	0. 83	0. 95
异丁烷	0. 15	0. 04	0. 04	0. 04	0. 06	0. 09	0. 11
正丁烷	5. 60	1. 30	0. 78	0. 46	0. 40	0. 35	0. 36
乙烯+丙烯	49. 75	70. 30	76. 75	77. 44	75. 74	74. 28	71. 28
总丁烯	15. 13	11. 97	11. 80	13. 36	15. 23	15. 14	16. 75
三烯	64. 89	82. 27	88. 55	90. 81	90. 97	89. 42	88. 03

从图 7-19 可以看出，在反应过程中，试验 S 的气体中乙烯质量分数高于试验 V，说明低压反应条件有利于多产乙烯。从图 7-20 可以看出，在反应过程中，试验 S 的气体中丙烯质量分数高于试验 V，说明高压反应条件有利于多产丙烯。从图 7-21 可以看出，在反应过程中，试验 S 的气体中总丁烯质量分数高于试验 V，说明低压反应条件有利于多产丁烯。

从图 7-18 与图 7-22、表 7-24 与表 7-25 对比可以看出，V-1 三烯质量分数

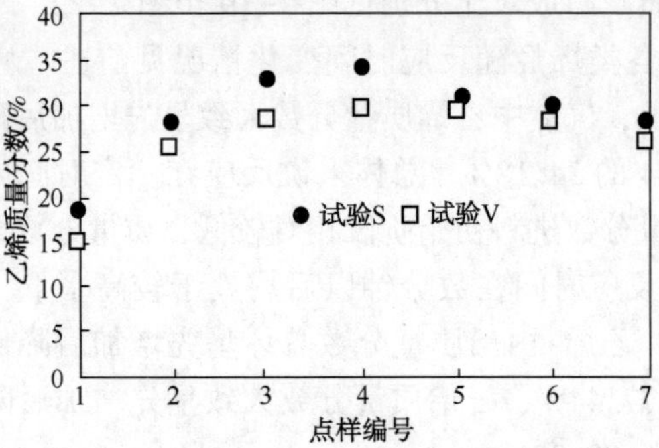

图 7-19 不同反应压力试验点样气体中乙烯质量分数对比

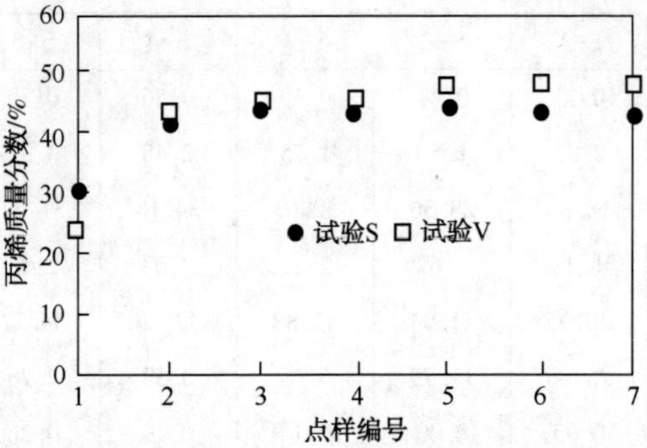

图 7-20 不同反应压力试验点样气体中丙烯质量分数对比

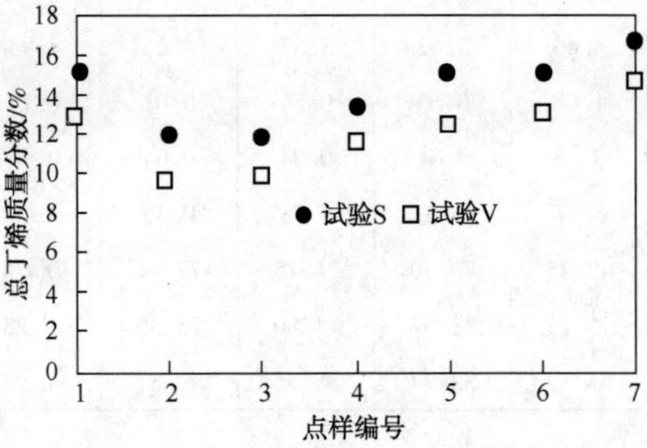

图 7-21 不同反应压力试验点样气体中总丁烯质量分数对比

为 51.92%，而 S-1 三烯质量分数为 64.89%，前者低于后者 12.97 个百分点；反应时间再增加几分钟后，V-2 三烯质量分数为 79.26%，而 S-2 三烯质量分数为 82.27%，前者低于后者 3.01 个百分点；反应时间再增加几分钟后，V-3 三烯质量分数为 83.17%，而 S-3 三烯质量分数为 88.55%，前者低于后者 5.38 个百分

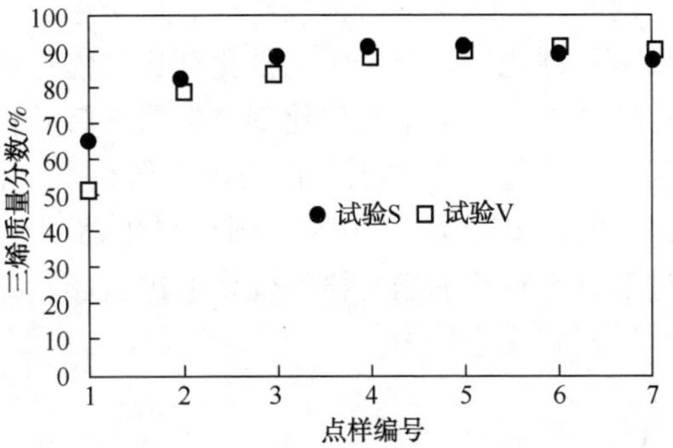

图 7-22　不同反应压力试验点的气体中三烯质量分数对比

点；反应时间再增加几分钟后，V-4 三烯质量分数为 87.64%，而 S-4 三烯质量分数为 90.81%，前者低于后者 3.17 个百分点；反应时间再增加几分钟后，V-5 三烯质量分数为 89.77%，而 S-5 三烯质量分数为 90.97%，前者低于后者 1.20 个百分点；反应时间再增加几分钟后，V-6 三烯质量分数为 90.31%，而 S-6 三烯质量分数为 89.42%，前者反而高于后者 0.89 个百分点；反应时间再增加几分钟后，V-7 三烯质量分数为 89.14%，而 S-7 三烯质量分数为 88.03%，前者高于后者 1.11 个百分点。试验结果表明，在较高反应压力下，其他工艺条件控制合理，三烯质量分数可以与较低反应压力下的三烯质量分数相当。只是在较高的反应压力下，烯烃选择性诱导期较长。

7.3.3　甲醇制取低碳烯烃工艺开发构思

上述的实验研究结果不难发现，在增加反应压力的同时，相应增加含氧化合物原料的重时空速和催化剂上的碳含量，可以使低碳烯烃的选择性及收率维持在相当高的水平，这样使反应器尺寸大幅度地减小。鉴于此，提出了高压甲醇制取低碳烯烃工艺[9,10]，其工艺原则流程见图 7-23。含氧化合物原料注入第一反应区底部或第二反应区底部，与带碳催化剂(总碳含量为 3%~10%)接触进行脱水反应，产生富含低碳烯烃的油气和带碳催化剂，反应压力为 0.5~3.0MPa，脱水反应的重时空速为 7~250h^{-1}，反应温度 450~850℃；与含氧化合物原料接触的催化剂上碳含量控制是将部分密相流化床内的碳含量较高的催化剂返回到第一反应区下部混合罐内，与再生催化剂均匀混合以提高并调控催化剂上碳含量，增加烯烃的选择性；含氧化合物原料注入第一反应区底部，还是第二反应区底部取决于甲醇转化率和低碳烯烃的选择性；必要时将从密相流化床内取出的返回到第一反应区底部混合罐的催化剂先进行冷却，以调控混合催化剂温度。富含烯烃的油气和带炭催化剂在油剂分离区进行分离，将分离后的富含烯烃的油气送入产品分离回收系统；带炭催化剂经反应器中的汽提段汽提后从所述反应器引出并输送至待生催化剂接收器；将带炭催化剂接收器中的催化剂通过催化剂料斗直接输送至再生器，或先通过催化剂料斗输送至带炭催化剂进料器，然后再输送至再生器，并在再生器中在含氧气氛下进行烧焦再生，得到再生催化剂，再生反应温度450~700℃，反应压力0.1~0.5MPa；将再生催化剂从再生器引出并输送至再生催化剂接收器，然后通过催化剂料斗输送至再生催化剂进料器，或再生催化剂直接输送到催化剂料斗，后返回到反应器中。

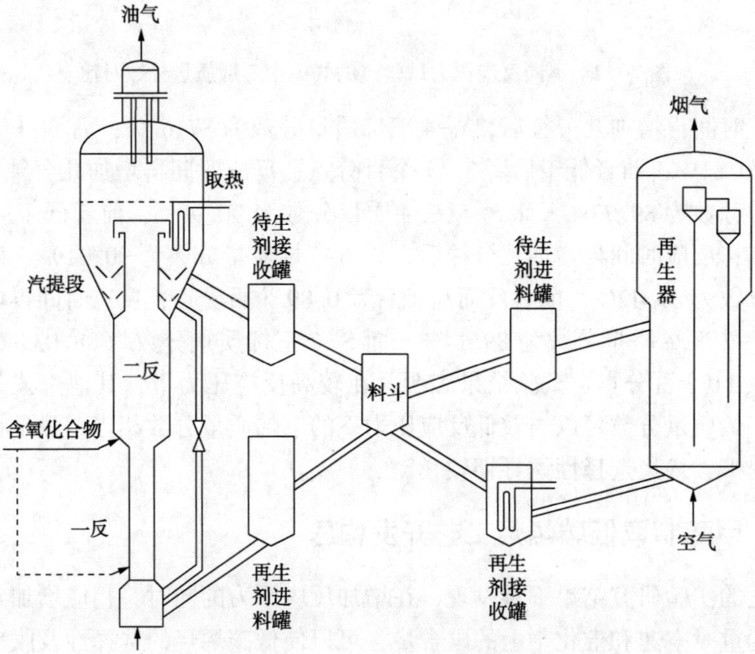

图 7-23　高压变径流化床甲醇制烯烃工艺原则流程

7.4　展望

变径流化床反应器在石油炼制和石油或煤化工工艺开发中得到了广泛的应用，在化工技术开发中应用得到了广泛的关注。美国 Stone & Webster Process Technology 公司在催化裂解制取低碳烯烃技术开发时也选用变径流化床作为专用反应器[11,12]。在纳米管制备领域，变径流化床反应器可以有效调节反应器内不同位置的气流流速，控制浮游催化剂纳米颗粒的粒径大小和气体碳源的停留时间，从而调控催化剂的催化活性以及提高碳源利用效率，促进双壁碳纳米管的生成，变径结构反应器技术为双壁碳纳米管的大规模连续化生产设备的研制提供了一种新的思路[13]；在生物质裂解领域，与普通直行圆管相比，秸秆裂解炉采用变径流化床反应器的锥形段对流场的影响更显著，在变径流化床反应器内，颗粒经过锥形段后其运动轨迹呈“Z”型，颗粒与颗粒之间发生明显的交叉现象，返混程度较强，更利于固相颗粒之间的热传递[14]；在有机废物处理领域，蒸汽重整技术在放射性有机废物处理方面得到了越来越多的关注，蒸汽重整的矿化还原反应炉主要采用流化床结构，其反应器内部的流场呈现多维耦合的特性，以小型蒸汽重整垂直管反应器为研究对象，对垂直管的表观气速及垂直管结构、垂直管内多维耦合流场进行了分析。计算结果表明，扩径比为1：2时，垂直管内的反应状态最佳[15]。在甲醇制取低碳烯烃领域，采用变径流化床反应器，相对于湍动流化床反应器，反应器直径降低1/3，反应空速提高2倍以上，双烯选择性增加1.2个百分点，并且已经在多套大型工业装置上应用[16,17]。

变径流化床反应器不仅易构成多温度区的单流化床反应器，而且易构成多流型区域的单流化床反应器。仅如何在单流化床中实现多温区操作已是流化床反应器研究的重要发展方向[18]。具有多温度区和多流型区域的变径流化床反应器更是流化床反应器研究的重要发展方向。由此可以看出，变径流化床反应器因其实现了复杂气固流化态催化反应的分区调控，从而实现了复杂催化反应可控。随着变径流化床内气固流动在各自的反应区流动结构认识的深入，变径流化床内气固流动调控就更有方向性，应用领域将逐步扩展。相信在不久的将来，变径流化床反应器技术平台不仅仅用于催化裂化工艺，可以延伸到煤气化、干燥及造粒等工艺中。

参 考 文 献

[1] Couch Keith. FCC Propylene Production-Closing the Market Gap by Leveraging Existing Assets [C]. NPRA Annual Meeting, AM-07-63, San Antonian TX, 2007.

[2]许友好. 催化裂化化学与工艺[M]. 北京：科学出版社，2013.

[3] Letzsch Warren. How to make anything in an FCCU[C]. AFPM Annual Meeting, AM-14-62, Orlando, Florida, 2014.

[4] Yong Tae Kim, Joseph P Chada, Xu Zhuoran, et al. Low-temperature oligomerization of 1-butene with H-ferrierite[J]. Journal of Catalysis, 2015, 323(3): 33-44.

[5] 刘中民，刘昱，叶茂，等. 1.80Mt/a甲醇进料DMTO工艺技术及其装置特点[M]. 炼油技术与工程，2014，44(7)：1-6.

[6] 白雪松. 二甲醚技术进展及发展前景[J]. 化工技术经济，2004，22(2)：12-21.

[7] 赵毓璋，景振华. 甲醇制烯烃催化剂及工艺的新进展[J]. 石油炼制与化工，1999，30(2)：23-29.

[8] Kaiser S W. Production of light olefins: US4499327B1[P]. 1992.

[9] 崔守业，许友好，唐津莲，等. 一种由含氧化合物制取低碳烯烃的方法：中国专利，